ulmer

Keith Ulrich (Hrsg.)

Ganzheitliche Nachhaltigkeit in der Weinwirtschaft

Zukunftsfähige Lösungen für die gesamte Wertschöpfungskette

70 Abbildungen
14 Tabellen

Die in diesem Buch enthaltenen Empfehlungen und Angaben sind von der Autorin/vom Autor mit größter Sorgfalt zusammengestellt und geprüft worden. Eine Garantie für die Richtigkeit der Angaben kann aber nicht gegeben werden. Autorin/Autor und Verlag übernehmen keine Haftung für Schäden und Unfälle. Bitte setzen Sie bei der Anwendung der in diesem Buch enthaltenen Empfehlungen Ihr persönliches Urteilsvermögen ein.
Der Verlag Eugen Ulmer ist nicht verantwortlich für die Inhalte der im Buch genannten Websites.

Anmerkung zur Schreibweise (Gendering): Gendergerechtigkeit und Inklusion sind bei uns gelebte Praxis – bei der Auswahl unserer Themen, bei der Recherchearbeit, in der Gestaltung. Unsere Texte meinen alle. Damit unsere Inhalte jedoch gut lesbar bleiben, verzichten wir in diesem Werk auf die jeweilige Mehrfachnennung oder Anpassung der Schreibweise bestimmter Bezeichnungen an die weibliche, männliche oder diverse Form.

Die Zeichnungen fertigte Helmuth Flubacher, Stuttgart, nach Vorlagen der Autoren, mit Ausnahme der Abbildungen auf den Seiten 78, 79, 82, 85, 200 und 206.

Bibliografische Information der Deutschen Nationalbibliothek
Die Deutsche Nationalbibliothek verzeichnet diese Publikation in der Deutschen Nationalbibliografie; detaillierte bibliografische Daten sind im Internet über http://dnb.d-nb.de abrufbar.

Wollgrasweg 41, 70599 Stuttgart (Hohenheim)
E-Mail: info@ulmer.de
Internet: www.ulmer.de
Projektleitung: Pia Fehrenbach
Lektorat: Pia Fehrenbach, Sabine Matthes
Herstellung: Birgit Heyny
Umschlaggestaltung: Verlag Eugen Ulmer, mit einer Abbildung von Karl-Theo Haart
Satz und Repro: Bernd Burkart, www.form-und-produktion.de
Druck und Bindung: Pustet, Regensburg
Printed in Germany

ISBN 978-3-8186-1315-0

Inhalt

Teil III Gesellschaftliche Nachhaltigkeit

Teil IV Nachhaltigkeit entlang der Wertschöpfungskette

Geleitwort

Sehr geehrte Damen und Herren,
werte LeserInnen des Buches „Nachhaltigkeit in der Weinwirtschaft“, wir sehen und spüren überall die Auswirkungen des Klimawandels. Heute ist uns bewusst, dass es insbesondere die anthropogenen Einflüsse der jüngeren Jahrzehnte gewesen sind, die diese Veränderungen maßgeblich angestoßen haben. Vor diesem Hintergrund und im Bewusstsein einer generationsübergreifenden Verantwortung sind wir alle gefordert, unser heutiges Handeln zu überprüfen und so ausrichten, dass Nachfolgegenerationen die gleichen Möglichkeiten und Chancen erhalten, die wir für uns selbst in Anspruch nehmen.

Vor noch nicht allzu langer Zeit war Nachhaltigkeit ein fast ausschließlich wissenschaftstheoretisches Thema, das gesamtgesellschaftlich kaum wahrgenommen wurde. Das aber hat sich gründlich gewandelt. Heute hat Nachhaltigkeit als anerkannte Wertegrundlage alle gesellschaftlichen Bereiche tief durchdrungen, auch den Weinbau.

Für unsere Weinbaubranche war ein wichtiger Impulsgeber der 60. Deutsche Weinbaukongress im Jahr 2010 in Stuttgart. Der fand unter dem Leitthema „Nachhaltigkeit, Qualität, Markt – Impulsgeber für Innovationen“ statt und endete mit einer Entschließung des Deutschen Weinbauverbandes zu diesem Thema.

Heute, 10 Jahre später, sind viele der damals formulierten Nachhaltigkeitsaspekte in der Praxis der deutschen Weinwirtschaft aufgegriffen und haben zahlreiche Initiativen auf überregionaler, regionaler und betrieblicher Ebene zu deren dynamischer Weiterentwicklung beigetragen.

Ich begrüße es daher sehr, dass mit dem vorliegenden Buch zur „Nachhaltigkeit in der Weinwirtschaft“ anerkannte Praktiker und ausgewiesene Experten aus Wissenschaft, Forschung und Beratung zu ihren jeweiligen Zuständigkeitsbereichen über den aktuellen Sachstand zur Umsetzung von Nachhaltigkeit im Weinbau informieren und auch einen Ausblick zur weiteren Entwicklung des Themas ermöglichen.

Für eine interessante Lektüre und mit besten Grüßen
Ihr Klaus Schneider
Präsident des Deutschen Weinbauverbandes

Bonn, im Frühjahr 2022

Vorwort

Der Begriff Nachhaltigkeit ist mittlerweile mehrere hundert Jahre alt und die Inhalte, die mit ihm verbunden werden, befinden sich weiter in stetem Wandel. Die zunehmende gesellschaftliche Relevanz, welche die Notwendigkeit einer nachhaltige(re)n Entwicklung in den letzten Jahren erfahren hat, bewirkte nicht nur einen gesellschaftlichen Wertewandel, sie löste auch politische Verschiebungen aus und macht das Thema zunehmend für Unternehmen in und außerhalb der Landwirtschaft interessant, um nicht zu sagen zwingend erforderlich.

Ebenso wie es heute für viele dringliche Fragen rund um das Thema Nachhaltigkeit noch nicht die eine Antwort gibt, so standen allerdings auch wir bei der Entwicklung und beginnenden Umsetzung des Systems FAIR'N GREEN anfangs häufig vor dem Problem, dass es für Teile der Weinwertschöpfungskette noch keine etablierten Nachhaltigkeitslösungen gab. Die gezielte Vernetzung von Akteuren aus Wissenschaft und Praxis sowie entlang der gesamten Wertschöpfungskette der Weinwirtschaft hat es immer wieder ermöglicht, neue Lösungen für Nachhaltigkeitsfragestellungen zu finden oder wenn es sie noch nicht gab, zu entwickeln bzw. deren Entwicklung anzustoßen.

Dabei ist uns bewusst, dass Nachhaltigkeit einen Weg beschreibt. Unsere Vorstellung von Nachhaltigkeit erfordert eine permanente Beteiligung am Nachhaltigkeitsdiskurs, die Bereitschaft Sichtweisen zu ändern sowie die Zukunft immer und immer wieder neu zu denken. Das große Ganze muss man dabei genauso im Blick haben, wie die Details. FAIR'N GREEN gibt bei der Entwicklung hin zu einer ganzheitlich nachhaltigen Wirtschaftsweise Leitplanken vor und ermöglicht den Betrieben unterschiedliche Wege, um ans Ziel zu kommen. Die Ableitung von Komplexität einer sich verändernden Welt erfordert auch immer wieder eine erneute Standortbestimmung – Wo stehen wir? – eine erneute Diskussion und die Bereitschaft neue Zukunftswege zu öffnen.

Der vorliegende Sammelband bietet nun eine Übersicht über viele wichtige Themenbereiche der Weinwirtschaft, stets vor dem Hintergrund der Nachhaltigkeit. Es wurden ebenso wie bei der Entwicklung von FAIR'N GREEN Partner aus Wissenschaft und Praxis zusammengebracht, um möglichst viele Aspekte der Weinwirtschaft abzudecken. Der Sammelband erhebt keineswegs einen Anspruch auf Vollständigkeit, denn das Thema befindet sich wie gesagt im steten Wandel, sodass kein „Abschluss" – kein Ende des Diskurses – möglich ist. Wir möchten mit dieser Momentaufnahme zum Nach- und Umdenken anregen und einen weiteren Beitrag für mehr Aufmerksamkeit für und Beschäftigung mit dem Thema Nachhaltigkeit in der Weinwirtschaft leisten.

Unser Dank gilt allen Autorinnen und Autoren sowie den zahlreichen Personen, die direkt und indirekt an der Fertigstellung dieses Werkes mitgearbeitet haben. Viel Freude bei der Lektüre und möge Sie zur weiteren intensiven Beschäftigung mit nachhaltiger Entwicklung anregen!

Bonn, im Frühjahr 2022
Dr. Keith Ulrich

Teil I
Ökonomische Nachhaltigkeit

1 FAIR'N GREEN im Kontext der Nachhaltigen Entwicklung – Zertifizierungssysteme zur Nachhaltigkeit

Yulia Felker/Susanne Moosmann

Wie kann eine nachhaltige Entwicklung im Weinbau aussehen, wie muss diese gestaltet werden? Antworten auf diese Fragen sind vielfältig. Es gibt keinen von allen Akteuren anerkannten Ansatz zur Bewertung der Nachhaltigkeit in der Branche: Neben konventionellen Managementsystemen werden von Marktakteuren einige Siegel unterschiedlicher Qualität angewendet, um nachhaltige Aspekte der Weine oder auch des Betriebs hervorzuheben. Wir, die GUTcert, sind seit 2017 mit der Begutachtung von FAIR'N GREEN betraut und betrachten dieses System als fundierten Ansatz für die Bewertung der Nachhaltigkeitsleistungen. Angefangen mit dem Weinbau, entwickelt sich das System aktuell weiter und bietet damit die Möglichkeit für andere Branchen in der Landwirtschaft, Ihre Leistungen unter der Lupe zu nehmen.

Als Experte für Managementsysteme und Bewertung der nachhaltigen Entwicklung arbeiten wir in der GUTcert gerne mit FAIR'N GREEN zusammen. Um unsere Einschätzung von FAIR'N GREEN zu veranschaulichen, werden wir dieses System im darauffolgenden Kapitel analysieren und unsere Erfahrung aus der Begutachtung zusammenfassen. Zunächst fokussierten wir unseren Blick auf das System an sich und das bestehende Bewertungsmuster, später auf die Umsetzung und die Anwendung des Systems in der Zusammenarbeit mit den Mitgliedsbetrieben.

Daher möchten wir den Bogen vom theoretischen Ansatz, der Abgrenzung von CSR und nachhaltiger Entwicklung, über die Managementsystematik, der fortlaufenden Verbesserung, hin zu FAIR'N GREEN als System und unserer konkreten Erfahrung mit Bewerbern und Siegelnutzern, ziehen.

1.1 Ansatz der GUTcert zur Bewertung nachhaltiger Entwicklung

1.1.1 Corporate Social Responsibility oder nachhaltige Entwicklung?

Corporate (Social) Responsibility (C(S)R) entstand als Begriff der betrieblichen oder Handelsökonomie, als die Erkenntnis reifte, dass ohne gesellschaftliche (soziale) Verantwortung der Geschäftsleute bzw. Unternehmen das Geschäftsmodell des freien Marktes infrage gestellt werden könnte oder zumindest negative Einflüsse auf die wirtschaftliche Tätigkeit zu erwarten wären.

Schon die italienischen Kaufleute des Mittelalters[1] wussten, dass Anstand, Ehrlichkeit, Sparsamkeit, Verlässlichkeit, Verantwortung, Mäßigung, Fleiß, Demut, Ordnung, politischer Weitblick und Mildtätigkeit Basis eines erfolgreichen Kaufmannsdaseins sind. Mit dem Handel kamen diese Begriffe über die Alpen in die Hanse und bestehen

1 wie z. B. Dino Compagni oder Luca Pacioli

noch heute. Die „Versammlung Eines Ehrbaren Kaufmanns zu Hamburg e. V." hat noch immer über 1000 Mitglieder und der Begriff „Ehrbarer Kaufmann" ging 1897 sogar in das HGB ein (Heute ist der Begriff nicht mehr enthalten).

1953 sprach Howard R. Bowen in den USA erstmals von den „Social Responsibilities of the Business man"[2]: Da Unternehmen gesellschaftliche Rechte in Anspruch nehmen, haben sie auch gesellschaftliche Pflichten. Bowen nahm an, dass die Freiheiten der Geschäftsleute und die Macht, die sie ausüben, langfristig nicht ohne weiteres von der Gesellschaft hingenommen würden, wenn sie nicht gleichzeitig eine gesellschaftliche Verantwortung akzeptierten. Über Ansätze wie das 4-Stufen-Modell von Carroll[3] fand der Ansatz der „Corporate Social Responsibility" in der Wirtschaft breite Beachtung. Er wird heute oft (fälschlicherweise) synonym zur „nachhaltigen Entwicklung" verwendet.

Nachhaltige Entwicklung wird auf die Forstwirtschaft des 18. Jahrhunderts zurückgeführt. 1713 erstmals erwähnt, wurde dieser Begriff schließlich 1795 ausformuliert[4] als Regel, „dass man in einer Zeit nur so viele Bäume fällen dürfe, wie in derselben nachwachsen können."

Wahrscheinlich ist das, was sich dahinter verbirgt, jedoch viel älter: Ähnlich der Waldwirtschaft des 18. Jahrhunderts hatte man schon ca. 1.700 Jahre vor unserer Zeitrechnung in Babylon unter König Hammurabi detaillierte Vorgaben zum Wassermanagement aufgestellt (Kodex Hammurabi). Auch später lässt sich die „nachhaltige Bewirtschaftung" gerade dieser Ressource immer wieder in der Literatur verfolgen.

„Nachhaltige Entwicklung" ist also ein volkswirtschaftlicher Begriff zur Erhaltung der materiellen Basis einer Zivilisation. Er bezog sich stets auf „Rohstoffe" (Wasser, Holz), die nachhaltig bewirtschaftet und somit erhalten werden sollten.

In diesem Sinne definierte auch Herman Daly 1973[5] „Nachhaltige Entwicklung" als eine solche Entwicklung bei der ...

1. die Nutzungsraten sich erneuernder Ressourcen deren Regenerationsrate nicht überschreiten,
2. die Nutzung sich erschöpfender Rohstoffe die Rate ihres Ersatzes durch erneuerbare nicht übersteigt und
3. die Schadstoffemissionen die Kapazitäten zur Absorption nicht übertreffen.

Mit der Kenntnis der Endlichkeit der Rohstoffvorkommen und der Auswirkungen der wachsenden CO_2-Konzentration in der Atmosphäre hat dieser Begriff in der industrialisierten Welt Ende der 80er Jahre eine Renaissance erlebt. Von der durch die UN eingesetzten Brundtland-Kommission[6] wurde nachhaltige Entwicklung schließlich als „zukunftsfähige Entwicklung" definiert, was heißt: „dass die gegenwärtige Generation ihre

2 Howard R. Bowen: Social Responsibilities of the Businessman. Harper & Brothers, New York 1953.

3 Archie B. Carroll: A three-dimensional conceptual model of corporate social performance, Academie of Management Review, 1979.

4 Hans Carl von Carlowitz, Oberberghauptmann am kursächsischen Hof in Freiberg, formulierte 1713 in seinem Werk „Sylvicultura oeconomica" erstmals, dass immer nur so viel Holz geschlagen werden sollte, wie durch planmäßige Aufforstung, durch Säen und Pflanzen nachwachsen kann.

5 Herman E. Daly in „Toward a Steady-State Economy". W. H. Freeman and Company, 1973.

6 www.un-documents.net/wced-ocf.htm

Abb. 1: Zieldimensionen Nachhaltiger Entwicklung (Quelle: eigene Darstellung).

Bedürfnisse befriedigt, ohne die Fähigkeit der zukünftigen Generation zu gefährden, ihre eigenen Bedürfnisse befriedigen zu können.“

Das Konzept der nachhaltigen Entwicklung ist heute auch für Unternehmen attraktiv: So berücksichtigt sein „Drei Säulen-Modell“ (Abb. 1) doch auch ihren nachhaltig wirtschaftlichen Bestand. CSR stammt aus der Wirtschaft und meint vor allem die soziale Verantwortung eines Unternehmens, die heute oft um seine Umweltverantwortung erweitert wird. Der Aspekt nachhaltigen Wirtschaftens fehlt diesem Begriff jedoch.

Wer von CSR spricht, muss sich also fragen lassen, welchen Rahmen er damit abstecken will. Im heutigen Sprachgebrauch kann CSR wesentliche Ziele nachhaltiger Entwicklung umfassen – muss es aber nicht!

Nachhaltige Entwicklung dagegen hat ihren Hintergrund in der dauerhaften Entwicklung einer Volkswirtschaft, zu der heute auch die nachhaltige Entwicklung der Wirtschaft zählt! Viele Unternehmen existieren seit Jahrzehnten oder länger. Das zeigt, dass nachhaltige Entwicklung in der Wirtschaft an sich nichts Neues ist. Aktuelle Beispiele belegen, wie schnell die Existenz eines Unternehmens gefährdet wird, wenn eine der drei Säulen Nachhaltiger Entwicklung (der sog. „Tripel Bottom Line“ aus Ökonomie, Ökologie und Sozialem) ernsthaft und kontinuierlich verletzt wird.

1.1.1.1 Nachhaltigkeit als Zustand?

Oft ist von „Nachhaltigkeit“ und weniger von „Nachhaltiger Entwicklung“ die Rede. Bevor sich die Frage stellt, wie die Nachhaltigkeitsleistung einer Organisation zu bewerten ist, muss definiert werden, was genau es zu bewerten gilt. Gibt es so etwas wie Nachhaltigkeit als „Zustand“ einer Organisation überhaupt?

Seit der Heisenbergschen Unschärferelation wissen wir, dass Geschwindigkeit und Ort eines Partikels zu einem Zeitpunkt nicht gleichzeitig genau zu bestimmen sind. Ähnlich verhält es sich mit der Nachhaltigkeit als Vorstellung eines stationären Zustandes:

Wer behauptet, nachhaltig zu „SEIN“, müsste ungezählte Parameter genau kennen, was allein schon unmöglich erscheint. Zudem ist diesem „SEIN“ immer ein Einwirken auf die Umgebung inhärent. Dieses Einwirken verändert aber die Umwelt sofort – was wiederum eine (wenn ggf. auch kleine) Veränderung des eigenen Zustandes erfordert, um, bezogen auf die selbst geschaffene neue Situation, wieder nachhaltig zu „SEIN“. Ein solch stationärer Zustand, der ein Gleichgewicht voraussetzt, ist also nicht denkbar.

Nachhaltigkeit als Unternehmenskonzept bedeutet, jede Entscheidung in den Zielkonflikt von Wirtschaftlichkeit, Umweltschutz und sozialen Belangen zu stellen. Es gilt also Spannungen auszuhalten. Es bedeutet aber auch, diese Spannungen als Triebfeder oder Antrieb zu nutzen und unter „Druck“ neue, kreative Lösungen zu suchen. In Krisenzeiten müssen Unternehmen unter Umständen die wirtschaftliche Seite bevorzugt angehen – das Beachten der anderen Dimensionen verhindert jedoch, dass Grundlagen zerstört werden und ermöglicht die Rückkehr zum Gleichgewicht.

„Nachhaltige Entwicklung“ ist daher vielmehr ein Weg, auf den sich ein Unternehmen (eine Organisation) begibt, um eigene Ziele langfristig effektiv und effizient zu erreichen und gleichzeitig soziale und gesellschaftliche Verantwortung zu übernehmen – ein Weg, der niemals endet!

1.1.1.2 Managementsysteme und die nachhaltige Entwicklung

Es gibt keinen einheitlichen, international anerkannten Standard[7] zur Auswertung der Nachhaltigkeitsleistungen. Die ISO 26000 „Leitfaden zur gesellschaftlichen Verantwortung“ ist ausschließlich als ein Leitfaden der gesellschaftlichen Verantwortung gedacht und nicht zu Zertifizierungszwecken geeignet. Diese ist ein Grundgerüst, auf das sich die Weltgemeinschaft erstmals geeinigt hat. Das ist ein gewaltiger Fortschritt, werden doch darin eine Vielzahl von Prinzipien, Kernthemen und Handlungsfelder gesellschaftlicher Verantwortung (Indikatoren) erstmals weltweit anerkannt, welche kennzeichnend sein können für die nachhaltige Entwicklung einer Organisation.

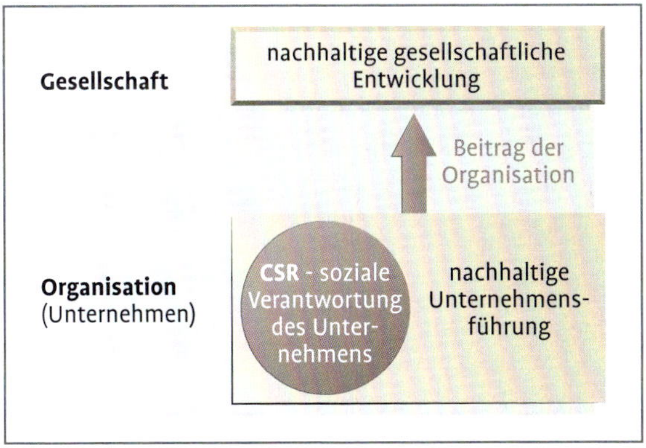

Abb. 2: Verhältnis von CSR und Nachhaltiger Unternehmensführung zur Nachhaltigen Entwicklung (Lieback unter Bezugnahme auf Loew et. al. 2004).

7 In einigen europäischen Ländern gibt es zertifizierbare Normen zum Nachhaltigkeitsmanagementsystem. RS 10 in Spanien, ONR 19250 in Österreich, Sustainability Ladder in den Niederlanden etc. Jedoch hatte keinen großen Erfolg, weder national noch international.

In Abschnitt 7 beschreibt die ISO 26000, wie das Thema im Unternehmensalltag aufgegriffen und in die Strukturen eingebettet werden sollte. Zwar ist darin der typische Ablaufzyklus (PDCA) eines Managementsystems erkennbar, es sind jedoch keine Anforderungen an ein Nachhaltigkeitsmanagementsystem oder an eine Erfolgsbewertung enthalten.

Das bedeutet, dass ein Managementsystem nach dieser Richtlinie keine Basis für eine Zertifizierung nachhaltiger LEISTUNG sein kann, sondern helfen soll, langfristig angelegte Aufgaben in komplexen Organisationen effizient zu strukturieren. Managementsysteme eignen sich daher gut als Fundament für eine Nachhaltige Entwicklung: Sie ist nur in einem Systemumfeld beherrschbar!

Was zertifizierbar sein kann, ist ausschließlich der Managementansatz, mit dessen Hilfe die Nachhaltigkeitsleistungen verbessert werden könnten. Eine weitere prüffähige und unabdingbare Komponente der Zertifizierung ist die Plausibilität der Auswahl der für die unternehmerische Nachhaltigkeit relevanten oder sog. WESENTLICHEN Themen.

Für Themen wie Qualität, Umwelt oder Sicherheit und Gesundheit existieren mit den sogenannten „Managementsystemen" (siehe u.a. ISO 9001, 14001, EMAS und ISO 45001) seit längerem Konzepte, die das systematische Entwickeln der Unternehmensleistung dieser „nicht-finanziellen Aufgaben", vom „IST" zum erwünschten (bzw. gesetzlich vorgeschriebenen) „SOLL" steuern sollen.

Ein Qualitätsmanagement nach ISO 9001 fordert z.B. eine systematische Erfüllung der Kundenforderungen. Dazu ist ein Managementsystem zu installieren, das diese Forderungen erfasst, misst und dann immer besser erfüllt. Das in der Zertifizierungsprüfung betrachtete Managementsystem ist dabei Mittel zum Zweck: Die „Forderung", gegen die letztlich gemessen wird, ist die Erfüllung der Kundenforderungen und deren fortlaufende Verbesserung.

Ähnliches gilt für das Umweltmanagement (ISO 14001 und EMAS) oder das Sicherheits- & Gesundheitsmanagement (ISO 45001). Eine geringe Verschmutzung oder möglichst wenige Unfälle sind hier die gesetzlichen Vorgaben, an der gemessen wird. Wieder ist das Managementsystem, kein Gesetz, probates Mittel z.B. die Umwelt- oder Sicherheitsleistung fortlaufend zu verbessern.

Werden alle oben benannten Standards in einem integrierten Managementsystem zusammengeführt, ist ein Großteil der nachhaltigkeitsrelevanten Themen erfasst und gemanagt. Nicht von den Managementsystemen abgedeckte Themen sind beispielsweise:

1. die wirtschaftliche Entwicklung und Sicherung eines Unternehmens (Eigenkapital-Basis etc.)
2. „soziale Verantwortung" einer Organisation im Sinne der CSR
3. ein effizientes und soziales Personalmanagement.

Diese fehlenden Indikatoren lassen sich jedoch problemlos schrittweise in eine gelebte Managementstruktur einbinden, so wären z.B. die CSR Komponenten mit einem Verhaltenscodex der auf der Umwelt/Qualität und Arbeitsschutzpolitik basiert, eine sehr einfache Möglichkeit die Lücke zu schließen. Bereits eingeführte, oft sogar zertifizierte

Managementsysteme liefern Unternehmen also eine wesentliche Grundlage, um sich auf den Weg einer systematischen nachhaltigen Entwicklung zu begeben. Wichtig wäre es hier, die noch offenen Punkte nach dem gleichen systematischen Ansatz zu behandeln.

Was ist ein systematischer Ansatz im Management?
Dem Steuerungskonzept jedes ISO-Managementsystemstandards zugrunde liegt der sog. „Demingkreis“ bzw. „PDCA-Zyklus“[8]. Er ist Basis aller Managementsysteme und beschreibt, wie Organisationen lernen können. Nach diesem Konzept ist das Erfassen und anschließende Beschreiben und Bewerten einer gegebenen „IST-Situation“ der Beginn eines sich selbst unterhaltenden und selbst steuernden Prozesses, der zu einer kontinuierlichen Verbesserung der Prozessleistung führt – hier der nachhaltigen Entwicklung. Für das parallele Verfolgen und kontinuierliche Verbessern der vielfältigen Bestandteile einer nachhaltigen Entwicklung bietet sich daher der PDCA-Zyklus an, da alle Aspekte eingebracht werden können.

Ablauf des PDCA Zyklus
Ein detaillierter IST-Status wird erfasst. Das erschließt die Möglichkeit, diesen mit anderen oder einem eigenen Maßstab zu vergleichen, ihn zu bewerten und daraus Ziele und Maßnahmen für Verbesserungen abzuleiten (Plan).

Das Umsetzen der Ziele zum Erreichen eines gewünschten SOLL-Zustands und die dazu erforderlichen Maßnahmen verlangen einen Rahmen, in dem sie geplant, kontrolliert und gesteuert ablaufen (Do).

Regelmäßig wird geprüft, ob die Prozesse verbesserungswürdig sind und die Ziele mit den geplanten Maßnahmen erreicht werden und/oder ggf. ergänzt oder durch andere ersetzt werden müssen (Check).

Die Prüfung zeigt den aktuellen Zustand im Verhältnis zu den geplanten Verbesserungen und ermöglicht eine Bewertung des Fortschritts. Diese Ergebnisse sind Grundlage für die Überarbeitung der Strategie, die Planung neuer oder geänderter Ziele und die notwendigen Maßnahmen (Act -Plan).

1.1.2 FAIR’N GREEN als eines der Managementinstrumente der nachhaltigen Entwicklung

FAIR’N GREEN versteht sich als System für nachhaltigen Weinbau, das zum einen den Winzern hilft, Nachhaltigkeitsziele objektiv mess- und überprüfbar zu machen und integrativ zu erreichen. Zudem stellt der Ansatz eine fortlaufende Verbesserung der Nachhaltigkeitsleistung der Weingüter als Voraussetzung für die Fortsetzung der Zertifizierung dar. Ferner erleichtert es das Siegel auf der Flasche den Weinkonsumenten, sich bei der Auswahl besser orientieren und anschließend ggf. für zertifiziert nachhaltige Produkte entscheiden zu können.

---

8 Out of the Crisis. Deming, W.E. Massachusetts Institute of Technology, 1982. Statistical Method from the Viewpoint of Quality Control, Shewhart, W.A. Dover Publication, 1986.

1.1.2.1 Abdeckung nachhaltigkeitsrelevanter Themen und der Managementansatz

FAIR'N GREEN bietet einen breit aufgestellten Katalog der nachhaltigkeitsrelevanten Themen, angefangen mit wirtschaftlicher Nachhaltigkeit und rechtlicher Konformität über die Belange des Umweltschutzes, bis hin zur Arbeitssicherheit sowie gesellschaftlichen Verantwortung als Arbeitgeber und regionaler Akteur. Dabei wird die gesamte Wertschöpfungskette betrachtet. Vergleicht man diese mit den Zieldimensionen der nachhaltigen Entwicklung (Abb. 1), werden die nachhaltige Ausrichtung und der ganzheitliche Ansatz des Siegels deutlich.

Die Prinzipien der Nachhaltigkeit sind universell. Die wesentlichen Herausforderungen sind hingegen branchen- und landesspezifisch. FAIR'N GREEN geht in seinem Ansatz speziell auf die allgemein bekannten nachhaltigkeitsrelevanten Herausforderungen im Weinanbau ein: So werden beispielsweise die Leistungen der Mitglieder in Bezug auf die Anwendung von Pestiziden (Toxizitätsindex und Bodenbelastung), Trinkwasserverbrauch oder faire Löhne detailliert analysiert.

Eine weitere wichtige Charakteristik des Siegels ist die Einbettung des Managementansatzes in die Anforderungen und in die Prüfschema. Bei jedem zu bewertendem Thema werden folgende Gesichtspunkte begutachtet: Sind Ziele zur Verbesserung der Performance gestellt? Findet die entsprechende Datenerfassung statt und wird diese plausibilisiert? Werden die notwendigen Maßnahmen definiert, um selbstgesteckte Ziele zu erreichen? Nimmt der Winzer seine Führungsverantwortung wahr und bewertet den Fortschritt, um weitere Verbesserungen zu erschließen? All dies spiegelt den PDCA-Ansatz wider.

Werden diese Dimensionen –Themenabdeckung und Managementansatz – zusammengeführt, zeigt sich ein Nachhaltigkeitsmanagementsystem, das sich unter dem Siegel FAIR'N GREEN verbirgt. Allein die Teilnahme an der Bewertung kann die nachhaltige Ausrichtung des Weingutes nicht sichern, hilft jedoch die vorliegenden Daten zusammenzustellen, zu kategorisieren und zu bewerten, um die Entwicklungsziele zu setzten. So etabliert sich ein Managementansatz zumindest bei den durch das Siegel vorgegebenen wesentlichen Nachhaltigkeitsthemen der Branche. Die obligatorische jährliche Überprüfung unterstützt die Kontinuität der Nachhaltigkeitsbemühungen.

Nachhaltigkeitsleistungen können nicht zertifiziert werden. Eine Gegenüberstellung in einem vergleichbaren Rahmen – bspw. das gleiche Land und die gleiche Branche – ist durchaus legitim und liefert einen Überblick über die Breite der Möglichkeiten und Ansporn zur Verbesserung. So erleichtert das jährlich aktualisierte und anonyme FAIR'N GREEN Benchmarking eine Orientierung in der Branche: Anerkennung für Best Practice und Verständnis der Potenziale werden unterstützt.

1.1.2.2 Abgrenzung zu den vergleichbaren ISO-Managementsystemen und EMAS

1. FAIR'N GREEN sieht ein integriertes Nachhaltigkeitsmanagementsystem vor. Dieses sieht vor, dass alle Säule der nachhaltigen Entwicklung – Ökonomie, Umwelt und Soziales – bei der strategischen Entwicklung der Organisationen einbezogen und bei der Bewertung seitens unabhängigen Dritten geprüft werden. Damit erfolgt die erste Abgrenzung zu den einzelnen ISO-Standards oder EMAS.

2. Geht FAIR'N GREEN über Grenzen von konventionellen integrierten Managementsystemen hinaus. Neben Belangen von Kundenanforderungen, Qualität, Umweltschutz oder Arbeitssicherheit und Gesundheitsförderung adressiert der Fragenkatalog von FAIR'N GREEN Aspekte der wirtschaftlichen Sicherung, sozialen Gerechtigkeit und insgesamt des gesellschaftlichen Engagements.
3. Wird die Tiefe der Anforderungen und ggf. der Dokumentation beim Vergleich mit den entsprechenden Managementsystemen der ISO-Welt oder EMAS betrachtet, kann FAIR'N GREEN jedoch als System mit niederschwelligeren Anforderungen bezeichnet werden: Die gängigen Managementsysteme setzen bspw. deutlich mehr Anforderungen an einen verschrifteten Planungsprozess und an dokumentierte Verfahrens- und Arbeitsanweisungen, Prozessbeschreibungen, Pflege der Rechtskataster, Vorliegen aller festgelegten Nachweise sowohl für betriebliche Belange als auch für alle Arten interner Prüfungen (technische und organisatorische). All dies verlangt gewisse personelle und finanzielle Ressourcen, die bei kleineren Betrieben nicht immer vorhanden sind. FAIR'N GREEN wendet zwar die Prinzipien des konventionellen Managements an, hält aber die formellen Anforderungen so gering wie möglich. Dies hat Zufolge, dass die Hemmschwelle für kleinere Betriebe deutlich geringer als im Falle der konventionellen Zertifizierung ist.
4. FAIR'N GREEN wurde als System grundsätzlich generisch konzipiert, mit vielen Nachhaltigkeitsaspekten, die in fast allen Branchen und Unternehmensformen bzw. -größen angewendet werden können. Anfangs kam das System im Weinbau zur Anwendung. Es setzt dort auf die allgemeingeltenden Ansätze der ISO-Standards und EMAS, spezifiziert jedoch die Schwerpunkte für den nachhaltigen Weinanbau in allen Nachhaltigkeitsbereichen und vor allem in individuell sehr unterschiedlichen Bereichen, wie der Wertschöpfungskette der Branche.

1.1.2.3 Erfahrungen aus dem Begutachten 2017–2020 und Empfehlungen

Die GUTcert begutachtet Prüfverfahren und Prüfergebnisse seit dem Jahr 2017. Am Anfang der Zusammenarbeit mit FAIR'N GREEN stand die Bewertung des Siegels an sich: Konsistenz der Fragestellungen sowie Anforderungen und Prinzipien der Bewertung. Überzeugt von der inhaltlichen Qualität sind wir in die ersten Projekte eingestiegen.

Auf dieser Ebene der Zusammenarbeit prüften Experten der GUTcert die von den Mitarbeitern der Athenga GmbH nach der Vor-Ort Prüfung gefertigten Unterlagen und Prüfberichte. Zusätzlich haben wir Einsicht in Kundendaten erhalten: Politik, Richtlinien, Rechnungen und diverse Aufstellungen mit Relevanz für die Nachweisprüfung.

Im Laufe der Zeit stimmten wir uns immer wieder mit FAIR'N GREEN bezüglich der Verbesserungspotentiale hinsichtlich Kommunikation und Optimierung der Dokumentation ab. Als 2018 deutlich mehr Weingüter überprüft wurden, hatten wir unsere Zusammenarbeit weitgehend im Sinne der Effektivität und Effizienz verbessert. Wir konnten die Prüfungen ohne wiederholte Kommunikationsschleifen durchführen, da unsere Anforderungen bereits im Vorfeld von FAIR'N GREEN während der Prüfung vor Ort und der Vorbereitung der Prüfberichte berücksichtigt wurden.

Eine größere Herausforderung stellt erfahrungsgemäß die Datenerfassung bzgl. Ressourcenverbrauchs dar. Eine eindeutige Abgrenzung des Energieverbrauchs zwischen

Betrieb und ggf. auf dem Weingut liegenden privaten Haushalten oder die messtechnische Erfassung des Kraftstoffverbrauchs oder der Betriebsstunden der Anlagen sind nur einige Beispiele dafür. Die Daten von jedem Weingut wurden jeweils in einer Ökobilanz zusammengestellt und liefern Informationen über die Umweltleistung des Unternehmens in den Bereichen Energieverbräuche, CO_2-Emissionen, Trinkwasserverbrauch, Toxizitätsindex des Pflanzenschutzes und Bodenbelastung durch Einsatz schwerer Maschinen. Die Ökobilanz bietet damit nicht nur eine interne Dokumentation der Umweltleistung im zeitlichen Verlauf und einen regelmäßigen anonymen Benchmark mit anderen Betrieben, sondern auch die Grundlage der Bewertung und Begutachtung.

Einer der Schwerpunkte bei der Gewichtung in der Auswertung lag bei der Toxizität und der Bodenbelastung. Anhand eines ausgeklügelten und innovativen Bewertungssystems schafft es FAIR'N GREEN auch in diesem kritischen Bereich der Landwirtschaft eigens Zeichen zu setzten und die Winzer dazu ermutigen, neue nachhaltigere Wege zu gehen. Die bei dem Weinbau gewonnenen Kenntnissen und Erfahrungen können ggf. direkt auf weiteren landwirtschaftlichen Branchen wie Obstbau übertragen werden. Hat man im Auge die gesamte Wertschöpfungskette der Weinbranche – u. A. Fachhändler oder Etikettenhersteller – müssen die wesentlichen Themen für diese Akteure neu definiert werden: Einiges kann aus dem bestehenden FAIR'N GREEN Label übernommen, anderes muss auf die Spezifik des Geschäfts angepasst werden (das Bausteine Prinzip).

Nicht zu vergessen ist die soziale bzw. arbeitsrechtliche Komponente im Weinbau, beispielsweise was den Einsatz der Saisonarbeiter und Leihkräfte angeht. Auch hier wurde ein striktes Raster gestellt und die Unterkünfte und Lohnabrechnungen aller Beschäftigten bei den Prüfungen vor Ort unter der Lupe genommen. Die gesetzlichen Vorgaben auf dem Gebiet bildeten dabei die Mindestgrenze bei der Prüfung. Faire Löhne, würdige Unterkünfte, Chancen für die Weiterbildung und das Mitwirken sind die obligatorischen Anforderungen, die FAIR'N GREEN Bewerber erfüllen sollten. Auch ein Verzicht auf den Einsatz von Leiharbeitern, welcher gerade bei ausländischen Firmen häufig zur Umgehung des gesetzlichen Mindestlohns führt, ist in den Richtlinien des Vereins vorgegeben.

Nach drei Prüfjahren hat sich die Anzahl der teilnehmenden Winzer fast vervierfacht. Mit großer Freude beobachten wir in diesem Zeitraum, wie die Weingüter ihre Datenerfassungssysteme und die Dokumentation zu nachhaltigkeitsrelevanten Themen vom Jahr zum Jahr verbessert haben. Mehr Transparenz erleichtert die Steuerung und das Entscheidungstreffen. Dies zeigte sich auch daran, dass die Fortschritte in den eingeleiteten Maßnahmen bei allen Weingütern zu verzeichnen sind. Aus eigenem Antrieb, aus den Empfehlungen der Experten im Rahmen der FAIR'N GREEN Zertifizierung und einem Erfahrungsaustausch wurden viele neuen Ideen insbesondere zur Verbesserung der Umweltleistung geboren und in die Tat umgesetzt. Im Ergebnis sind eine verbesserte Umweltleistung, eine Minimierung der sozialen Risiken für Betriebe und Mitarbeiter und damit eine Stärkung der Wettbewerbsfähigkeit das Ergebnis der erfolgreichen Teilnahme an dem inzwischen etablierten Nachhaltigkeitsstandard der Branche.

Als Partner sehen wir den bereits eingeleiteten Review Prozess positiv. Wir empfehlen in diesem Zusammenhang unsererseits, dass die Anforderungen des Systems für Betriebe, sich jährlich um durchschnittlich drei Prozent zu verbessern, für solche

Unternehmen, die als „fortgeschritten" bezeichnet werden können (z. B. solche, die bereits mehr als drei Jahre am System teilnehmen), noch ambitionierter gestaltet werden. Denn wenn die ersten Maßnahmen umgesetzt sind, geht es im Anschluss häufig erst „an das Eingemachte" und die Betriebe haben größere Hebel, um ihre Nachhaltigkeitsleistung besonders stark zu verbessern.

Wir freuen uns über einen offensichtlichen Erfolg des Siegels bei den Weinbetrieben in Deutschland, Österreich, Frankreich, Israel und in der Schweiz und sind gespannt auf die weitere Internationalisierung. Durch die Teilnahme am System mit jährlichen Prüfungen beschreiten die Mitglieder den Weg der nachhaltigen Entwicklung: Sie verbessern Ihre Nachhaltigkeitsleistungen fortlaufend und machen damit etwas Gutes für sich selbst, für die Umwelt und die Gesellschaft.

Ganz nach dem Motto, welches sich auch die GUTcert selbst auf die Fahnen geschrieben hat: Immer besser werden ... .

2 Nachhaltigkeit in der deutschen Weinwirtschaft: wachsende strategische Relevanz

Prof. Dr. Marc Dreßler

Strategie beschreibt in der Betriebswirtschaft längerfristige Ambitionen und Zielerreichungsansätze von Unternehmen in Verbindung mit den Aktivitäten zu deren Erreichung (Kreikebaum et al., 2011). Nachhaltigkeit wird gleichfalls als charakteristisch für eine Langfristorientierung und damit verbundene Maßnahmenbündel verwendet. Durch nachhaltige Unternehmensführung soll generationsübergreifend sichergestellt werden, dass heutiges Handeln nicht zur Belastung in der Zukunft führt (Krüger et al., 2010, Brundtland, 1991). Alleine die Langfristorientierung ist bei der Frage der strategischen Relevanz von Nachhaltigkeit für deutsche Weinerzeuger jedoch nicht hinreichend. Erst wenn Nachhaltigkeit genutzt wird, um Differenzierung und Profilierung zu gewährleisten und somit im wettbewerbsintensiven Umfeld Wettbewerbsvorteile zu sichern, kann Nachhaltigkeit eine strategische Bedeutung zugesprochen werden (Bonn and Fisher, 2011). Da Verbraucher zunehmend auf Nachhaltigkeit Wert legen, sind hiermit verbundene strategische Überlegungen von Anbietern von Produkten und Serviceleistungen sicherlich angebracht. Nachhaltige Unternehmensführung stellt jedoch besonders für die Landwirtschaft eine Herausforderung dar. Eine aktuelle Studie quantifiziert den Aufwand zur deutschlandweiten Nachhaltigkeitsrealisation in der Agrarwirtschaft mit mehr als dem vierfachen einer summierten jährlichen Wertschöpfung (Kurth et al., 2019). Angesichts des Spannungsfelds von Herausforderung und vermutetem Lösungsansatz von Nachhaltigkeit für die Weinanbieter sind Untersuchungen, wo die deutsche Weinbranche bezüglich strategischem Nachhaltigkeitsmanagement steht, aktuell und von hoher praktischer Relevanz.

In diesem Artikel wird auf Basis von Befragungsergebnissen mehrerer Studien aufgezeigt, dass Nachhaltigkeit für Weinerzeuger und -vermarkter nicht nur wegen der Langfristorientierung ein strategisch relevantes Thema ist. Auswertungen der wiederholt durchgeführten repräsentativen Befragungen zu strategischem Management in der deutschen Weinwirtschaft untermauern, dass auch in der Weinwirtschaft Nachhaltigkeit im wettbewerbsintensiven Markt mit Verdrängung von Marktteilnehmern strategisches Lösungspotenzial bietet. Nachhaltigkeitsmaßnahmen erfahren einen massiven Aufwind im Maßnahmenportfolio, offerieren Positionierungsperspektiven und sind dabei oftmals schon unternehmerisches Selbstverständnis geworden. Es offenbaren sich unterschiedliche Umsetzungswege für die Betriebe, die erfolgsversprechend und -fördernd sein können.

2.1 Strategische Unternehmensführung

Der Strategiebegriff stammt aus dem Griechischen und wurde anfänglich primär im militärischen Bereich als planende und vorausschauende Handlungsanweisung in der Kriegsführung genutzt (Baum et al., 2007). In betrieblichem Bezug beschreibt Strategie eine Betriebsführung, bei der auf Basis von Situations- und Zukunftsanalysen mittel- und langfristig orientierte Entscheidungen in Unternehmen bewusst getroffen werden. Dies erfordert eine Auseinandersetzung mit dem Unternehmen, dem Markt und dem Wettbewerb (Hamilton and Nickerson, 2003, Yinan et al., 2011). Strategische Planung basiert somit auf einer eigenständigen Analyse des externen und internen Wettbewerbsumfelds der Unternehmen (Miller, 1987, Papadakis et al., 1998).

Erfolgreiches Unternehmertum zeichnet sich durch individuelle und der eigenen Umfeldanalyse angepassten Innovations- und Managemententscheidungen aus (Drucker, 2014). Das sich permanent verändernde Umfeld bedingt Innovationsmaßnahmen unter Berücksichtigung der eigenen Ausgangssituation und der jeweiligen Ambitionen. (Lucke, 1995, Schumpeter, 1939) Kreativität und Innovationskraft bilden dabei den Nukleus unternehmerischen Handelns, um nachhaltiges Überleben und Wachstum bei zunehmender Wettbewerbsintensität und sich verändernden Kundenanforderungen zu gewährleisten. (Johannessen et al., 1999, D'Aveni, 1994, Denton, 1999, Jenssen, 2004, Wang, 2004, Hauschildt, 2004, Crossan and Apaydin, 2010)

2.2 Notwendigkeit strategischer Unternehmensführung aus Marktsicht

Während der Weinkonsum in Deutschland sich besonders im Vergleich zu anderen europäischen Ländern stabil zeigt, ist die deutsche Weinbranche durch strukturellen Wandel charakterisiert. (Dressler, 2018, Statista, 2018) Seit 1980 hat sich die Anzahl der weinerzeugenden Betriebe auf unter 43.000 halbiert. (Bundesamt, 2018, BMELV, 2016, DWI, 2019) Die Vermarktung der Weine erfolgt zu je einem Drittel durch familiäre Weinbaubetriebe mit vornehmlich Abdeckung der gesamten Wertschöpfungsstufen, durch Genossenschaften bei Anbau durch die Mitglieder und gemeinschaftlicher Produktion und Vermarktung, sowie durch Kellereien, welche Trauben oder Weine aufkaufen und verarbeiten. (Loose and Pabst, 2018) Jährlich werden in Deutschland mehr als 2 Milliarden Liter Wein konsumiert. Die Weinkonsumenten geben in Summe jährlich mehr als 12 Milliarden Euro aus, wobei der Handel eine entscheidende Brückenfunktion zwischen den Produzenten und den preissensitiven Konsumenten wahrnimmt. (Rabobank, 2012, OC&C, 2012, COGEA, 2014, Dressler, 2016b) Neben einer Vielzahl inländischer Anbieter forcieren Importweine den wettbewerbsintensiven Verdrängungsmarkt. Sie vereinnahmen mehr als die Hälfte des deutschen Weinkonsums. (DWI, 2019, DWI, 2018b)

Die strukturellen Veränderungen werden durch unterschiedlichste Treiber motiviert. Rationalisierungsschritte – vor allem durch die Einführung neuer Technologien (z. B. Vollernter) haben zu geringerem Produktionsaufwand bei den Erzeugern geführt. Damit verbundene Effizienzsteigerung wurde jedoch durch zunehmenden Vertriebs- und

Vermarktungsaufwand konsumiert. Neue Absatzwege (z. B. e-commerce) und sich verändernde Kaufverhalten fordern die Anbieter. (Arnoldy and Wulff, 2019) Klimatische Veränderungen ermöglichen Weinbau in Regionen, die bisher hierfür nicht geeignet waren. Erzeuger von Wein sind von unterschiedlichen, nicht prognostizierbaren Wettereinflüssen abhängig. (Johnson and Howell, 1981, Johnson et al., 2000, Kovács et al., 2003, Oberhofer, 2012, Poling, 2008, Mozel and Thach, 2014) Entsprechend hat auch der Klimawandel weitreichende Auswirkungen auf die Pflanzung, Kultivierung, auf die weinbaulichen Erträge und somit die Wirtschaftlichkeit in der Weinherstellung. (Bindi and Howden, 2004, Gerstengarbe and Werner, 2007, Hoppmann and Berkelmann-Loehnertz, 2000, IPCC, 2007, Malheiro et al., 2010, Malheiro et al., 2012, Petgen, 2007, Stock, 2005) Weinerzeugung bedingt zunehmend ein adaptives Management und Maßnahmen zur Bekämpfung des Klimawandels sollten im Interesse der Erzeuger sein. (Atkin et al., 2011) Alleine diese kurze Synopse illustriert, dass Nachhaltigkeit im Grundverständnis einer Langfristorientierung unter Berücksichtigung ökonomischer, ökologischer und sozialer Aspekte in dieser Branche nicht vernachlässigbar zu sein scheint. Während andere Weinproduktionsländer konzertiert Nachhaltigkeitspositionierung betreiben – insbesondere Neuseeland, Chile und Südafrika – scheint dies bei den deutschen Anbietern bei erkennbar weniger ausgeprägter Kommunikation oder Zertifizierungsansätzen nicht der Fall zu sein. (Dressler, 2016a) Dies könnte ein Wettbewerbsnachteil für deutsche Anbieter bei der Gewinnung von Regalfläche im Handel werden.

2.3 Untersuchungen zur strategischen Relevanz von Nachhaltigkeit bei deutschen Weinerzeugern

2.3.1 Studiendesign und Forschungsfragen

Seit 2012 wurden in einem zweijährigen Rhythmus deutsche Weinerzeuger zum strategischen Management, zum Innovationsmanagement und auch zur Nachhaltigkeit befragt. Neben deskriptiven Daten zur Kategorisierung der Betriebe (z. B. Eigentümerschaft, Ansässigkeit, Produktionsvolumen etc.) wurden im Rahmen der Fragen zu Strategie und Innovation unter anderem die Umweltwahrnehmung (z. B. Herausforderungen), die strategische Positionierung, strategische Maßnahmen und das Innovationsportfolio – sowohl geplant als auch umgesetzt – abgefragt. Anhand mehrerer Variablen zur Erfolgswahrnehmung (Santini et al., 2014, Deimel, 2008, Maurel et al., 2017) erlaubt der Datenpool Rückschlüsse zum Erfolgseinfluss. Die Befragungsläufe von jeweils mehr als 2.000 Betrieben erfolgten online mittels anonymisierter Befragungen. In jedem Befragungslauf wurden auswertbare Rückläufe von circa 15 % gewonnen.

Die Befragungen werden in diesem Beitrag aus drei Perspektiven beleuchtet. Im ersten Auswertungsteil wird auf die grundlegende Logik von Strategie abgestellt, dass als erster Schritt der Strategieentwicklung eine Analyse der externen Umwelt erfolgen sollte und somit die Umweltwahrnehmung die unternehmerischen Maßnahmen beeinflusst (Miller, 1986, Bowman and Helfat, 2001). Um diesen Sachverhalt zu beleuchten, wird die Relevanz von Nachhaltigkeit im Maßnahmenportfolio der Betriebe betrachtet und die entsprechenden unternehmerischen Aktivitäten im strategischen Planungskontext der Weinbaubetriebe untersucht, auch mittels einer Zeitraumbetrachtung von 2012 bis

2018. Zudem werden konkrete Nachhaltigkeitsmaßnahmen der Betriebe hinterfragt. Die zweite Perspektive widmet sich der Relevanz von Nachhaltigkeit innerhalb der wettbewerblichen Positionierung. Strategie soll durch vorausschauendes Vorgehen Wettbewerbsvorteile sichern. (Ansoff, 1965, Grant, 2016, Kim and Mauborgne, 2014) Über eine bewusste Wahl einer Strategie und der damit verbundenen Positionierung im Wettbewerb wird die Wahrnehmung beim Kunden gesteigert, die die Wertschöpfung des Unternehmens unterstützt. (Porter, 1998) Die zweite Perspektive zielt daher auf die Fragen ab, wie die strategischen Positionierung im Wettbewerb durch Nachhaltigkeitsorientierung beeinflusst wird bzw. ob und welche Rolle Nachhaltigkeit in der jeweiligen generischen Strategie spielt. Bei der dritten Perspektive wird hinterfragt, ob Nachhaltigkeit als Gruppierungsbasis fungiert, denn dies begründet den Terminus „nachhaltiges Unternehmertum" („sustainable entrepreneurship") (Hall et al., 2010). Nachhaltiges Unternehmertum bildet mittlerweile einen eigenständigen, wenn auch jungen, Forschungsansatz. (Frederick, 2018) In diesem Forschungsverständnis wird Nachhaltigkeit zum zentralen unternehmerischen Aktionsfeld und bestimmt die strategische Positionierung, das Innovationsmanagements und die Ausrichtung der Unternehmensorganisation. (Nicholls and Murdock, 2012, Schaltegger and Wagner, 2011) Nachhaltigkeit bildet in einem derartigen Managementverständnis einen multidimensionalen Unternehmenssteuerungsansatz (Lubell et al., 2011, Chaudhury et al., 2014). Die dritte Betrachtungsebene widmet sich somit der Intensität der Nachhaltigkeitsorientierung und -implementierung.

2.3.2 Nachhaltigkeitsorientierung im Kontext von strategischer Planung

Unter Rückgriff auf die Grundlogik strategischer Planung wurden die Teilnehmer der Panels zu ihrer Umweltwahrnehmung befragt und haben Auskunft über ihr Maßnahmenportfolio und ihre Innovationsstrategien gegeben. Nachhaltigkeit zeigt über die

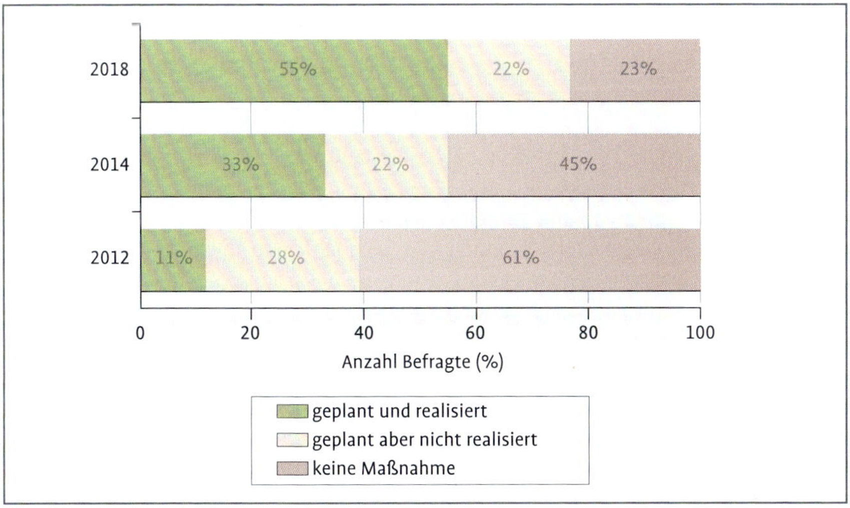

Abb. 1: Bedeutung von Nachhaltigkeit im Maßnahmenportfolio.

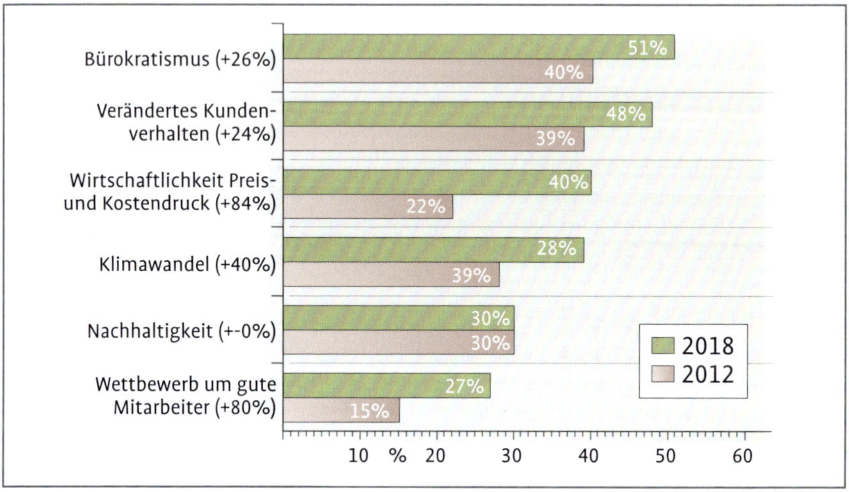

Abb. 2: Dominierende Umwelteinflüsse 2012 vs. 2018.

Befragungsläufe von allen strategischen Maßnahmen die größte Steigerung an Aufmerksamkeit und an Zunahme in der Umsetzung (s. Abb. 1). Während im ersten Befragungslauf in 2012 noch 61 % der Teilnehmer Nachhaltigkeit nicht in ihrem strategischen Maßnahmenportfolio aufführten, hat sich diese Gruppe auf weniger als ein Viertel der Teilnehmer reduziert. In gleichem Zeitlauf konnten die befragten Betriebe ihren Professionalisierungsgrad bezüglich Nachhaltigkeit erhöhen, da in der ersten Befragung nur etwa ein Zehntel geplante Maßnahmen auch realisieren konnte, in der letzten Befragung waren es bereits mehr als die Hälfte der Befragten:

Hinsichtlich der externen Herausforderungen sprechen die Teilnehmer Nachhaltigkeit eine gleichbleibende Bedeutung zu (s. Abb. 2). Nachhaltigkeit wird entsprechend nicht als zunehmende Herausforderung sondern als strategischer Lösungsansatz wahrgenommen:

Das Grundverständnis von Nachhaltigkeit wird oftmals mit einer zwingenden Logik der Forstwirtschaft illustriert, dass nur dann dauerhaft genügend Holz zur Verfügung steht, wenn nicht mehr Bäume geschlagen werden, als nachwachsen. (Krüger et al., 2010, Lange, 2008) Heute versteht man unter nachhaltigem Handeln die parallele Verfolgung von Zielen zur ökonomischen Leistungsfähigkeit, sozialer Gerechtigkeit und Minimierung der ökologischen Belastung. Für mehr als die Hälfte aller befragten Weinbaubetriebe ist nachhaltiges Handeln mittlerweile eine Selbstverständlichkeit. Positive wirtschaftliche Effekte werden in den Erhebungen als nachrangig beurteilt. Die Erhöhung von Image und Markenbekanntheit und die positiven Auswirkungen auf das Betriebsergebnis sind hingegen für mehr als zwei Drittel der Befragten handlungsleitend. Diese Haltung der Betriebe wird durch die Einschätzung der zukünftigen Bedeutung von Nachhaltigkeit untermauert. Die Hälfte der befragten Betriebe beabsichtigt, ihre Nachhaltigkeit zukünftig vermehrt nach außen zu kommunizieren. Mit

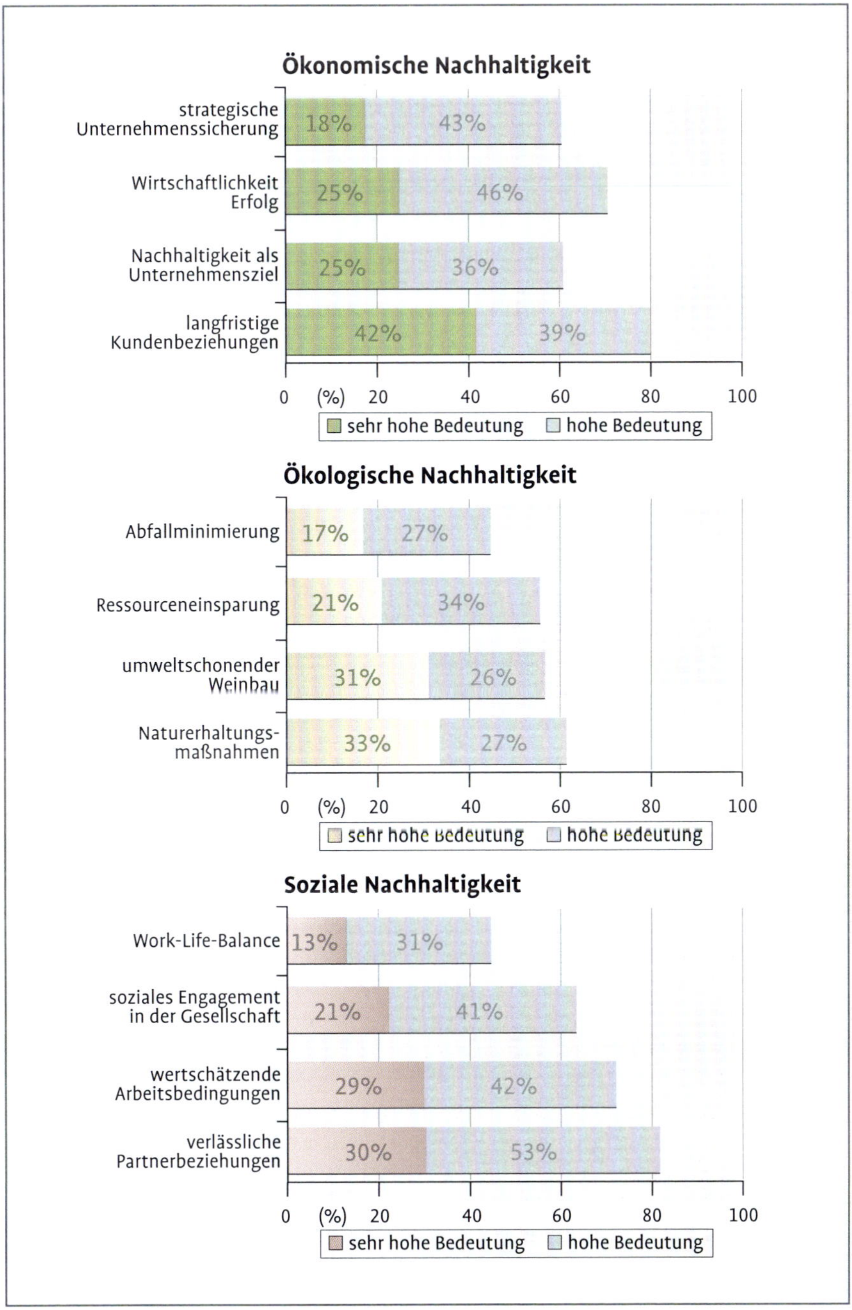

Abb. 3: Schlüsselthemen der Nachhaltigkeit von Weinbaubetrieben.

diesem Grundverständnis offenbart die Weinbranche eine eigenständige Akzentuierung im Vergleich zu branchenübergreifenden Erhebungen. Diese sagen aus, dass unabhängig von der Größe der befragten Betriebe die wirtschaftliche Dimension die höchste Bedeutung bei den drei Säulen der Nachhaltigkeit zugemessen wird, mit Abstand gefolgt von der auf Arbeitnehmer und Gesellschaft gerichteten sozialen Dimension sowie ökologischer Aktivitäten bei der Realisation von Nachhaltigkeit. (Hanning et al., 2019) Auch für die Weinbranche gewinnt die wirtschaftliche Dimension vermutlich wegen zunehmender Wettbewerbsintensität und damit verbundenem wirtschaftlichen Druck an Bedeutung. Nachhaltigkeit entwickelt sich somit von einer primär ökologisch orientierten Bewegung zu einem weitreichenderem Führungsansatz (Gladwin et al., 1995) mit einer parallelen Verfolgung unterschiedlicher Ziele im Sinne einer Balanced Scorecard. (Butler et al., 1997, Johnson, 2015, Kocmanová and Simperová, 2014)

Ein Blick auf die in den jeweiligen Dimensionen maßgeblichen Treiber unterstreicht die Langfristorientierung der Nachhaltigkeitsmaßnahmen (s. Abb. 3). Die Bedeutung langfristiger Kundenbeziehungen wird von mehr als 80 % der Betriebe als hoch oder sehr hoch eingeschätzt und für zwei Drittel bestimmt Nachhaltigkeit maßgeblich ihr Unternehmensziel. Bei den sozialen Nachhaltigkeitsmaßnahmen steht der Umgang mit Partnern und Mitarbeitern im Vordergrund. Soziales Engagement wird von zwei Dritteln der Befragten in (sehr) hohem Ausmaß verfolgt. Auf der ökologischen Seite haben Naturerhaltungsmaßnahmen und umweltschonender Weinbau für deutlich mehr als die Hälfte der Befragten eine hohe bzw. bei einem Drittel eine sehr hohe Bedeutung. Damit wird eine hohe Nachhaltigkeitsausrichtung der Branche dokumentiert, was angesichts der Abhängigkeit von der Natur – in Weinmenge und -qualität – und der gesellschaftlichen Forderungen für weitsichtiges Handeln auf Basis sich verändernder Umweltbedingungen spricht.

2.3.3 Strategische Positionierung und Nachhaltigkeitsmanagement

Unternehmen sind gefordert eine generische Entscheidung zu fällen, ob über Differenzierung oder Kostenvorteile positioniert und ob der Gesamtmarkt oder eine Nische abgedeckt werden soll. Damit wird die strategische Gruppe festgelegt, in der das Unternehmen im Wettbewerb wahrgenommen werden will. (Cool and Dierickx, 1993, Deephouse, 1999, Fiegenbaum and Thomas, 1995). Die vier Befragungsläufe liefern eine sich bestätigende Wettbewerbspositionierung der deutschen Weinerzeuger mit einer Preis-Leistungsstrategie als vorherrschende Strategie in der Wettbewerbslandschaft der Anbieter. Sie vereint über 40 % der Population, gefolgt von Qualitätsführern mit 22 %. Premium-Strategien und Nischenorientierung wird von circa 15 % der Befragten als strategische Gruppierung angegeben, wobei Nischenstrategien im Zeitablauf zunehmend zur Differenzierung beschritten wird. Die Kostenführer stellen mit 5 % den geringsten Anteil. Hierbei ist zu berücksichtigen, dass die Kellereien im Panel nicht repräsentativ vertreten sind.

Die Befragungen offenbaren, dass das Nachhaltigkeitsmanagement mit der strategischen Gruppierung korrespondiert (s. Abb. 4). Kostenführer messen Nachhaltigkeit eine geringere Bedeutung bei – insbesondere hinsichtlich der sozialen Dimension.

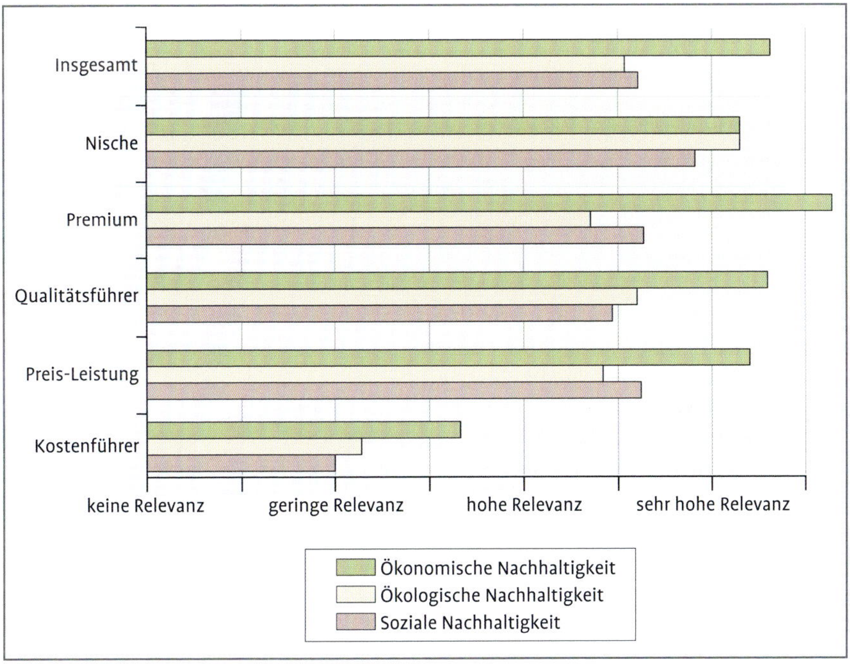

Abb. 4: Ausprägung der Nachhaltigkeitsdimensionen nach strategischer Positionierung.

Nischenanbieter hingegen legen besonderen Wert auf Nachhaltigkeit. Bei Nischenanbietern ist die Gleichgewichtung der drei Nachhaltigkeitsdimensionen auffällig, während die anderen strategischen Gruppen einer stärkeren Betonung der wirtschaftlichen Dimension folgen, jedoch mit gruppenspezifischen Akzenten.

Neben den Auffälligkeiten in der Verteilung der Positionierungsansätze unterstreichen die Aussagen zum Einfluss von Nachhaltigkeit auf die jeweilige Positionierung die strategische Relevanz des Themas. Bei 15 % der teilnehmenden Weinbaubetriebe übt Nachhaltigkeit einen sehr hohen, bei weiteren 30 % einen hohen Einfluss auf die strategische Positionierung aus. Für Nischen- und Premiumanbieter ist Nachhaltigkeit von überdurchschnittlicher strategischer Relevanz. Damit wird bestätigt, dass mit Nachhaltigkeit neue Kundengruppen gezielt angesprochen und gewonnen werden können. Diese Zielgruppen bilden attraktive Konsumentengruppen, z. B. sogenannte LOHAS (Lifestyle of Health and Sustainability) – gekennzeichnet durch bewussten Lebensgenuss und überdurchschnittliches Einkommen. (Helmke et al., 2016) Angesichts des im deutschen Weinmarkt fehlenden Wachstums, des erkennbaren Verdrängungsmarktes und der für Weinkonsum nachteiligen demografischen Entwicklung (DWI, 2018a) ist die Gewinnung neuer Zielkunden eine zentrale Erfolgsdeterminante für Weinproduzenten. Bei Verfolgung der Strategien Qualitätsführerschaft und Preis-Leistungs-Strategie sind die Nachhaltigkeitsausprägungen über alle Bereiche gleichartig, in Einklang mit allen bisherigen Strategieanalysen der beiden Cluster. Eine ausgeprägte Relevanz von Nachhaltigkeit auf die Preispolitik in diesen strategischen Typen kann als Indiz gewertet werden, dass Nachhaltigkeit bei der Preisstrategie und entsprechender Argumentation von Preisen genutzt werden kann. Nachhaltigkeit ist offensichtlich ein wichtiger Treiber für Innovation. Langfristige Orientierung erfordert eine Beschäftigung mit Veränderungen und mit Chancen in der Zukunft, wodurch eine aktive Auseinandersetzung mit Innovationen erfolgt. Am wichtigsten ist der Einfluss von Nachhaltigkeit auf Innovationen für Kostenführer, aber auch für Nischen- und Premiumanbieter. Qualitätsführer und Preis-Leistungsanbieter kommunizieren einen verhältnismäßig höheren Einfluss von nachhaltigem Verhalten auf die Preis- und Vertriebspolitik des Betriebes. In der strategischen Gruppe der Kostenführer motiviert Nachhaltigkeit besonders das Innovationsmanagement. Auch die Kostenführer erkennen die steigende Marktrelevanz von Nachhaltigkeit. Da diese strategische Gruppe Innovation primär zur Effizienzsteigerung einsetzt, wird die Wirkung von Nachhaltigkeit zur Optimierung von Prozessen als auch in der Kommunikation untermauert. (Berns, 2009)

Die Auswertung aller Variablen zur Erfolgsmessung der Panelbefragungen untermauert die strategische Relevanz und zudem den Erfolgseinfluss von Nachhaltigkeit nachdrücklich. Die persönliche Zufriedenheit der Teilnehmer mit verstärktem Nachhaltigkeitsengagement ist überdurchschnittlich. Bis auf die Kosten und die Kapitalstruktur, bei denen die Populationen mit und ohne Nachhaltigkeitsorientierung nahezu gleiche Erfolgswerte erreichen, zeigen alle zehn weiteren Erfolgsindikatoren höhere Werte bei intensiver Nachhaltigkeitsorientierung. Besonders ausgeprägt ist der Erfolgseinfluss von geplanten und realisierten Nachhaltigkeitsmaßnahmen bei der Gewinnung neuer Märkte und dem Marktanteil.

2.3.4 Nachhaltigkeitscluster der Erzeuger

Der gewonnene Datenpool wurde zur Generierung von Nachhaltigkeitstypen (Schaltegger and Wagner, 2011, Shepherd and Patzelt, 2011) genutzt. Eine Hauptkomponentenanalyse mittels SPSS erlaubt die Unterscheidung von Nachhaltigkeitstypen, die unter Rückgriff auf Literatur gemäß der in der Typologie gezeigten Nachhaltigkeitsintensität in den abgefragten Nachhaltigkeitsmaßnahmen den drei Gruppen „Vorreiter", „Fokussierte" und „Aktive" zugeordnet wurden (s. Abb. 5):

Drei Typen zeichnen sich durch weit überdurchschnittliches Nachhaltigkeitsmanagement aus und werden den Vorreitern in der Branche zugeordnet. Die Population „Nachhaltiges Unternehmertum" kommt der von Schaltegger and Wagner (2011) dargelegten umfassenden Geschäftsmodellprägung durch Nachhaltigkeit im unternehmerischen Handeln am nächsten. Auch wenn ökologische Steuerungsaspekte bei diesen Vertretern ausgeprägt sind, werden die anderen Dimensionen als strategische Leitplanken vollumfänglich berücksichtigt. Die zudem als Vorreiter charakterisierten Cluster Ecopreneur und Bioneer zeigen eine stärkere Akzentuierung hinsichtlich der ökologischen Nachhaltigkeit, wobei letztere neben der Ökologie die Wertsteigerung des Weinguts, das Risiko- und Innovationsmanagement stärker betonen.

Zwei Nachhaltigkeitscluster setzen Akzente entweder bei sozialem Engagement ober bei der Innovation. Diese Vertreter wurden in „Kundenzentrierte Nachhaltigkeitsvertreter"

Nachhaltigkeitscluster	Geschäftsmodell	
„Vorreiter"	Ecopreneur oder Bioneer	Nachhaltiges Unternehmertum
„Fokussiert"	Kundenzentriert	Sozialfokussiert
„Aktiv"	Finanzkennzahlen-getrieben	Marktorientiert

Abb. 5: Typologie von Nachhaltigkeitsclustern und Geschäftsmodellen deutscher Weinerzeuger.

bei Dominanz der kundenorientierten Variablen und „Sozialfokussiert" bei denen die Sozialaspekte neben den ökonomischen Aspekten im Vordergrund stehen, benannt.

Zwei Geschäftsmodelle greifen Nachhaltigkeit primär aus wirtschaftlicher Perspektive auf. Ein Typ wurde wegen der starken Betonung quantitativer, ökonomischer Nachhaltigkeitsaspekte „Finanzkennzahlgetrieben" getauft und das zweite Cluster ist durch eine Mischung aus qualitativen und quantitativen, marktorientierten Werten charakterisiert und entsprechend als „marktorientiert" tituliert. Diese Gruppen negieren die Relevanz von Nachhaltigkeit nicht, die Verfolgung ist jedoch weniger holistisch als bei den anderen Typen und die kommunikative Darlegung der Nachhaltigkeitsaspekte wirkt primär rechtfertigend und verwaltend.

Auch wenn die erkannten Typologien keine Repräsentativität beanspruchen, sprechen sie für eine Transition auf dem Weg von produktzentrierten Geschäftsmodellen in der deutschen Weinwirtschaft hin zu holistischem Unternehmertum mit Nachhaltigkeitsausprägung. (Dressler, 2013a, Dressler, 2013b, Santini et al., 2011) Eine gesteigerte strategische Wertschätzung von Nachhaltigkeit treibt die organisationale Umsetzung und entsprechendes Managementverhalten. (Mebratu, 1998) Dadurch werden Fähigkeiten zum Nachhaltigkeitsmanagement ausgeprägt und führen zu zunehmender Beherrschung der Komplexität nachhaltiger Unternehmensführung – insbesondere die Erfüllung von Ansprüchen unterschiedlicher Bezugsgruppen und gesellschaftlicher Erwartungen. (Amui et al., 2017, Esty and Porter, 2005) Neue Steuerungsmodelle entwickeln sich. (Nagel et al., 2017, Gaziulusoy, 2015)

Dem Veränderungsmanagement und der Geschäftsmodellanpassung kommt eine entscheidende Funktion zu. (Franceschelli et al., 2018) Eine aktuelle Untersuchung des deutschen Verbraucherverhaltens offenbart, dass Nachhaltigkeit neben Schnelligkeit und Verlässlichkeit einer der drei ausschlaggebenden Entscheidungsfaktoren sowohl bei stationären als auch online-Einkäufen geworden ist. (Arnoldy and Wulff, 2019) Damit rückt die Nachhaltigkeitsorientierung und hiermit verbundene Kommunikation der

Unternehmen zunehmend in den Vordergrund – es wird ein strategisches Thema. (Adner and Zemsky, 2006) Dies wird sich auch in der zukünftigen Thematisierung von Nachhaltigkeit in der strategischen Positionierung zeigen. Eine verstärkte Penetration der bisherigen Vorreitermodelle zu Lasten der eher verwaltend Agierenden ist zu erwarten. (Jacobides et al., 2018)

Zusammenfassung und Ausblick

Nachhaltigkeit erfährt zunehmend gesellschaftliche Relevanz und bestimmt mit wachsendem Einfluss das Einkaufsverhalten der Konsumenten. Auch in der betrieblichen Praxis der Weinerzeuger steigt die strategische Bedeutung von Nachhaltigkeit. Nachhaltigkeit wird zum Selbstverständnis mit weitreichenden Impulsen für das Innovationsverhalten und die Organisationsgestaltung. Die empirisch basierten Analysen auf Basis von vier im Zweijahresabstand realisierten Befragungen offenbaren, dass Nachhaltigkeit der strategischen Differenzierung dient. Nachhaltigkeit entwickelt sich zu einem Profilierungsvehikel und Steuerungsinstrument. Besonders die Kundenansprache und eine Betonung der eigenen strategischen Profilierung sichert Nachhaltigkeit weitere und steigende Relevanz zur Wettbewerbsgestaltung im stagnierenden Markt mit Verdrängung von Anbietern, wie es im deutschen Weinmarkt der Fall ist. Flankierender Handlungsdruck wird zudem vom Handel ausgeübt. Ein synchronisiertes strategisches Management, insbesondere bei ambitionierteren, unternehmerischen Zielen wirkt umfassend erfolgssteigernd.

Literaturverzeichnis

Adner, R./Zemsky, P. (2006): A demand-based perspective on sustainable competitive advantage. Strategic Management Journal, 27, 215–239.

Amui, L. B. L./Jabbour, C. J. C./Jabbour, A. B. L. D. S./Kannan, D. (2017): Sustainability as a dynamic organizational capability: a systemic review and a future agenda toward a sustainable transition. Journal of Cleaner Production.

Anshoff, H. I. (1965): Corporate strategy: An analytic approach to business policy for growth and expansion, McGraw-Hill Companies.

Arnoldy, S./Wulff, C. (2019): Surviving the retail apocalypse. In: PWC (ed.). Frankfurt: Price Waterhouse Cooperates.

Atkin, T./Gilinsky, A./Newton, S. K. (2011): Sustainability in the Wine Industry: Altering the Competitive Landscape? In: BEM (ed.) 6th AWBR International Conference. Bordeaux.

Baum, H.-G./COENENBERG, A. G./GÜNTHER, T. (2007): Strategisches Controlling, Schäffer-Poeschel.

Bernss, M./Townende, A./Khayat, Z./BALAGOPAL, B./REEVES, M./HOPKINS, M. S./KRUSHWITZ, N. (2009): Sustainability and competitive advantage. Sloan Management Review, 51, 19–26.

Bindi, M. & Howden, M. Challenges and opportunities for cropping systems in a changing climate. 4th International Crop Science Congress, Brisbane, Australia, 2004.

BMELV (2016): Ertragslage Obst-und Weinbau 2016. In: ABT. 1, R. (ed.). BMELV.

Bonn, I./Fisher, J. (2011): Sustainability; The missing ingredient in strategy. Journal of Business Strategy, 32, 5–14.
Bowman, E. H./HELFAT, C. E. (2001): Does corporate strategy matter? Strategic Management Journal, 22, 1–23.
BRUNDTLAND, G. H. (1991): Our common future. Oxford paperbacks. 13. impr ed. Oxford: Univ. Press.
Bundesamt, S. 2018: Rebflächenerhebung 2017. https://www.destatis.de/DE/ZahlenFakten/Wirtschaftsbereiche/LandForstwirtschaftFischerei/Wein/Rebflaechenerhebung.html.
BUTLER, A./LETZA, S. R./NEALE, B. (1997): Linking the Balanced Scorecard to Strategy. Long Range Planning, 30, 242–253.
CHAUDHURY, S. R./ALBINSSON, P. A./SHOWS, D. G./MOENCH, V. (2014): The winemaker as entrepreneurial marketer: an exploratory study. International Journal of Wine Business Research, 26, 259–278.
COGEA 2014. Study on the competitiveness of European wines. In: COMMISSION, E. (ed.) Publications of the European Union. Final Report ed. Luxemburg.
COOL, K./DIERICKX, I. (1993): Rivalry, strategic groups, and performance. Strategic Management Journal, 16, 47–59.
CROSSAN, M. M./APAYDIN, M. (2010): A Multi-Dimensional Framework of Organizational Innovation: A Systematic Review of the Literature. Journal of Management Studies, 47, 1154–1191
D'AVENI, R. (1994): Hypercompetition: The Dynamics of Strategic Maneuvering, New York, Basic Books.
DEEPHOUSE, D. L. (1999): To be different, or to be the same? It's a question (and theory) of strategic balance. Strategic Management Journal, 20, 147–166.
DEIMEL, K. (2008): Stand der strategischen Planung in kleinen und mittleren Unternehmen in der BRD. Zeitschrift für Planung & Unternehmenssteuerung, 19, 281–298.
DENTON, D. K. (1999): Gaining competitiveness through innovation. European Journal of Innovation Management, 2, 82–85.
DRESSLER, M. (2013a.): Ökologischer Weinbau: Positionierungsanalysen. Der Deutsche Weinbau, 5, 16–18.
DRESSLER, M. (2013b.): Zukunft im ökologischen Weinbau: Strategien – Innovation – Nachhaltigkeit. In: RHEINPFALZ, D. (ed.) Pfälzer Weinbautage 2013. Neustadt.
DRESSLER, M. (2016a.): Nachhaltigkeit – quo vadis? Das Deutsche Weinmagazin, 14, 28–31.
DRESSLER, M. (2016b): Vertriebsmanagement – Multikanaler und moderner Vertrieb. In: SCHULTZ, H.-R. & STOLL, M. (eds.): Deutsches Weinbaujahrbuch 2016. Stuttgart: Ulmer.
DRESSLER, M. (2018): The German Wine Market: a Comprehensive Strategic and Economic Analysis. Beverages, 92.
DRUCKER, P. (2014): Innovation and entrepreneurship, Routledge.
DWI. (2018a): Demografischer Wandel macht der Weinbranche zu schaffen. Yumda [Online].
DWI (2018b): Deutscher Wein Statistik 2017/2018. Mainz.
DWI (2019): Deutscher Wein Statistik 2018/2019. Mainz.
ESTY, C. D. & PORTER, M. E. (2005): National environmental performance: an empirical analysis of policy results and determinants. Environmental Development Economics.

FIEGENBAUM, A./THOMAS, H. (1995): Strategic groups as reference groups: Theory, modeling and empirical examination of industry and competitive strategy. Strategic Management Journal, 16, 461–476.

FRANCESCHELLI, M. V./SANTORO, G. & CANDELO, E. (2018): Business model innovation for sustainability: a food start-up case study. British Food Journal, 120, 2483–2494.

FREDERICK, H. H. (2018): The emergence of biosphere entrepreneurship: are social and business entrepreneurship obsolete? International Journal of Entrepreneurship and Small Business, 34, 381–419.

GAZIULUSOY, I. A. (2015): A critical review of approaches available for design and innovation teams through the perspective of sustainability science and system innovation theories. Journal of cleaner production, 366–377.

GERSTENGARBE, F.-W. & WERNER, P. (2007): Der rezente Klimawandel.

GLADWIN, T. N./KENNELLY, J. J. & KRAUSE, T.-S. (1995): Shifting paradigms for sustainable development: Implications for management theory and research. Academy of management Review, 20, 874–907.

GRANT, R. M. (2016) Contemporary strategy analysis: Text and cases edition, John Wiley & Sons.

HALL, J. K./DANEKE, G. A. & LENOX, M. J. (2010): Sustainable development and entrepreneurship: Past contributions and future directions. Journal of Business Venturing, 25, 439–448.

HAMILTON, B. H. & NICKERSON, J. A. (2003): Correcting for endogeneity in strategic management research. Strategic organization, 1, 51–78.

HANNING, U./VÖLKER, R. & TACHKOV, P. (2019): Nachhaltige Unternehmensführung lohnt sich: Ergebnisse einer aktuellen Studie [Online]. https://www.competence-site.de/nachhaltige-unternehmensfuehrung-lohnt-sich/. [Accessed].

HAUSCHILDT, J. (2004): Innovationsmanagement, München, Verlag Vahlen.

HELMKE, S./SCHERBERICH, J.-U. & UEBEL, M. (2016): LOHAS-Marketing, Springer.

HOPPMANN, D. & BERKELMANN-LOEHNERTZ, B. (2000): Prognosis of phenological stages of Vitis vinifera (cv. Riesling) for optimizing pest management*. EPPO Bulletin, 30, 121–126.

IPCC (2007): On Climate change 2007: The physical science basis. Change, Intergovernmental Panel Cambridge: Cambridge University Press.

JACOBIDES, M. G./CENNAMO, C./GAWER, A. (2018): Towards a theory of ecosystems. Strategic Management Journal, 39, 2255–2276.

JENSSEN, J. I. J./GEIR (2004): How do corporate champions promote innovations? International Journal of Innovation Management, 8, 63–86.

JOHANNESSEN, J.-A./OLAISEN, J./OLSEN, B. (1999): Managing and organizing innovation in the knowledge economy. European Journal of Innovation Management, 2, 116–128.

JOHNSON, D./HOWELL, G. (1981): Factors influencing critical temperatures for spring freeze damage to developing primary shoots on Concord grapevines. American journal of enology and viticulture, 32, 144–149.

JOHNSON, G. L./DALY, C./TAYLOR, G. H. & HANSON, C. L. (2000): Spatial variability and interpolation of stochastic weather simulation model parameters. Journal of Applied Meteorology, 39, 778–796.

JOHNSON, M. P. (2015): Sustainability management and small and medium-sized enterprises: Managers' awareness and implementation of innovative tools. Corporate Social Responsibility and Environmental Management, 22, 271–285.

KIM, W. C. & MAUBORGNE, R. A. (2014): Blue ocean strategy: How to create uncontested market space and make the competition irrelevant, Harvard business review Press.

KOCMANOVÁ, A. & SIMPEROVÁ, I. (2014): Determination of environmental, social and corporate governance indicators: framwork in the measurement of sustainable performance. Journal of Business Economics and Management, 15, 1017–1033.

KOVÁCS, L. G./BYERS, P. L./KAPS, M. L. & SAENZ, J. (2003): Dormancy, cold hardiness, and spring frost hazard in Vitis amurensis hybrids under continental climatic conditions. American journal of enology and viticulture, 54, 8–14.

KREIKEBAUM, H./GILBERT, D. U. & BEHNAM, M. (2011): Strategisches Management, Stuttgart, Kohlhammer.

KRÜGER, W./SCHUBERT, B. & WITTBERG, V. (2010): Die Zukunft gibt es nur einmal! Plädoyer für mehr unternehmerische Nachhaltigkeit, Wiesbaden, Gabler Verlag/Springer Fachmedien Wiesbaden GmbH Wiesbaden.

KURTH, T./RUBEL, H./MEYER ZUM FELDE, A./KRÜGER, J.-A./ZIELCKE, S./GÜNTHER, M. & KEMMERLING, B. (2019): Die Zukunft der deutschen Landwirtschaft sichern – Denkanstöße und Szenarien für ökologische, ökonomische und soziale Nachhaltigkeit In: GROUP, B. C. (ed.). Berlin.

LANGE, H. (ed.) (2008): Nachhaltigkeit als radikaler Wandel: Die Quadratur des Kreises?, Wiesbaden: VS Verlag für Sozialwissenschaften/GWV Fachverlage GmbH Wiesbaden.

LOOSE, S. & PABST, E. (2018): Current State of the German and International Wine Markets. Oceania, 634, 1.9.

LUBELL, M./VICKEN, H. & HOFFMAN, M. (2011): Innovation, Cooperation, and the Perceived Benefits and Costs of Sustainable Agriculture Practices. Ecology and Society, 16, 1–12.

LUCKE, D. (1995): Akzeptanz: Legitimität in der „Abstimmungsgesellschaft“, Opladen: Leske+Budrich.

MALHEIRO, A. C./SANTOS, J. A./FRAGA, H. & PINTO, J. G. (2010): Climate change scenarios applied to viticultural zoning in Europe. Climate Research, 43, 163–177.

MALHEIRO, A. C./SANTOS, J. A./PINTO, J. G. & JONES, G. V. (2012): European Viticulture Geography in a changing climate. OIV Bulletin, 85, 15–22.

MAUREL, C./UGAGLIA, A. A. & DEL'HOMME, B. (2017): Evolution of the concept of performance in the wine industry: a literature review. International Journal of Entrepreneurship and Small Business, 32, 254–279.

MEBRATU, D. (1998): Sustainability and Sustainable Development: historical and conceptual review. Environmental Impact Assessment Review.

MILLER, D. (1986): Configurations of strategy and structure: Towards a synthesis. Strategic Management Journal, 7, 233–249.

MILLER, D. (1987): The structural and environmental correlates of business strategy. Strategic Management Journal, 8, 55–76.

MOZEL, M. R. & THACH, L. (2014): The impact of climate change on the global wine industry: Challenges & solutions. Wine Economics and Policy, 3, 81–89.

NAGEL, S./HISS, S./WOSCHNACK, W. & TEUFEL, B. (2017): Between Efficiency and Resilience: The Classification of Companies According to their Sustainability Performance. Historical Social Research, 42, 189–210.

NICHOLLS, A. & MURDOCK, A. (2012): The nature of social innovation. Social innovation. London: Palgrave Macmillan.

OBERHOFER, J. Strategien zur Verminderung von Spätfrostschäden. In: DLRRP, ed. 65. Pfälzische Weinbautage, 2012 Neustadt. 62–65.
OC&C (2012. Erwartete Konsumentenreaktion auf Preiserhöhung je Land. In: 2011/2012, P. (ed.).
PAPADAKIS, V./LIOUKAS, S. & CHAMBERS, D. (1998): Strategic decision-making processes: the role of management and context. Strategic Management Journal, 19, 115–147.
PETGEN, M. (2007): Reaktion der Reben auf den Klimawandel. Schweiz Z Obst-Weinbau, 9, 6–9.
POLING, E. B. (2008): Spring cold injury to winegrapes and protection strategies and methods. HortScience, 43, 1652–1662.
PORTER, M. E. (1998): Competitive strategy, structure and firm performance. Harvard Business Review, 76, 77–90.
RABOBANK 2012: The incredible bulk. Industry Notes. Rabobank.
SANTINI, C./CAVICCHI, A./GILINSKY, A./NEWTON, S. & RABINO, S. (2014): Niche Strategy and Resources: dilemmas and open questions, an exploratory study. Academy of Wine Business Research, 8th international conference. Geisenheim.
SANTINI, C./GILINSKY, A./CAVICCHI, A. & CLAPS, M. (2011): A vision, a wine and a shining Star in the shadow of Montalcino: the story of a biodynamic pioneer in the heart of Tuscany. 17.
SCHALTEGGER, S. & WAGNER, M. (2011): Sustainable entrepreneurship and sustainability innovation: categories and interactions. Business strategy and the environment, 20, 222–237.
SCHUMPETER, J. A. (1939): Business Cycles – A Theoretical, Historical, and Statistical Analysis of the Capitalist Process, New York.
SHEPHERD, D. A. & PATZELT, H. (2011): The new field of sustainable entrepreneurship: Studying entrepreneurial action linking „what is to be sustained“ with „what is to be developed“. Entrepreneurship Theory and Practice, 35, 137–163.
STATISTA 2018. Pro-Kopf-Verbrauch von Bier, Wein, Schaumwein und Spirituosen in Deutschland in den Jahren 2008 bis 2017 (in Liter). Statista.com/statistik/daten/studie.
STOCK, M. (2005): Klimaveränderungen fordern die Winzer. In: KLIMAFOLGENFORSCHUNG, P.-I. F. (ed.).
WANG, C. L. A./PERVAIZ K. (2004): The development and validation of the organizational innovativeness construct using confirmatory factor analysis. European Journal of Innovation Management, 7, 303–313.
YINAN, Q./XIANDE, Z. & CHWEN, S. (2011): The Impact of Competitive Strategy and Supply Chain Strategy on Business Performance: The Role of Environmental Uncertainty. Decision Sciences, 42, 371–389.

3 Nachhaltigkeit im Weinbau mit dem System FAIR'N GREEN

Dr. Keith Ulrich

„Humanity has the ability to make development sustainable – to ensure that it meets the needs of the present without compromising the ability of future generations to meet their own needs." (Brundtland Report; Hauff 1987)

Einleitung

„Wir kennen unsere historischen Wurzeln und wir tragen Verantwortung für die Landschaft, die Landschafts- und Weinkultur und deshalb ist es unsere Verpflichtung, gesunde Weinberge an die nächste Generation zu übergeben. Im Einklang mit und aus Respekt vor der Natur." (Weingut Dönnhoff)

Im Jahr 2021 führt nicht nur am Begriff Nachhaltigkeit kein Weg mehr dran vorbei, auch hinsichtlich der Notwendigkeit eines Umdenkens sämtlicher gesellschaftlicher Akteure hin zu vermehrt nachhaltigem Handeln herrscht weitestgehend Konsens. Doch was bedeutet nachhaltiges Handeln? Wie entscheide ich mich als Unternehmer – als Winzer – oder als Privatperson, in welchen Bereichen ich alte Pfade verlasse und neue beschreiten möchte? Von welchen Maßnahmen profitiere ich möglicherweise selbst direkt und welche Maßnahmen sind eher aus einer abstrakten Nachhaltigkeitsperspektive sinnvoll?

Der Begriff der Nachhaltigkeit stammt ursprünglich aus der Forstwirtschaft. Carl von Carlowitz fragte, „wie eine sothane [solche] Conservation und Anbau des Holzes anzustellen, daß es eine continuirliche, beständige und nachhaltende Nutzung gebe, weiln es eine unentbehrliche Sache ist, ohnewelche das Land in seinem Esse [Wesen] nicht bleiben mag." (von Carlowitz, 1713). Nach von Carlowitz sollte nur so viel Wald abgeholzt werden, wie der Wald sich in absehbarer Zeit auf natürliche Weise regenerieren kann.

Heute wird der Begriff der Nachhaltigkeit fast inflationär benutzt und immer mehr Systeme oder auch einzelne Betriebe bezeichnen sich als nachhaltig. Solange der Begriff nicht gesetzlich geschützt ist, wird dies ein Problem bleiben, umso wichtiger ist es, dass die verantwortungsbewussten Betriebe/Weingüter sich einem System anschließen, das für Glaubwürdigkeit, Ganzheitlichkeit, Transparenz aber auch für eine inhaltliche Tiefe steht.

Nachhaltigkeit ist auch deshalb so wichtig, weil alle gesellschaftlich relevanten Fragestellungen abgebildet werden. In einem ganzheitlichen umfassenden Nachhaltigkeitssystem gehen z. B. die Analyse der Arbeitsbedingungen, der Ressourceneffizienz, der Umweltaspekte und der ökonomischen Zukunftsfähigkeit Hand in Hand.

„Nach unserem Verständnis kann eine Betrachtung für ein soziales, umwelt- und naturgerechtes Wirtschaften nicht auf die Produktion im Weinberg beschränkt bleiben. Verantwortung sollte in jeden Bereich mess- und prüfbar sein." (Weingut von Othegraven)

Dabei müssen ökonomische Werte auch immer moralisch fundiert sein (Gabriel, 2020). Gesellschaftliche Ansätze, die moralischen Fortschritt und Kooperation begünstigen, gehören die Zukunft.

Je komplexer die Wirklichkeit, je schwieriger wird es, sie in einem System abzubilden und je wahrscheinlicher wird es, dass bisher abgesicherte Wissenspostulate sich als falsch erweisen (Gabriel 2020, S.44). Deshalb ist es wichtig, sein bestehendes System und die Arbeitsgrundlage der daran beteiligten Betriebe immer wieder zu hinterfragen und auf seine Wissensgrundlagen hin zu überprüfen.

Auch Innovationen und Nachhaltigkeit müssen miteinander verknüpft werden. Nachhaltigkeitssysteme, die zukunftsfähig sein wollen, streben neue Lösungen an und verknüpfen sich mit der Forschung, um für ihre Mitglieder neue nachhaltige Lösungen aufzeigen zu können. Moralischer Fortschritt bedeutet Kooperation unter den am System beteiligten Weingütern mit anderen Akteuren aus Forschung und Zivilgesellschaft. Zusammen an neuen Lösungen arbeiten, gewohnte Praktiken in Frage stellen und stets gemeinsam den bestmöglichen Weg zu verfolgen sind Aspekte solcher Kooperationen.

Um Unternehmen auf dem Weg in eine nachhaltige Zukunft zu begleiten, sie bei der Transformation zu beraten und zu unterstützen, wurde 2013 das System FAIR'N GREEN entwickelt. Wie FAIR'N GREEN entstanden ist und was das System ausmacht, soll im Folgenden näher erläutert werden. Denn FAIR'N GREEN beansprucht nicht, den einzig gangbaren Weg hin zu mehr nachhaltigem Wirtschaften zu kennen, sondern definiert Leitplanken innerhalb derer verschiedene verantwortungsbewusste Wege als Möglichkeit akzeptiert werden. Dieser Ansatz hat sich in den letzten Jahren zu einem bewährten System entwickelt, der von vielen Weingütern und Wertschöpfungspartnern erfolgreich bestritten wird.

3.1 Hintergrund und Entwicklung von FAIR'N GREEN

„FAIR'N GREEN leistet einen wichtigen kontemporären Beitrag zur Zukunftssicherung des deutschen Weinbaus, zur Entwicklung einer nachhaltigen, der Umwelt gegenüber verantwortungsvollen, Weinkultur." (Reinhard Löwenstein, Weingut Heymann-Löwenstein)

Der Nachhaltigkeitsstandard FAIR'N GREEN wurde 2013 unter dem Motto „Von Winzern für Winzer" in enger Zusammenarbeit zwischen Winzern (insbesondere Reinhard Löwenstein und Clemens Busch), der Athenga GmbH (einem Beratungsunternehmen für Nachhaltigkeit und Klimaschutz) und Wissenschaftlern, darunter die Hochschule Geisenheim sowie der Weincampus Neustadt, entwickelt.

Die Initiative ging dabei von den Winzern selbst aus, die ein praxistaugliches System entwickeln wollten, das sie einerseits in ihrer Arbeit unterstützt, das andererseits aber auch alle relevanten Fragestellungen der Nachhaltigkeit, die ein Weingut betreffen, beinhaltet.

Dabei sind WinzerInnen auf einen gut funktionierenden lebendigen Weinberg und intakte Ökosysteme angewiesen, um die Qualität der Reben und Ernten sicherzustellen (Atkin et al., 2012). Die Weinbranche erzeugt Produkte hoher Qualität, verfügt über eine umfassende Wertschöpfungstiefe und steht in einem symbiotischen Verhältnis mit der Natur. Der durch menschliche Aktivitäten veränderte Weinberg könnte ohne die Handhabung des Winzers in seiner die Kulturlandschaft prägenden Art nicht existieren (Heymann-Löwenstein, 2009).

Dass die Initiative von Winzern ausging und nicht von einem nationalen Weinbauverband oder im Rahmen eines Forschungsprojektes, zeigt die hohe Motivation der WinzerInnen, sich an der gesellschaftlichen Diskussion über nachhaltige Landwirtschaft zu beteiligen und gleichzeitig Lösungsansätze mitzuentwickeln.

Die Mitgliederanzahl des Fair and Green e. V. entwickelte sich in dem ersten Jahr des Bestehens auf 20 Weingüter wobei Familienbetriebe im Fokus standen. In der Folgezeit wurden auch die erste Genossenschaft und die erste Kellerei aufgenommen. Mit der Zertifizierung der Genossenschaft Kellerei Kaltern aus Südtirol ergaben sich neue Herausforderungen, sowohl bzgl. der Überzeugung und Beratung der über 650 Mitglieder der Genossenschaft, den Weg zu einem nachhaltigen Unternehmen zu gehen als auch später in der Zertifizierung. Genossenschaften zeichnen sich dabei als Vorreiter für nachhaltiges Wirtschaften aus, indem ihr Grundverständnis auf Partnerschaft und gemeinsame Kellerwirtschaft und Vermarktung ausgerichtet ist. Mit der Kellerei Kaltern wurde ein Entwicklungsprogramm erarbeitet, welches jährlich überprüft und hinsichtlich seiner Praxistauglichkeit regelmäßig wieder angepasst wurde. Dabei zeigte sich, dass das Nachhaltigkeitssystem FAIR'N GREEN für Genossenschaften besonders geeignet ist, da unterschiedliche gute Wege zugelassen werden, aber auch Leitplanken existieren, auf die sich alle Mitglieder verständigen können. Der Nachhaltigkeitsgedanke führt zu einem gemeinsamen integrativen Verständnis über die Ausrichtung des Unternehmens.

Mittlerweile haben sich mit der Genossenschaft Untertürkheim, der Winzergenossenschaft Sommerach und der Winzergenossenschaft Achkarren weitere genossenschaftlich organisierte Betriebe dem Nachhaltigkeitsgedanken verpflichtet. Damit arbeiten mittlerweile über 1.000 WinzerInnen nach dem System von FAIR'N GREEN.

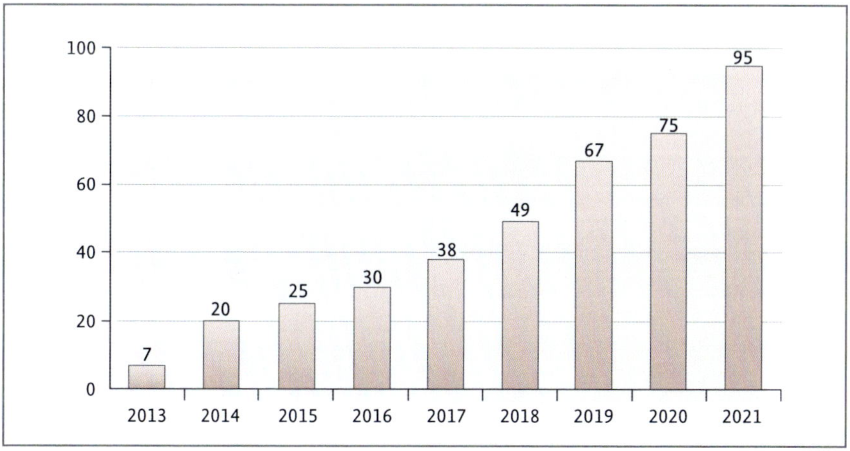

Abb. 1: Entwicklung der Mitgliedsbetriebe des Fair and Green e.V., (eigene Darstellung).

Eine weitere frühzeitige Entwicklung war die Internationalisierung von FAIR'N GREEN. Schon im Jahr 2014 schloss sich mit der Domaine Pfister das erste französische Weingut dem System an. Es folgten in den nächsten Jahren Weingüter aus Österreich, Italien, der Schweiz und Israel. Inzwischen wurde das Siegel an über 90 Weinbaubetriebe vergeben.

3.2 Beschreibung des Systems

„Nachhaltigkeit ist der Schlüsselbegriff unserer Generation, denn nur durch nachhaltiges Wirtschaften in sozialen, umweltverwandten und ökonomischen Bereichen können wir den Weinbau, die Weinkulturlandschaft und damit unsere Existenz und besonders auch die für zukünftige Generationen sichern!" (Weingut Meyer-Näkel)

Das System FAIR'N GREEN beinhaltet die Bereiche ökonomische Nachhaltigkeit, ökologische Nachhaltigkeit, soziale Nachhaltigkeit und die Wertschöpfungskette. Die Wertschöpfungskette wurde als Kategorie mit aufgenommen, um einerseits sämtliche Abläufe eines Weinguts darstellen zu können und andererseits spezifische Fragestellungen, z. B. für andere Anbaukulturen oder Spezifika in den verschiedenen beteiligten Ländern, besser abbilden zu können.

Dabei ist jeder der vier Bereiche in Unterkategorien untergliedert. Jede dieser Unterkategorien ist mit einer Vielzahl von Fragestellungen unterlegt. Die Antworten werden bewertet, wobei die Fragestellungen unterschiedlich stark gewichtet sind.

Nachhaltigkeitssystem „FAIR'N GREEN"			Wein
Betriebsführung	Umwelt	Gesellschaft	Wertschöpfungskette
Wirtschaftsplan	Ökobilanz	Unternehmenswerte	Beschaffung
Wirtschaftliches Risikomanagement	Energieeinsatz	Feste Mitarbeiter	Nährstoffeintrag und Böden
Kapitalentwicklung	Carbon-Footprint	Saisonale Mitarbeiter	Pflanzenschutz
Investitionen und Innovationen	Ressourcenschutz	Aus- und Weiterbildung	Biodiversität
Betriebsabläufe	Recycling	Stakeholder und soziales Umfeld	Kellerwirtschaft
Digitalisierung	Wassereinsatz	Gesellschaftliches Engagement	Qualitätsmanagement
Externe Kommunikation und Marketing		Kulturelles Engagement	Absatz und Transport

Abb. 2: Das System FAIR'N GREEN, Fair and Green e.V. 2021.

Insgesamt beinhaltet das System FAIR'N GREEN über 200 Fragestellungen, um die Komplexität eines nachhaltig verantwortungsbewussten Weinguts gut abbilden zu können.

Um die Zertifizierung zu bestehen, muss das Weingut bei seinem Erstaudit insgesamt mindestens 50 % der Kriterien über alle vier Hauptkategorien hinweg erfüllen, wobei in jeder der vier Hauptkategorien mindestens 40 % der Kriterien zu erfüllen sind.

Somit ist es nicht möglich, ein besonders schlechtes Ergebnis in einer Hauptkategorie durch ein besonders gutes Ergebnis in einer anderen Hauptkategorie zu kompensieren.

Ein weiteres wichtiges Ziel von FAIR'N GREEN ist die kontinuierliche Weiterentwicklung. Deshalb verpflichten sich die Betriebe dazu, sich jährlich, um mindestens drei Prozent zu verbessern. Hierbei wird die durchschnittliche Verbesserung über einen Zeitraum von fünf Jahren berücksichtigt, um die Weingüter nicht daran zu hindern, größere Entwicklungen gleich von Anfang an vorzunehmen sowie auch schwierigen Entwicklungen in einem Weingut Rechnung zu tragen.

3.3 Das Prinzip des Entwicklungssystems

„Die kontrollierte Weiterentwicklung geht im täglichen Wirken oft unter und dafür ist das Thema Nachhaltigkeit zu wichtig! Wir erhoffen uns, uns selbst besser kennenzulernen und besser zu werden." (Theresa Breuer, Weingut Georg Breuer)

„Verantwortungsvoller Umgang mit dem Kulturprodukt Wein ist in unserer Familie seit Generationen Programm. FAIR'N GREEN unterstützt uns in der heutigen Zeit die Zusammenhänge unserer Arbeit zu verstehen, um heute und auch noch morgen fit für den modernen Markt zu sein." (Weingut Reinhold Haart)

„Als Betrieb wird man jährlich auf den Prüfstand gestellt und man kann sich in jeder Hinsicht weiterentwickeln. Diese Möglichkeit der Weiterentwicklung möchten wir wahrnehmen in der Verantwortung gegenüber der Natur, unseren Mitarbeitern, unseren Zulieferern, unseren Kunden und der Gesellschaft." (Weingut Schäfer-Fröhlich)

Das System FAIR'N GREEN wurde als Entwicklungssystem konzipiert, das sich an Unternehmen richtet, die sich bereits mit dem Thema Nachhaltigkeit beschäftigen und mit externem Input weiter vertiefen möchten.

Viele gängige (Nachhaltigkeits-)Systeme funktionieren nach folgendem Schema: es gibt einen Katalog mit Anforderungen und/oder Verboten, die erfüllt bzw. eingehalten werden müssen, um dem System zu genügen. Dieser „ganz-oder-gar-nicht" Ansatz bringt in seiner Anwendung für viele Unternehmen Probleme mit sich, da er einerseits statisch und starr ist und andererseits für viele Betriebe eine große Hürde bedeutet, wenn es eine gewisse Anzahl von Kriterien von Anfang an zu erfüllen gilt. Wie soll beispielsweise die Transition erfolgreich vollzogen werden? Oder was passiert, wenn ein Betrieb viel Zeit und Geld investiert, um den Anforderungen zu genügen, es am Ende aber nicht zu der realbetrieblichen Situation passt oder schlichtweg nicht gelingt? Weiterhin folgt einer erfolgreichen Zertifizierung nach einem solchen Schema häufig Stillstand, da es zumindest in der Logik der Systeme keine Notwendigkeit für (Weiter-)Entwicklung gibt.

Dieser Ansatz wird auch als „Hürdenprinzip“ bezeichnet, weil bei diesem Ansatz die Erfüllung aller Kriterien vorausgesetzt wird. Das Pendant dazu heißt „Scoringprinzip“, das auf einer Gesamtbewertung basiert. Die Nichterfüllung einzelner Kriterien ist durch die Übererfüllung anderer erlaubt (Teufel et al. 2009, S.49; Frankl und Rubik, 2005).

Alle Prinzipien haben Vor- und Nachteile. Um den Übergang für die Betriebe einfacher zu gestalten, ist es wichtig, sie zu begleiten, um so eine größere Anzahl an Unternehmen ansprechen zu können. Deshalb hat sich FAIR'N GREEN für eine Verbindung der Ansätze entschieden: das Prinzip des Entwicklungssystems. Dieser Ansatz soll die positiven Aspekte der aufgezeigten Möglichkeiten vereinen und sieht vor, dass anspruchsvolle Mindestanforderungen an die (neuen) Mitglieder gestellt werden. Diese sind allerdings so gewählt, dass sie in der Regel von Unternehmen, die sich seit mehreren Jahren in Richtung Nachhaltigkeit orientieren und dem Thema große Bedeutung beimessen, erfüllt werden können. Die Einstiegshürde ist somit nicht zu hoch und nicht zu niedrig. Weiterhin werden sämtliche Mitglieder bei FAIR'N GREEN in ihrer Entwicklung konstant begleitet und erhalten dahingehend Beratung, welche Maßnahmen als nächstes umgesetzt werden könnten und welche zudem besonders dringend/notwendig sind. So können sich die Betriebe in einem dynamischen, angeleiteten, aber dennoch hohen Anforderungen folgendem Prozess in einem angemessenen Tempo hin zu einer ganzheitlich nachhaltigen Wirtschaftsweise entwickeln. In den Anforderungen schlägt sich dies in einer verbindlichen jährlichen Verbesserung der Nachhaltigkeitsleistung wieder.

Die ständige Weiterentwicklung und Verbesserung sind zwingend notwendig, um den Anforderungen des Systems und den ständig wachsenden und wechselnden Herausforderungen der äußeren Gegebenheiten zu begegnen. Bei den Mitgliedern des Fair and Green e. V. setzt dies die stetige Verbesserung und die aktive Auseinandersetzung mit den Analyse-Ergebnissen voraus, z. B. indem Ergebnisse der individuell erstellten Ökobilanz zur Umsetzung von Maßnahmen genutzt werden.

Ein Review Prozess dieses Ansatzes, der im Beirat des Vereins diskutiert wurde, zeigt den Erfolg des Konzeptes. Alle langjährigen Mitglieder konnten sich im fünfjährigen Durchschnitt um drei % verbessern und erfüllten nun über 80 % der Kriterien.

3.4 Grundprinzipien

3.4.1 Partizipativer Ansatz

„FAIR'N GREEN gibt uns die Möglichkeit, gemeinsam mit Kollegen die Nachhaltigkeit im Weinbau zu verbessern und voneinander zu lernen.“ (Weingut Karthäuserhof)

„Der Fair and Green e. V. bietet eine umfangreiche Betreuung und Beratung in diesen Themen. Außerdem ist der Austausch mit Kollegen sehr wichtig, um eine stetige Verbesserung in Sachen Nachhaltigkeit zu erreichen!“ (Weingut Frieden-Berg)

„Nachhaltigkeit ist ein weltweites Ziel, das man im Austausch mit internationalen Kollegen viel intensiver und schneller erreichen kann als allein – und FAIR'N GREEN ist das System dafür.“ (Mélanie Pfister, Weingut Domaine Pfister)

Schon bei der Entwicklung des Nachhaltigkeitsstandards war den bei der Ausarbeitung des Konzepts beteiligten WinzerInnen eine praxisnahe und handlungsorientierte Gestaltung wichtig. Bei der Entwicklung des Nachhaltigkeitsstandard 2013 waren mit Clemens Busch, Reinhard Löwenstein, Theresa Breuer, Meike und Dörte Näkel, Nik Weis, Axel Neiss und Philipp Kuhn renommierte Winzer beteiligt. Seitdem herrscht ein regelmäßiger Austausch unter den Mitgliedern. Der regelmäßige Austausch und die Bildung von Wissensnetzwerken waren von Anfang an bestimmende integrale Bestandteile des Systems. Auch wurden Forschung und Wissenschaft von Beginn an aktiv miteingebunden.

Es wurde ein Netzwerk geschaffen, indem WinzerInnen sich austauschen können. Dazu finden jährliche Mitgliederversammlungen statt, auf denen Fachvorträge gehalten werden und WinzerInnen Lösungen präsentieren. Von Beginn an war die Übertragung von Best-Practice-Lösungen auf andere Weingüter ein Ziel. Fortwährende Diskussionen über Fragestellungen des Weinbaus und gesellschaftlicher Veränderungen tragen zur anhaltenden Aktualisierung und Anpassung des Systems bei. Neue gesellschaftliche Fragestellungen können dadurch zeitnah in das System integriert werden. Diese ergeben sich aus der öffentlichen Diskussion oder auch aus der fachlichen Praxis der Betriebe vor Ort.

Jener Ansatz (Partizipation und kontinuierlicher und transparenter Austausch) ist notwendig, um alle Stakeholder mitzunehmen. Dies ist insbesondere im Zusammenhang mit der Glaubwürdigkeit eines Zertifizierungssystems von Bedeutung (Boström, 2006).

3.4.2 Das Prinzip des dynamischen Lernens

Um diese konstante Dynamik der äußeren und inneren Gegebenheiten, mit denen die Betriebe konfrontiert sind, widerspiegeln zu können, folgt das FAIR'N GREEN System dem Prinzip des dynamischen Lernens. In enger Abstimmung mit dem wissenschaftlichen Beirat des Fair and Green e.V. sowie durch regen Austausch mit den Mitgliedern des Systems und den relevanten wissenschaftlichen Einrichtungen, versucht das System FAIR'N GREEN sämtliche Themen zu beinhalten und ggf. neu aufzugreifen, die aus Nachhaltigkeitsgesichtspunkten für Unternehmen von Bedeutung sind. Dies kann außerdem neben der Aufnahme neuer Fragestellungen und Aspekte auch das Streichen alter Bereiche, die keine Relevanz mehr haben, bedeuten. Bei jeder Fragestellung steht grundsätzlich die Sinnhaftigkeit mit Blick auf Nachhaltigkeit und die Umsetzbarkeit in einer oder mehreren verschiedenen Lösungen für die Unternehmen im Fokus. So wurde z.B. die Fragestellung der Vermeidung von Mikroplastik im Weinberg mit in das Bewertungssystem aufgenommen, nachdem die Mitglieder das Thema diskutiert und Lösungen vorgestellt haben.

3.4.3 Die Verbindung aus Beratung und Innovation

„FAIR'N GREEN schließt alle Facetten des gewerblichen Weinbaus mit ein und setzt dabei auf analytisch-objektive Messgrößen, um die erklärten Nachhaltigkeitsziele zu erreichen. Dieser ganzheitliche und wissensbasierte Ansatz ist ergebnisorientiert und zielführend." (Prof. Dr. Dominik Durner, Weincampus Neustadt)

Ziel war es, einen Standard zu entwickeln, der mit Analysen, Beratung und konkreten Handlungsanweisungen zu einer kontinuierlichen Verbesserung der Weingüter führt. Es sollte nicht primär mit Verboten, sondern mit konkreten kurz-, mittel- und langfristigen Handlungsempfehlungen gearbeitet werden. FAIR'N GREEN verbindet die Aspekte der Zertifizierung mit der begleitenden Beratung. Diese Verbindung ist ein wichtiger Erfolgsfaktor für ein lösungsorientiertes Managementsystem (Chkanikova und Lehner, 2014). Dabei steht die Beratung klar im Vordergrund des Ansatzes. Es sollen Lösungswege aufgezeigt, Best-Practice-Beispiele herangezogen und zudem neue Lösungen gemeinsam mit der Wissenschaft entwickelt werden. Aus den jährlichen Auditgesprächen ergibt sich auch häufig die Frage nach Lösungen für bestimmte Herausforderungen, bei denen die Betriebe Anleitungen für die Umsetzung von geeigneten Maßnahmen benötigen. Ein Beispiel dafür ist das Biodiversitätsprojekt AmBiTo, welches zusammen mit der Hochschule Geisenheim Lösungen für alle Weinbauregionen in Deutschland entwickeln will, um die Weingüter bei der Umsetzung von Biodiversitätsmaßnahmen zu unterstützen (vgl. Artikel von Prof. Dr. Ilona Leyer und PD. Dr. Karsten Mody). Ein weiteres Beispiel ist die vertiefte Analyse des Energieverbrauchs für jeden einzelnen Bearbeitungsprozess in der Weinproduktion und -lagerung, um durch die genaue Analyse Optimierungspotentiale zu identifizieren. Dieses Projekt, welches mit dem Weincampus Neustadt betrieben wird, verhilft den Weingütern zu einer optimierten Steuerung des Energieverbrauches. Dies verdeutlicht die Weiterentwicklungsmöglichkeiten, die auf Fragestellungen aus dem Beratungsprozess beruhen und durch wissenschaftliche Begleitung zu neuen Lösungen führen.

Verknüpft wird das System FAIR'N GREEN immer stärker mit dem wichtigen Thema des Klimaschutzes. Bereits 2014 startete der Fair and Green e. V. die Klimaschutzinitiative „Save Climate". Seit dem Start der Initiative setzen sich alle Mitglieder des Fair and Green e. V. gemeinsam für klimafreundliche Praktiken ein. Von den landwirtschaftlichen Betrieben werden weitreichende Maßnahmen ergriffen, um ihren individuellen CO_2-Fußabdruck zu senken, z. B. durch Bezug von Ökostrom, die Nutzung von leichten Glasflaschen, den Verzicht auf mineralischen Stickstoffdünger und die Nutzung klimaneutraler Transporte. Im Rahmen der Initiative werden der CO_2-Ausstoß der Betriebe berechnet und Maßnahmen zur Reduktion entwickelt. Nicht vermeidbare Emissionen werden neutralisiert. Ziel ist die Transformation der gesamten Wertschöpfungskette und damit schließlich der gesamten Landwirtschaft hin zu einer konsequenten CO_2-Reduktion. Durch eine systematische Verknüpfung mit der Forschung werden dafür innovative und praktikable Lösungen betrieben und etabliert. So werden Forschungsprojekte mit wissenschaftlichen Partnern entwickelt: z. B. Entwicklung von Ressourceneffizienztools und digitalen Energiemanagementsystemen sowie innovative Pflanzenschutzmethoden im Elektro-Herb-Verfahren mit dem Weincampus Neustadt und der TH Bingen. Für seine Klimaschutzinitiative Save Climate wurde der Fair and Green e.V. 2021 mit dem Nachhaltigkeitspreis N ausgezeichnet. Der Wettbewerb „Projekt Nachhaltigkeit" wird vom Rat für Nachhaltige Entwicklung von den vier Regionalen Netzstellen Nachhaltigkeitsstrategien (RENN) organisiert und verliehen. Dabei werden Projekte gefördert, die die 17 Nachhaltigkeitsziele (Sustainable Development Goals, SDG's) umsetzen.

3.4.4 Unabhängiges und neutrales Arbeiten

„Wir erleben FAIR'N GREEN als ein sehr ehrliches und ambitioniertes System, welches auf eine langfristige Entwicklung ausgerichtet ist. Wir begrüßen ausdrücklich, dass inhaltliche Anforderungen an alle Bereiche nachhaltiger Entwicklung gestellt werden" (Jan Uwe Lieback, Geschäftsführer GUTcert GmbH).

Daneben ist ein wesentlicher Erfolgsmaßstab von Zertifizierungen die glaubwürdige Erfüllung der Zielvorgaben. Glaubwürdigkeit kann über die Einhaltung von objektiv messbaren Kriterien und Standards demonstriert werden und über eine externe neutrale Überprüfung. Im Rahmen der Unternehmenskultur wenden sich Zertifizierungsunternehmen an Externe, um sich Ihre Fortschritte bestätigen zu lassen (Meier, 2016). Immer wieder wird die folgende Frage laut: Wer kontrolliert eigentlich die Kontrolleure? Der Fair and Green e.V. arbeitet mit neutralen Gutachtern zusammen, die die Kriterien des FAIR'N GREEN Standards für nachhaltigen Weinbau überprüfen. Das unabhängige Institut GUTcert GmbH prüft im Anschluss an die Beratung die ausgestellten Prüfberichte und Ökobilanzen. Nach der Prüfung der GUTcert und der Bestätigung der Ergebnisse spricht der Verein Fair and Green e.V. das Zertifikat aus.

FAIR'N GREEN gehört damit zu den sogenannten Third-Party-Systemen. Im Gegensatz zu einem First-Party-System, bei dem der Betrieb die Zertifizierung selbst durchführt, sehen Third-Party-Systeme die Überprüfung durch einen unabhängigen Dritten vor (Rubik und Frankl 2005). Wesentliches Kennzeichen eines Third-Party-Systems ist eine möglichst große Unabhängigkeit zwischen Betrieb und Kontrolleur.

FAIR'N GREEN zeichnet sich durch hohe Transparenz aus. Nicht nur sind die Richtlinien auf der Website des Vereins einsehbar, sondern man hat sich auch der internationalen Organisation ISEAL angeschlossen, die eine Plattform für den Austausch von Nachhaltigkeitssystemen bietet und Standards für transparente Kommunikation und einen strukturierten Reviewprozess von Nachhaltigkeitssystemen definiert. In diesen ausführlichen Reviewprozess, mit dem 2020 begonnen wurde, wurden zahlreiche Wissenschaftler und Experten aus der Weinbranche mit einbezogen.

3.4.5 Anerkennung

Außerdem ist das System FAIR'N GREEN durch die skandinavischen Monopole (Systembolaget und Vinmonopolet) anerkannt und als eines der besten Systeme bewertet.

Bei den Agrartagen in Nieder-Olm 2018 wurde das System FAIR'N GREEN mit dem Preis für Nachhaltigkeit 2018 ausgezeichnet. Inzwischen ist FAIR'N GREEN im Bundesprogramm für ökologischen Landbau und andere Formen der nachhaltigen

Landwirtschaft (BÖLN) anerkannt, wodurch die Durchführung von geförderten Projekten für Messeauftritte und Marketingmaßnahmen ermöglicht werden.

Zudem wurde FAIR'N GREEN bei Siegelklarheit gelistet, einer Plattform der Bundesregierung für transparente Siegel.

3.4.6 FAIR'N GREEN weitergedacht

Der Transformations-Ansatz des Systems FAIR'N GREEN ist dabei auf zahlreiche Bereiche der Landwirtschaft übertragbar. So betreibt der Fair and Green e. V. aktuell ein Forschungsprojekt mit der Universität Bonn, um den Nachhaltigkeitsansatz auch auf den Obstbau zu übertragen. Wichtig bei der Übertragung auf andere Anbaukulturen ist dabei die Möglichkeit, die unterschiedlichen Aspekte der verschiedenen Kulturen in der Wertschöpfungskette, der vierten Säule des Systems individuell zu berücksichtigen. Die ersten drei Säulen des Nachhaltigkeitssystems FAIR'N GREEN bleiben dabei weitestgehend identisch und die spezifischen Fragestellungen können über den Bereich Wertschöpfungskette adressiert werden. Damit bietet das System FAIR'N GREEN die Möglichkeit, unterschiedliche Anbaukulturen in der Landwirtschaft nach einem hohen einheitlichen Standard zu bearbeiten, der aber auch spezifische Fragestellungen der einzelnen Kulturen mitberücksichtigt.

Darüber hinaus ist der FAIR'N GREEN Standard derart aufgebaut, dass er gut auf andere Bereiche und Branchen angewendet werden kann. Deshalb wurde der Standard für Partner der Wertschöpfungskette Wein weiterentwickelt. Somit ist nunmehr eine Zertifizierung als FAIR'N GREEN Certified Partner möglich. Bisher haben sich eine Etikettendruckerei und drei Weinfachhandlungen zertifizieren lassen (siehe Beitrag von Guido Walter zum nachhaltigen Weinfachhandel). Gemeinsam mit drei Weinfachhandlungen und dem Meininger Verlag wurden eine Fachhandelsinitiative gestartet und Kriterien eines nachhaltigen Fachhändlers im Rahmen der vierten Säule aufgestellt. Das Ziel von des Fair and Green e. V. ist es, die gesamte Wertschöpfungskette Wein nachhaltig zu gestalten. Langfristig sollen weitere Partner eingebunden werden.

Außerdem handelt es sich bei FAIR'N GREEN um den einzigen nachhaltigen Standard, der über mehrere Länder hinweg international angewendet wird. Die Übertragbarkeit in andere Länder, unter Berücksichtigung von landestypischen Gegebenheiten, hat sich ebenfalls bewährt.

Fazit

FAIR'N GREEN ist aktuell das Nachhaltigkeitssystem in der Weinwirtschaft, das alle Bereiche der Nachhaltigkeit umfassend berücksichtigt. Die Weingüter werden dabei ausführlich beraten und unterstützt. Dazu werden sowohl Analysen angefertigt als auch durch vor Ort Beratungen die individuellen Fragestellungen erörtert und Lösungen entwickelt. Die enge Verbindung mit der Wissenschaft ermöglicht dabei die kontinuierliche Weiterentwicklung des Systems und die Integration neuer Aspekte und Lösungen. Das Ziel von FAIR'N GREEN ist es, dass nachhaltiges Wirtschaften eines Tages keine Ausnahme mehr ist, sondern der Standard sein wird nach dem Betriebe arbeiten.

Literaturverzeichnis

Atkin, T./Gilinsky, A. und Newton, S.K. (2012): Environmental strategy: does it lead to competitive advantage in the US wine industry? In: International Journal of Wine Business Research 24(2), 115–133.

von Carlowitz, H.C. (1713): Sylvicultura oeconomica. Zitiert aus dem Lexikon der Nachhaltigkeit.

Chkanikova, O./Lehner, M. (2014): Private eco-brands and green market development: towards new forms of sustainability governance in the food retailing. In: Journal of Cleaner Production Vol. 107, 74–84.

Frankl, P./Rubik, F. (2005): The Future of Eco-labelling. Making Environmental Product Information Systems Effective. Sheffield, UK: Greenleaf Publishing.

Gabriel, M. (2020): Moralischer Fortschritt in dunklen Zeiten: Universale Werte für das 21. Jahrhundert. Ullstein Verlag, Berlin.

Hauff, V. (Hrsg.) (1987): Unsere gemeinsame Zukunft. Der Brundtland-Bericht der Weltkommission für Umwelt und Entwicklung.

Heymann-Löwenstein, R. (2009): Terroir: Weinkultur und Weingenuss in einer globalen Welt. Kosmos; 1. Edition.

Meier, U. (2016): Zertifizierung und Standardorganisationen. In: Friedel, R./Spindler, E.A. (Hrsg.) (2016): Zertifizierung als Erfolgsfaktor. Nachhaltiges Wirtschaften mit Vertrauen und Transparenz. Springer Gabler, 111–122.

Teufel, J./Rubik, F./Scholl, G./Stratmann, B./Graulich, K./Manhart, A. (2009): Untersuchung zur möglichen Ausgestaltung und Marktimplementierung eines Nachhaltigkeitslabels zur Verbraucherinformation. Project report of the Öko-Institut e.V. in cooperation with the Institut für ökologische Wirtschaftsforschung (IÖW) GmbH. Freiburg: Öko-Institut e.V.

4 Christliche Werte bei der Steuerung eines Weinguts

Felix Prinz zu Salm-Salm

Ein Pfarrer und ein Winzer gehen durch die Weinberge. Der Pfarrer lobt Gottes Schöpfung in der Natur. Sie kommen an einem besonders gut gepflegten Weinberg vorbei und der Pfarrer überschlägt sich fast über die Schönheit der Natur. Er fragt den Winzer wer den Weinberg besitzt. Der Winzer stolz: „Das ist mein Weinberg." Schließlich kommen Sie an einem Weinberg der verwildert und ungepflegt aussieht. Der Pfarrer fragt: „Was ist denn hier los?"
„Hier hat Gott alleine geschafft." Erwidert der Winzer.

Ja, Gott hat die Welt wunderbar erschaffen. Gott hat uns aber auch dazu beauftragt die Erde zu bebauen und zu bewirtschaften. Er hat uns die Erde anvertraut damit wir deren Früchte ernten. Dies geht freilich einher mit dem Auftrag der Bewahrung der Schöpfung. Es ist also unsere Verantwortung die Umwelt zu bewahren. Den Dreiklang zwischen dem Menschen, dem Tier und der Pflanze auszugleichen.

„Gott segnete sie und Gott sprach zu ihnen: Seid fruchtbar und mehrt euch, füllt die Erde und unterwerft sie und waltet über die Fische des Meeres, über die Vögel des Himmels und über alle Tiere, die auf der Erde kriechen!" [1]

Als Winzer und Unternehmer frage ich mich wie ich meinen Glauben lebe, praktiziere und in meinem Beruf und Alltag integriere. Für die grundlegenden Themen der Unternehmensführung finden wir erste Antworten in der Bibel. Wenn nicht im Christentum, wo sonst sollen wir die Antworten auf die drängenden Fragen dieser Zeit finden? So hat auch das Thema Nachhaltigkeit seine Ursprünge im Christentum. Für mich liegt der Maßstab meines Handelns in der Bibel und in den 10 Geboten.

Schon in der Präambel des Deutschen Grundgesetzes steht geschrieben:

„Im Bewusstsein seiner Verantwortung vor Gott und den Menschen, von dem Willen beseelt, als gleichberechtigtes Glied in einem vereinten Europa dem Frieden der Welt zu dienen, hat sich das Deutsche Volk kraft seiner verfassungsgebenden Gewalt dieses Grundgesetzes gegeben." [2]

Die Überzeugung, dass christlich geführte Unternehmen in Verantwortung vor Gott und den Menschen aufzubauen sind, ist keinesfalls eine rein emotionale, sondern im Gegenteil eine durchdachte und gesegnete Entscheidung. Für mich als Christ und Unternehmer

1 Die Bibel, Einheitsübersetzung der Heiligen Schrift (Stuttgart 2016), 1 Mose 1:28.
2 Grundgesetz für die Bundesrepublik Deutschland, 10. Auflage (Baden-Baden 2003).

leite ich daher den klaren Auftrag ab mein Handeln darauf auszurichten. Die Gründerväter der Bundesrepublik haben sich diesen Grundsatz nach dem zweiten Weltkrieg ganz bewusst gegeben. Ihnen war klar, dass sich menschliches Handeln in der Verantwortung vor Gott, dem Höchsten, zu rechtfertigen hat.

In der Bibel kommt das Thema Wein mehr als 300 Mal vor. Seit dem Jahrgang 2013 schmückt Jahr für Jahr ein unterschiedlicher Bibelvers unser Etikett. Viele der grundsätzlichen unternehmerischen Entscheidungen, wie die Umstellung auf den ökologischen Weinbau in den 80er Jahren, der Weg zu FAIR'N GREEN oder die Art und Weise den Betrieb in die nächste Generation zu geben, fußen in unserer Familie auf christlichen Grundsätzen. Ebenso unsere Mitgliedschaft im VDP. Ist doch auch das Streben nach Qualität ein Ur-Christliches. Ich möchte meinem Nächsten nur das Beste geben.

„Du sollst deinen Nächsten lieben wie dich selbst.“[3]

Jesus Christus erneuert dieses Gebot[4]. Als christlicher Unternehmer handele ich im besten Interesse unserer Kunden, der Lieferanten und natürlich aller Mitarbeiter.

Dem Kunden möchte ich durch meine Weine eine bestmögliche Qualität liefern. Darüber hinaus sollen unsere Produkte einen Mehrwert schaffen und Ihnen Freude bereiten.

Mit den Lieferanten strebe ich ein gutes und partnerschaftliches Verhältnis an, um auch langfristig gut und vertrauensvoll miteinander arbeiten zu können.

Und im Betrieb selber geht es um eine Personalführung welche neben einer guten Fehlerkultur, einer fairen Bezahlung auch Möglichkeiten zur persönlichen Weiterentwicklung bieten. Eigenverantwortung, Vertrauen und Wertschätzung sollen unser Miteinander prägen.

Ein weiterer Grundsatz unseres Handelns ist der des Verwalters. Bei allem Handeln fühlen wir uns als Bewahrer, nicht als Eigentümer, der nur sein Eigentum im Blick hat. Zum einen bin ich nur ein Glied in einer Kette von Generationen welche hier, in und um Wallhausen und Bingen, seit über 800 Jahren wirtschaften. Zum anderen ist mir bewusst das alles was mir hier anvertraut ist ein Geschenk ist – ein Geschenk Gottes. Es ist kein Verdienst meinerseits das ich mich in dieser Position befinde, sondern im Gegenteil, es ist die Gnade Gottes die mich hat hier aufwachsen lassen, ganz unverdient. In diesem Bewusstsein zu wirtschaften, und das Weingut, unser Unternehmen, zu leiten, stellt unsere Entscheidungen auf ein tief gegründetes Fundament. Meine Aufgabe ist es den Betrieb zu erhalten, ihn zu schützen und ihn nach Möglichkeit in einem besseren Zustand weiterzugeben, als ich ihn anvertraut bekam.

Dieser Grundsatz verpflichtet mich automatisch dem nachhaltigen Wirtschaften. Denn nur dadurch, dass dies in den letzten 30 Generationen gelebt wurde und eben nicht mehr entnommen wurde als „nachgewachsen“ ist, besteht unser Betrieb noch heute. In diesem Grundsatz ist Nachhaltigkeit im ökonomischen, im sozialen und im ökologischen Sinne tief verankert. Das Gleichnis des treuen Verwalters aus der Bibel[5]

---

3 Die Bibel, Einheitsübersetzung der Heiligen Schrift (Stuttgart 2004), Levitikus 19, 18.
4 Die Bibel, Einheitsübersetzung der Heiligen Schrift (Stuttgart 2004), Johannes 13, 34.
5 Die Bibel, Einheitsübersetzung der Heiligen Schrift (Stuttgart 2004), Matthäus 25, 14–29.

spricht davon. Aber es betont eben auch dass es gilt dem einen anvertrauten Talente nicht nur zu nutzen, sondern auch Zukunft zu gestalten.

Die Unternehmenssteuerung eines christlichen Betriebes muss auf die Zukunft ausgerichtet sein. Ein Blick in die Vergangenheit, in die Erfahrungen der vorherigen Generationen, hilft dabei. Unser Familienunternehmen gibt es nur deswegen seit so vielen hundert Jahren, weil es von vielen Generationen immer wieder neu ausgerichtet und aufgestellt wurde. Unseren Betrieb macht Innovation, Fortschritt und oft Pionierarbeit aus. In jüngster Zeit waren wir die ersten die Online Weinproben in der Covid Pandemie durchgeführt haben. Mein Vater Prinz Michael zu Salm-Salm war einer der ersten, die ökologischen Weinbau betrieben haben. Zudem hat er die Lagenklassifikation, wie Sie in 2021 vom Bundestag im Gesetz verankert wurde, bereits in den 90er Jahren als VDP Präsident auf den Weg gebracht. Mein Urgroßvater war der Mitbegründer des Verbandes der Naturweinversteigerer dem Vorläufer des VDP. Anfang des 19. Jahrhundert gab es in Wallhausen schon erste Lagenklassifizierungen – gute 50 Jahre vor der Klassifikation im Bordeaux.

Diese Beispiele sollen zeigen wie Verwalter in der Unternehmensführung gestalten und zukunftsorientiert Unternehmen leiten können. Ein hilfreicher Begleiter ist sicherlich die Demut, denn letztlich ist unsere Abhängigkeit – gerade im Wirtschaften in der Natur – evident. Ernteschwankungen können wir nur bedingt beeinflussen und auch sonst zeigt uns vor allem die aktuelle Lage in der Covid Pandemie oder die Finanzkrise 2008 wie schnell sich feststehende Gegebenheiten ändern können.

Jeder kennt Sie, viele richten sich an Ihnen und gedacht sind Sie als liebevolle und längst bewährte Leitlinie. Christliche Wertvorstellungen prägen auch weite Teile unserer Gesellschaft. Der deutsche Rechtsstaat ist auf den Aussagen der Bibel und des christlichen Glaubens aufgebaut. Die 10 Gebote, welche Gott seinem Volk auf dem Berg Sinai (Ägypten) offenbart hat[6], sind Verpflichtung und Grundlage für ein gutes und vertrauensvolles Miteinander. Sie sind essentielle Bausteine für die Führung eines Unternehmens. Die 10 Gebote können uns als Grundwerte für Wahrheit, Gerechtigkeit und Freiheit dienen. Der Bund Katholischer Unternehmer e. V. hat die Zehn Gebote, welche Gott Mose gegeben hat, für Unternehmer[7] wie folgt übertragen.

ICH BIN DER HERR, DEIN GOTT. DU SOLLST KEINE ANDEREN GÖTTER NEBEN MIR HABEN.
Spiele dich nicht als Herrgott auf und halte dich nicht für allwissend oder allmächtig. Höre auf dein Gewissen und auf deine Mitarbeiter. Sei kritisch dem Zeitgeist gegenüber und orientiere dich an bleibenden Werten.

DU SOLLST DEN NAMEN GOTTES NICHT VERUNEHREN.
Missbrauche Gott und die religiösen Symbole nicht zu Werbezwecken. Rede nicht von höchsten Werten, wenn du nicht danach handelst. Verstecke deine Geschäftsinteressen nicht hinter hohen moralischen Ansprüchen.

6 Die Bibel, Einheitsübersetzung der Heiligen Schrift (Stuttgart 2004), Exodus 20, 1–21.
7 Die Zehn Gebote sind in der Bibel nachzulesen. Exodus 20, 1–21.

DU SOLLST DEN TAG DES HERRN HEILIGEN.
Halte dir den Sonntag frei als Zeit der Rekreation, der Danksagung und des familiären Lebens. Respektiere die religiösen Ansprüche deiner Mitarbeiter. Achte darauf, zur Ruhe und Besinnung zu kommen in der Hektik des Alltags.

DU SOLLST VATER UND MUTTER EHREN.
Kümmere dich um Väter und Mütter, die sich für die nächste Generation einsetzen und somit die Zukunft sichern. Fördere den Einsatz älterer Mitarbeiter, so wie du jungen Menschen eine Chance gibst.

DU SOLLST NICHT TÖTEN.
Sorge dafür, dass dem Leben dienliche Güter und Leistungen in humaner Weise entstehen. Beachte die Menschenwürde, verängstige nicht deine Mitarbeiter und verhindere „Mobbing". Vernichte nicht deine Konkurrenten. Sie sind notwendig für den Wettbewerb und sollen deine Leistung beflügeln.

DU SOLLST NICHT EHEBRECHEN.
Sei nicht so mit einem Unternehmen „verheiratet", dass deine Familie darunter leidet. Bedenke die Treuepflicht gegenüber deiner Familie. Sei dir auch der Loyalitätspflicht dem Unternehmen gegenüber bewusst, dem du zu dienen hast.

DU SOLLST NICHT STEHLEN.
Achte das geistige und materielle Eigentum anderer. Spreche ihnen nicht die Möglichkeit ab, bessere Leistungen zu bringen. Lass dich nicht korrumpieren durch Vorteile, die nicht in deiner Leistung begründet sind, und führe auch andere nicht in Versuchung. Sei treu in kleinen wie in großen Dingen.

DU SOLLST NICHT FALSCH GEGEN DEINEN NÄCHSTEN AUSSAGEN.
Unterlasse wahrheitswidrige Aussagen über Mitarbeiter, Kunden und Konkurrenten. Verspreche nicht mehr, als du halten kannst. Täusche nicht durch irreführende Verheißungen und Werbung. Bleib glaubwürdig.

DU SOLLST NICHT BEGEHREN DEINES NÄCHSTEN FRAU.
Handle nie bloß nach Sympathien. Fördere keine Mitarbeiter, nur weil du eine persönliche für sie hast. Nutze deine Vormachtstellung nicht aus, um Mitarbeiter sexuell zu missbrauchen.

DU SOLLST NICHT BEGEHREN DEINES NÄCHSTEN GUT.
Zügele deine Begehrlichkeit. Halte deinen Egoismus im Zaum. Vermeide die Laster des Neides und Geizes. Freue dich, dass auch andere Erfolg haben.

Diese Gebote sind zum einen Grundpfeiler unseres täglichen Lebens. Sie sind aber auch ein ganz praktischer Leitfaden für unsere Unternehmenssteuerung. Sie stellen sowohl eine schwerwiegende Verpflichtung dar, wirken sich gleichermaßen vertrauensbildend zu Mitarbeitern, Lieferanten und Kunden aus. Die 10 Gebote können das Grundgerüst für ein nachhaltig wirtschaftendes Unternehmen sein. Für Christen sind Sie Richtlinie und Fundament für die berufliche und private Lebensführung.

Mit Eigentum kommt auch Verantwortung einher. Wir sind als christliche Unternehmer nicht nur der Nachhaltigkeit verpflichtet, sondern auch verantwortlich für sozial Schwächere. Unser Eigentum ist dem Allgemeinwohl verpflichtet. Das Eigentum wird hierdurch nicht eingeschränkt, aber wir sind dazu berufen auch Ärmere zu versorgen und uns sozial zu engagieren.

„Auch sollst du die Leviten, die in deinen Stadtbereichen Wohnrecht haben, nicht im Stich lassen, denn sie haben nicht wie du Landanteil und Erbbesitz."[8]

Soziale Verantwortung kann vielfältig gelebt werden. In der Bibel ist zwar auch ganz konkret vom Geben des Zehnten[9] die Sprache, wobei dies nicht auf einzelne Bereiche fixiert sein muss. Dies ist auch einer der Gründe, welche uns dazu bewogen haben, uns dem FAIR'N GREEN Siegel anzuschließen, da dies auch die Komponente der sozialen Verantwortung mit aufnimmt. Nachhaltiges Wirtschaften bedeutet, dass wir unsere Region, unsere Umgebung, am unternehmerischen Erfolg teilhaben lassen. Nur durch eine sozial ausgerichtete Gesellschaft können wir auch nachhaltig wachsen und bestehen. Zum anderen greift es auch nochmal die Überzeugung von mir als Christ auf: „Umsonst empfangen haben, umsonst sollt ihr geben." [10]

Beratung, Betriebsvergleiche und der Austausch mit Kollegen, Mitbewerbern aber auch externen Beratern zählt zu den weiteren Grundsätzen einer christlichen Unternehmenssteuerung.

„Wo es an Beratung fehlt, da scheitern die Pläne, wo viele Ratgeber sind, gibt es Erfolg."[11]

Jedem Menschen sind unterschiedliche Talente und Gaben geschenkt worden. Keiner vereint alle Fähigkeiten. Für die richtige Ausrichtung eines Weingutes kann der Rat anderer extrem hilfreich sein. Mag dies bedeuten Weine gemeinsam zu verkosten, Zahlen zu vergleichen oder betriebliche Abläufe von Dritten prüfen zu lassen, so ist Beratung ein essentieller Teil für die Steuerung eines Unternehmens.

„Pläne kommen durch Beratung zustande. Darum führe den Kampf mit Überlegung!"[12]

Austausch, Fortbildung und das Einholen von Rat, wie es bei FAIR'N GREEN regelmäßig praktiziert wird, ist einer nachhaltigen Betriebsentwicklung förderlich. Dies ist auch ein ganz biblischer und christlicher Grundsatz der nicht nur für das Unternehmen aber auch für das persönliche gilt.

---

8 Die Bibel, Einheitsübersetzung der Heiligen Schrift (Stuttgart 2004), Deuteronomium 14:27.
9 Die Bibel, Einheitsübersetzung der Heiligen Schrift (Stuttgart 2004), Deuteronomium 14,22.
10 Die Bibel, Einheitsübersetzung der Heiligen Schrift (Stuttgart 2004), Matthäus 10, 8.
11 Die Bibel, Einheitsübersetzung der Heiligen Schrift (Stuttgart 2004), Sprichwörter 15,22.
12 Die Bibel, Einheitsübersetzung der Heiligen Schrift (Stuttgart 2004), Sprichwörter 20,18.

Einer der Höhepunkte meiner bisherigen Zeit in unserem Familienbetrieb war sicherlich die Übergabe des Unternehmens in die neue Generation. Dieser Übergang zählt zu einem der wichtigsten Momente in einem Unternehmen und stellt die Weichen für die Unternehmensfolge. Anlässlich der Übergabe von unserem Stammsitz in Wallhausen von meinem Vater auf meinen Bruder hat letzterer folgenden Vers über dem Torbogen/ Eingang anbringen lassen.

„Ich aber und mein Haus, wir wollen dem Herrn dienen.“[13]

Dies war nicht nur ein Grundsatz für meine Eltern, sondern er ist es auch für meinen Bruder und meine Schwägerin und genauso für mich und meine Frau.

Ganz praktisch halten wir es zum Beispiel so dass wir zum Mittagstisch, auch mit Lieferanten, Kunden oder Mitarbeitern beten. Mein Bruder und meine Schwägerin haben im Haus einen Gebetsraum errichtet, welcher allen Gästen und Mitarbeitern offen steht. Wir segnen und beten für unsere Weinberge, aber auch für Mitarbeiter, Lieferanten und Kunden. Ein Ziel ist, dass wir Menschen aufnehmen können, welche mitarbeiten und im Glauben wachsen können. Es soll beides im täglichen Ablauf miteinander vereint werden, das geistlich christliche und die Arbeit.

Als praktizierender Christ möchte ich dem Herr Jesus Christus mit unserem Unternehmen dienen. Die Frage wie ich, mit all dem was mir anvertraut ist, Gott dienen kann bewegt mich und meine Frau. Dies ist das Ziel. Dabei wissen wir, dass wir auf dem Weg Fehler machen und Gottes Vergebung benötigen und erfahren dürfen. Wir leben in dem Bewusstsein, dass Jesus Christus uns führt, leitet und uneingeschränkt liebt.

13 Die Bibel, Einheitsübersetzung (Stuttgart 2016), Josua 24, 15b.

5 Ökonomische Nachhaltigkeit in der Weinwirtschaft

Prof. Dr. Simone Loose/Larissa Strub/Prof. Dr. Andreas Kurth

Das Kapitel stellt das Konzept der ökonomischen Nachhaltigkeit als eine der drei wesentlichen Säulen des Nachhaltigkeitskonzeptes „Triple bottom line“ vor. Die Geisenheimer Unternehmensanalyse wird als ein Instrument zur Messbarmachung der ökonomischen Nachhaltigkeit vorgestellt, welches seit fast dreißig Jahren Kennzahlen zur wirtschaftlichen Lage von deutschen Weingütern auswertet. Es wird dabei deutlich, dass über ein Drittel der teilnehmenden Weingüter bereits vor der Corona-Krise nicht ökonomisch nachhaltig war und ihre Arbeitskräfte und das eingesetzte Kapital nicht ausreichend entlohnen konnte. Dies hat langfristige Auswirkungen auf die mögliche Nachfolge, ihre strategische Marktpositionierung und die Fähigkeit der Weingüter, in Maßnahmen zur Steigerung der ökologischen Nachhaltigkeit zu investieren.

5.1 Ökonomie als eine von drei Säulen der Nachhaltigkeit

Das Konzept der Nachhaltigkeit wird nicht nur von Verbrauchern, sondern auch von den meisten Weinproduzenten meist nur mit Ökologie in Verbindung gebracht (Szolnoki, 2013). Wenigen ist bekannt, dass die integrierte Nachhaltigkeit auf drei Säulen der ökologischen, sozialen und ökonomischen Nachhaltigkeit beruht (Abb. 1). Dies ist auch als „Triple bottom line“ oder Dreifachbilanzierung bekannt (Elkington, 1998).

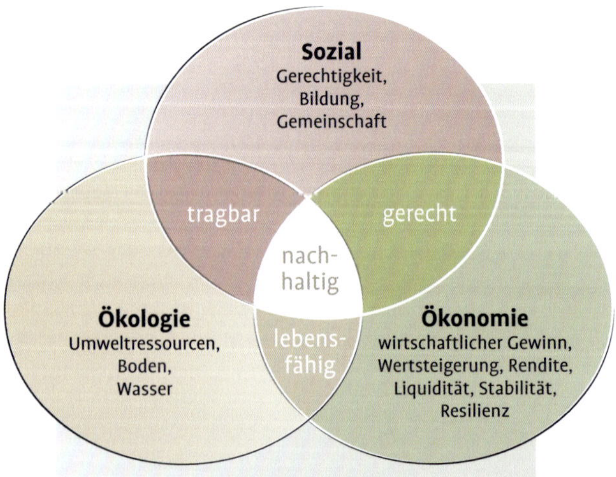

Abb. 1: Die drei Säulen der Nachhaltigkeit mit ihren Überschneidungsbereichen (Quelle: Deutsche Übersetzung in Anlehnung an (Dalibozhko & Krakovetskaya, 2018).

Nach dieser Auffassung ist Nachhaltigkeit das Wirtschaften von Menschen innerhalb der Restriktionen der Natur unter Berücksichtigung der Interessen aller Beteiligten (soziale Komponente) und zukünftiger Generationen (Schonung der Umweltressourcen). Wirtschaften, das zwar ökologische und soziale Interessen berücksichtigt, aber nicht langfristig kostendeckend und ökonomisch anpassungsfähig ist, ist zwar tragbar, aber nicht überlebensfähig. Keine noch so hohe ökologische oder soziale Nachhaltigkeit kann das Leben eines Unternehmens verlängern, wenn es nicht ökonomisch nachhaltig ist (Doane & MacGillivray, 2001).

Die Weinbranche ist ein Paradebeispiel der engen Verflechtung aller drei Dimensionen. Der Weinberg mit seinem Biotop und Boden ist die langfristige Lebensgrundlage des Weingutes, das soziale und kommunale Umfeld bietet den Zugang zu wichtigen Arbeitskräften und Kunden und das Wirtschaften hat externe Effekte auf die Umwelt und das Klima (Einsatz von Pestiziden und Herbiziden, Nitrateintrag, CO_2 durch Energiebedarf). Ein Ansatz, die Verbindung aller drei Säulen ökonomisch abzubilden, ist das Verfahren des Full-Cost-Accounting, das neben den monetär im Unternehmen anfallenden Kosten auch verursachte Umwelt- und Sozialkosten sowie erbrachte Umwelt- und Sozialleistungen messbar machen will, um diese in die ökonomische Entscheidung einzubeziehen (Pretty, Ball, Lang, & Morison, 2005; Strauß, Hiß, Beckmann, & Hiß, 2020). Hier gibt es bereits Ergebnisse aus der agrarischen Tierwirtschaft, die zeigen, dass die negativen externen Effekte der konventionelle Massentierhaltung im Mittel doppelt so hoch sind wie die Erzeugerpreise (Michalke, Fitzer, Pieper, Kohlschütter, & Gaugler, 2019). Die Gesamtkosten übersteigen somit bei weitem den Nutzen aus dem Produkt und nach dem Verursacherprinzip (polluter-pays principle) müsste der Verbraucher dreimal so hohe Preise zahlen, um die tatsächlichen Kosten zu kompensieren. Im Weinbereich sind solche Full-Cost-Ansätze noch in der Entwicklung (Ferrara & De Feo, 2018; Merli, Preziosi, & Acampora, 2018).

Maßnahmen, die die ökologische und soziale Nachhaltigkeit erhöhen, können im positiven Einklang und in Synergie mit der Ökonomie stehen. So kann eine Senkung des Energiebedarfes und somit des CO_2-Fußabdruckes oder eine Verringerung des Wasserbedarfes die Kosten verringern. Auch der Verzicht auf Mineraldünger und der Einsatz organischen Düngers führen meist zu geringeren Kosten. Höhere soziale Standards können die knappen Arbeitskräfte stärker an das Weingut binden und erlauben zuverlässige und flexible Arbeitsleistungen in hoher Qualität.

Im Gegensatz dazu gibt es aber auch genügend Beispiele, wo die drei Ziele miteinander im Konflikt stehen und abwägend entschieden werden muss. Stromerzeugung mit der eigenen Photovoltaik-Anlage verursacht ohne Subventionierung höhere Kosten als konventioneller Strom (ohne Einrechnung externer Effekte). Maßnahmen zur Steigerung der Biodiversität schlagen sich nicht zwangsläufig in höherer Weinqualität oder höheren Erlösen des Weinguts nieder. Sie verursachen Kosten, die mit ausreichend Einnahmen gedeckt sein müssen, um das Überleben des Weinguts nicht zu gefährden.

Eine unternehmerische Gesamtstrategie der Nachhaltigkeit zielt deshalb auch darauf ab, die Wertschätzung der nachhaltigen Produkte durch die Käufer zu steigern, um durch höhere Erlöse die gestiegenen Kosten decken zu können (Bocken, Short, Rana, & Evans, 2014; Joyce & Paquin, 2016). Obwohl die Wertschätzung der Bevölkerung für nachhaltige Produkte zunimmt, ist sie gerade für Wein absolut gesehen noch auf einem sehr geringen Niveau (Mueller Loose & Remaud, 2013; Schäufele & Hamm, 2017). Deshalb sind für nachhaltige Betriebe zurzeit vor allem noch staatliche Förderprogramme wichtig, die positive externe Effekte wie Biodiversität oder Landschaftserhaltung (teilweise) entlohnen.

5.2 Bedeutung ökonomischer Nachhaltigkeit in der Weinwirtschaft

Die ökonomische Nachhaltigkeit ist ein sehr wichtiges Anliegen für Weinproduzenten. Fast die Hälfte der Befragten des ProWein Business Reports sind der Meinung, dass die geringe Ertragskraft der Weinbranche eine wichtige Bedrohung und Herausforderung für den Sektor ist (Loose & Pabst, 2019). In vielen Anbauländern steigen die Löhne und Kosten für Materialien stärker als die Preise der Weine, was – bei zumeist nur moderaten Produktivitätssteigerungen – zu verringerter Rentabilität führt (Strub, Kurth, & Loose, 2019; Vineyard Benchmarking Report Marlborough, 2019). Gleichzeitig erfordert die notwendige Anpassung der Weinbranche an den Klimawandel hohe Investitionen, z. B. in die Bereiche neuer Rebsorten, Bewässerung, Kapazitäten für verbessertes Erntemanagement oder neuer önologischer Verfahren (Loose & Pabst, 2020). Investitionen können nur dann getätigt werden, wenn das Unternehmen ausreichend Cashflow abwirft und Kapitalgeber von der ökonomischen Zukunftsfähigkeit des Weingutes überzeugt werden können, d. h. Eigenkapital angemessen verzinst und Kredite inkl. Zinsen fristgerecht zurückbezahlt werden können.

Obwohl die ökonomische Säule ein integraler Bestandteil des Nachhaltigkeitskonzeptes ist und sich die Branche um die Wirtschaftlichkeit der Betriebe sorgt, ist dieser Bereich bisher in der Politik und der Nachhaltigkeitsforschung eher vernachlässigt worden. Von der Vielzahl an internationalen Nachhaltigkeitsprogrammen im Weinsektor umfassen nur ganz wenige das Konzept der ökonomischen Nachhaltigkeit (Corbo, Lamastra, & Capri, 2014; Klohr, Fleuchaus, & Theuvsen, 2013; Santini, Cavicchi, & Casini, 2013). Und falls es im Programm enthalten sein sollte, dann gibt nur die Minderheit der Zertifizierungsprogramme klar an, wie die ökonomische Nachhaltigkeit gemessen und beurteilt wird (Falcone et al., 2015; Martins, Araújo, Graça, Caetano, & Mata, 2018; Strano et al., 2013).

5.3 Was ist ökonomische Nachhaltigkeit?

5.3.1 Die langfristige strategische Perspektive

In einer sehr weiten Auslegung ist die ökonomische Nachhaltigkeit ein zukunftsorientiertes Konzept, das auf das langfristige ökonomische Überleben, Anpassung an Veränderungen und gesundes Unternehmenswachstum ausgerichtet ist (Doane & MacGillivray, 2001). Ihre langfristige Perspektive steht grundsätzlich im Einklang mit der ursprünglichen Idee des Shareholder-Value-Konzepts, welches auf eine langfristige Wertsteigerung des Unternehmens ausgerichtet ist. Dagegen stellt das Überleben eines Unternehmens per se noch keinen Erfolgsmaßstab dar, sofern dieses mit einem anhaltenden Investitionsstau und einer inadäquaten Vergütung der Arbeitsleistung und des Kapitaleinsatzes einhergeht.

5.3.2 Anpassung in Abhängigkeit der Innovationsgeschwindigkeit

Es ist zu beachten, dass sich Branchen durch die Innovationsgeschwindigkeit in der Perspektive ihrer Ausrichtung sehr stark unterscheiden. Während beispielsweise der IT-Sektor, die Technologie- oder die Finanzbranche durch ihre hohe Innovationsrate einer kurzfristigeren Ausrichtung folgen müssen, so ist die Weinbranche durch ihre Dauerkulturen, wie auch die Forstwirtschaft, von Natur aus langfristig ausgerichtet. Bei einem Lebensalter der Rebanlagen von mindestens 30 Jahren ist eine Anpassung an Veränderungen im Weinbau nur deutlich langsamer möglich, wobei eine lange Nutzungsdauer der Rebanlagen Innovationen in der Bewirtschaftung der Weinberge nicht zwangsläufig widersprechen muss (z. B. Mechanisierung, Drohneneinsatz, Digitalisierung).

Die Innovationsgeschwindigkeit in der Vermarktung von Wein hat dagegen über die letzten Jahrzehnte deutlich zugenommen. So sind heute tendenziell diejenigen Betriebe wirtschaftlich erfolgreich, die nationale oder internationale Reputation und Markenwert aufbauen und über Absatzkanäle des Fachhandels, der hochwertigen Gastronomie und im Export mit hohen Margen verkaufen konnten. Aber auch die Kostenführerschaft über effiziente Mechanisierung und Nutzung von Skalenökonomien kann eine Strategie für den wirtschaftlichen Erfolg im Weinsektor darstellen. Weitere Erfolgstreiber sind Vermarktungskonzepte wie hochwertiger Weintourismus, Events und individuelle digitale Kommunikation. All diese Bereiche erfordern neben persönlichem Kommunikationsgespür vor allem eine klare strategische und ökonomische Ausrichtung. Der starke internationale Wettbewerb, der gewachsene Absatz über den konzentrierten Lebensmittelhandel und die Veränderung des Einkaufsverhaltens der Konsumenten haben auch zu einer deutlich stärkeren Kostenorientierung im Weinbau und der Kellerwirtschaft geführt. Die Bedeutung betriebswirtschaftlicher Kenntnisse ist deshalb über die letzten Jahrzehnte in der Weinwirtschaft deutlich angestiegen.

5.3.3 Widerstandsfähigkeit gegenüber Risiken

Das langfristige Weiterbestehen des Unternehmens zu sichern erfordert Resilienz als die Fähigkeit, unvorhergesehen Schocks und Veränderungen zu überstehen (Golicic, Flint, & Signori, 2017; Gómez-Limón & Sanchez-Fernandez, 2010). Innovationsfähigkeit und ein aktives Management von Risiken ermöglichen die Anpassung an veränderte Umweltbedingungen. Grundvoraussetzung dafür, um Schocks wie die Corona-Krise 2020 bewältigen zu können, ist eine angemessene Profitabilität des Unternehmens sowie ein ausreichender Cashflow, was sich wiederum in der Kapitaldienstfähigkeit des Unternehmens widerspiegelt. Aber auch die Höhe und der Anteil des Fremdkapitals beeinflussen die Möglichkeit, sich bei Bedarf, z. B. im Krisenfall, refinanzieren zu können. Als weiteres Kriterium der angemessenen Finanzierung eines Unternehmens gilt die Anlagendeckung, die anzeigt, ob langfristig genutzte Anlagengüter auch langfristig finanziert sind.

5.3.4 Kostendeckung und Rentabilität

Rücklagen kann ein Unternehmen dann bilden, wenn es langfristig seine Kosten deckt und darüber hinaus einen Überschuss erwirtschaftet, der auch den kalkulatorischen Unternehmer-/Familienlohn abdeckt und nicht oder nicht im vollen Umfang ausgeschüttet oder entnommen werden muss. Demzufolge setzt ökonomische Nachhaltigkeit langfristig eine angemessene Profitabilität oder Rentabilität des Unternehmens voraus.

Wichtigstes Kriterium der ökonomischen Nachhaltigkeit.

Im noch recht jungen Gebiet der ökonomischen Nachhaltigkeit wird der Komplex der finanziellen Stabilität als wichtigstes Kriterium zur Beurteilung der ökonomischen Nachhaltigkeit gesehen (Labuschagne, Brent, & van Erck, 2005). Dies umfasst mit Rentabilität, Liquidität und Bonität drei klar in Kennzahlen messbare Größen. Dabei ist hervorzuheben, dass diese Größen nicht unabhängig voneinander sind. Priorität besitzt die Rentabilität eines Unternehmens. Einem Unternehmen, das rentabel ist und dauerhaft seine Kapitalkosten erwirtschaftet, stehen grundsätzlich verschiedene Finanzierungsoptionen offen, so dass aufgrund der dadurch gegebenen Bonität die Liquidität (im Sinne der Fähigkeit eines Unternehmens, die fälligen Zahlungen fristgerecht zu leisten) i. d. R. gegeben ist.

5.4 Wie kann ökonomische Nachhaltigkeit gemessen werden?

Bei der Zertifizierung der Nachhaltigkeit sollte zwingend auch die ökonomische Nachhaltigkeit gemessen und überprüft werden. Dabei lassen sich manche Kriterien, wie konkrete ökonomische Kennzahlen, einfacher beurteilen als andere, wie die Grundeinstellung eines Betriebes zur strategisch ökonomischen Ausrichtung und seine Innovationsfähigkeit.

Bei beiden deutschen Nachhaltigkeitssystemen der Weinbranche „FAIR'N GREEN" und „FairChoice" wird bei der Zertifizierung auch die ökonomische Nachhaltigkeit beurteilt. Bei „FAIR'N GREEN" werden Betriebe positiv bewertet, wenn sie ein Kennzahlensystem verwenden oder ihre Kostenstrukturen kennen. Betriebe, die von „FairChoice" zertifiziert werden wollen, müssen an der Geisenheimer Unternehmensanalyse teilnehmen und werden anhand von acht ökonomischen Kennzahlen beurteilt, für die eine Mindestpunktzahl erreicht werden muss.

5.5 Geisenheimer Unternehmensanalyse

Die Geisenheimer Unternehmensanalyse untersucht seit fast 30 Jahren die wirtschaftliche Lage von jährlich bis zu 400 deutschen Weingütern durch Auswertung von Bilanz, GuV, Flächen- und Erntemeldungen und Angaben zur Arbeitskraftstruktur. Bis 2019 wurden die Kennzahlen und das Berichtsformat modernisiert und an die Branchenveränderungen angepasst. Das klassische Familienweingut ohne fremde Arbeitskräfte ist im Laufe der letzten Jahrzehnte immer seltener geworden. Durch Effizienzgewinne in der Mechanisierung und damit mögliches Wachstum der Rebfläche sind Weingüter mit festangestellten Arbeitskräften von außerhalb der Familie häufiger anzutreffen. Um eine Vergleichbarkeit zwischen den verschiedenen Betriebstypen zu ermöglichen und zwischen Vergütung der Arbeitsleistung und Kapitalverzinsung unterscheiden zu können, wurde deshalb das Betriebsergebnis nach Familienlohn als Erfolgskriterium für die Wirtschaftlichkeit der Weingüter gewählt. Dazu werden für Familienarbeitskräfte, die erst aus dem Jahresüberschuss entlohnt werden, kalkulatorische Lohnkosten angesetzt. Diese sind in Anlehnung an Referenzwerte des Bundesministeriums für Ernährung und

Landwirtschaft (BMEL) für das Wirtschaftsjahr 2016/17 45.570 € für den Geschäftsführer (die erste Familienarbeitskraft) und 35.652,40 € für jede weitere volle Familienarbeitskraft. Auch wenn nicht alle Betriebe einen solch hohen Lohn für ihre Familie erwarten (während manche Betriebe höhere kalkulatorische Löhne ansetzen), so ist für die langfristige Ausrichtung und das Finden einer Nachfolge im Betrieb eine ausreichende Entlohnung ihrer Arbeitskräfte notwendig.

Neben der Entlohnung der Arbeitskräfte muss auch das eingesetzte Kapital entlohnt werden. Für festverzinsliches Fremdkapital, häufig in Form von Bankkrediten, sind dies die Zinsen. Aber auch Eigenkapital muss verzinst werden, auch wenn sich diese Verzinsung nicht in der Gewinn- und Verlustrechnung eines Unternehmens widerspiegelt. Dabei ist zu berücksichtigen, dass die Eigenkapitalverzinsung einen Residualanspruch darstellt (zunächst sind die Fremdkapitalgeber zu vergüten), nachrangig und dadurch riskanter als Fremdkapital ist und demzufolge auch höher verzinst werden muss als Fremdkapital. Die Eigenkapitalkosten können als Opportunitätskosten angesehen und sollten mit dem Ertrag des nächstbesten alternativen Einsatzes (unter Berücksichtigung des Risikos) entlohnt werden. Diese Verzinsung wird in der Geisenheimer Unternehmensanalyse mit der Gesamtkapitalrentabilität und der Eigenkapitalrentabilität gemessen.

5.6 Wie ökonomisch nachhaltig sind deutsche Weingüter?

Zuerst muss herausgestellt werden, dass die Geisenheimer Unternehmensanalyse nicht repräsentativ für alle deutschen Weingüter ist. Da die Teilnahme freiwillig ist, sind ökonomisch interessierte und damit erfolgreiche Betriebe stärker vertreten. Die tatsächliche Lage deutscher Weingüter ist also negativer als von der Unternehmensanalyse gemessen. Abb. 2 gibt einen ersten Überblick über gerundete Kennzahlen des durchschnittlichen flaschenweinvermarktenden Weingutes der Geisenheimer Unternehmensanalyse für das Wirtschaftsjahr 2016/17. Eine detaillierte Übersicht aller Kennzahlen und deren Erläuterung kann von den Autoren erhalten werden.

Auf der linken Seite ist eine Auswahl von Kennzahlen angeben, die interne Unternehmensprozesse abbilden. Welcher Output wird mit welchem Input produziert und wie stehen sich Kosten und Erlöse gegenüber? Der durchschnittliche Betrieb der Geisenheimer Unternehmensanalyse hat eine Betriebsgröße von 17 ha und es fallen pro Jahr ca. 12.750 Arbeitsstunden an, die einem Äquivalent von 7,5 Arbeitskräften á 1.700 Arbeitsstunden pro Jahr entsprechen. Daraus ergibt sich für alle Arbeiten im Weingut, einschließlich der Vermarktung, eine Arbeitsintensität von 750 Stunden pro Hektar. Einschließlich dem Familienlohn fallen Gesamtkosten von ca. 660.000 € an, die eine Kostenintensität von ca. 38.824 € pro Hektar entsprechen.

Die dritte Spalte zeigt den Output, der in Kombination mit dem links dargestellten Input in der Mitte die Produktivität ergibt. Der Naturalertrag von ca. 1.190 hl entspricht einer Flächenproduktivität von 70 hl/ha. Für die Marktpositionierung auf der rechten Seite kann nur eine Kennzahl des durchschnittlichen Umsatzes pro Liter Wein gemessen werden, der eine Näherung für den durchschnittlichen Marktpreis ist. Der durchschnittliche Flaschenweinvermarkter erlöst pro Liter Wein 5,50 € (netto), woraus sich Umsatzerlöse von 654.500 € ergeben. Bezogen auf die Inputfaktoren Fläche und Arbeit

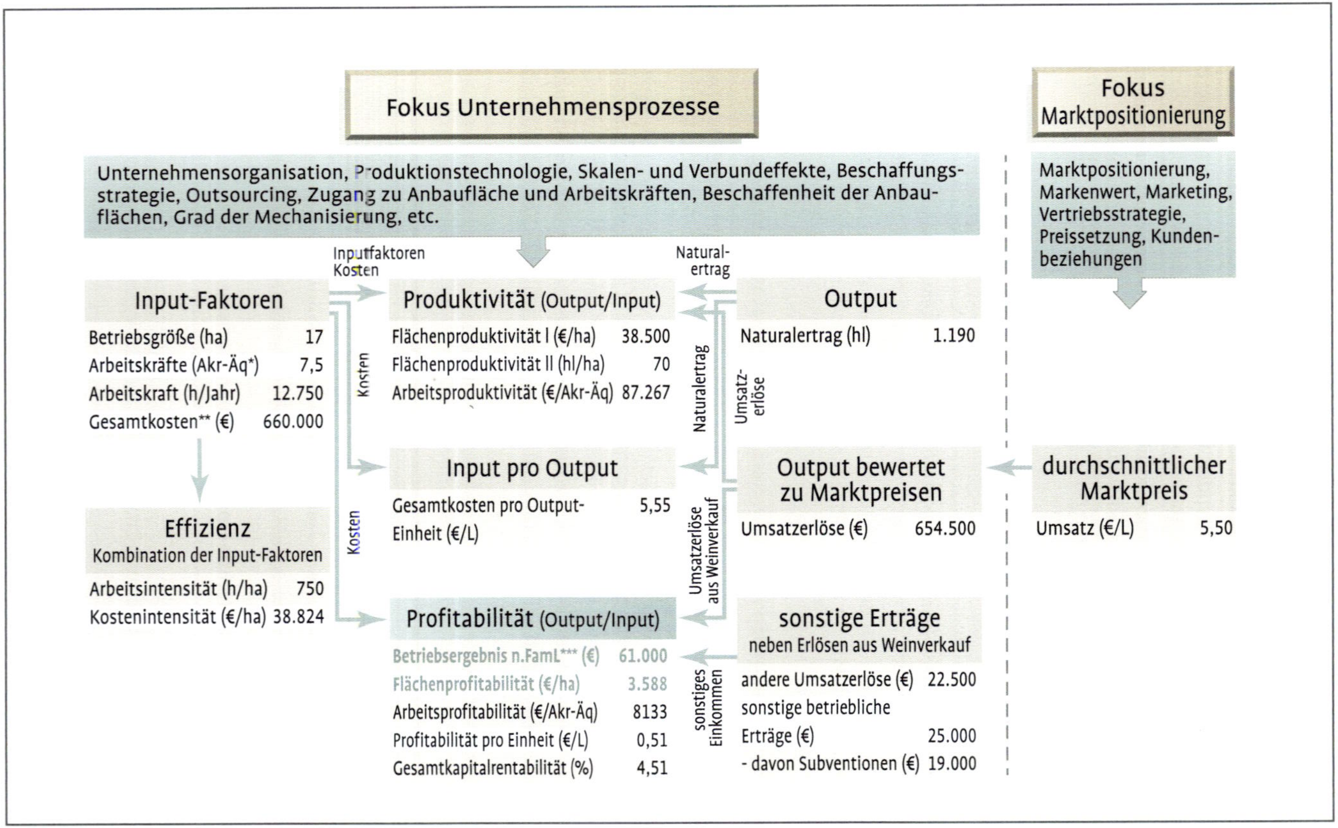

Abb. 2: Zusammenhang der Kennzahlen zur ökonomischen Nachhaltigkeit der Geisenheimer Unternehmensanalyse.

folgt aus den Umsatzerlösen eine Flächenproduktivität von ca. 38.500 € pro Hektar und eine Arbeitsproduktivität von ca. 87.300 € pro Arbeitskräfte Äquivalent.

Der durchschnittliche Flaschenweinvermarkter erlöst pro Liter Wein 5,50 € für deren Herstellung Gesamtkosten in Höhe von 5,55 € anfallen. Ein positives Betriebsergebnis wird nur deshalb erreicht, weil der Betrieb sonstige Erträge außerhalb des Weinverkaufs, beispielsweise aus Weingastronomie, Gästezimmern und dem Angebot weinbaulicher Services sowie Subventionen und Pacht hat. Dabei ist zu beachten, dass die Arbeitskräfte und damit auch die kalkulatorischen Kosten der Familienarbeitskräfte vollständig dem Weinbereich zugordnet wurden. Hier kann es Überschneidungen geben und vor allem die Weingastronomie ist für ihre Arbeitsintensität bekannt. Die vorhandenen Arbeitszeitdaten erlauben bisher keine getrennte Zuordnung der Arbeitskosten zu den verschiedenen Bereichen.

Durch diese zusätzlichen Erträge wird eine Profitabilität pro Liter Wein in Höhe von 0,51 € erreicht. Nach Abzug des kalkulatorischen Familienlohnes verbleiben dem Betrieb 61.000 € oder 3.588 €/ha für die Verzinsung des Eigenkapitals und die Bildung von Rücklagen. Das durchschnittliche Weingut erzielt eine Eigenkapitalrendite von 4,2 % und eine Gesamtkapitalrendite von 4,5 %.

5.7 Was bleibt vom Betriebsergebnis?

Über alle Flaschenwein vermarktenden Teilnehmer der Geisenheimer Unternehmensanalyse hinweg gibt es sehr große Unterschiede und der Mittelwert sagt deshalb wenig über die wirtschaftliche Nachhaltigkeit der gesamten Branche aus. Die folgenden Abbildungen zeigen die Verteilung der Kennzahlen der Flaschenwein vermarktenden Weingüter (n=264) der Geisenheimer Unternehmensanalyse für das WJ 2016/17.

Bei einem Drittel der Betriebe reicht das Betriebsergebnis nicht aus, um die Familienarbeitskräfte mit dem Vergleichslohn zu entlohnen, ihr Betriebsergebnis nach Familienlohn

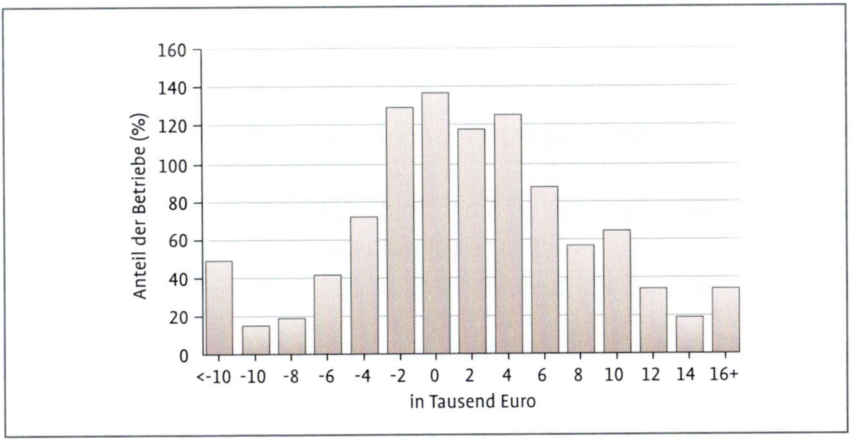

Abb. 3: Betriebsergebnis nach Familienlohn pro Hektar.

ist negativ (Abb. 3). Dabei ist anzumerken, dass das Anspruchsniveau der Familien unterschiedlich hoch sein kann und es Betriebe gibt, die mit deutlich weniger als 81.000 € angesetztem Bruttolohn (inkl. Sozialversicherung) für zwei volle Familienarbeitskräfte leben können oder müssen. Geringe Entnahmen oder private Einlagen der Betriebsinhaber können für einen gewissen Zeitraum den Fortbestand des Weinguts gewährleisten. Langfristig ist hier aber auch das Anspruchsniveau möglicher Nachfolger zu bedenken, die häufig eine angemessene Vergütung ihres zumeist sehr hohen Arbeitseinsatzes sowie des unternehmerischen Risikos anstreben. Spätestens bei der Unternehmensnachfolge ist der Fortbestand dieser Betriebe gefährdet.

Die Eigenkapitalrentabilität (nach Entlohnung der Familienarbeitskräfte) ist bei 35 % der Betriebe geringer als 0 %, d. h. es wird langfristig Wert vernichtet und bei Entnahme des Familienlohns verringert sich sukzessive das Eigenkapital. Sofern kein Kapital aus anderen Quellen bereitgestellt wird, leben diese Betriebe häufig von der Substanz, einhergehend mit einem anhaltenden Investitionsstau, der sich in einer abgeschriebenen und veralteten Ausrüstung widerspiegelt. Nur 57 % der Betriebe erreichen eine Eigenkapitalrentabilität von über 3 % (Abb. 4). Typisch für viele Verteilungsfunktionen der Geisenheimer Unternehmensanalyse sind die Häufungen an den Rändern. Neben den vielen durchschnittlichen Betrieben gibt eine Reihe von sehr unwirtschaftlichen Betrieben (8 % der Betriebe verzehren mehr als 12 % ihres Eigenkapitals innerhalb eines Wirtschaftsjahres) und eine Reihe ausgesprochen wirtschaftlicher Betriebe (18 % der Betriebe weisen eine Eigenkapitalrentabilität von über 15 % auf).

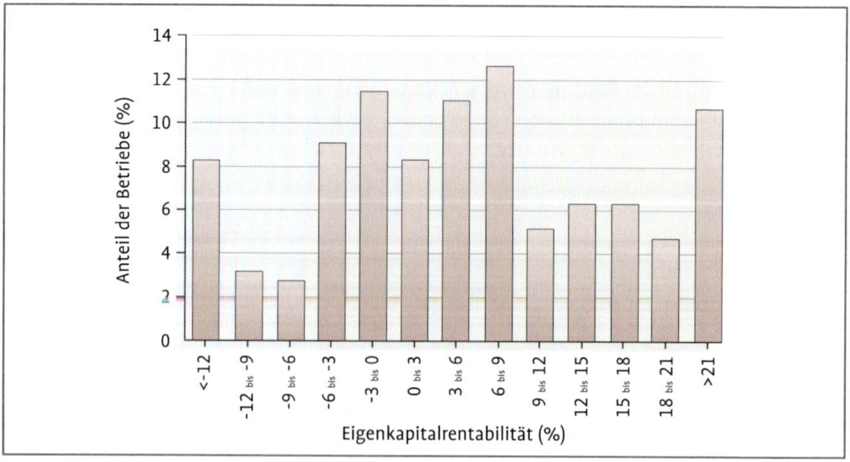

Abb. 4: Eigenkapitalrentabilität.

5.8 Fremdkapitalquote und Kapitaldienstgrenze

Die Stabilität und die Widerstandsfähigkeit in Krisen ist tendenziell höher für Unternehmen mit geringem Fremdkapital, für das Kapitaldienst geleistet werden muss. Die Weinbranche ist generell eher konservativ mit wenig Fremdkapital finanziert. Die Fremdkapitalquote berechnet sich als Anteil der finanziellen Verbindlichkeiten an der Bilanzsumme. Wie Abb. 5 zeigt, haben 63 % der Betriebe einen Fremdkapitalanteil von weniger als 30 %. Nur 7 % der teilnehmenden Weingüter weisen einen außerordentlich hohen Wert von über 70 % Fremdkapital auf.

Aus einer geringen Fremdkapitalquote folgt aber nicht automatisch die Option, in einer Krise Kredite aufnehmen zu können. Die Fähigkeit, Fremdkapital aufnehmen zu können, hängt von den Sicherheiten und insbesondere von der Profitabilität des Unternehmens ab, d. h. von dessen Fähigkeit, mit zukünftigen Erträgen die Zins- und Tilgungszahlungen leisten zu können. Die Kapitaldienstgrenze basiert deshalb auf der bereinigten Eigenkapitalbildung als der Teil des Jahresüberschusses, der nach Abzug der Entnahmen für den notwendigen Lebensunterhalt, Altenteil, Steuern und Versicherung verbleibt, und dem aktuellen Finanzaufwand. Aus Abb. 6 wird deutlich, dass 41 % der Weingüter ihre Kapitalgrenze bereits ausgeschöpft haben (sie liegt unter 0) und keine weiteren Kredite finanzieren könnten. Bei 29 % der Weingüter liegt die Kapitaldienstgrenze bei bis zu 50.000 € und nur bei 30 % darüber. Für einen Großteil der Betriebe liegt damit nur eine begrenzte Fähigkeit vor, Krisen durch Liquiditätskredite überbrücken zu können. Diese Beobachtung geht einher mit der häufig zu geringen Profitabilität der Unternehmen. Im Fall von Investitionen muss der Betrieb der Bank glaubhafte Konzepte vorlegen können, wie sich durch die Investition die Ertragskraft des Betriebes steigert, um einen Kredit bedienen zu können.

Diese Werte machen deutlich, dass nur ein Teil der deutschen Weingüter zurzeit schon ökonomisch nachhaltig ist. Die ökonomische Nachhaltigkeit ist aber notwendig, um zu investieren und sich an Veränderungen anpassen zu können. Die Corona-Krise

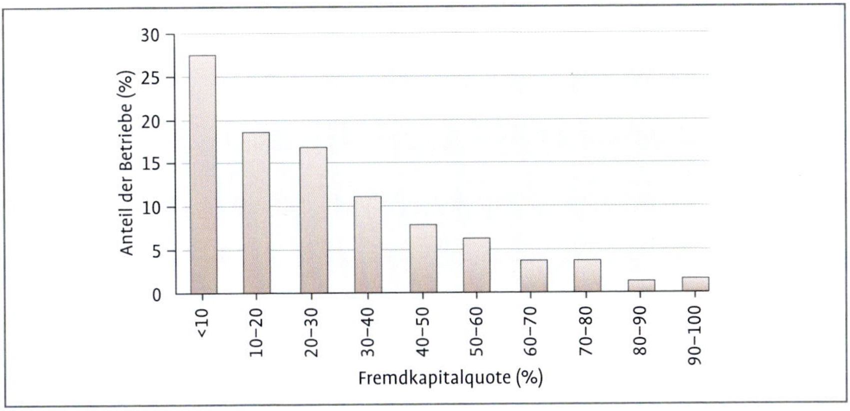

Abb. 5: Fremdkapitalquote.

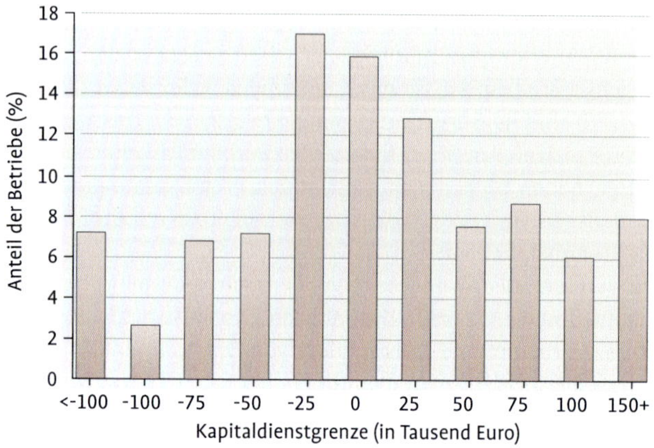

Abb. 6: Kapitaldienstgrenze.

mit ihrer starken und abrupten Veränderung der Absatzkanäle ist ein aktuelles Beispiel dafür. Die sich in 2022 zunehmende abzeichnende Inflation und Preissteigerung sowie die stärkere ökologische Regulierung erfordert weitere Anpassungsschritte der Betriebe. Die Bedeutung der ökonomischen Nachhaltigkeit als Fähigkeit zum langfristigen Überleben nimmt somit in der Weinbranche stark zu.

Es kann geschlussfolgert werden, dass die Säule der ökonomischen Nachhaltigkeit neben der ökologischen Nachhaltigkeit bisher nicht ausreichend Beachtung gefunden hat. Nur ökonomisch erfolgreiche Betriebe sind aber in der Lage, in ökologische und soziale Nachhaltigkeit zu investieren. Die Frage, wie Weingüter ökonomisch nachhaltig werden können, ist deshalb auch für die anderen beiden Säulen von elementarer Bedeutung.

5.9 Weitere Forschung zu ökonomischer Nachhaltigkeit

Das Institut für Wein- und Getränkewirtschaft der Hochschule Geisenheim arbeitet weiter daran, die Treiber der ökonomischen Nachhaltigkeit besser zu erforschen und diese Ergebnisse an die Branche zu kommunizieren. Erste vorläufige Ergebnisse legen z. B. nahe, dass die Marktpositionierung und damit der Umsatz pro Liter Wein (rechte Seite in Abb. 2) einen stärkeren Einfluss auf das Betriebsergebnis haben als die Produktionseffizienz (linke Seite in Abb. 2). Durch Analyse der langfristigen Entwicklung des wirtschaftlichen Erfolges soll außerdem die Frage beantwortet werden, was den langfristigen Unternehmenserfolg bestimmt und welche Rolle dabei Investitionen spielen.

Das Team um Prof. Dr. Kurth hat eine Methode der Kostenanalyse im Weinsektor entwickelt und wendet diese aktuell auf erste Betriebe an, um wesentlich detaillierter die Kostenstruktur, Kostentreiber und Vertriebsmargen ermitteln zu können (Kurth und Mengel, 2021).

In einem Kooperationsprojekt mit „FAIR'N GREEN" geht das Geisenheimer Team um Prof. Dr. Loose der Frage nach, wie ökonomische und ökologische Nachhaltigkeit vereinbar sind. In diesem von der EU und dem Land Hessen geförderten Projekt wird für die Betriebe eine kommentierte Darstellung ihrer Kennzahlen der ökonomischen Nachhaltigkeit entwickelt, die ihre Anwendung im Betrieb weiter erleichtern soll (www.geisenheim-portal.de).

Danksagung

Die Geisenheimer Unternehmensanalyse wird vom Ministerium für Wirtschaft, Verkehr, Landwirtschaft und Weinbau Rheinland-Pfalz finanziell unterstützt. Das Projekt „Wirtschaftlichkeit und ökologische Nachhaltigkeit von Weingütern: Analyse und digitaler Wissenstransfer" wird gefördert durch die Europäische Union, Europäischer Fonds für regionale Entwicklung, Investition in Ihre Zukunft (EFRE) und das Hessische Ministerium für Wissenschaft und Kunst (Innovations- und Strukturentwicklungsbudget).

Literaturverzeichnis

Bocken, N. M./Short, S. W./Rana, P. & Evans, S. (2014): A literature and practice review to develop sustainable business model archetypes. Journal of Cleaner Production, 65, 42–56.

Corbo, C./Lamastra, L. & Capri, E. (2014): From environmental to sustainability programs: a review of sustainability initiatives in the Italian wine sector. Sustainability, 6(4), 2133–2159.

Dalibozhko, A., & Krakovetskaya, I. (2018): Youth entrepreneurial projects for the sustainable development of global community: evidence from Enactus program. Paper presented at the SHS Web of Conferences.

Doane, D. & MacGillivray, A. (2001): Economic sustainability: The business of staying in business. New Economics Foundation, 1–52.

Elkington, J. (1998): Partnerships from cannibals with forks: The triple bottom line of 21st-century business. Environmental quality management, 8(1), 37–51.

Falcone, G./Strano, A./Stillitano, T./De Luca, A. I./Iofrida, N. & Gulisano, G. (2015): Integrated sustainability appraisal of wine-growing management systems through LCA and LCC methodologies. Chemical engineering transactions, 44, 223–228.

Ferrara, C./De Feo, G. (2018): Life cycle assessment application to the wine sector: a critical review. Sustainability, 10(2), 395.

Golicic, S. L./Flint, D. J. & Signori, P. (2017): Building business sustainability through resilience in the wine industry. International Journal of Wine Business Research, 29(1), 74–97.

Gómez-Limón, J. A.& Sanchez-Fernandez, G. (2010): Empirical evaluation of agricultural sustainability using composite indicators. Ecological Economics, 69(5), 1062–1075.

Joyce, A. & Paquin, R. L. (2016): The triple layered business model canvas: A tool to design more sustainable business models. Journal of Cleaner Production, 135, 1474–1486.

Klohr, B./Fleuchaus, R. & Theuvsen, L. (2013): Sustainability: Implementation programs and communication in the leading wine producing countries. Paper presented at the Proceedings of the 7th International Conference of the Academy of Wine Business Research (AWBR), St. Catharines, ON, Canada.

Kurth, A./Mengel, F. (2021) Marge kennen, Der deutsche Weinbau, 4/21, S. 31–35.

Labuschagne, C./Brent, A. C. & van Erck, R. P. G. (2005): Assessing the sustainability performances of industries. Journal of Cleaner Production, 13(4), 373–385. doi:10.1016/j.jclepro.2003.10.007

Loose, S. & Pabst, E. (2019): Climate Change – ProWein Business Report. Retrieved from https://www.researchgate.net/publication/339290046_Climate_Change_-_ProWein_Business_Report_2019

Loose, S. & Pabst, E. (2020): State of the German and international wine markets. German Journal of Agricultural Economics, 69(Supplement), 130–141.

Martins, A. A./Araújo, A. R./Graça, A./Caetano, N. S., & Mata, T. M. (2018): Towards sustainable wine: comparison of two Portuguese wines. Journal of Cleaner Production, 183, 662–676.

Merli, R./Preziosi, M. & Acampora, A. (2018): Sustainability experiences in the wine sector: toward the development of an international indicators system. Journal of Cleaner Production, 172, 3791–3805.

Michalke, A./Fitzer, F./Pieper, M./Kohlschütter, N., & Gaugler, T. (2019): How much is the dish?–Was kosten uns Lebensmittel wirklich? Innovatives Denken für eine nachhaltige Land-und Ernährungswirtschaft. Beiträge zur 15. Wissenschaftstagung Ökologischer Landbau, Kassel, 5. bis 8. März 2019.

Mueller Loose, S. & Remaud, H. (2013): Impact of corporate social responsibility claims on consumer food choice: A cross-cultural comparison. British Food Journal, 115(1), 142–166. doi:10.1108/00070701311289920

Pretty, J. N./Ball, A. S./Lang, T. & Morison, J. I. (2005): Farm costs and food miles: An assessment of the full cost of the UK weekly food basket. Food Policy, 30(1), 1–19.

Santini, C./Cavicchi, A. & Casini, L. (2013): Sustainability in the wine industry: key questions and research trends a. Agricultural and Food Economics, 1(1), 9.

Schäufele, I., & Hamm, U. (2017): Consumers' perceptions, preferences and willingness-to-pay for wine with sustainability characteristics: A review. Journal of Cleaner Production, 147, 379–394.

Strano, A./De Luca, A. I./Falcone, G./Iofrida, N./Stillitano, T., & Gulisano, G. (2013): Economic and environmental sustainability assessment of wine grape production scenarios in Southern Italy. Agricultural Sciences, 4(05), 12.

Strauß, K./Hiß, M./Beckmann, J., & Hiß, C. (2020): Soziale und ökologische Leistung bilanzieren. Lebendige Erde, 12–16.

Strub, L./Kurth, A. & Loose, S. (2019): Wertschöpfung zahlt sich aus. Rebe & Wein (in German)(01), 40–42.

Szolnoki, G. (2013): A cross-national comparison of sustainability in the wine industry. Journal of Cleaner Production, 53, 243–251.

Vineyard Benchmarking Report Marlborough (2019): Retrieved from New Zealand.

6 Social Media – eine neue Art der Kommunikation für die Weinbranche

Maximilian von Kunow

In einer Welt, die immer digitaler wird, ist es nicht verwunderlich, dass sich auch die Kommunikation wandelt. Die Sozialen Medien haben dadurch in den letzten Jahren immer mehr an Bedeutung gewonnen. Dort werden Emotionen, Eindrücke und Meinungen ganz öffentlich geteilt und diskutiert. Aber die Sozialen Medien bieten auch die Möglichkeit einer neuen, engeren Kommunikation zwischen Weingütern und Konsumenten. Wo früher nur das Telefon oder der E-Mail Verkehr eine Verbindung zwischen den beiden Seiten herstellte, ist es heute möglich, direkt mit den Kunden zu kommunizieren. Dies bietet neue Chancen, birgt aber auch Risiken. Auf die Erfahrungen, die ich bereits mit den Sozialen Medien sammeln durfte, möchte ich in diesem Artikel eingehen. Zunächst sollte aber gesagt sein, dass auch wir keine Social Media Profis sind. Die Arbeit mit den Sozialen Medien besteht aus einem stetigen Lernen und herausfinden, was die Kunden möchten. Dies ist, wenn man die eigenen Social Media Profile selbst pflegt und nicht durch Agenturen verwalten lässt, ein Prozess, bei dem immer neue Erkenntnisse gewonnen werden.

Früher waren die sozialen Medien noch eher ausgeprägte Tagebücher, in denen mit jedem geteilt wurde, was man isst, kauft oder trinkt. Nicht sonderlich gut für Werbezwecke nutzbar.

Mit dem Wandel der verschiedenen Plattformen wurde es Unternehmen möglich, eine höhere Reichweite durch Bezahlung zu erreichen und damit mehr Leute dazu zu bewegen, die Internetseite zu besuchen.

Es gibt zwei Wege, Social Media Plattformen sinnvoll für sich zu nutzen: Einerseits organische Posts, also unbezahlte, normale Beiträge im Newsfeed und andererseits gesponserte Werbebeiträge, bei denen man Geld einsetzt, damit sie Erfolge erzielen. Bei dieser Art von Werbung kann man verschiedene Ziele auswählen. Möglichkeiten sind: Die großflächige Verbreitung des Postes, Klicks auf die Website, Shopverkäufe und vieles mehr.

Texte wurden zunehmend unwichtiger, es ging immer mehr um eine klare Botschaft, die durch professionellere Fotos überbracht wurden. Agenturen in immer größerer Zahl wurden gegründet, die sich auf die Weinbranche spezialisierten. Auch diese mussten teilweise zunächst viel Lehrgeld zahlen, da oft die Individualität und Handschrift der einzelnen Betriebe verloren ging. Neben der großen Plattform Facebook entwickelten sich immer mehr andere Möglichkeiten, online aktiv zu sein. Besonders Instagram wurde gerade bei jüngeren Usern immer beliebter. Um den Platzhirsch Status zu erhalten, übernahm dann Facebook seinen Konkurrenten. Das Netz entwickelte sich gezielt weiter, alle Hebel wurden so gestellt, dass man als Konzern Gewinne einfahren kann. Anfangs effektive organische Posts wurden immer ineffektiver. Hohe Effizienz erreicht man im kommerziellen Bereich heutzutage nur noch durch Einsatz von finanziellen

Mitteln. Jedoch ist darauf zu achten, dass man seine Fans auch mit organischen Posts versorgen muss, um diese zu unterhalten. Dies kostet Zeit und erfordert, genauso wie die bezahlten Posts, eine angemessene Bildqualität. Zudem muss man auf Kommentare eingehen, Bilder liken und Nachrichten beantworten. Beim Posten ist es wichtig herauszufinden, wen man ansprechen möchte und was der Klientel gefällt. Deswegen posten wir bei bezahlten Kampagnen oft zum Bespiel das gleiche Produkt in unterschiedlichem Design und testen dann, welche Option mehr Interaktionen erzielt.

Eine weitere Möglichkeit, um mögliche neue Follower zu erreichen ist, eine Kooperation mit anderen Accounts einzugehen, um so die Community zu teilen. Beispiele wären ein Auftritt in der Story des anderen Unternehmens oder ein, momentan sehr beliebtes, Kooperationspaket. Dieses wird über Social Media beworben und fördert so nicht nur die Zusammenarbeit der beiden Betriebe, sondern auch deren Auftreten auf den Plattformen.

Es ist zudem wichtig, dass verschiedene Plattformen, verschiedenen Content einfordern. Wir haben die Erfahrung gemacht, dass Facebook eher informativer und mit etwas mehr Text arbeitet. Zudem sind die zahlreichen Facebookgruppen zum Thema Wein nicht zu vernachlässigen.

Instagram hingegen hat sich uns als unterhaltende, sehr bildreiche Plattform gezeigt. Hier liegt das Hauptaugenmerk auf der Ästhetik. Instagram Storys geben den Followern die Möglichkeit, einen authentischen Einblick hinter die Kulissen des Weingutalltags zu erhalten.

Trotz all der Möglichkeiten, die Soziale Medien als Werbe- und Kommunikationsflächen für das eigene Weingut bieten, muss man sich auch den Risiken solcher Plattformen gewiss sein. Durch qualitativ schlechte Posts leidet auch das Image eines Betriebes und trotz des schönen Scheins auf Facebook, Instagram, etc. darf man die Authentizität nicht verlieren. Zudem besteht immer das Risiko, gehackt zu werden und so die Kontrolle über die Accounts und somit die aufgebaute Community zu verlieren.

Fazit

Die Sozialen Medien sind nur die erste Etappe des Weges, den der Kunde bis zum Kauf zurücklegt. Wenn der restliche Prozess, also die Website und die Kaufabwicklung, nicht effektiv gestaltet sind verliert man den Kunden wieder. Social Media ist enorm wichtig für jeden Weinbaubetrieb. Je professioneller und individueller man dort auftritt, desto besser nutzen einem diese Instrumente, um den wirtschaftlichen Erfolg nachhaltig zu verbessern.

Teil II
Ökologische Nachhaltigkeit

1 Pflanzenschutz im nachhaltigen Weinbau

Florian Reinert/Nicolas Heinrich

1.1 Pflanzenschutz und Nachhaltigkeit

Ohne konkrete Maßnahmen im Pflanzenschutz kann heutzutage kaum (nachhaltig) Weinbau betrieben werden. *„Für die breite Öffentlichkeit ist Pflanzenschutz hauptsächlich mit der Anwendung von chemischen Pflanzenschutzmitteln, was mit „Giften“ gleichgesetzt wird, verbunden.”* (Jaskolla, 2006). Allerdings spielen neben dem Einsatz von Pflanzenschutz- und Stärkungsmitteln andere, mindestens gleichwertige Maßnahmen des Handlungsfeldes Pflanzenschutz, ebenfalls eine entscheidende Rolle. Zu nennen sind hier unter anderem die Sortenwahl, die gezielte Förderung von Nützlingen sowie verschiedene kulturtechnische Maßnahmen. Darüber hinaus sind auch die Auswirkungen des Pflanzenschutzes auf die betriebliche CO_2-Bilanz, die Energie- und Ressourceneffizienz sowie Maßnahmen zur Förderung der Biodiversität zu berücksichtigen. Der Diskurs ist also höchst komplex. Allerdings bietet genau diese Komplexität auch Möglichkeiten für neue Prinzipien im Pflanzenschutz. Denn so unerlässlich Pflanzenschutz im Weinbau auch ist, wird man in Zukunft nicht darum herum kommen diesen nachhaltiger zu gestalten. Das fordern Verbraucher heut zu Tage immer mehr und die aktuellen Folgen des Klimawandels ebenfalls.

1.2 Nachhaltiger Pflanzenschutz im Klimawandel

Die Lebensmittelskandale der vergangenen Jahre und Jahrzehnte (z. B. Glykol-Wein 1985, „Gammelfleisch“ 2005/2006, EHEC 2011, Fipronil 2017 etc.) haben viele Verbraucher skeptisch gemacht und der gesellschaftliche Wertewandel trägt ebenfalls dazu bei, dass eine wachsende Anzahl an an Konsumentinnen und Konsumenten bei Kaufentscheidungen nicht mehr nur Preis, Verfügbarkeit und Qualität der Produkte berücksichtigt, sondern zahlreiche Faktoren, wie Nachhaltigkeit der Anbaumethoden, Herkunft der Rohstoffe oder auch die Umweltbelastung durch den Transport miteinbezieht (Pawelzik & Theuvsen, 2008).

Gleichzeitig ist der Weinbau bereits auf vielfältige Weise stark vom Klimawandel betroffen. Einerseits ist es beispielsweise möglich Rebsorten anzubauen, welche noch vor wenigen Jahren nur in südlicheren Regionen zu finden waren (Köstner, 2021). Dies bringt Chancen mit sich und kann gleichzeitig im Sinne einer Anpassungsstrategie an den Klimawandel verstanden werden, da Lagen, welche z. B. für „klassische“ Rebsorten mittlerweile klimatisch ungeeignet sind, sinnvoll und zukunftsorientiert bestockt werden können. Andererseits bedingt der Klimawandel auch die Notwendigkeit zur Anpassung seitens der Weingüter mit Blick auf den Pflanzenschutz bzw. die generelle Arbeit im Rebberg. So verdeutlicht alleine die Situation im Weinbaujahr 2021 die enormen Herausforderungen, vor denen die Branche steht – der Klimawandel macht sich nicht nur durch steigende Temperaturen (frühere Reife bei höheren Lesetemperaturen) deutlich bemerkbar, sondern besonders auch durch sich häufende Extremwetterereignisse, Überflutungen, Dürreschäden und eine Veränderung des Schaderregerspektrums.

Mit einer Zunahme von Schäden durch Insekten und Krankheitserreger ist ebenso zu rechnen, wie mit Problemen durch wärmetolerante Unkräuter und invasive Arten. Darüber hinaus kann beispielsweise auch die Wirksamkeit des biologischen Pflanzenschutzes beeinträchtigt werden und es zu einer Notwendigkeit neuer Verfahren und Anpassungen bei Applikationstechniken und -terminen kommen. Auch das Wirkstoffspektrum des chemischen Pflanzenschutzes wird sich verschieben (Krengel-Horney, et al., 2021).

Weinbaubetriebe stehen folglich vor vermeintlichen neuen Herausforderungen: Konsumenten fordern einen minimalistischeren bzw. nachhaltigeren Pflanzenschutz und einen sich im Wandel befindlichen Naturdeterminismus, der vor dem Hintergrund des Klimawandels – vielleicht nicht in jedem Jahr, jedoch mit einer gewissen Regelmäßigkeit – mehr und/oder anderen Pflanzenschutz notwendig macht. Es stellen sich folglich unter anderem die Fragen: Wie kann der nachhaltige Weinbau der Zukunft aussehen? Welche Komponenten sind neben dem Einsatz von Pflanzenschutzmitteln der nachweislich den Diskurs mit Konsumenten dominiert, von besonderer Relevanz? Und wie können Konsumenten für das Thema sensibilisiert bzw. dieses sensible Thema sinnvoll in eine Nachhaltigkeitskommunikation eingebaut werden? Klar ist, die Nachhaltigkeit eines Weinbaubetriebs entscheidet sich nicht allein im Pflanzenschutz, aber ohne nachhaltigen Pflanzenschutz kann es keinen nachhaltigen Weinbau geben.

1.3 Der Weinberg als Agrar-Ökosystem: Bewahren durch Nutzen

Landwirtschaftliche Produktion wird häufig idealisiert und stimmt nicht automatisch mit der Wirklichkeit überein. Dies führt zu einer Situation, in der Weinbauern und Landwirte einerseits für gängige und notwendige Maßnahmen kritisiert werden und andererseits Landwirtschaft nostalgisch verklärt wird (Heyder, 2010). Dadurch werden Anforderungen an landwirtschaftliche Nutzflächen gestellt, die eher für Wälder und unbewirtschaftete Naturwiesen angemessen wären.

Der Weinberg ist ein Agrar-Ökosystem, das unterschiedliche Funktionen erfüllt. Neben der Primärfunktion, der Bereitstellung von Lesegut, erfüllt er beispielsweise die Funktionen als Lebensraum mit speziell angepassten Tieren und Pflanzen sowie häufig auch als Bestandteil der touristisch wertvollen Kulturlandschaft (Tafel, 2021). Weinberge sind von Menschen für menschliche Ziele angelegte (Anbau-)Strukturen, die sich in den Weinbauregionen zu stilgebenden Kulturlandschaften entwickelt haben. Weinberge, genau wie alle anderen landwirtschaftlichen Flächen, sind demnach keine Natur, sondern das System unterliegt beständigen Eingriffen des Menschen, der die Fläche bewirtschaftet. Seit der Sesshaftwerdung des Menschen, der Erfindung des Pfluges und der Domestizierung der Tiere, hat der Mensch begonnen die Natur nach seinen Bedürfnissen zu formen. „Ackerbau" ist untrennbar mit der Menschheitsgeschichte verbunden (Heyder, 2010).

Um diese menschlich angelegten Agrar-Ökosysteme aufrecht zu erhalten, bedarf es allerdings unweigerlich Mittel zum Pflanzenschutz. Hier gilt das Prinzip: „Bewahren durch Nutzen". Daher ist zu betonen: Ein Betrieb darf nicht auf den Pflanzenschutz reduziert werden. Kaum ein Landwirt oder Winzer handelt aktiv wider besseres Wissen oder mit dem Ziel, Raubbau an der Natur zu betreiben oder seinen Mitmenschen schaden zu wollen.

1.4 Verhältnis von Erzeuger und Verbraucher ist gestört

Dieses Missverständnis führt zu einem Dilemma. Auf der einen Seite zeichnen sich einige Teile der Bevölkerung durch eine generelle Unzufriedenheit mit der Industrialisierung der Landwirtschaft aus (Heyder, 2010) und stören sich oft besonders am Einsatz von Pflanzenschutzmitteln. Viele Erzeuger mussten schon Ausdrücke wie *„der spritzt aber Gift" oder „spritzt du noch, oder bist du schon bio"* anhören und gleichzeitig gehen Konsumenten in den Supermarkt und kaufen günstige Weine und andere Lebensmittel, über deren Anbau sie keineswegs im Bilde sind und der tendenziell eher nicht nachhaltig geschehen ist. Auf der anderen Seite kann man kann gut verstehen, warum Winzerinnen und Winzer bzw. insgesamt viele Landwirtinnen und Landwirte, sich angesichts dieser Haltung des Konsumenten nicht verstanden fühlen. Es ist entsprechend nicht verwunderlich, wenn es schrittweise zu einer Entfremdung zwischen den Erzeugern, Produzenten und Verbrauchern kommt. Die Proteste von Bauern gegen strengere Regulierung einerseits, sowie die Proteste von Konsumenten andererseits, sind Indiz für dieses Spannungsfeld. Der Diskurs über den Einsatz von Pflanzenschutzmitteln ist mittlerweile zunehmend verhärtet. Äußerungen verschiedener staatlicher Organe, der Industrie und verschiedener zivilgesellschaftlicher Akteure werden teilweise reflexartig kritisiert, ohne sich mit den eigentlichen Inhalten auseinanderzusetzen.

Viele Landwirte argumentieren, dass sie keine umweltfreundlicheren Anbauverfahren wählen können, weil sie den dafür nötigen Mehraufwand nicht in Form von höheren Preisen an den Handel und damit an den Verbraucher weitergeben können oder nicht ausreichend kompensiert werden, beispielsweise für die Umsetzung von Biodiversitätsmaßnahmen. Hier ist der Weinbau in einer Sonderposition, da der Weinbau noch überdurchschnittlich viele Produkte mehr oder weniger unmittelbar an Endkunden absetzt und auch eigene Beziehungen zum Endkunden hat. Insgesamt sind Weinbauern aber nicht von dieser Situation auszuschließen. Sie stehen auch wie andere Landwirte vor großen Herausforderungen, wenn es um umweltfreundlichere Anbauverfahren geht.

Fakt ist, dass ohne Pflanzenschutz im weitesten Sinne kein moderner Weinbau vorstellbar wäre, weder konventioneller, noch biologischer, noch nachhaltiger Weinbau. Die Dichotomie aus bio vs. integriert muss durch eine Betrachtungsweise ergänzt werden, welche die komplexen Zusammenhänge des Weinbaus unter der Anforderung der Nachhaltigkeit umfassend berücksichtigt.

Für Sonderkulturen spielt der Pflanzenschutz als ertrags- und qualitätssichernder Faktor eine noch größere Rolle als z. B. im Ackerbau. Der potenzielle Ertragsausfall durch Schadorganismen, den man durch gezielte Maßnahmen verhindern bzw. so gering wie möglich halten möchte, wird auf 17 bis 40 Prozent geschätzt (Urs, et al., 2020). Schlichtweg macht der Anbau einer Sonderkultur auf einer fixierten Fläche über eine

Zeit von mehreren Jahren oder Jahrzehnten stets unterschiedliche Maßnahmen im Pflanzenschutz notwendig. Die Frage ist also nicht, ob Pflanzenschutz genutzt wird, sondern wie Pflanzenschutz nachhaltig gestaltet werden kann. Hierbei muss der Kundenwunsch nach bezahlbaren und qualitativ hochwertigen Produkten aus nachhaltiger Produktion und gleichzeitig der Erzeugerwunsch nach Preisen und Aufwand in der Produktion, die eine wirtschaftliche Existenz ermöglichen (Stichwort: wirtschaftliche Nachhaltigkeit), berücksichtigt werden. Es scheint ein unlösbares Dilemma zu sein – ist es aber nicht. Es gibt Möglichkeiten das Verhältnis von Verbraucher und Erzeuger wieder anzunähern. Die Lösung könnte ein gemeinsames Verständnis von nachhaltiger Produktion und nachhaltigem Pflanzenschutz sein.

1.5 Nachhaltiger Pflanzenschutz – Ursprung und Gegenwart?

Wie deutlich geworden ist, kann Pflanzenschutz nicht isoliert betrachtet werden, sondern immer nur im Kontext der übrigen Maßnahmen in den Bereichen Düngung und Bodenpflege, phytosanitären Maßnahmen sowie dem Biodiversitätsmanagement. Nachhaltiger Pflanzenschutz muss alle Techniken, Maßnahmen und Lösungen zur Minimierung negativer Auswirkungen der Landwirtschaft nutzen, bei gleichzeitiger Sicherung der notwendigen Erntequalität und -menge. Um im Anschluss einen Ausblick auf neue Möglichkeiten nachhaltigen Pflanzenschutzes zu geben, bietet es sich an einen kurzen Blick auf die Genese und die unterschiedlichen “Richtungen” nachhaltigen Pflanzenschutzes in Deutschland bzw. Europa zu werfen.

Pflanzenschädlinge sind dem Menschen, da sie ab einer bestimmten Befalls- oder Schadwelle mit bloßem Auge zu erkennen sind, schon seit Jahrtausenden bekannt. Auch pilzliche Erkrankungen wie Mehltau oder Rost, aber auch Unkräuter, finden schon in der Bibel Erwähnung, wenngleich es bis in die Neuzeit dauerte, bis man begann die Ursachen von Pilzerkrankungen zu verstehen und in der Lage war Gegenmaßnahmen zu entwickeln (Jaskolla, 2006). Bis heute ist es so, dass pilzliche Schadorganismen im deutschen und europäischen Weinbau das zentrale Thema beim Pflanzenschutz sind. Vor allem die klassischen Rebsorten, wie beispielsweise der Riesling, sind hoch anfällig gegenüber dem Echten Mehltau *(Erysiphe necator)* sowie dem Falschen Mehltau der Rebe *(Plasmopara viticola),* welche die beiden bedeutendsten Schaderreger im Weinbau sind. Zur Verdeutlichung der Dimension muss man sich vor Augen führen, dass 58 % der insgesamt ausgebrachten Fungizide (Pflanzenschutzmittel gegen pilzliche Schadorganismen) in der EU auf den Weinbau entfallen, wobei dieser lediglich fünf Prozent der landwirtschaftlichen Gesamtfläche ausmacht (Schöbinger, 2020). Bedenkt man nun, dass zahlreiche Krankheitserreger und tierische Schaderreger im Weinbau thermophile Arten sind, denen nicht nur die steigenden Temperaturen, sondern auch die verlängerte Vegetationsperiode zugutekommen, wird schnell klar, dass der Weinbau mit Blick auf Pflanzenschutzmaßnahmen perspektivisch vor großen Herausforderungen stehen wird. „*Es ist [...] zu erwarten, dass die Schadwirkung endemischer Schaderreger wie der Traubenwickler oder der Erreger von Traubenfäulen zunimmt und zudem südeuropäische Schadorganismen ihr Verbreitungsgebiet nach Norden ausdehnen können. Darüber hinaus steigt das Risiko, dass eingeschleppte Schaderreger sich in den nördlichen Weinbaugebieten erfolgreich ansiedeln können*" (Maixner, 2014, S. 1). Um sich vor diesem Hintergrund der Fragestellung zu nähern, wie Pflanzenschutz möglichst nachhaltig gestaltet werden kann, bietet sich die Analyse des Status Quo an. Welche grundsätzlichen Ansätze gibt es bisher, Pflanzenschutz möglichst nachhaltig auszugestalten und welche Ziele werden jeweils vornehmlich verfolgt bzw. welche Gedanken liegen dem jeweiligen System zugrunde?

1.6 Integrierter Pflanzenschutz

Die positiven Auswirkungen von Pflanzenschutzverfahren- und Pflanzenschutzmitteln auf die Ertrags- und Qualitätssicherung sind unbestritten, in Sonderkulturen – wie dem Weinbau – sogar in noch größerem Maße als im Ackerbau (Urs, et al., 2020). Sowohl was die Qualität als auch die Quantität angeht steht der Weinbau heute in diesen Aspekten sicherlich „besser" da als zu Beginn der 1950er Jahre. Dies ist nicht nur auf andere Wirkstoffe im Pflanzenschutz zurückzuführen, sondern auch auf moderne Maschinen und Verarbeitungstechniken. Auch die Diskussion um die persönliche Schutzausrüstung des Pflanzenschutzanwenders trägt dem Expositionsrisiko des Anwenders Rechnung. Darüber hinaus sind die negativen Auswirkungen und Risiken des Pflanzenschutzmitteleinsatzes wesentlich besser bekannt und reichen beispielsweise vom Rückstandsrisiko im Boden, dem Eintrag in Wasserkörper, Einfluss auf Bodenleben und Bodenfruchtbarkeit (Wightwick et al., 2012), hin zur Neurotoxizität von Fungiziden auf unterschiedliche Lebewesen und Artengruppen (Regueiro et al., 2015). Weiterhin stellen einige Pflanzenschutzmittel (aufgrund ihrer Toxizität) auch für bodenlebende Bienen ein Problem dar. Gleiches gilt jedoch auch für unterschiedliche Methoden der Bodenbearbeitung, welche die Nester der Bienen zerstören können (Kopit & Pitts-Singer, 2018). Zu den weiteren Herausforderungen zählen unter anderem Auswaschung durch Niederschlag, Versickern/Verfließen, Abdrift nach der Ausbringung, Auswirkungen des Sonnenlichts auf die Wirkstoffe (Photodegradation), Winderosion, Tropfen- oder Dampfabdrift, chemischer oder mikrobieller Abbau im Wasser sowie auch im Boden. Außerdem bestehen mögliche Auswirkungen am Metabolismus der zu schützenden Kulturpflanze selbst (Europäischer Rechnungshof, 2020).

Dieses Wissen macht diese Wirkstoffe nicht weniger schädlich, allerdings eröffnet es Möglichkeiten ihre Anwendung besser zu kontrollieren. Es geht weder darum, den Einsatz von Pflanzenschutzmittel schönzureden und als alternativlos darzustellen noch darum, eine radikale Abkehr von Ihnen zu verlangen. Der vernünftige Weg liegt in der Mitte, also in der Abwägung von Nutzen und Risiken der jeweiligen Verfahren. Entsprechend formuliert die Europäische Union wie folgt: „Eine EU-Landwirtschaft, die völlig ohne Pestizide auskommt, ist jedoch kein realistisches Ziel – auch nicht für den ökologischen/biologischen Landbau, in dem ebenfalls eine begrenzte Zahl von Pestiziden verwendet werden darf." (Europäische Union, 2020). Auf Basis dieser Rahmenbedingungen besteht ein politischer Konsens darin den Pestizideinsatz insgesamt langfristig zu verringern *(NAP- Nationaler Aktionsplan Pflanzenschutz)*. Die konkreten Ziele sind im nationalen Aktionsplan zur Reduktion des Pestizideinsatzes (NAP) dargelegt. Eine spezifische Leitlinie für den Weinbau in Deutschland ist derzeit noch in Ausarbeitung (BMEL, NAP-Pflanzenschutz: Leitlinien IPS, 2021).

Der Grundpfeiler der Regelung eines zeitgemäßen Pflanzenschutzes ist das Leitbild des integrierten Pflanzenschutzes, welches seit 1987 im deutschen Pflanzenschutzgesetz verankert ist und seit 2009 auch in der Europäischen Union als Maßgabe festgelegt wurde (Europäische Pflanzenschutz-Rahmenrichtlinie 2009/128/EG) (BMEL, 2021). Der integrierte Pflanzenschutz hat seinen Ursprung in den USA, wo 1943 erstmals wissenschaftlich bewiesen werden konnte, dass die Anwendung von synthetischen Insektiziden negative ökologische Folgen haben kann, indem z. B. auch die Nützlinge dezimiert werden und somit die natürliche Regulation des Agrar-Ökosystems gestört wird. Die Forscher forderten, dass man mehrere Instrumente „integrieren" müsse, wie beispielsweise vorbeugende Maßnahmen. Die Idee fand in den 1950er Jahren zunehmend auch in Europa Anklang, was weitere Forschung zum Thema zur Folge hatte. Aufgrund der Tatsache, dass ständig neue chemische Wirkstoffe auf den Markt kamen, welche eine hohe Wirksamkeit hatten sowie günstig und unkompliziert in der Anwendung waren, setzte sich das Prinzip des integrierten Pflanzenschutzes zunächst jedoch nicht durch. Nicht selten wurde rein prophylaktisch, nach Spritzplan bzw. -kalender gearbeitet sowie mit Mitteln, deren Einsatz längst verboten war. Das Werk „Der Stumme Frühling" von der Biologin Rachel Carson aus dem Jahr 1962 stieß einen heftigen gesellschaftlichen Diskurs an und führte letztlich zum DDT-Verbot. In den 1970er Jahren kehrte man auf Grundlage wissenschaftlicher Erkenntnisse sowie eines entsprechenden gesellschaftlichen Wertewandels und Drucks zu den Prinzipien des integrierten Pflanzenschutzes zurück und begann vor allem in Europa und den USA Programme zu deren Umsetzung zu entwickeln (BLE, 2018)

„Mit dem integrierten Pflanzenschutz steht […] eine Strategie zur Verfügung, die einer modernen, wettbewerbsfähigen Landwirtschaft eine nachhaltige und ökologisch fundierte Entwicklung sichert. […]. Im Vorfeld des chemischen Pflanzenschutzes verdienen acker- und pflanzenbauliche Kulturmaßnahmen und die Resistenzzüchtung besondere Beachtung." (Wetzel, et al., 2000, S. 299).

Das erklärte Ziel ist es, den Einsatz von chemischen Pflanzenschutzmitteln so gut es geht zu beschränken – treu dem Motto „So viel wie nötig, so wenig wie möglich". So ist in § 2 Nr. 2 Pflanzenschutzgesetz aus dem Jahr 2012 integrierter Pflanzenschutz als *„Kombination von Verfahren, bei denen unter vorrangiger Berücksichtigung biologischer, biotechnischer, pflanzenzüchterischer sowie anbau- und kulturtechnischer Maßnahmen die Anwendung chemischer Pflanzenschutzmittel auf das notwendige Maß beschränkt wurde"*, definiert (BMEL, 2021), (BLE, 2018).

Neben dem Prinzip, den Einsatz von Pflanzenschutzmitteln immer erst als ‚ultima ratio' zu betrachten, finden sich im Anhang III der Richtlinie 2009/128/EG folgende allgemeinen Grundsätze des integrierten Pflanzenschutzes:

- Unterstützung der Vorbeugung und/oder Bekämpfung von Schadorganismen unter anderem durch: Anwendung geeigneter Kultivierungsverfahren, ggf. Nutzung resistenter Sorten, Nutzung von standardisiertem bzw. Zertifiziertem Saat- und Pflanzgut, Nutzung ausgewogener Dünge-, Kalkungs- und Bewässerungsverfahren, präventiver Schutz durch Reinigungsmaßnahmen der Geräte und Maschinen (Hygiene), Schutz und Förderung von Nützlingen

- Überwachung von Schadorganismen durch passende Methoden und Instrumente (wie z. B. Sichtkontrollen, Nutzung von Frühwarnsystemen, Zuhilfenahme von Beratern), sofern vorhanden
- Entscheidung für Pflanzenschutzmaßnahmen und deren Zeitpunkt anhand der Ergebnisse der Überwachung und auf Grundlage von wissenschaftlich begründeten Schwellenwerten, welche sich je nach Region, Kulturpflanze und klimatischen Verhältnissen unterscheiden können
- Nutzung von möglichst zielartenspezifischen Pestiziden mit geringstmöglichen Nebenwirkungen für Menschen und Umwelt
- Minimierung des Pestizideinsatzes durch z. B. Reduktion der Dosierung, Teilflächenbehandlungen oder weniger Anwendungen, wobei das Risiko für die Vegetation ebenso zu beachten ist, wie das Resistenzmanagement
- Nutzung von Strategien zur Resistenzvermeidung zum Erhalt der Wirksamkeit der Produkte, wenn ein Schadbefall wiederholte Pestizidanwendungen erforderlich macht, z. B. durch Verwendung unterschiedlicher Mittel mit verschiedenen Wirkungsweisen
- Nutzung von Aufzeichnungen über die Pestizidanwendungen und der Überwachung der Schadorganismen zur Evaluation des Erfolges der Maßnahmen

Es zeigt sich, dass das Konzept des Integrierten Pflanzenschutzes bereits direkt und indirekt mit mehreren Fragestellungen des nachhaltigen Pflanzenschutzes Berührungspunkte oder sogar Schnittmengen aufweist. Außerdem zeigt dieses Konzept einen möglichen Mittelweg auf zwischen Ansprüchen von einerseits Verbraucher und andererseits Produzenten. Negative Auswirkungen von Pflanzenschutz werden kontrolliert und reduziert, allerdings in einem Maß, dass es auch praktikabel ist und Produkte zu noch angemessenen Preisen verkauft werden können.

Neben dem Ansatz zu integriertem Pflanzenschutz gibt es andere Ideen, die teilweise schon lange bevor die gesetzlichen Rahmenbedingungen für den Integrierten Pflanzenschutz aufkamen. Unter anderem kritisierte die Lebensreformbewegung ab etwa 1900 bereits die industrialisierte Landwirtschaft. Die Gruppierung „Landreformer“ beschäftigte sich in den 20er und 30er Jahren des 20. Jahrhunderts vor allem mit Fragen der Landbewirtschaftung und Möglichkeiten eines naturnahen Lebens (Dietzig-Schicht, 2016). Anhängern der Lebensreformbewegung zufolge leiste die industriali sierte Landwirtschaft einen Beitrag dazu, dass die natürliche Umwelt “denaturiert und kontaminiert” sei (Fritzen, 2006, S. 181). In Folge der Bewegung, die sich grundsätzlich gegen Urbanisierung und Industrialisierung wandte, entstanden die ersten ökologischen Landbauaktivitäten. Seit 1924 entwickelte sich zudem auf Basis der Vorträge von Rudolf Steiner die biologisch-dynamische Wirtschaftsweise, welcher ein anthroposophisches Natur- und Menschenbild zugrunde liegt (MULNV, 2015). Der biologische Anbau ist mittlerweile der Nische entwachsen und hat einen festen Platz im Supermarktregal – wenngleich dies teilweise von einigen Anhängern der (frühen) Biobewegung kritisiert wird.

1.7 Ökologischer Landbau und Pflanzenschutz

Der ökologische Landbau findet bekanntermaßen auch unter Weinbaubetrieben Zuspruch. Die „Grüne Revolution" in der Landwirtschaft (Hochertragssorten sowie vermehrte mineralische Düngung und Einsatz chemisch-synthetischer Pflanzenschutzmittel) der 1960er Jahre hatte zur Folge, dass bei einer gewissen Anzahl an Erzeugern ein Umdenken hin zu einer ökologischen Bewirtschaftung einsetzte. Fand die Pionierarbeit noch ohne übergeordnete Institutionen statt, kam es auch hier zu einem Umdenken (IFOAM EU Group, 2014). 1971 wurde der Bioland e.V. Erzeugerverband gegründet und im Folgejahr die Internationale Vereinigung der ökologischen Landbewegungen (IFOAM) – spezielle Anbauverbände für Bioweinbau folgten in den 1980er Jahren und gaben der Anbaumethodik Rahmenregelungen. Hier ist in Deutschland vor allem die Gründung von Ecovin, dem Bundesverband ökologisch arbeitender Weinbaubetriebe in Deutschland, im Jahr 1985 zu betonen. Europäische Regelungen (EG-Öko-Verordnung 2092/91) folgten 1991 und verankerten erstmals einheitlich geltende Vorschriften bzgl. Verwendung von ökologischen Pflanzenschutz- und Düngemitteln (Palmes, 2019). Es dauerte jedoch bis August 2012, dass ökologischer Wein vollständig in die EU-Gesetzgebung integriert und Teil der gemeinsamen Agrarpolitik wurde. Bei der ökologischen Traubenerzeugung gelten mit Blick auf den Pflanzenschutz die folgenden fünf Hauptprinzipien (IFOAM EU Group, 2014, S. 24):

- Fruchtbarkeit und Gesundheit des Bodens
- Weinbauliche Praxis, angepasste Rebsorten und Erziehungssysteme
- Zeitliche Planung der Schutzmaßnahmen und Ausbringungsmethoden
- Förderung der Pflanzenwuchskraft zur Steigerung der natürlichen Verteidigungsmechanismen
- Biologische Schädlingsbekämpfung und Habitat-Management (Begrünung, Hecken)

Neben diesen Prinzipien sind selbstredend auch die allgemeinen Grundsätze des integrierten Pflanzenschutzes im ökologischen Landbau maßgebend. Ziel des ökologischen Landbaus ist es, im Sinne des Betriebskreislaufs, den Einsatz externer Betriebsmittel (z.B. Dünger und Pflanzenschutzmittel) so gering wie möglich zu halten. Können jedoch beispielsweise Schädlinge oder Krankheiten mit anderen Maßnahmen nicht erfolgreich reguliert werden, ist der Einsatz von ‚naturstofflichen' Pflanzenschutzmitteln zulässig. Zur Anwendung zugelassen sind Präparate, „die auf pflanzlichen, tierischen, mikrobiellen oder mineralischen Inhaltstoffen basieren" (BMEL, 2021). Damit sind synthetisch hergestellte Pflanzenschutzmittel ausgeschlossen. Die europäische Öko-Basisverordnung (EG) Nr. 834/2007 führt auf, welche Wirkstoffe im ökologischen Landbau eingesetzt werden dürfen – alle Pflanzenschutzmittel, deren Wirkstoffe nicht auf dieser Positivliste enthalten sind, gelten als im ökologischen Landbau verboten. Zudem gilt in Deutschland auch beim ökologischen Landbau, dass nur solche Mittel verwendet werden dürfen, die vom Bundesamt für Verbraucherschutz und Lebensmittelsicherheit (BVL) nach den Vorgaben des Pflanzenschutzgesetzes eine Zulassung bekommen haben. Darüber hinaus sind sogenannte Grundstoffe (z.B. Lebensmittel wie Molke oder Essig) pflanzlichen oder tierischen Ursprungs erlaubt, sofern sie nicht als Herbizid verwendet werden und auch der Einsatz von Pflanzenstärkungsmitteln zur generellen Gesunderhaltung bzw. zum Schutz vor nichtparasitären Beeinträchtigungen ist grundsätzlich gestattet (ebenda).

Dieses Prinzip des biologischen Anbaus scheint ein Ansatz zu sein, der Konsumentenanforderungen nach Nachhaltigkeit in einem gewissen Maße befriedigen kann. Jedoch ist zu hinterfragen, inwiefern dieser Ansatz für alle Anbauformen und Regionen gleich praktikabel ist und ob er bereits wirklich ganzheitlich nachhaltig ist. Hier muss auch klar gesagt werden, dass die EU-Bioverordnung niedrigere Anforderungen vorgibt und die Anforderungen einiger Anbauverbände über eigene Verbandsrichtlinien strengere Anforderungen an die Betriebe stellen. In der Regel bewegen sich diese jedoch im Kontext Boden, Nährstoffe und Pflanzenschutz, wohingegen beispielsweise Energie-, Ressourcen- und anderer Klimaschutz weniger thematisiert werden.

1.8 Ist Bioweinbau automatisch nachhaltig und nichtbiologischer Weinbau automatisch unnachhaltig?

Der biologische Weinbau ist nicht automatisch nachhaltiger als der nichtbiologische Weinbau und der biologische Pflanzenschutz ist nicht gleichzusetzen mit umweltfreundlichem Pflanzenschutz. Es ist richtig, dass der biologische Pflanzenschutz auf synthetische Pflanzenschutzmittel verzichtet (die Auseinandersetzung mit Blattdüngern, die fungizide Wirkungen entfalten, muss gesondert geführt werden), aber auch jede biologische Spritzfolge trägt eine Umweltgefährdung mit sich, sei es durch Kupfer (vgl. dazu beispielsweise Cesco et al. (2021)), oder auch durch Schwefel oder Natriumbikarbonat. Diese an sich ungefährlichen Wirkstoffe müssen in vergleichsweise hohen Dosierungen ausgebacht werden, weshalb sie teilweise als gefährdend für Nützlinge eingestuft sind.

Der biologische Anbau ist auf Kupfer als Pflanzenschutzmittel angewiesen und befindet sich damit in einer Zwickmühle, da die Vermarktung neuer Rebsorten für Biobetriebe genau so schwierig ist wie für alle anderen Betriebe, gleichzeitig die Biobetriebe aber nicht auf andere Mittel ausweichen können und daher nur die Aufwandmenge- oder Anwendungsintervalle erhöhen:

„*Auch wenn in Katastrophenjahren, wie 2016, die Notfallzulassung von Kupferpräparaten auf 4 kg Reinkupfer/ha und Jahr rasch umgesetzt werden konnte, so zeigte sich, dass die Strategie verkürzter Applikationsintervalle bei Aufwandmengen von bis zu 300 g Reinkupfer/ha und Behandlung, insbesondere im Zeitraum der Blüte, zum Teil keine ausreichende Wirkung hatte. Von daher erscheint die Zulassung von Kaliumphosphonat oder eines anderen adäquaten Wirkstoffs unabdingbar, um das Risiko der Produktion in vertretbarem Maße zu halten und die ökonomische Stabilität der Betriebe nachhaltig zu sichern*“ (Kauer, 2018).

Diese Ausführung zeigen gut, dass dieses Problem bekannt und bearbeitet wird. Sicherlich macht die Zulassung weiterer umweltfreundlicher synthetischer Wirkstoffe im Bioanbau Sinn. Entscheidend sollte die Toxizität sein, nicht die Herkunft eines Wirkstoffs. Nachhaltiger Pflanzenschutz muss über lange Zeit auf der gleichen Fläche möglich sein. Es wäre zu diskutieren, inwiefern der Einsatz von Kupfer dieser Anforderung gerecht werden kann.

Auch die Fragen der Bodenverdichtung und des höheren Kraftstoffverbrauchs durch zusätzliche Überfahrten im Bioweinbau stellen im Gesamtkontext der Nachhaltigkeit des Betriebs zumindest Herausforderungen da, die man adressieren und lösen muss. Hier sind bisher kaum nennenswerte Bestrebungen zu erkennen, um die bestehenden Bioanforderungen um strikte Auflagen in diesen Handlungsfeldern (CO_2, Energie, Ressourcen) zu erweitern.

Beide Strategien, der integrierte und der ökologische Pflanzenschutz verfolgen somit einen in Bezug auf Ertragssicherung und Umwelt- und Anwenderschutz ganzheitlichen Ansatz und stellen die Anwendung vorbeugender, nicht-chemischer Pflanzenschutzmaßnahmen in den Vordergrund. Der zentrale Unterschied ist das Verbot von synthetischen Pflanzenschutzmitteln beim ökologischen Landbau (BLE, 2018). Da jedoch die Beschränkung der Mittel, vor allem auf deren „Herkunft" basiert hat der Fair and Green e.V. bei der Bewertung der Pflanzenschutzmittel im Rahmen der Entwicklung eines nachhaltigen Pflanzenschutzes einen anderen Weg gewählt. Entscheidend ist nicht die Frage, ob der Stoff aus der Natur kommt, sondern welchen Effekt er auf die Menschen und die Umwelt hat, wenn er ausgebracht wird.

Es entsteht manchmal der Eindruck, Nachhaltigkeitsysteme wie FAIR'N GREEN seien eine „Konkurrenz" zu Bio – das ist jedoch grundfalsch. FAIR'N GREEN ist ein Befürworter des Bioanbaus, sofern dieser auch in anderen Handlungsfeldern der nachhaltigen Landwirtschaft gute Ergebnisse erzielt. Biobetriebe erzielen in der Regel auch gute Bewertungen im Bereich des Pflanzenschutzes, was sich positiv auf ihr Ergebnis bei der FAIR'N GREEN Zertifizierung auswirkt. Gesamtgesellschaftlich macht es jedoch Sinn, auch alternative Lösungen zuzulassen und auf Basis unabhängiger wissenschaftlicher Erkenntnisse und frei jedweder Ideologie, ein möglichst breites Spektrum an Lösungsansätzen im Pflanzenschutz zuzulassen bzw. für die Betriebe aufzuzeigen.

Biologischer Anbau und nachhaltiger Anbau sind gut kompatible Ansätze. Der nachhaltige Weinbau mit einem System wie FAIR'N GREEN bietet daher allen Weinbaubetrieben einen Lösungsraum, der mit der FAIR'N GREEN-Zertifizierung alle wichtigen Aspekte der Nachhaltigkeit inklusive des nachhaltigen Pflanzenschutzes beinhaltet. Darauf aufbauend kann man dann zusätzlich noch die Bio-Richtlinien erfüllen und/oder sein Unternehmen und die Produkte klimaneutral stellen. Dieser ganzheitliche Ansatz, der offen und lösungsorientiert vorgeht, findet immer mehr Anklang bei den Betrieben, da auch die Verbraucher und Händler sich immer mehr für nachhaltigen Anbau interessieren. Darum ist es wichtig, dass Nachhaltigkeitssysteme die Betriebe sowohl bei den täglichen Herausforderungen unterstützen, gleichzeitig aber das „große Ganze" fest im Blick haben.

1.9 Nachhaltiger Pflanzenschutz als Teil der Agrarwende

Von welcher Seite man die aktuelle Lage auch betrachtet, es ist klar, dass noch mehr getan werden muss, um mehr Nachhaltigkeit in der Landwirtschaft zu erreichen aber auch, dass eine langfristige nachhaltige Veränderung Zeit braucht. Pflanzenschutz wird hierbei immer eine wichtige Rolle spielen.

Bei der Agrarwende verhält es sich nicht anders als bei der Verkehrswende: es reicht nicht aus nur die Mittel zu ändern, man muss stufenweise das gesamte System verändern. Wie in der Verkehrswende werden auch in der Agrarwende sukzessive (inkrementelle) Verbesserungen umgesetzt. Dazu gehören beispielsweise strengere Vorschriften im Pflanzenschutz, Düngung, Bodenbearbeitung usw. Diese bisherigen Maßnahmen haben jedoch überwiegend einen abnehmenden Grenznutzen und sind zudem bedroht, durch den so genannten „Rebound-Effekt" (Santarius, 2012) wieder egalisiert zu werden. Ein effizienteres Auto führt zu keiner nennenswerten Umweltverbesserung, wenn die Familie im Ergebnis nicht ein, sondern zwei Autos besitzt und fährt. Ein neuer Traktor verbraucht häufig sogar mehr Kraftstoff, weil mehr Leistung für die unterschiedlichen Anbaugeräte benötigt wird. Ebenso kann der Pflanzenschutzmittelaufwand innerhalb der bestehenden Rahmenbedingungen vermutlich nie um einen nennenswerten Faktor reduziert werden – sofern beispielsweise keine neuen Wirkstoffe zur Peronospora-Bekämpfung entwickelt werden, die mit einer deutlich geringeren Aufwandmenge auskommen.

Es reicht also nicht aus, nur auf Effizienzverbesserung der bestehenden Pflanzenschutzverfahren zu setzen oder den Eintrag von Schadstoffen durch Verordnungen und Gesetze immer weiter zu begrenzen. Um stufenweise das gesamte System zu verändern, muss parallel ein neuer und entscheidender Zweig des nachhaltigen Pflanzenschutzes ausgebaut werden. Der möglicherweise essenziellste Aspekt für einen nachhaltigen Pflanzenschutz in der Zukunft ist die Förderung neuer, pilzwiderstandsfähiger Rebsorten (Piwis). Denn vermutlich können erst dann signifikante Senkungen der eingesetzten Pflanzenschutzmittel, sowie der damit verbundenen Bodenverdichtung und CO_2-Emissionen durch Überfahrten mit dem Traktor realisiert werden.

Die Verantwortung für die Umsetzung dieser Maßnahme liegt gleichermaßen bei den Erzeugern, dem Handel, den Verbrauchern sowie den politischen Akteuren. Jeder Akteur ist in ein Geflecht von Abhängigkeiten und Anforderungen eingebunden und kein Akteur allein kann diese Herausforderung allein meistern – es müssen alle etwas dazu beitragen, um das Ziel gemeinschaftlich zu erreichen. Ähnlich wie bei der Einführung der Photovoltaik könnte auch hier bspw. von staatlicher Seite umfassend investiert werden, um diesen neuen Produkten – auf Basis von Piwis – die nötige Anschubdynamik zu verleihen, damit sie irgendwann auf dem Markt bestehen können (Mazzucato, 2013). Ebenfalls könnten große Handelsunternehmen die neuen Rebsorten prominent bewerben und damit sicherlich Nachfrageeffekte auslösen. Noch wichtiger aber sind die Pionierbetriebe, die mit diesen neuen Rebsorten der zweiten und dritten Generation bereits heute mutig voran gehen und somit dazu beitragen, diesen zukünftigen Markt zu entwickeln.

Jeder einzelne Winzer kann dazu beitragen die Produkte neuer Rebsorten zu vermarkten und somit populär zu machen: Indem der Winzer dem Kunden erklärt, dass diese Rebsorte besonders ist, weil sie besonders wenig Pflanzenschutzmittel benötigt, macht er den Kunden gleichzeitig jedoch erst darauf aufmerksam, dass die übrigen Rebsorten regelmäßig gespritzt werden müssen. Dies stellt eine große Herausforderung an die Kommunikation der Weinbaubetriebe. Schließlich tun sich viele Weinbaubetriebe verständlich schwer damit, ihren Kunden auf die Anforderungen der Weinrebe im

Anbau vollumfänglich aufzuklären. Ähnlich schwer würden sich vermutlich auch Bioweinbaubetriebe tun, wenn sie mit Kunden ausführlich über die Auswirkungen von Netzschwefel und ähnlichen Präparaten, beispielsweise auf Nützlinge, sprechen müssten oder die Auswirkungen von zusätzlichen Durchfahrten mit dem Traktor und den damit verbunden Effekten auf das Bodenleben und die CO_2-Emissionen.

Gleichzeitig muss man jeden Erzeuger mit einem klassischen Rebsortenspiegel verstehen – viele Betriebe werden direkt mit bestimmten Rebsorten in Verbindung gebracht und der wirtschaftliche Erfolg des Unternehmens ist an deren Anbau gekoppelt und auch diese müssen in der Lage sein, nachhaltigen Pflanzenschutz zu betreiben. Für diese Betriebe bedarf es ebenfalls Lösungen, da auch diese Betriebe Familien und Mitarbeiter ernähren und eingebunden sind in mannigfaltige soziale Strukturen und ebenfalls nachhaltig arbeiten möchten.

Während man einerseits am langfristigen Ziel des Ausbaus des Piwi-Anbaus arbeitet, muss man auch Lösungen für die aktuellen Herausforderungen der klassischen Rebsorten anbieten. Darum haben wir einen integrativen Ansatz gewählt, um alle Nachhaltigkeitsaspekte in einem System zu verbinden. Eine wesentliche Grundlage spielt dabei der nachhaltige Pflanzenschutz.

1.10 Pflanzenschutz im System FAIR'N GREEN

Bei FAIR'N GREEN ist der Pflanzenschutz zunächst in den Kontext der vierten Säule des Nachhaltigkeitssystems eingebettet, der Wertschöpfungskette für den Weinbau. Darin werden die wesentlichen Kategorien für die Weinbergsbewirtschaftung (u. a. Boden, Nährstoffe, Pflanzenschutz und Biodiversität) erfasst. Diese wiederum sind eingebunden in das Gesamtsystem von FAIR'N GREEN.

Der Sinn dieses Verfahrens besteht darin eine möglichst objektive und ganzheitliche Bewertung des Weinbaubetriebs zu ermöglichen. Denn wir glauben, dass wesentliche Aspekte ignoriert werden, wenn man einen Betrieb allein auf Teilbereiche wie den Einsatz von Pflanzenschutzmitteln reduziert. Dies würde weder den unterschiedlichen Vermarktungskonzepten noch den geographischen Unterschieden gerecht.

Das Ziel von FAIR'N GREEN war von Anfang an den Eintrag naturfremder Substanzen zu reduzieren (siehe Leitlinien des Fair and Green e. V., abrufbar über die Webseite www.fairandgreen.com). Gleichzeitig genügt es nicht nur die Menge möglicherweise schädlicher Wirkstoffe zu reduzieren, da die Schadwirkung durch die Auswahl und Konzentration der enthaltenen Wirkstoffe bestimmt wird. Werden beispielsweise Wirkstoffe immer potenter, können auch bei niedrigeren Dosen schwere Schadwirkungen verursacht oder begünstigt werden. Dies trifft beispielsweise auf die Gruppe der Insektizide (vorrangig Neonicotinoide) zu, weshalb die Schadwirkung dieser Wirkstoffgruppe nicht unbedingt mit der Ausbringungsmenge korrelieren muss. Wir lassen uns daher regelmäßig von unabhängigen Experten beraten, welche Wirkstoffe als besonders kritisch einzustufen sind. Daher arbeitet der Verband bereits seit 2014 mit dem Pestizidexperten Lars Neumeister hinsichtlich der Bewertung von Pflanzenschutzmittelwirkstoffen zusammen, der regelmäßig Pestizidbewertungen für Greenpeace und andere zivilgesellschaftliche Akteure durchführt.

DAS NACHHALTIGKEITSSYSTEM FAIR'N GREEN			WEIN
BETRIEBSFÜHRUNG	UMWELT	GESELLSCHAFT	WERTSCHÖPFUNGSKETTE
WIRTSCHAFTSPLAN	ÖKOBILANZ	UNTERNEHMENSWERTE	BESCHAFFUNG
WIRTSCHAFTLICHES RISIKOMANAGEMENT	ENERGIEEINSATZ	FESTE MITARBEITER	NÄHRSTOFFEINTRAG & BÖDEN
KAPITALENTWICKLUNG	CARBON-FOOTPRINT	SAISONALE MITARBEITER	PFLANZENSCHUTZ
INVESTITIONEN & INNOVATIONEN	RESSOURCENSCHUTZ	AUS- & WEITERBILDUNG	BIODIVERSITÄT
BETRIEBSABLÄUFE	RECYCLING	STAKEHOLDER & SOZIALES UMFELD	KELLERWIRTSCHAFT
DIGITALISIERUNG	WASSEREINSATZ	GESELLSCHAFTLICHES ENGAGEMENT	QUALITÄTSMANAGEMENT
EXTERNE KOMMUNIKATION & MARKETING		KULTURELLES ENGAGEMENT	ABSATZ & TRANSPORT

Abb. 1: Inhalte des Nachhaltigkeitssystems FAIR'N GREEN. Markiert: wesentliche Handlungsfelder des nachhaltigen Pflanzenschutzes.

FAIR'N GREEN verfolgt das Konzept des ganzheitlich nachhaltigen Pflanzenschutzes, beginnend bei der Sortenwahl und endend mit dem Einsatz von Pflanzenschutzmitteln. Üblicherweise wird dieses Prinzip des integrierten Pflanzenschutzes, wie zu Beginn beschrieben, in einer Pyramide dargestellt. Hierauf aufbauend ergänzt das FAIR'N GREEN-System den Einsatz von Pflanzenschutzmitteln um den so genannten „Toxic Load Indicator" (TLI) (Neumeister, 2017).

Ganzheitlich nachhaltiger Weinbau muss generell großen Anspruch an alle Maßnahmen des nachhaltigen Pflanzenschutzes stellen. Dazu werden als Teil der FAIR'N GREEN-Zertifizierung alle Maßnahmen und Aktivitäten des Außenbetriebs in den Bereichen Bodenpflege, Düngung, Pflanzenschutz, Biodiversität und Kulturlandschaft regelmäßig erfasst und bewertet. „Guter Wein entsteht im Weinberg" – dieser Satz ist nicht nur handlungsleitend für viele qualitätsorientierten Winzerinnen und Winzer, sondern ist auch wesentlich für die Ziele des Nachhaltigkeitssystems FAIR'N GREEN. Weinberge, die durch maßvolle Qualitätsarbeiten gepflegt werden, benötigen weniger Behandlungen mit Pflanzenschutzmitteln als Anlagen mit Ertragsmaximierung. Insofern sind Qualitätsarbeiten immer ein Bestandteil des nachhaltigen Pflanzenschutzes.

Doch selbst wenn die beste Qualitätsarbeit geleistet wurde, sind oft trotzdem Pflanzenschutzmittel nötig. Daher wollen wir kurz auf drei zentrale Handlungsfelder, Insektizide, Herbizide und Fungizide eingehen:

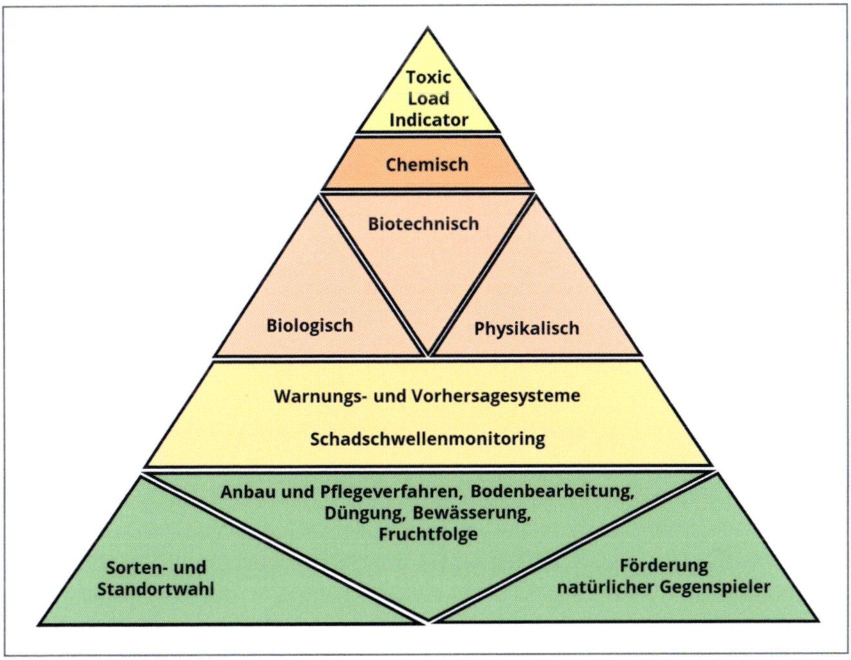

Abb. 2: Verbindung des integrierten Pflanzenschutzes mit dem Toxic Load Indicator (eigene Abbildung Reinert & Gerstendörfer, Fair and Green e.V.).

Handlungsfeld Insektizide

Für einen der wichtigsten Schädlinge im deutschen Weinbau (den Traubenwickler) gibt es mit der Verwirrmethode eine nachhaltige Alternative zum konventionellen Insektizid, welche von vielen Betrieben erfolgreich und seit langem eingesetzt wird. Weitere Schädlinge wie Sauerwurm, Thripse usw. lassen sich ebenfalls durch die gezielte Förderung von Nützlingen bekämpfen. Zu den natürlichen Feinden des Traubenwicklers zählen z.B. parasitäre Schlupfwespen und zu denen der Thripse gehören vor allem räuberische Insekten wie Schwebfliegen, Ameisen, Marienkäfer und Blattwanzen. FAIR'N GREEN verlangt von allen Betrieben die Verwendung der Verwirr-Methode zur Bekämpfung des Traubenwicklers. Deshalb gilt grundsätzlich ein Insektizidverbot.

Handlungsfeld Herbizide

Über kaum ein Thema im deutschen Weinbau wird so leidenschaftlich gestritten wie über die Frage des Herbizideinsatzes zur Bekämpfung von unerwünschten Beikräutern im Unterstockbereich der Weinrebe. Für den Weinbau stellen Beikräuter unter der Rebe, vor allem hoher Bewuchs, ein Problem dar, da dieser Beispielsweise als Einfallstor für Pilzsporen fungieren kann und zusätzlich Feuchtigkeit in die Traubenzone bringen kann.

Neben diesem physikalischen Problem gibt es jedoch auch Probleme, die sich aus der Ausbildung der Winzerinnen und Winzer ergeben oder aus falschem bzw. einseitig geprägtem Traditionsbewusstsein. Leitsätze wie „was oben Früchte trägt, muss unten sauber sein", prägten viele Weinbauern nachhaltig und es fällt vermutlich schwer, von solchen Leitsätzen loszulassen.

Faktisch gibt es auch in Deutschland Weinbaubetriebe, die Herbizide falsch oder sogar regelwidrig anwenden. In den „sozialen" Medien sind teilweise Beiträge zu sehen, wo beispielsweise Zeilenspitzen oder Weinbergsränder „abgespritzt" wurden. Die falsche Anwendung einer Methode durch eine Minderheit von Betrieben sollte jedoch nicht zur Diskreditierung einer größeren Anzahl vernünftiger Betriebe führen.

Die Nachhaltigkeit eines Weinbaubetriebs entscheidet sich nicht in der Frage des Herbizideinsatzes. Der unreflektierte Herbizideinsatz ist jedoch abzulehnen, wohingegen der reflektierte und maßvolle Einsatz für einige Bereiche des Steillagenweinbaus sogar die einzige Möglichkeit darstellen könnte, solange noch keine wirkungsvollen Alternativen gefunden wurden. Hier könnten organische Herbizide wie Pelargonsäure in Zukunft eine Alternative für die Lagen darstellen, die auch mit neuester Technik nicht mechanisiert werden können. Es spricht einiges dafür, dass es eine ideale Kombination aus chemischer Unkrautbekämpfung und anschließender mechanischer Bearbeitung geben könnte – siehe dazu u. a. (Müller, 2019) – die insgesamt als nachhaltiger einzustufen wäre als eine rein mechanische oder eine rein chemische Unkrautbekämpfung. In der Zukunft wird es weitere Möglichkeiten durch fortschreitende Mechanisierung und intelligente, womöglich sogar selbst durch die Weinberge navigierenden, autonomen Maschinen geben. Entsprechende Prototypen werden in unterschiedlichen Projekten bereits erprobt.

Handlungsfeld Fungizide

Sowohl mengenmäßig als auch in Bezug auf die Schadwirkung spielen die Fungizide im Weinbau (sowie auch in anderen Dauerkulturen) die eigentlich entscheidende Rolle.

Einige der wichtigsten Maßnahmen, um den Fungizidaufwand im Weinbau zu reduzieren sind ein möglichst hoher Anteil an Qualitätsarbeiten im Weinberg, die Berechnung der Sprühmenge nach dem Laubwandmodell, der Einsatz der Recyclingspritze und der Anbau von neuen, robusten Rebsorten, die weniger Fungizidbehandlungen benötigen.

Durch die Recyclingspritze wird gerade zu Beginn der Spritzsaison, wenn noch wenig Blattmasse vorhanden ist, ein großer Teil der Spritzbrühe wieder aufgefangen und wieder in den Kreislauf eingebracht. Dies reduziert nicht nur die absolut ausgebrachte Menge, sondern hat auch deutliche Vorteile hinsichtlich der Schlagkraft der Fungizidanwendung, da beispielweise eine Tankmischung Spritzbrühe länger reicht als normal. Somit kann der ganze Betrieb dann insgesamt effizienter bewirtschaftet werden.

Darüber hinaus liegt die Frage des notwendigen Maßes (siehe oben) in der Regel jedoch im Ermessen des Pflanzenschutzmittelanwenders, der – wenngleich informiert durch beispielsweise den Rebschutzdienst oder andere Berater – überwiegend selbstständig über die Wahl des Produkts, den Einsatzzeitpunkt und die Dosierung entscheidet. Bei aufwendigen Maßnahmen wie zum Beispiel der manuellen Entblätterung oder

der Traubenteilung dürfte mehr Flexibilität hinsichtlich der Wahl und Anwendungsintensität der Mittel bestehen als in einer auf maximalen Ertrag angelegten Anlage. In solchen Anlagen ist das „notwendige Maß“ auf einer betriebsindividuellen Ebene entsprechend höher als in Anlagen mit einem höheren Anteil von Handarbeit und anderen phytosanitären Maßnahmen. Gleichzeitig ist auch vorstellbar, dass Betriebe im höheren Preissegment unter besonderen Druck stehen, regelmäßig hochwertiges Lesegut zu erzeugen, um die Basis für die höherpreisigen Produkte zu schaffen.

Der Regelfall dürfte dennoch darin bestehen, dass Landwirte und Weinbauern die Pflanzenschutzmittel mehr oder weniger strikt an den Anwendungsempfehlungen der Hersteller oder der Offizialberatung orientieren. Dies ist aus der Perspektive der Landwirte auch verständlich, da die Hersteller die volle Schutzwirkung nur bei genauer Befolgung der Dosierungsbestimmungen versprechen. Neben der Dosierung verschiedener Mittel können Anwender aber vor allem die zeitlichen Abstände zwischen zwei Spritzfolgen beeinflussen. Dies setzt eine aktive Auseinandersetzung mit dem Thema, zeitliche Flexibilität und eine gewisse Portion Mut voraus, sobald man von der Offizialberatung oder den Herstellerempfehlungen abweicht.

Um diese Lücke zu schließen, arbeitet FAIR'N GREEN mit der Methode des Toxic Load Indicators (TLI), um die Verwendung sämtlicher Pflanzenschutzmittel sowie eine Reduzierung der ausgebrachten Mittelmenge bewertbar zu machen und vor allem einen objektiven Bewertungsrahmen auf Grundlage der enthaltenen Wirkstoffe und deren Konzentration zu erhalten.

1.11 Der Toxic Load Indicator (TLI)

Der Toxic Load Indicator ist ein Verfahren, um eine detaillierte Umweltbewertung aller eingesetzten Pestizidwirkstoffe (siehe unten: Abbildung 3) in einen Flächenbelastungsindex pro Hektar des Betriebs umzurechnen. Anhand des Belastungsindex (pro Jahr, pro Mittel sowie pro Anwendungsdatum) kann der Landwirt sodann eine Optimierung vornehmen, indem z. B. andere Mittel mit niedrigerer Toxizität oder geringere Aufwandsmengen genutzt werden.

Das Verfahren basiert auf den Arbeiten des Pestizidexperten Lars Neumeister und wurde als Bestandteil des Systems FAIR'N GREEN durch die FAIR'N GREEN-Beratungsfirma Athenga GmbH umfassend weiterentwickelt und seit 2014 in dieser weiterentwickelten Form in Deutschland angewendet. Die Grundlage für die Bewertung der Pflanzenschutzmittelwirkstoffe entstammen alle öffentlich zugänglichen Datenbanken, welche standardisierte Informationen zu PSM-Wirkstoffen enthalten. Mit dem System lässt sich die potenzielle Schadwirkung von Spritzfolgen vergleichen und optimieren.

FAIR'N GREEN-Betriebe erreichen unter anderem durch die Anwendung des Toxic Load Indicators im Schnitt eine Verbesserung Ihrer Pflanzenschutzbewertung von mindestens 30 %. Dies ist vor allem auf den Verzicht auf den Einsatz besonders kritischer Wirkstoffe zurückzuführen, vor allem wenn diese vorher in hohen Dosen ausgebracht wurden. Das System trägt somit zu einer verbesserten Transparenz hinsichtlich der Umweltauswirkungen der eingesetzten Pflanzenschutzmittel für den Anwender bei einer Vielzahl von Produkten bei. Auch zukünftige Wirkstoffe können mit dem Indikator

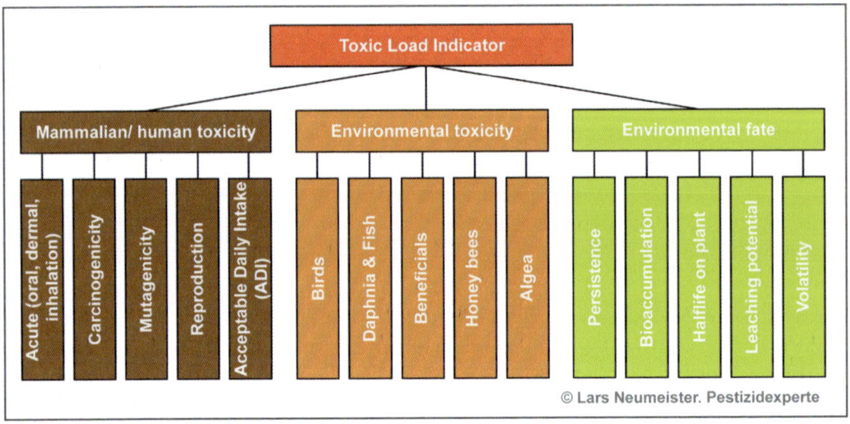

Abb. 3: Bestandteile des Toxic Load Indicator. Für eine ausführliche Beschreibung des Toxic Load Indicators siehe Neumeister (2017).

bewertet werden, da alle Wirkstoffe die gleichen Zulassungsbestimmungen erfüllen müssen, so dass dann entsprechende Daten vorliegen, die für die ökotoxikologische Bewertung genutzt werden können.

Für den Betrieb heißt das, dass er grundsätzliche alle marktgängigen umweltfreundlichen Fungizide einsetzen darf. Ihm steht mit dem Toxic Load Index und den weiteren Prinzipien des nachhaltigen Anbaus eine Metrik zur Verfügung, mit der er die Bewertung des Wirkstoffs vorher einsehen kann, um diese Bewertung bei der Spritzplanung zu berücksichtigen. Es ist damit auch möglich seine Spritzfolgen bereits im Frühjahr komplett zu planen und sich die toxikologische Bewertung aller eingesetzten Wirkstoffe, Dosierungen und Anwendungsintervalle im Vorfeld anzeigen zu lassen. Im Rahmen der jährlichen Ökobilanzierung aller Mitgliedsbetriebe durch FAIR'N GREEN wird dann jeweils die effektiv durchgeführte und gemeldete Spritzfolge ausgewertet und mit dem Betrieb hinsichtlich Verbesserungsmöglichkeiten besprochen.

Neben der Pionierarbeit im Weinbau soll das von uns gemeinsam mit Lars Neumeister entwickelte Verfahren zur Erfassung, Bewertung und Verbesserung von Spritzfolgen im Weinbau einen Beitrag zur Transformation der Landwirtschaft in Richtung einer umwelt- und sozialverträglichen Landwirtschaft darstellen, den die Mehrheit der Betriebe ohne große Barrieren anwenden kann. Bedingt durch die hohe Anzahl konventioneller Landwirtschaftsbetriebe in Deutschland besteht hier ein sehr großes Potenzial der absoluten Umweltentlastung: Nach aktueller Agrarstrukturzählung gab es 2016 in Deutschland 275.400 Landwirtschaftliche Betriebe, welche eine Fläche von 16,7 Mio. Hektar Land bewirtschaften. Auf den Anbau nach Anforderung der EU-Biorichtlinie entfallen 1,1 Mio. Hektar bzw. 6,5 % (Destatis 2016). Folglich verbleiben 15,6 Mio. Hektar Land, die bisher nach Maßgabe der so genannten „konventionellen" Landwirtschaft bewirtschaftet werden. Das Potenzial zu Verringerung des Pestizideinsatzes ist hier somit beträchtlich größer als eine rein auf sukzessive Vergrößerung des Bioanbaus angelegte

Landwirtschaftsstrategie. Zumal biologische Spritzfolgen nicht automatisch bessere TLI-Ergebnisse erzielen als Spritzfolgen, die umweltfreundliche synthetische Produkte einsetzen. Im Gegenteil kann man mit umweltfreundlichen synthetischen Produkten die Ergebnisse eines klassischen Biospritzplans sogar unterschreiten - zuzüglich zu den hinlänglich bekannten Unterschieden im Energie- und Ressourcenverbrauch, die u. a. durch zusätzliche Überfahrten entstehen.

1.12 Prinzipien für nachhaltigen Pflanzenschutz nach FAIR'N GREEN

Es hat sich gezeigt, dass nachhaltiger Pflanzenschutz viele unterschiedliche Aspekte der täglichen Arbeit im Rebberg umfasst, die zueinander in enger Wechselwirkung stehen. Patentrezepte, die für alle Betriebe, Jahre und Weinberge gültig sind, gibt es ebenso wenig, wie das eine grundlegende Prinzip, aus dem sich jeweils die besten Maßnahmen ableiten. Nachhaltiger Pflanzenschutz ist immer individuell und an die jeweiligen Gegebenheiten so gut es geht angepasst. Nachhaltiger Pflanzenschutz heißt sich von alten Bildern im Kopf zu lösen. Das heißt beispielsweise auch mehr Begrünung an mehr Orten im und um den Weinberg nicht nur zuzulassen, sondern aktiv zu fördern, da dadurch wiederum das natürliche Vorkommen von Nützlingen gefördert werden kann.

Damit ergeben sich aus unserer Sicht für die Weinbaubetriebe folgende Grundprinzipien des nachhaltigen Pflanzenschutzes:

- Förderung von Qualitätsarbeiten im Weinberg und Sicherung der wirtschaftlichen Nachhaltigkeit des Betriebs
- Verzicht auf konventionelle Insektizide
- Verzicht oder wirkungsvolle Reduktion konventioneller Herbizide
- Verzicht auf Mittel mit Wirkstoffen mit einer besonders kritischen Umweltbewertung nach der Methode „Toxic Load Indicator"
- Förderung von Nützlingen, Schaffung von Strukturelementen im Weinberg und Berücksichtigung der Effekte der gewählten Pflanzenschutzmaßnahmen auf die Biodiversität
- Ausbau des Flächenanteils von neuen Rebsorten im Betrieb und aktive Vermarktung von neuen Rebsorten
- Einsatz von Recyclingspritzen oder ähnlichen Maßnahmen zur Reduktion der absolut ausgebrauchten Aufwandmenge der Pflanzenschutzmittel, Verzögerung der ersten Pilzbehandlung und Ausreizen der Schadschwelle, Frühzeitiger Einsatz des Laubwandmodells anstelle der Berechnung der Aufwandmenge nach Fläche
- Berücksichtigung der CO_2-Effekte der gewählten Pflanzenschutzmaßnahmen
- Berücksichtigung der Energie- und Ressourcenintensität der gewählten Pflanzenschutzmaßnahmen
- Berücksichtigung der Effekte der gewählten Pflanzenschutzmaßnahmen auf die wirtschaftliche und soziale Nachhaltigkeit des Betriebs und dessen Region.

Fazit

Nachhaltiger Pflanzenschutz schöpft alle nicht-chemischen Potenziale aus und strebt eine energie- und ressourcenoptimale Weinbergsbewirtschaftung an, welche die Verbraucher und Erzeuger gleichermaßen schützt und gleichzeitig die wirtschaftliche Grundlage der Betriebe in Form hochwertiger Produkte sichert.

Mit dem ganzheitlichen Ansatz von FAIR'N GREEN steht allen Weinbaubetrieben ein Rahmenwerk zur Verfügung, mit dem sowohl der gesamte Betrieb als auch der Pflanzenschutz nachhaltig gestaltet werden kann. Wir glauben, dass dieser Ansatz ein hohes Potenzial zur Erzielung von absoluten Umweltverbesserungen im Weinbau sowie der Landwirtschaft insgesamt hat.

Wir wollen dazu beitragen den Diskurs weiterzuentwickeln und die semantischen Gräben zwischen dem Bioweinbau und der restlichen Branche mit einem neutralen und unabhängigen Bewertungssystem überwinden. Die Herausforderungen angesichts des Klimawandels und der Betriebsnachfolgeproblematik sind zu groß, so dass die Weinbranche sich auch in diesem Handlungsfeld der Nachhaltigkeit weiterentwickeln muss.

Wir sollten mutig alle vernünftigen Lösungen zulassen, ohne uns auf Einzelaspekte zu versteifen. Darum wird mit FAIR'N GREEN das Konzept des nachhaltigen Anbaus als eigenständiges System, zusätzlich zu dem biologischen und dem konventionellen Anbau etabliert.

Nachhaltiger Anbau ist nicht die Verlängerung des konventionellen Anbaus mit einigen grünen Ideen. Nachhaltigkeit ist ein systemischer Ansatz, der alle Bereiche der Landwirtschaft berührt und beeinflusst. Pflanzenschutz ist dann nachhaltig, wenn er die Parameter Ertragssicherung, Mitarbeiter- und Verbraucherschutz ebenso und gleichrangig berücksichtigt wie Parameter der Öko-Toxikologie, Energie- und Ressourceneinsatz, CO_2-Bilanz und Biodiversität. Eine Pflanzenschutzstrategie, die sich nur auf eine oder wenige dieser Parameter beruft, greift zu kurz und kann kein Modell für die Mehrheit der Betriebe darstellen.

Wir möchten diesen Beitrag als Einladung zu einem lösungsorientierten Diskurs verstanden wissen. Sicherlich wird es in der Zukunft noch spannende Entwicklungen geben, die wiederum Einfluss auf den nachhaltigen Pflanzenschutz im Weinbau und der Landwirtschaft haben werden. Bis es soweit ist, müssen wir aber nicht warten, sondern können den Pflanzenschutz an den oben diskutierten Faktoren ausrichten und damit insgesamt einen realen Beitrag zur Stärkung des nachhaltigen Weinbaus und der nachhaltigen Landwirtschaft insgesamt leisten.

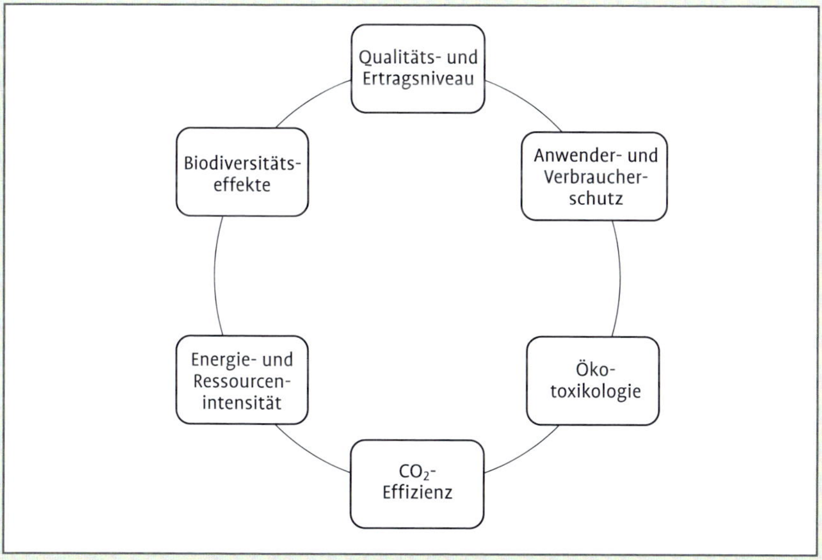

Abb. 4: gleichberechtigte Parameter des nachhaltigen Pflanzenschutzes (eigene Darstellung).

* Die Verfasser danken Sarah Widdig für die tatkräftige Unterstützung bei der Überarbeitung des Manuskripts.

Literaturverzeichnis

BLE, B. f. (2018). Integrierter Pflanzenschutz.

BMEL, B. f. (24. 09 2021). NAP-Pflanzenschutz: Integrierter Pflanzenschutz. Von https://www.nap-pflanzenschutz.de/integrierter-pflanzenschutz/ abgerufen

Dietzig-Schicht, S. (2016). Biobauern heute. Landwirtschaft im Schwarzwald zwischen Tradition und Moderne. Münster: Waxmann.

Fritzen, F. (2006). Gesünder leben: die Lebensreformbewegung im 20. Jahrhundert. Stuttgart: Franz Steiner Verlag.

Heyder, M. (2010). Strategien und Unternehmensperformance im Agribusiness. Göttingen: Cuvillier.

IFOAM EU Group. (2014). EU-Vorschriften für die ökologische Weinerzeugung. Hintergrund, Bewertung und Weiterentwicklung des Sektors. Brüssel.

Jaskolla, D. (2006). Der Pflanzenschutz vom Altertum bis zur Gegenwart. Ein Leitfaden zur Geschichte der Phytomedizin und der Organisation des deutschen Pflanzenschutzes.

Kauer, R. (2018): "Kupferreduzierung im biologischen Weinbau: Strategien zur Einsatzoptimierung", in: Wädenswiler Weintage 2018 – Fachtagung für Rebbau – 11. Januar 2018: 11

Köstner, B. (2021). Klimawandel und Auswirkungen auf den Weinbau. DAS-Projekt BIODI-Vina. Bildungsmodule zur Bedeutung der Biodiversität bei der Anpassung des Weinbaus an den Klimawandel.

Kopit, A., & Pitts-Singer, T. (Juni 2018). Routes of Pesticide Exposure in Solitary, Cavity-Nesting Bees. Environmental Entomology, Vol. 47, Issue 3, S. 499–510.

Krengel-Horney, S., Adler, C., Berger, B., Feike, T., Flath, K., Hausmann, J., . . . Kehlenbeck, H. (2021). Klimawandel und mögliche Herausforderungen für den Pflanzenschutz – Gestern, heute, morgen. Journal für Kulturpflanzen, S. 292–305.

Müller, E. (Mai 2019). Bodenpflege in Zeiten des Klimawandels. Die Winzerzeitschrift, S. 26–37.

Maixner, M. (2014). Klimabedingte neue Risiken durch Schadorganismen im Weinbau. In J. Lozán, H. Grassl, L. Karbe, & G. Jendritzky, Warnsignal Klima: Gefahren für Pflanzen, Tiere und Menschen. 2. Auflage. (S. Kapitel 4.10). Hamburg: www.warnsignale.uni-hamburg.de.

Mazzucato, M. (2013). The Entrepreneurial State. England: Anthem Press.

MULNV. (2015). Ökolandbau NRW: Geschichte und Richtungen des ökologischen Landbaus. Von www.oekolandbau.nrw.de: https://www.oekolandbau.nrw.de/fachinfo/umstellung/wissenswertes/2015/geschichte-und-richtungen-des-oekologischen-landbaus abgerufen

Neumeister, L. (2017): Toxic Load Indicator. A new tool for analyzing and evaluating pesticide use. Aid by Trade Foundation and the Better Cotton Initiative (BCI), https://pestizidexperte.de/publikationen.phpPalmes, D. (2019). Anforderungen an die Nachhaltigkeitsberichterstattung im Weinbau. Bad Kreuznach.

Palmes, D. (2019). Anforderungen an die Nachhaltigkeitsberichterstattung im Weinbau. Bad Kreuznach.

Pawelzik, E., & Theuvsen, L. (2008). Pflanzenproduktion bei steigenden Qualitätsanforderungen. In A. Tiedemann, R. Heitefuss, & F. Feldmann, Pflanzenproduktion im Wandel – Wandel im Pflanzenschutz (S. 32–44). Braunschweig: Deutsche Phytomedizinische Gesellschaft.

Santarius, T. (2012): „Der Rebound-Effekt: Die Illusion des grünen Wachstums." http://www.santarius.de

Schöbinger, S. (6. Oktober 2020). Bioökonomie.de. Von https://biooekonomie.de/foerderung/foerderbeispiele/weinbau-der-zukunft abgerufen

Tafel, M. (2021). Investigating the Characteristics and the Economic Impact of Tourism in German Wine Regions. Hochschule Geisenheim.

Urs, N., Riedel, J., Brühl, C., Liess, M., Schulz, R., Altenburger, R., . . . Gerowitt, B. (2020). Pflanzenschutz und Biodiversität in Agrarökosystemen. (B. f. Landwirtschaft, Hrsg.) Berichte über Landwirtschaft. Zeitschrift für Agrarpolitik und Landwirtschaft, 98(1), S. 1–39.

Wetzel, T., Wolkmar, C., Lübke-Al Hussein, M., Drews, F. W., Jany, D., & Richter, L. (2000). Mit dem integrierten pflanzenschutz ins neue jahrtausend. Archives of Phytopathology and Plant Protection, 33:4, S. 299–327.

2 Klimaschutz im Weinbau

Benjamin Laux/Dr. Keith Ulrich

2.1 Einleitung/Abstract

Klimaschutz ist eines der wichtigsten und drängendsten Themen unserer Zeit. Verschiedene Extremwetterereignisse haben weltweit und auch bei uns in Deutschland die Folgen des Klimawandels verdeutlicht. Ereignisse wie das Hochwasser 2021 in Rheinland-Pfalz, Nordrhein-Westfahlen, Sachsen und Bayern werden aufgrund des Klimawandels häufiger auftreten. Die Folgen davon sind auch für den Weinbau spürbar. Die veränderten klimatischen Bedingungen, darunter z. B. längere Trockenperioden oder auch extreme Wetterereignisse wie Hagel und Frost im Frühling stellen die WinzerInnen vor neue Herausforderungen. Darüber hinaus hat der globale Anstieg der Temperatur weitreichende Folgen für den Weinanbau. Je nach Klimamodell, welche verschiedene Anstiegswerte als Grundlage haben, wird der Anbau bestimmter Rebsorten in bestimmten Gegenden in Zukunft erschwert oder sogar unmöglich sein.

In diesem Zusammenhang ist es von entscheidender Bedeutung, dass Politik und Wirtschaft gemeinsam daran arbeiten, die CO_2-Emissionen zu reduzieren. Der Verein Fair and Green e. V. unterstützt im Rahmen der Save Climate Initiative seine Mitglieder dabei, Treibhausgasemissionen zu berechnen, zu analysieren und zu reduzieren. Die verbleibenden Emissionen können über Klimaschutzprojekte kompensiert werden. Die Produktion klimaneutraler Weine ist somit möglich, was ein Zeichen setzt und den Weg in eine klimagerechte Zukunft weist.

2.2 Gesellschaftliche Bedeutung

In den letzten Jahren sind der Klimawandel und seine Folgen verstärkt in den Fokus der Öffentlichkeit gerückt. Seit mehreren Jahren ziehen Kinder und Jugendliche der Fridays for Future Bewegung auf die Straße, um sich für eine klimagerechte Zukunft einzusetzen. Sie üben Druck auf PolitikerInnen und EntscheidungsträgerInnen aus. Die weltweiten Extremwetterereignisse haben gezeigt, dass die Zeit drängt und noch mehr Anstrengungen unternommen werden müssen, um das 1,5 Grad Ziel zu erreichen. Dies wird auch vom neuen Bericht des Weltklimarats IPCC gestützt, in dem die aktuellen wissenschaftlichen Erkenntnisse von zahlreichen ForscherInnen und AutorInnen zusammengefasst werden (IPCC 2021). Im Bericht wird eindeutig darauf hingewiesen, dass die Klimaerwärmung durch den Menschen beeinflusst wird. Im globalen Schnitt waren die letzten Jahrzehnte immer wärmer als die vorherigen Jahrzehnte. Eine neue Prognose sagt voraus, dass ein Anstieg der mittleren globalen Temperatur um 1,5 Grad im Vergleich zum vorindustriellen Zeitalter bereits um das Jahr 2030 erreicht sein wird, wenn die derzeitige Entwicklung weitergeführt wird. Vor diesem Hintergrund wird es schwierig, die Erwärmung bei diesem Wert zu begrenzen, wie es sich die

Staatengemeinschaft durch das Pariser Klimaschutzabkommen zum Ziel gesetzt hat (ZEIT Online 2021).

2.3 Regulatorische Entwicklungen

Das besagte internationale Übereinkommen wurde 2015 auf der Pariser UN-Klimakonferenz geschlossen. Durch das Abkommen wurde ein globaler Rahmen zur Begrenzung der globalen Erwärmung auf deutlich unter 2 °C und Fortsetzung der Bemühungen zur Begrenzung auf 1,5 °C festgelegt. Des Weiteren wurden die Staaten dazu angehalten, nationale Klimaaktionspläne (nationally determined contributions, NDCs) vorzulegen, um die Ziele zu erreichen. Die EU hat das Pariser Abkommen formell ratifiziert und einen NDC erarbeitet. Im Dezember 2020 aktualisierte die EU ihren NDC mit dem Ziel, die CO_2-Emissionen bis 2030 um mindestens 55 % gegenüber dem Stand von 1990 zu senken (Europäische Kommission o. J.). Um dieses Ziel zu erreichen und langfristig bis 2050 gar keine Nettoemissionen von Treibhausgasen zu erzeugen, hat die Europäische Kommission im Rahmen des EU Green Deals ein Paket an Vorschlägen verabschiedet, um die Politik in den Bereichen Klima, Energie, Landnutzung, Verkehr und Steuern so zu gestalten, dass die Ziele erreicht werden können. Aspekte, die im Rahmen von Verordnungen angegangen werden, sind u. a. der Emissionshandel, der Ausbau erneuerbarer Energien und die Förderung natürlicher CO_2-Senken (Europäische Kommission 2021a). Um im Finanzwesen Investitionen verstärkt in nachhaltige Tätigkeiten in der EU zu lenken, wurde außerdem mit der EU-Taxonomie ein Klassifizierungssystem initiiert, das umweltverträgliche Wirtschaftstätigkeiten definiert. Die EU-Taxonomie ist eine wichtige Grundlage für die Ausweitung nachhaltiger Investitionen und die Umsetzung des EU Green Deal. Alle betroffenen Unternehmen müssen in Zukunft offenlegen, wie und in welchem Umfang ihre wirtschaftliche Tätigkeit Nachhaltigkeit auf der Grundlage der Taxonomie-Verordnung berücksichtigt oder einbezieht. In der Taxonomie-Verordnung sind sechs Umweltziele festgelegt, die ersten beiden zielen auf die Eindämmung des Klimawandels und Anpassung an den Klimawandel ab (Europäische Kommission 2021b).

Unternehmen, die gemäß der CSR-Richtlinie berichtspflichtig sind, müssen außerdem ihre Nachhaltigkeitsberichte in ihren Lagebericht aufnehmen und mit Informationen über die Nachhaltigkeit ihrer eigenen Aktivitäten ergänzen. Betroffen sind alle Unternehmen, die an einem geregelten Markt in der EU notiert sind. Das Größenkriterium für die Anzahl der MitarbeiterInnen soll dabei von 500 auf 250 gesenkt werden. Die geplanten Änderungen betreffen bereits die Berichtsperiode 2023 (PwC 2021). Unternehmen stehen dadurch immer stärker in der Pflicht, Klimaschutz- und Reduktionsziele zu beschließen und Maßnahmen umzusetzen.

Auch auf nationaler Ebene gibt es Beschlüsse zum Klimaschutz. Durch das Klimaschutzprogramm 2030 hat die Bundesregierung Maßnahmen vorgestellt, die mit Gesetzen und Förderprogrammen gestützt werden sollen. Das Programm sieht unter anderem vor, bis 2030 eine flächendeckende Ladeinfrastruktur für bis zu zehn Millionen Elektrofahrzeuge zu installieren (eine Million Ladepunkte) sowie den Kohleausstieg voranzubringen (BMU 2019, S. 78; S. 32 ff.). Jüngst hat das Bundeumweltministerium eine

Novelle des Klimaschutzgesetz beschlossen, die in Deutschland eine Senkung der CO_2 Emissionen um 65 % bis 2030 und Kohlenstoffneutralität bis 2045 vorsieht (BMU 2021). Darüber hinaus hat die Bundesregierung eine Änderung des Brennstoffemissionshandelsgesetzes beschlossen und eine CO_2-Bepreisung für die Bereiche Wärme und Verkehr eingeführt. Demnach müssen Unternehmen, die mit Benzin, Diesel, Heizöl und Erdgas handeln, einen CO_2-Preis zahlen. Dabei gleichen sie durch den Erwerb von Emissionsrechten den Treibhausgas-Ausstoß aus. Der Preis pro Tonne CO_2 lag im Januar 2021 bei 25 € und soll schrittweise angehoben werden, so dass er 2025 bei 55 € liegen wird. Es ist politisch gewollt, dass die Unternehmen die erhöhten Preise weitergeben und sich die Kosten für fossile Brennstoffe dadurch für die BürgerInnen erhöhen. Die Bundesregierung möchte damit die Nutzung von erneuerbaren Energien und Technologien wie Wärmepumpen fördern (Bundesregierung 2020).

2.4 Aufteilung in Sektoren

Um die Ziele der EU und der Bundesregierung zu erreichen, sind Anstrengungen in allen Sektoren notwendig. So hat die Bundesregierung im Klimaschutzplan 2050 Sektorziele für die notwendigen Emissionsminderungen festgelegt. Ziele gibt es für die Sektoren Energiewirtschaft, Gebäude, Verkehr, Industrie, Landwirtschaft und Abfallwirtschaft.

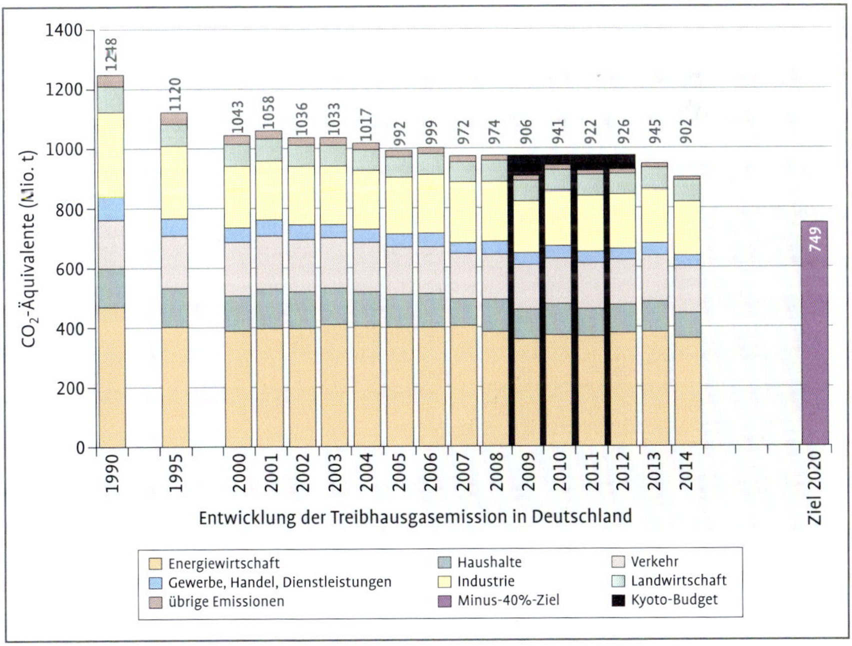

Abb. 1: Entwicklung der Treibhausgasemissionen in Deutschland in der Abgrenzung der Sektoren des Klimaschutzgesetzes (KSG) (Quelle: UBA 2021).

Die derzeitige Zuordnung von Emissionen zu den Sektoren richtet sich nach dem Quellprinzip, was bedeutet, dass die Treibhausgasemissionen jeweils dem Sektor zugeordnet werden, in dem sie physisch in die Atmosphäre entweichen (BMU 2019, S. 17). Das bedeutet z. B., dass Treibhausgasminderungen, die die Land- und Forstwirtschaft durch Bioenergie umsetzt, in anderen Sektoren (Energie, Verkehr) gutgeschrieben werden (DBV 2020, 63).

Abb. 1 zeigt die Entwicklung und Zielwerte der Treibhausgasemissionen in den einzelnen Sektoren.

2.4.1 Sektor Landwirtschaft

Wie Abb. 1 zeigt, konnten 2019 rund 8,5 % der Gesamtemissionen an Treibhausgasen in Deutschland dem Sektor Landwirtschaft zugeordnet werden. Die Landwirtschaft hat durch die Nutzung der Böden als Acker oder Grünland sowie die Umwandlung von Flächen (in Grünland oder Acker) großen Einfluss auf den Gehalt an Bodenkohlenstoff. Demzufolge werden Treibhausgase im Boden fixiert oder freigesetzt (DBV 2020). Das Sektorziel 2030 für die Landwirtschaft liegt bei 58 bis 61 Millionen Tonnen CO_2-Äquivalenten bzw. einer Reduktion von 31 bis 34 % im Vergleich zu 1990. Im Vergleich zu anderen Sektorzielen ist das Ziel vergleichsweise niedrig, was damit zu tun hat, dass Emissionen in der Landwirtschaft zu großen Teilen auf natürlichen Prozessen beruhen, die nur bedingt beeinflussbar sind. So ist eine Landwirtschaft ohne Emissionen schlichtweg nicht möglich (BMU 2019, S. 106). Der Landwirtschaft wird 2050 ein Großteil der Treibhausgasemissionen zuzurechnen sein, was Abb. 2 zeigt.

Dennoch wird der Landwirtschaft insbesondere durch die Bearbeitung der Böden und z. B. durch den Humusaufbau viel Potenzial eingeräumt um Treibhausgase zu

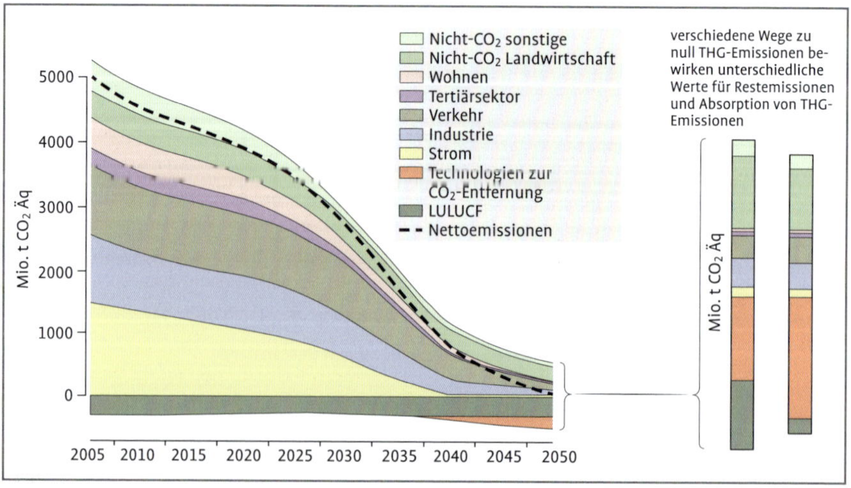

Abb. 2: Verlaufskurve der THG-Emissionen bei einem Temperaturanstieg von 1,5 °C (Quelle: Europäische Kommission 2018, 28).

binden. So ist der Sektor Landnutzung, Landnutzungsänderung und Forstwirtschaft (Land Use, Land Use Change and Forestry – LULUCF) derzeit der einzige Sektor, in dem mehr Treibhausgase eingebunden als freigesetzt werden, was insbesondere an der großen Speicherfähigkeit des Waldes liegt. Für die kommenden Jahre wird prognostiziert, dass der Sektor mehr Treibhausgase produzieren als speichern wird. Wie Abb. 2 zeigt, ist dieses Senkenpotenzial notwendig, um Treibhausgasneutralität zu erreichen. Damit der Sektor wieder zu einer Senke wird, sind deshalb Maßnahmen erforderlich, die das Kohlenstoffspeicherpotenzial der Böden aktivieren (BMU 2019, S. 122 ff.). In der Landwirtschaft ist dabei zu berücksichtigen, dass in den meisten landwirtschaftlichen Produkten im Gegensatz zu Holzprodukten Kohlenstoff nur für ein Jahr gebunden wird und dies somit nicht in der THG-Bilanz angerechnet werden kann.

Eine vielversprechende Zukunftstechnologie zur Entwicklung negativer Emissionen in der Landwirtschaft ist in „Pyrogenic carbon capture and storage" (PyCCS) zu sehen. Biomasse ist eine effiziente Methode, um Kohlendioxid aus der Atmosphäre zu ziehen. Bei der Pyrolyse von Biomasse wird der organische Kohlenstoff in feste (Biokohle), flüssige (Bioöl) und gasförmige (permanentes Pyrogas) kohlenstoffhaltige Produkte umgewandelt. Biokohle kann landwirtschaftlich genutzt und in den Boden ausgebracht werden (Kammann et al. 2018).

Die 68 Millionen Tonnen CO_2-Äquivalente, die der deutschen Landwirtschaft zugerechnet werden, setzen sich zum Großteil aus Methan (Verdauung von Wiederkäuern) und Lachgas (Stickstoffverbindungen im Boden) zusammen und weniger aus Kohlenstoff (DBV 2020, 63).

2.5 Die Folgen des Klimawandels für den Weinbau

Auch der Weinbau, insbesondere der deutsche Weinbau, steht immer stärker unter Einfluss des Klimawandels. In Deutschland ist davon auszugehen, dass die Temperaturen kontinuierlich ansteigen und die Vegetationsperioden sich verlängern. Starkwetterereignisse, darunter Stürme, Starkregen, Hagel und Frost werden häufiger auftreten. Gerade langanhaltende Trockenperioden und Hitzewellen sind für den Weinbau Herausforderungen. So steigt der Bedarf an Bewässerung und die Gefahr durch Sonnenbrand. Durch eine erhöhte Strahlungsintensität erhöht sich der Stress für die Trauben. Bei der Gärung können dabei Bitterstoffe entstehen, wenn betroffene Trauben mitverarbeitet werden. Durch höhere Temperaturen erzielen Weine potenziell einen höheren Alkoholgehalt und weniger Säure. Durch die verlängerte Vegetationsperiode sprießen die Triebe früher. Hier besteht die Gefahr, dass die Triebe vor den Eisheiligen im Mai sprießen und durch den Frost geschädigt werden. Auch die Weinlese verschiebt sich weiter nach vorne, was allerdings nicht gleichbedeutend mit einem Qualitätsverlust ist (ZEITmagazin 2020). Veränderungen sind langfristig auch bei den Anbaugebieten zu erwarten. Je nach Klimaszenario, die eine Zunahme der Temperatur von ca. 1,5 bis 5 Grad umfassen, verschieben sich die Zonen, in denen Weinbau betrieben werden kann. Weinbau wird demnach in Regionen möglich sein, in denen es aktuell noch zu kalt ist. Allerdings wird in einigen Regionen das Wärmeoptimum für bestimmte Rebsorten überschritten, was negative Auswirkungen auf so genannte „cool-climate" Rebsorten wie

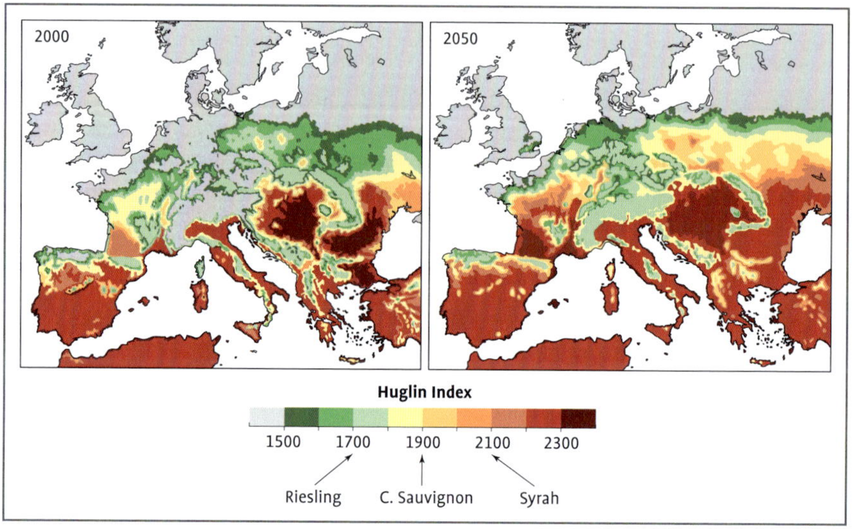

Abb. 3: Huglin Temperatursummen-Index in Europa 2050 (Schultz et al. 2009 nach Stock et al. 2005).

Riesling und Müller-Thurgau hat. Ein mögliches Szenario verdeutlicht Abb. 3. Hier wird der Huglin-Index, ein bioklimatischer Wärmeindex für Weinbaugebiete, durch den die Eignung des Anbaus von Rebsorten eingeschätzt werden kann, der Jahre 2000 und 2050 verglichen. Die Temperaturentwicklung bis 2050 basiert dabei auf dem Szenario A1F1, was einen Anstieg von 1,6 Grad prognostiziert (Schultz et al. 2009).

Wie Abb. 3 zeigt, wird sich in bestehenden Weinbauregionen der Huglin-Index erhöhen, was Auswirkungen auf die dort anbaubaren Rebsorten hat. Zusätzlich wird eine Verschiebung der Anbaueignung nach Norden und Osten erkennbar (Schultz et al. 2009).

Weingüter stehen nicht zuletzt selbst in der Pflicht, gegen diese Entwicklung aktiv zu werden. Denn auch Weingüter erzeugen durch ihren Ressourcenverbrauch und ihren Energiebedarf nicht unerhebliche Mengen an Treibhausgasen. So können Weingüter eine Vielzahl an Maßnahmen ergreifen, um die Emissionen der Produktion zu reduzieren, und somit Ihren Beitrag zum Klimaschutz leisten. Der Fair and Green e.V. unterstützt Weingüter dabei, die Emissionen zu berechnen, zu reduzieren und auszugleichen. Dabei werden international anerkannte Berechnungsgrundlagen genutzt.

2.6 Berechnungsgrundlagen

Für die Berechnung von CO_2-Emissionen für Unternehmen und Produkte stehen unterschiedliche Standards zur Verfügung. Neben der ISO-Norm 14064 hat sich insbesondere das Greenhouse Gas Protocol (GHG Protocol) als Standard etabliert und dient diesem Beitrag als Grundlage. Das GHG Protocol ist in Zusammenarbeit vom World Resources Institute (WRI) und dem World Business Council for Sustainable Development (WBCSD) entstanden und wird von diesen Institutionen koordiniert und weiterentwickelt. Das GHG Protocol legt international anerkannte Standards für die Bilanzierung fest und gilt als globaler standardisierter Rahmen zur Messung, Verwaltung und zum Vergleich von Treibhausgasemissionen (THG) (GHG Protocol o. J.). Das GHG Protocol deckt die Bilanzierung der sechs im Kyoto-Protokoll erfassten Treibhausgase ab, darunter Kohlenstoffdioxid (CO_2), Methan (CH_4), Lachgas (N_2O), Fluorkohlenwasserstoffen (FKW), perfluorierte Kohlenwasserstoffe (PFCs), Schwefelhexafluorid (SF_6) und Stickstofftrifluorid (NF3). Die Emissionen jedes GHG werden separat berechnet und in CO_2-Äquivalenten (CO_2e) umgerechnet (GHG Protocol 2004, S. 45).[1]

Im Rahmen des GHG Protocol werden drei Bereiche (Scopes) zur Zuordnung und Messung von Emissionen festgelegt:

Scope 1: Direkte Treibhausgasemissionen aus Quellen, die sich im Besitz oder unter der Kontrolle des Unternehmens befinden, wie z. B. das Verbrennen von fossilen Energieträgern (Wärmeenergie, Kraftstoffverbrauch).

Scope 2: Indirekte THG-Emissionen aus der Erzeugung von zugekauftem Strom, Wärme oder Kälte.

Scope 3: Weitere indirekte THG-Emissionen aus Quellen, die sich nicht im Besitz oder unter der Kontrolle des Unternehmens befinden. Scope 3-Emissionen fallen unter 15 Kategorien und umfassen Emissionen von vor- und nachgelagerten Aktivitäten des Unternehmens.

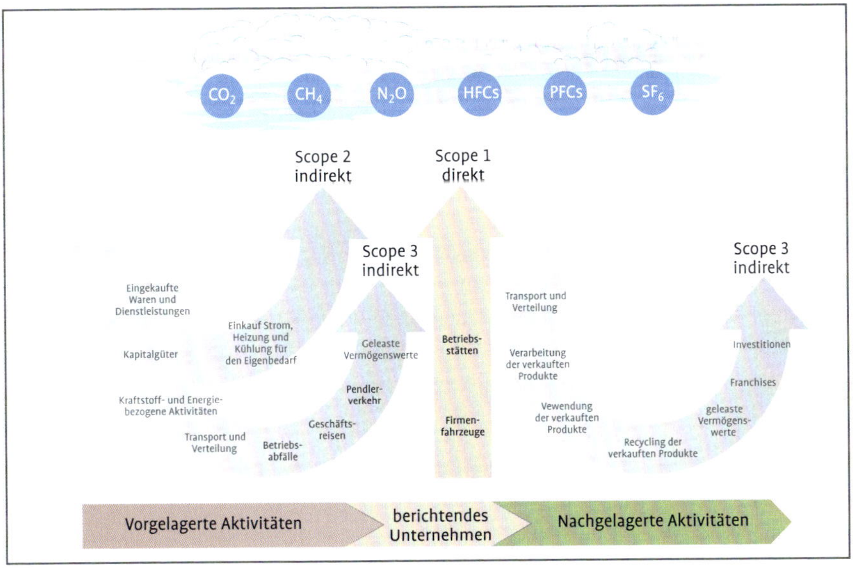

Abb. 4: Scopes nach GHG Protocol (Quelle: World Resources Institute and World Business Council for Sustainable Development 2011).

1 Der Ausdruck CO_2-Emissionen wird fortfolgend synonym für CO_2e-Emissionen (CO_2-Äquivalente) verwendet.

Die Emissionen des Scope 3 werden in Abb. 4 dargestellt und umfassen z. B. die vor- und nachgelagerten Transporte von Waren, die Dienstreisen der Mitarbeitenden oder die Abfallentsorgung:

Treibhausgasberechnungen können nach den Standards des GHG Protocol für Unternehmen und Produkte durchgeführt werden. Dabei werden der Corporate Carbon Footprint (CCF) und der Product Carbon Footprint (PCF) unterschieden. Beim CCF werden die Treibhausgasemissionen des gesamten Unternehmens bilanziert, beim PCF die Emissionen entlang des gesamten Lebenszyklus eines bestimmten Produktes. Bei der Berechnung des CCF werden somit auch weitere Emissionsquellen, die nicht direkt der Produktion eines Produktes zugerechnet werden können, wie z. B. die Anreise der Mitarbeitenden zum Arbeitsplatz oder Dienstreisen, miteinbezogen.

Alle Standards des GHG Protocols haben gemein, dass einige Grundsätze bei der Berechnung zu beachten sind:

1. **Die CO_2-Emissionen müssen wesentlich sein:**
   Um die wesentlichen CO_2-Emissionen zu ermitteln, werden die großen Emissionsquellen eines Unternehmens fokussiert, die kurzfristig und maßgeblich gesenkt werden können, z. B. durch den Bezug von Ökostrom.
2. **Die CO_2-Emissionen müssen beeinflussbar sein:**
   Die Emissionsquellen, die das Unternehmen beeinflussen kann, werden identifiziert und analysiert. Viele Unternehmen sind beispielsweise auf absehbare Zeit auf fossile Kraftstoffe angewiesen, was kurzfristig nicht geändert werden kann. Gleichzeitig kann aber der Anteil an dienstlichen Flugreisen deutlich reduziert und die wiederum als notwendig eingestuften Flugreisen durch Klimaschutzzertifikate kompensiert werden.
3. **Die Maßnahmen zur Reduktion der CO_2-Emissionen müssen umsetzbar sein:**
   Parallel zur Berechnung sollte analysiert werden, wie der Ressourceneinsatz reduziert werden kann. Individuelle Maßnahme zur Senkung der CO_2-Emissionen sollten erarbeitet werden. Unternehmen sollten sich Emissionsreduktionsziele setzen.

Neben den allgemein gefassten Standards des GHG Protocols arbeitet die OIV (The International Organisation of Vine and Wine) innerhalb der Weinbranche daran, einheitliche Standards für die Treibhausgasbilanzierung in der Weinwirtschaft zu erarbeiten. Die OIV ist eine internationale Organisation, die für Forschung und Technisierung im Weinbau zuständig ist. Die Organisation legt Standards fest und gibt Empfehlungen für den Weinanbau ab. In der Resolution OIV-CST 503AB-2015 hat die OIV Empfehlungen für die Bestandsaufnahme der im Weinbausektor zu berücksichtigenden Treibhausgasemissionen, ihres Treibhauspotenzials und der Tätigkeiten und ihrer Auswirkungen verabschiedet.

Die OIV gibt im Rahmen der Resolution Empfehlungen ab, welche Aspekte des Weinbaus von einem Weingut bilanziert werden sollten. Durch die Aufteilung in drei Scopes orientiert sich die OIV am GHG Protocol. Neben den allgemein zu bilanzierenden Emissionsquellen wie z. B. zugekaufte Energie (Strom) gibt es Empfehlungen hinsichtlich weinbauspezifischer Emissionsquellen, wie z. B. N_2O-Emissionen aus der Stickstoffdüngung, beschaffte Betriebsmittel (z. B. Düngemittel, Pflanzenschutzmittel) und Ausstattung (Glas, Verschlüsse, Etiketten). Die OIV unterscheidet ein Betriebs- und Produktprotokoll (siehe dazu die Abgrenzung zwischen CCF und PCF). Beim Produktprotokoll soll der CO_2 Fußabdruck des Erzeugnisses Wein über den Lebenszyklus hinweg bilanziert werden, was vier Phasen umfasst:

1. Traubenerzeugung
2. Weinbereitung und Verpackung
3. Vertrieb und Einzelhandel
4. End-of-Life-Phase (Nutzungsphase, Entsorgung und Recycling)

Funktionelle Einheit vom Wein ist die Größe 0,75 Liter. (OIV 2015)

2.7 Save Climate Initiative

Save Climate ist die Klimaschutzinitiative, die von den WinzerInnen des Fair and Green e. V. 2014 ins Leben gerufen wurde.

Ziel von Save Climate ist die Transformation der gesamten Wertschöpfungskette und damit schließlich der gesamten (Wein-)Wirtschaft hin zu einer konsequenten CO_2-Reduktion. Durch die Berechnung der CO_2-Emissionen und das Aufzeigen von Reduktions- und Kompensationsmöglichkeiten werden Betriebe entlang der Wertschöpfungsketten auf dem Weg zur Klimaneutralität unterstützt. Herausforderungen werden über Netzwerk- und Forschungsarbeit aufgegriffen und gelöst, z. B. in Zusammenarbeit mit dem Weincampus Neustadt und der Hochschule Geisenheim. Dies betrifft Themen wie Ressourceneffizienz und CO_2-Speicherung.

Durch diese systematische Verknüpfung mit der Forschung entwickelt und etabliert Save Climate gleichermaßen innovative wie praktikable Lösungen, die in der gesamten Branche umgesetzt werden können und die (Land-) Wirtschaft nachhaltig verändern sollen.

Insgesamt sollen die Auswirkungen des Klimawandels durch nachhaltiges Wirtschaften reduziert werden. Die (Land-) Wirtschaft wird dazu befähigt, CO_2-Senkungen vorzunehmen und darüber hinaus als maßgebliche CO_2-Senke zu fungieren – Grundvoraussetzung für die Erreichung der Klimaschutzziele.

Das Save Climate-Siegel gibt EndverbraucherInnen Orientierung im umfangreichen Produktangebot.

Bereits 2017 haben die Fair and Green Weingüter im Rahmen der Save Climate Initiative eine Klimaschutzerklärung veröffentlicht. Die Weingüter bekennen sich dabei zu umfangreichen Maßnahmen zur Reduzierung des CO_2-Fußabdrucks und streben langfristig eine CO_2-neutrale Weinherstellung an. Zu den Maßnahmen gehören:

1. Bezug von Ökostrom,
2. Verbesserung der Energieeffizienz und Förderung des Betriebs von modernen Energieversorgungstechniken wie Geothermie, Blockheizkraftwerken, Solar und Photovoltaikanlagen,
3. Reduktion des Kraftstoffverbrauchs und Verwendung von Biokraftstoffen sowie Förderung von Elektromobilität,
4. Nutzung von leichten Glasflaschen (mit einem Richtwert von unter 420 g) für alle Weine beginnend mit dem Basissegment,
5. Umfangreiches Recycling und Minimierung der Restmüllmenge,

6. Verzicht auf mineralischen Stickstoffdünger, um Bildung von Lachgas zu vermeiden,
7. Sicherung der biologischen Vielfalt,
8. Regionale Beschaffung zur Vermeidung von Emissionen aus der Logistik,
9. Nutzung klimaneutraler Transporte im Inland und Förderung von klimaneutralen Transporten im Ausland sowie
10. Reduktion von Flugreisen.

Den Mitgliedern des Fair and Green e. V. wird im Rahmen der jährlichen Zertifizierung eine Ökobilanz erstellt, die auch eine Erhebung der Treibhausgasemissionen der Scopes 1 und 2 umfasst. Zusätzlich können den Weingütern auch die Scope 3 Emissionen berechnet werden, wodurch eine Zertifizierung als klimaneutrales Produkt ermöglicht wird. Dafür werden die Restemissionen durch Ausgleichszahlungen in Klimaschutzprojekte kompensiert. Der Fair and Green Mitgliedsbetrieb Weingut Egon Schmitt produziert bereits seit dem Jahrgang 2016 klimaneutral (siehe Beitrag von Jochen Schmitt).

2.8 Klimaneutraler Wein

Einige Fair and Green Mitglieder haben bereits so viele Klimaschutzmaßnahmen ergriffen, dass für Sie der Weg zum CO_2-neutralen Weingut im Rahmen der Save Climate Initiative offensteht. Für diese besonders engagierten Weingüter besteht daher die Möglichkeit, die Treibhausgasemissionen der Weinherstellung von Beschaffung bis Absatz umfassend berechnen zu lassen und die verbleibenden Emissionen durch anerkannte Klimaschutzzertifikate auszugleichen. Der Weg zum klimaneutralen Weingut besteht somit aus 4 Schritten:
1. Berechnung
2. Analyse/Beratung
3. Reduktion
4. CO_2-Neutralisierung

CO_2-Emissionen verursacht ein Weingut hauptsächlich in den folgenden vier Bereichen, in denen sich Maßnahmen zur Reduktion ergeben:
1. **Flaschen**: Leichtglas, Recycling
2. **Weinberg**: Maschinenfahrten, Recyclingspritze, Elektrofahrzeuge
3. **Weingut**: Erneuerbare Energien, Eigenerzeugung
4. **Logistik**: CO_2-neutrale Logistik, Elektrischer Transport

Für die verschiedenen Emissionsquellen wird bei der Berechnung auf Emissionsfaktoren zurückgegriffen, durch die für Einsatzstoffe wie z. B. Kapseln oder Glas eine Menge an CO_2-Emissionen berechnet werden kann. Emissionsfaktoren werden von verschiedenen Datenbanken zur Verfügung gestellt.

Insbesondere die Glasverpackung des Weins ist ein großer Hebel, um Treibhausgasemissionen einzusparen. Die Reduktion des Gewichts der Weinflaschen auf Leichtglas, das heißt Flaschen mit einem Gewicht von 420 oder weniger Gramm, führt zu großen Einsparungen. Dadurch ist außerdem kein Qualitätsverlust beim Wein in Kauf zu nehmen.

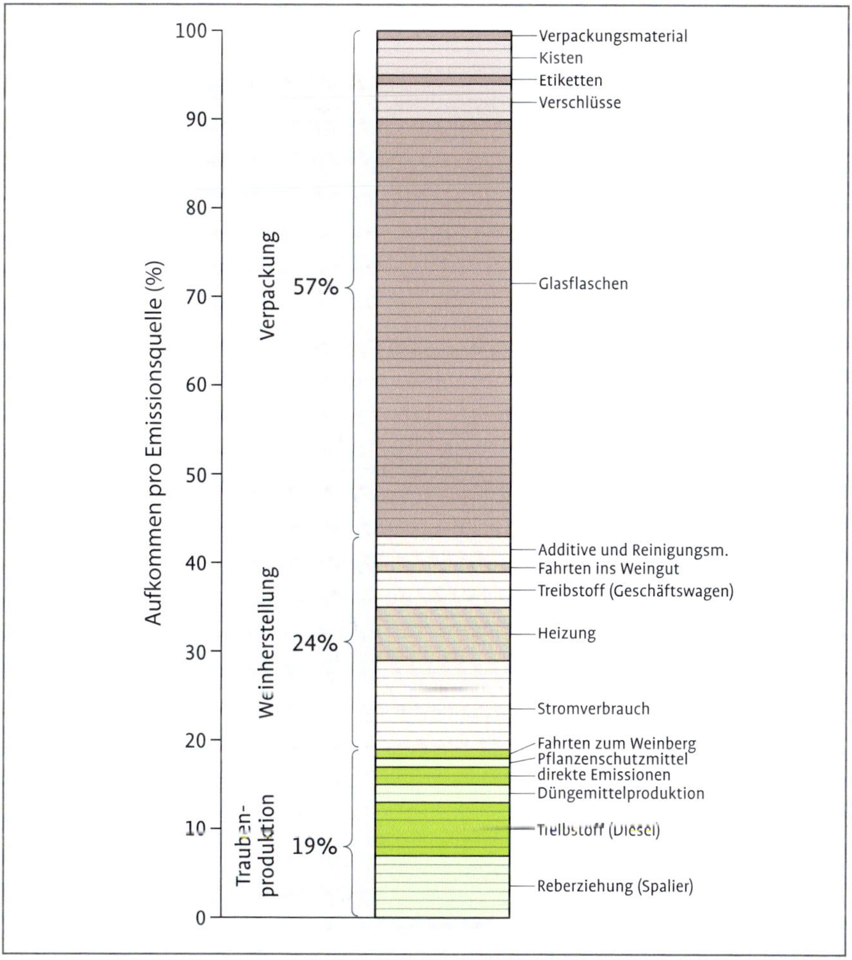

Abb. 5: Emissionen je Prozessstufe (Ponstein 2019, Disputation. In: Ponstein 2021).

Schwere Weinflaschen werden lediglich noch als passend zu qualitativ ansprechenden Weinen in Verbindung gebracht. In diesem Fall könnten Weingüter aber zumindest ihr Basissortiment auf Leichtglasflaschen umstellen. Die Genossenschaft Kellerei Kaltern konnte z. B. allein durch die Umstellung auf Leichtglas innerhalb einer Produktlinie die direkten CO_2-Emissionen um 20 Tonnen CO_2 reduzieren. Der Einsatz von Leichtglasflaschen reduziert das Gewicht für die logistischen Prozesse und dadurch auch die Transportkosten. Leichtglasflaschen sind außerdem günstiger in der Beschaffung.

Weiteres Potenzial zur Reduktion der Treibhausgasemissionen besteht auch in alternativen Flaschentypen und Verpackungen, wie z. B. Flaschen aus recyceltem Papier, recyclingfähige PET-Flaschen sowie Bag in Box Systemen (BiB). Eine Studie der Alkoholmonopole aus Schweden und Norwegen ergab bspw., dass eine BiB mit 3 Liter Größe im Vergleich zu einer gewöhnlichen 0,75 l Glasflasche 88 % weniger CO_2 verursacht (Systembolaget & Vinmonopolet 2010).

Neben alternativen Produktverpackungen ist auch die mehrfache Nutzung, das heißt das Spülen und Wiederverwerten von Glasflaschen, eine sehr effektive Maßnahme, um Treibhausgasemissionen, die bei der Neuproduktion von Glas entstehen, zu reduzieren. Weingüter sollten dabei prüfen, ob ein solches Mehrwegsystem umsetzbar ist. Die ökologischen Vorteile verringerter Emissionen können ggf. durch den Transport zunichtegemacht werden, bspw. wenn der Dienstleister, der das Spülen der Flaschen übernimmt, weit entfernt vom Weingut stationiert ist.

Dies sind nur einige Beispiele, die Potenziale zur Reduktion von Treibhausgasen bei Weingütern aufzeigen. Welche Faktoren in der Weinproduktion eine Rolle spielen und zu welchem Anteil sie zu Buche schlagen, zeigt Abb. 5 auf. Dabei wird abermals deutlich, wie stark die Glasflasche bei der Treibhausgasbilanz eines Weinguts zum Tragen kommt (Anteil an den Gesamtemissionen von 47 %).

Wenn die Berechnung der Treibhausgasemissionen abgeschlossen ist, werden im Rahmen der Save Climate Initiative Empfehlungen für die Reduktion der Treibhausgase in den verschiedenen Bereichen gegeben. Die dann noch bestehenden Restemissionen werden durch den Kauf von Klimaschutzzertifikaten ausgeglichen. Durch die Analyse und Kompensierung der Treibhausgasemissionen in der Weinherstellung können Weingüter wie das Weingut Egon Schmitt ihre Weine als CO_2-neutrale Produkte kennzeichnen und vermarkten.

Klimaneutrale Weine werden nicht zuletzt durch den Handel immer stärker gefordert. Die Skandinavischen Monopole wie z. B. Systembolaget fordern dies in Zukunft als Standard.

Fazit

Die Landwirtschaft im Allgemeinen und der Weinbau im Speziellen sind zunehmend gefordert, ihre Produktion klimafreundlich zu gestalten. Druck wird es dafür insbesondere durch die Politik, den Handel und auch die VerbraucherInnen geben. So werden klimaneutrale Weine in Zukunft der Standard sein. Durch die Save Climate Initiative werden Weingüter bei der Treibhausgasberechnung, -analyse, -reduktion und -kompensation unterstützt.

Entscheidend wird in Zukunft sein, inwieweit Potenziale der CO_2-Speicherung in den Böden genutzt werden können, wodurch Landwirtschaft und Weinbau zur Treibhausgasneutralität beitragen können. Hierbei ist von zentraler Bedeutung, dass Treibhausgase langfristig im Boden gebunden werden.

Literaturverzeichnis

BMU – Bundesministerium für Umwelt, Naturschutz und nukleare Sicherheit (2019): Klimaschutzprogramm 2030. Maßnahmen zur Erreichung der Klimaschutzziele 2030. Online abrufbar unter: https://www.bmu.de/fileadmin/Daten_BMU/Pools/Broschueren/klimaschutzprogramm_2030_bf.pdf, zuletzt aufgerufen am 13.08.2021.

BMU – Bundesministerium für Umwelt, Naturschutz und nukleare Sicherheit (12.05.2021): Novelle des Klimaschutzgesetzes beschreibt verbindlichen Pfad zur Klimaneutralität 2045. Online abrufbar unter: https://www.bmu.de/pressemitteilung/novelle-des-klimaschutzgesetzes-beschreibt-verbindlichen-pfad-zur-klimaneutralitaet-2045, zuletzt aufgerufen am 11.08.2021.

Bundesregierung (10.11.2020): Grundlage für CO_2-Preis steht. Online abrufbar unter: https://www.bundesregierung.de/breg-de/themen/klimaschutz/nationaler-emissionshandel-1684508, zuletzt aufgerufen am 13.08.2021.

DBV – Deutscher Bauernverband e. V. (2020): Situationsbericht 2020/21. Trends und Fakten zur Landwirtschaft. Online verfügbar unter: https://www.bauernverband.de/fileadmin/user_upload/dbv/situationsbericht/2020-2021/kapitel1/Kap_1.pdf, zuletzt aufgerufen am 16.08.2021.

Europäische Kommission (o. J.): Übereinkommen von Paris. Online abrufbar unter: https://ec.europa.eu/clima/policies/international/negotiations/paris_de, zuletzt aufgerufen am 10.08.2021.

Europäische Kommission (2018): Mitteilung der Kommission. Ein sauberer Planet für alle. Eine Europäische strategische, langfristige Vision für eine wohlhabende, moderne, wettbewerbsfähige und klimaneutrale Wirtschaft. Online verfügbar unter: https://eur-lex.europa.eu/legal-content/de/TXT/?uri=CELEX:52018DC0773, zuletzt aufgerufen am 07.09.2021.

Europäische Kommission (14.07.2021a): Europäischer Grüner Deal: Kommission schlägt Neuausrichtung von Wirtschaft und Gesellschaft in der EU vor, um Klimaziele zu erreichen. Online abrufbar unter: https://ec.europa.eu/commission/presscorner/detail/de/ip_21_3541, zuletzt aufgerufen am 10.08.2021.

Europäische Kommission (21.04.2021b): Nachhaltiges Finanzwesen und EU-Taxonomie: Kommission unternimmt weitere Schritte, um Geld in nachhaltige Tätigkeiten zu lenken. Online abrufbar unter: https://ec.europa.eu/germany/news/20210421-eu-taxonomie_de, zuletzt aufgerufen am 18.08.2021.

GHG Protocol – Greenhouse Gas Protocol (2004): The Greenhouse Gas Protocol. Corporate Accounting and Reporting Standard. Revised Edition. Online abrufbar unter: https://www.ghgprotocol.org/sites/default/files/ghgp/standards/ghg-protocol-revised.pdf, zuletzt aufgerufen am 18.08.2021.

GHG Protocol – Greenhouse Gas Protocol (o. J.): About us. Online abrufbar unter: https://ghgprotocol.org/about-us, zuletzt aufgerufen am 18.08.2021.

IPCC – Intergovernmental Panel on Climate Change (2021): Sechster IPCC-Sachstandsbericht (AR6). Beitrag von Arbeitsgruppe I: Naturwissenschaftliche Grundlagen. Hauptaussagen. Version 2 vom 9. August 2021. Online abrufbar unter: https://www.de-ipcc.de/media/content/Hauptaussagen_AR6-WGI.pdf, zuletzt aufgerufen am 10.08.2021.

Kammann, C. et al. (2018): Pyrogenic carbon capture and storage. GCB Bioenergy, Volume 11, Issue 4 p. 573–591. Online verfügbar unter: https://onlinelibrary.wiley.com/doi/full/10.1111/gcbb.12553, zuletzt aufgerufen am 07.09.2021.

OIV – International Organisation of Vine and Wine (2015): Resolution OIV-CST 503AB-2015. Treibhausgasbilanz im Weinbausektor – anerkannte Gase und Bestandsaufnahme der Emissionen und ihrer Sequestrierung. Online abrufbar unter: https://www.oiv.int/public/medias/2115/oiv-cst-503ab-2015-de.pdf, zuletzt geprüft am 19.08.2021.

Ponstein, H. (2021): Handout zum Beitrag zur DWI Pressereise Nachhaltigkeit und Biodiversität: Klimaschutz und Nachhaltigkeit in der Weinbranche – eine globale Perspektive. Wintrich/Mosel. Online abrufbar unter: https://klimaneutralerwein.de/wp-content/uploads/2021/07/Klimaschutz_Handout_DWI_Pressereise_Nachhaltigkeit_Biodiversita%CC%88t_20210625_DrPonstein.pdf, zuletzt aufgerufen am 06.09.2021.

PwC – PricewaterhouseCoopers GmbH (21.04.2021): CSR-Richtlinie: Heute beginnt eine neue Ära in der Nachhaltigkeitsberichterstattung. Online abrufbar unter: https://www.pwc.de/de/pressemitteilungen/2021/csr-richtlinie-heute-beginnt-eine-neue-aera-in-der-nachhaltigkeitsberichterstattung.html, zuletzt aufgerufen am 13.08.2021.

Schultz, Hans Reiner et al. (2009): Weinbau im Klimawandel: Regionen im Umbruch. Online verfügbar unter: https://www.dwd.de/DE/leistungen/klimastatusbericht/publikationen/ksb2009_pdf/artikel2.pdf?__blob=publicationFile&v=1, zuletzt aufgerufen am 07.09.2021.

Systembolaget & Vinmonopolet (2010): Nordic Life Cycle Assessment. Wine Package Study. Final report – ISO Compliant. Online verfügbar unter: https://www.tetrapak.com/content/dam/tetrapak/publicweb/se/sv/sustainability/lca-nordic-wine-2010.pdf, zuletzt aufgerufen am 07.09.2021.

UBA – Umweltbundesamt (2021): Vorjahresschätzung der deutschen Treibhausgas-Emissionen für das Jahr 2020. Online abrufbar unter: https://www.umweltbundesamt.de/galerie/treibhausgasemissionen-in-deutschland-2020, zuletzt geprüft am 06.09.2021.

World Resources Institute and World Business Council for Sustainable Development (2011): Greenhouse Gas Protocol. Corporate Value Chain (Scope 3) Accounting and Reporting Standard. Supplement to the GHG Protocol Corporate Accounting and Reporting Standard. Online abrufbar unter: https://ghgprotocol.org/sites/default/files/standards/Corporate-Value-Chain-Accounting-Reporing-Standard_041613_2.pdf, zuletzt aufgerufen am 16.08.2021.

ZEITmagazin (14.10.2020):„Riesling wird bald nicht mehr so schmecken wie heute“. Klimawandel und Weinbau. Interview mit Yvette Wohlfahrt vom Institut für allgemeinen und ökologischen Weinbau, Hochschule Geisenheim. Online abrufbar unter: https://www.zeit.de/zeit-magazin/wochenmarkt/2020-10/klimawandel-weinbau-temperaturen-alkohol-trauben, zuletzt aufgerufen am 18.08.2021.

ZEIT Online (09.08.2021): Der Klimawandel ist verheerend – und menschengemacht. Eine Analyse von Linda Fischer. Online abrufbar unter: https://www.zeit.de/wissen/umwelt/2021-08/klimawandel-ipcc-bericht-weltklimarat-erderwaermung-extremwetter, zuletzt aufgerufen am 10.08.2021.

3 Ressourceneffizienz im Weingut – gelebte unternehmerische Nachhaltigkeit

Jochen Schmitt

Nicht erst seit den beiden Supersommern 2018 und 2019 sind die Sinne des Winzers für eine fortschreitende, erdumspannende Klimaveränderung sensibilisiert, die auch vor den deutschen Weinanbaugebieten nicht Halt macht. Die graduellen phänologischen Verschiebungen der letzten 30 Jahre sind untrüglicher Gradmesser sich verändernder klimatischer Verhältnisse. Die Weinbranche weiß schon lange um die Veränderungen und stellt dies laut neusten Forschungsergebnissen gar als eine der größten Herausforderungen der kommenden Jahre dar.[1]

3.1 Nachhaltigkeit als wichtigste Herausforderung für Unternehmen

Prof. Dr. Hans-Reiner Schultz von der Geisenheim University spricht bei der Betrachtung der Klimadaten des Jahrgangs 2018 von Gegebenheiten, die er noch vor wenigen Jahren als das für 2050 gültige Szenario angenommen hatte.[2] Um eine weitergehende gravierende Veränderung unserer Anbaubedingungen abzuwenden, ist eine Einschränkung weiterer – der landläufig als „Treibhausgase" zusammengefassten – Emissionen dringend geboten. Um dies zu erreichen, muss vor allem verhindert werden, dass ökologische Folgekosten von Energie-, Wasser- und Rohstoffgewinnung und ihres Verbrauches den Verursachern weiterhin nicht in Rechnung gestellt werden. Das Versagen einer im Hinblick auf Ressourcenverbrauch und Umweltbelastungen unregulierten Marktwirtschaft seit der industriellen Revolution ist eindeutig. Gleichzeitig zeigen überlegte und langfristig gedachte Mechanismen, die in der Vergangenheit in anderen Bereichen des Umweltschutzes eingeführt wurden, zunehmend Wirkung (z. B. die Einführung von Entschwefelungsanlagen zur wirksamen Verhinderung des „sauren Regens" in den 1980er Jahren, ebenso wie verschärfte Abwasserauflagen Anfang der 1990er Jahre).

Der gesellschaftliche Konsens hierzu zeigt sich in Initiativen der jüngsten Gesetzgebung (Stichwort: CO_2-Steuer, siehe hierzu auch Ulrich & Laux in diesem Sammelband). Weiterhin ist ein reduzierter Verbrauch von Ressourcen mittels neuer Verfahren, Technologien oder aber auch nur veränderter Arbeitsprozesse wichtig um durch eine verbesserte Ausnutzung der Produktionsfaktoren (Ressourceneffizienz) nachhaltiger zu produzieren. Und dies sowohl im ökologischen als auch im ökonomischen Sinne. Gerade vor dem Hintergrund der sich nun aufbauenden Kulisse einer Besteuerung von Energie und Abfallentsorgung, kann Ressourceneffizienz einen großen Beitrag leisten. Auf den Schultern der Ingenieure, die in diesen Bereichen an Innovationen arbeiten, lastet eine

1 https://www.hs-geisenheim.de/prowein-mediasummit/, Aufruf am 04.01.2022
2 TV Beitrag in „ARTE – Riesling aus Norwegen", Ausstrahlung im Dezember 2019.

große Verantwortung. Doch mit einer gesteigerten Effizienz allein wird es nicht getan sein. Immer weiterer Konsumanspruch sowie Rebound-Effekte („ich habe ja LED-Lampen, dann können die ja jetzt länger brennen und ich spare trotzdem") bremsen die tatsächlich gesteigerte Effizienz oftmals aus.

Insofern ist als dritter und letzter Punkt ein verändertes Mindset bei uns Unternehmern wichtig. Bei dem wir unsere Betriebe auch als das sehen, was im englischen als „Prosumer" (Producer und Consumer) bezeichnet wird: Zwar wird den Unternehmen bereits eine immer größere Verantwortung beim klimafreundlichen Umbau unserer Wirtschaftsweise zugesprochen. Dennoch: Zu einem guten Teil wird in der Öffentlichkeit zuvorderst vom Konsumenten ein verantwortungsvollerer Konsum erwartet, teilweise sogar ein Konsumverzicht oder zumindest ein gewisses Maß an Genügsamkeit. Man spricht hier auch von einer Suffizienz, im Sinne einer Begrenzung des immer größeren Konsums und Wachstums. Dieser Ansatz ist sicherlich gut und richtig, nur liegt ein mindestens ebenso großer Teil der Verantwortung für nachhaltiges Handeln auch auf Seiten der produzierenden Unternehmen – und auch beim Gesetzgeber.

Muss dieser Anspruch einer Suffizienz nicht auch für uns als Unternehmer gelten? Kann ein Unternehmen nicht auch wirtschaftlich nachhaltig agieren und der daran gekoppelte Lebensstandard der Unternehmerfamilie nicht trotzdem erhalten werden, wenn man die Betriebsabläufe an einer Maximierung der ökologischen Nachhaltigkeit ausrichtet und nicht wie bisher häufig, primär den monetären Ertrag als Gradmesser des Erfolges eines Unternehmens heranzieht?

Zum Beispiel in dem man künftig verstärkt im Weinberg bestmöglich nachhaltig arbeitet (nämlich mit „Piwis") – auch wenn diese (noch) nicht die Anerkennung in der Branche haben und man im Weinguide seines Vertrauens daher niemals den 4. Stern erreichen wird? Braucht es eine 1.200 Gramm schwere Bordeauxflasche, um beim Verbraucher einen gewichtigen Eindruck mit seinem Wein zu hinterlassen? Muss man den letzten Cent beim Stromanbieter herausholen oder verkraftet der Betrieb nicht auch einen nachhaltigeren Tarif? Muss die Temperatur im Flaschenlager auf 12 °C anstelle (ausreichender) 16 °C eingestellt werden, nur damit der abgefüllte Wein wenige Monate lang einen kleinen Hauch frischer wirkt?

Zugegeben, gerade der letztgenannte Aspekt ist vor dem Hintergrund unseres hohen qualitativen Anspruchs als bestens ausgebildeten Weinmacher stark polarisierend und steht auch einem ausgeprägt wirtschaftlich agierenden, aber oenologisch ambitionierten Unternehmer sicher entgegen. Zumindest aus heutiger Sicht noch – aber wie gesagt, vielleicht ändert sich das Mindset des Verbrauchers ja auch in dieser Richtung und verschafft dem genügsameren Unternehmer einen Wettbewerbsvorteil. Nämlich in dem der Käufer diesem Gesichtspunkt eine größere Aufmerksamkeit beim Erwerb seiner Weine schenkt. Klarstellend sei an dieser Stelle erwähnt, dass unser Anspruch bleiben muss, dass unter allen vorgenannten Aspekten das Produkt selbst immer fehlerfrei bleiben muss und niemals Abstriche bei der sensorischen Qualität der Weine und Sekte akzeptiert werden dürfen.

3.2 Das Thema Nachhaltigkeit im Weingut Egon Schmitt, Bad Dürkheim

Wir haben uns als Unternehmerfamilie in den letzten 20 Jahren zu diesen Themen viele Gedanken gemacht und uns in logischer Konsequenz als eines der ersten Weingüter dem System Fair'n Green angeschlossen. Denn genau diesen oben geforderten ganzheitlichen Ansatz eines Weinbaubetriebes bildet Fair'n Green (als derzeit einziger Standard in Europa) im Rahmen der Zertifizierung und Beratung seiner Mitglieder ab. Praxisorientierte Initiativen wie beispielsweise die weitreichende Verwendung von leichteren Glasflaschen, die genaue Abbildung, Quantifizierung und Bewertung der Umwelteinflüsse jedes Unternehmens, aber auch gemeinschaftlichen Investitionen in den Erhalt weinbaulich geprägter Kulturlandschaften sind nur einige Maßnahmen zur Verbesserung der betrieblichen Ökoeffizienz, die eine Maximierung der Nachhaltigkeitsleistung der Fair'n Green Mitgliedsunternehmen in den Mittelpunkt stellt.

Die Ressourceneffizienz bildet im Weinbaubetrieb einen großen Teil einer nachhaltigen Wirtschaftsweise ab. Diese kann bereits heute einen enormen Wettbewerbsvorteil darstellen. Gerade vor der nun (endlich) noch massiver aufziehenden Kulisse einer Ökosteuer für Energie- und (vielleicht auch bald) Wasserverbrauch wird ein verringerter, weil effizienterer Einsatz von Ressourcen noch viel stärker in den Focus wirtschaftlicher Interessen als bisher rücken. Dies wird hoffentlich auch streng ökonomisch denkende Unternehmer stärker herausfordern und durch eine Verlagerung der bisher einfach externalisierten Kosten (also einfach der Allgemeinheit/nachfolgenden Generationen aufgebürdet) direkt in die Kostenrechnung des Unternehmens hineln, zu deutlich nachhaltigerem Unternehmertum drängen.

Mit der jährlich im Rahmen der Fair'n Green Zertifizierung erstellten Ökobilanz erhalten die Betriebe ein wertvolles Zahlenwerk ihres Ressourceneinsatzes – sowohl in absoluter Betrachtung als auch noch im viel wertvolleren Benchmark mit anderen, vergleichbaren Herstellern. Hier werden den verantwortlichen (und verantwortungsVOLLEN!) Betriebsleitern wichtige Handlungsfelder zur möglichen Einsparung ihrer Ressourcen aufgezeigt. Durch die alljährliche Dokumentation und den horizontalen Vergleich während des Zertifizierungsprozesses werden die eigenen „schlummernden" Potentiale aufgedeckt. Andere Weingüter und Genossenschaften agieren ein Stück weit als Innovationstreiber effizienterer Prozesse, ein reger Austausch innerhalb des Verbandes erlaubt einen zügigen Wissenstransfer bis hin zur Implementierung in die Verbandsrichtlinien und sicher trägt auch ein gewisser Wettbewerbsgedanke zur Motivation für weitere Anstrengungen zu einer verbesserten Ressourceneffizienz bei.

So wurde innerhalb weniger Jahre in den meisten Fair'n Green – Betrieben die normal schwere 750 ml Schlegelflasche von 440 Gramm auf 410 Gramm je Flasche reduziert, was angesichts des Anteils der Flasche am gesamten Carbon-Footprints eines Weingutes (meist ca. 35–45 %!) eine beträchtliche Ersparnis an CO_2 bedeutet, aber auch wirtschaftlich betrachtet interessant ist, da Frachtkosten eingespart werden.

3.3 Ressourceneffizienz als größter Hebel für KMUs

In unserem Unternehmen arbeiten wir seit vielen Jahren aus Überzeugung an einer stetigen Verbesserung unseres Ressourceneinsatzes. Zu den wichtigsten bisher umgesetzten Maßnahmen zählen hierbei Folgende:

1. **Wärmebedarf.** Bereits im Jahre 2000 wurde im Rahmen einer betrieblichen Umbaumaßnahme eine bestehende Ölheizung um eine seinerzeit noch wenig verbreitete Technik der Kraft-Wärme-Kopplung ergänzt. Zentrales Element ist hierbei ein erdgasbetriebenes Blockheizkraftwerk (BHKW), das mittels einer Gasturbine fast ganztägig Strom erzeugt und mit der dabei anfallenden „Abwärme" einen wassergefüllten 1.000 Liter Puffertank auf eine Temperatur von 55–65 °C aufheizt, um somit den Wärmebedarf eines zwei- bis dreiköpfigen Familienhaushaltes decken zu können. Hier können wir Ausnutzungsgrade der eingesetzten Primärenergie von 80–90 % erzielen (bezogen auf den Heizwert) – und dabei noch elektrischen Strom erzeugen. Das in unserem Betrieb eingesetzte Mini-BHKW hat eine thermische Leistung von fünfzehn Kilowatt und eine gleichzeitige elektrische Leistung von fünf Kilowatt. Gerade im Hinblick auf einen reduzierten Einsatz von chemischen Reinigungsmitteln im Weinkeller kann somit z. B. auch der Einsatz von Laugen bei der Tankreinigung reduziert werden, weil warmes Wasser quasi im Überschuss vorliegt bzw. sehr effizient bereitgestellt werden kann. Zusammen mit den (in vielen Weinbaubetrieben ja bereits ebenfalls) vorhandenen achtundzwanzig Kilowatt Photovoltaik-Dachanlagen können wir damit jährlich eine Energie-positive Bilanz unseres Verbrauches an elektrischer Energie verbuchen – soll heißen, wir produzieren als Weingut mehr Strom als wir verbrauchen!
2. **Elektrizität.** Um als Weingut nachhaltiger zu agieren ist ein wesentlicher Schritt der Bezug von grünem Strom. Hierdurch kann ein Weingut mittlerer Größe bereits auf einfache Weise seine CO_2 Emissionen auf einen Schlag um 13–15 t CO_2-Äquvalente reduzieren. Nebenbei bemerkt ist der Kostenfaktor mit etwa 200–300 Euro pro Jahr sehr gut angelegt – sofern man bei der Anbieter-Auswahl darauf Wert legt, dass die Erlöse aus dem Stromverkauf auch in neue regenerativ arbeitende Energiegewinnungsanlagen investiert wird. Bei steigenden Strompreisen kommt aber auch einer intelligenten Verbrauchssteuerung bei der elektrischen Energie immer mehr Bedeutung zu. Gerade die in vielen Betrieben vorhandenen Photovoltaik-Anlagen fordern eine optimale Ausnutzung ihrer produktivsten Zeiten – auch vor dem Hintergrund einer verbesserten Wirtschaftlichkeit durch einen möglichst hohen Anteil eigenverbrauchten Stroms. Zwar versprechen Smart-Meter- bzw. Smart-Grid-Systeme hier für die Zukunft einen weiterführenden Technologie-Sprung, finden allerdings im betrieblichen Einsatz mangels vorhandenen Angebotes bisher kaum Einsatz. Daher haben wir uns als einfachen Zwischenschritt dafür entschieden, unsere Flaschenlagerkühlung an eine simple Zeitschaltuhr zu koppeln und „schreiben" damit dem Kälte-Erzeuger nun eine ausschließliche Laufzeit in den produktiven Sonnenstunden des Tages vor, sodass nachts kein „teurerer Strom" gekauft werden muss. Ebenso kann die Abwärme des Verdampfers dem vorhandenen Puffertank des oben beschriebenen BHKW zugeführt werden und somit eine Grundlast der Warmwasser-

Erzeugung in den Sommermonaten übernehmen. Zugegeben erfordert ein solches System ein hohes Maß an Regel- und Steuertechnik – mit der wir noch nicht ganz am Ende unseres Optimierungspotenzials angelangt sind. Batteriespeicher sind folglich der nächste Technologie-Schritt, dem wir uns in den kommenden Jahren widmen werden. Auch das angestrebte Niveau der Temperatur des Flaschenlagers selbst bietet Raum für Einsparpotenziale, die wir in den nächsten Jahren genauer betrachten möchten. Eine Veränderung der Zieltemperatur des Flaschenlagers von 14 °C auf 16 °C brachten ersten Messungen im Jahr 2019 zufolge erhebliche Einsparungen beim Stromverbrauch von mehreren Hundert KW, die jedoch im realen Betriebsablauf nur schwer gesichert darzustellen sind. Hier sind die Datenreihen aufgrund der Unterschiedlichkeit der Jahresverläufe der Außentemperatur sowie der Betriebsabläufe so unterschiedlich, dass empirisch ermittelte Werte des Einsparpotenzials wohl eine sehr große Zeitreihe bedürfen wird. Auch die Frage ob hierdurch qualitativ schmeckbare Unterschiede zu Tage treten ist wohl nur mittels wissenschaftlicher Versuchsreihen genauer zu klären. Hier ist die Forschung in den Lehr- und Versuchsanstalten gefragt. Aber auch abseits dieser sehr speziellen Einsparpotentiale, kann durch viele kleine Maßnahmen der Stromverbrauch reduziert werden. Angefangen von Präsenzmeldern in Durchgangs- und Kurzaufenthaltsbereichen, den Einsatz von Dämmerungsschaltern für Außenbeleuchtungen, über den fast schon standardmäßigen Ersatz alter Leuchtmittel durch LED-Technik. Bis hin zu einer Erhöhung der Vorlauftemperatur des Kühlmediums bei der Gärkühlung auf völlig ausreichende 10 °C, die im Übrigen ein oft unterschätztes, weil sehr beträchtliches Energie-Einsparpotential von bis zu 45 % (!) in sich birgt[3].
3. **Pflanzenschutz**: Seit 2006 arbeiten wir beim Pflanzenschutz mit einem Recyclinggerät und sparen so kosten- und zeitintensive Fahrten, Wassermengen und vor allen Dingen Pflanzenschutzmittel im Bereich von ca. 25–30 % pro Jahr ein! Das ungleich größere Einsparpotenzial sehen wir allerdings im verstärkten Anbau robusterer, grünerer Rebsorten der neuen Generation mit zwei oder gar dreifachen Resistenzmechanismen gegenüber echtem und falschem Mehltau. Nach über 30 Jahren Arbeit mit Regent, Prinzipal und Co. versprechen nun neue Piwi-Sorten wie Sauvignac, Satin Noir, Laurot und Muscaris einen großen Schritt nach vorne, sowohl in weinbaulicher, aber auch besonders in weinqualitativer Hinsicht. Unsere mit dem Jahrgang 2018 eingeführte Konzept-Linie „Green Vibes" erreicht sogar gesteigertes Interesse bei unseren Fachhandelspartnern, einer Zielgruppe, die diesen neuen Sorten wegen eines erhöhten Aufwands im Verkauf bisher eher kritisch gegenübersteht. Wir haben den Eindruck, die Zeit für diese wirklich nachhaltigen Rebsorten ist jetzt gekommen und das Verständnis beim Verbraucher ist da, die Notwendigkeit der Verwendung und qualitative Ebenbürtigkeit gegenüber konventionellen Sorten wertzuschätzen. In der Praxis streben wir einen Flächenanteil von mindestens 15–20 % der Rebfläche dieser grünen Sorten an, denn gerade im Bereich Markenweine (meist Sommercuvées im Weißwein- und Rosé-Bereich, aber auch bei Secco) besteht hier ein großes Potential, klassische Sorten wie Müller-Thurgau, Scheurebe oder auch Sauvignon abzulösen.

3 Vgl. B. Degünther, „Sparen beim Kühlen", Das Deutsche Weinmagazin 15/2012.

Wir konnten in den letzten Jahren (mit Ausnahme des „epischen" Mehltau-Jahres 2021) unter den gegebenen Wetterbedingungen der Pfalz unseren Einsatz von Pflanzenschutzmitteln dauerhaft auf zwei bis maximal drei Spritzungen reduzieren, was neben der direkten Auswirkungen auf den gesamtbetrieblichen ökologischen Fußabdruck, auch spürbaren Druck bei der Durchführung dieser Maßnahmen aus der Außenwirtschaft nimmt. Nebeneffekt: Bei einem guten Timing der Laubarbeiten sind diese Flächen auch wertvoller „Puffer" um die Arbeitskräfte im Sommer im Rahmen der Auflagen für Nachfolgearbeiten durchgängig und effizient beschäftigen zu können und gleichzeitig alle Auflagen der Pflanzenschutz-Anwendungsverordnung erfüllen zu können. Schlussendlich wirkt sich der Einsatz eines Recycling-Gerätes und der Anbau neuer, grüner Rebsorten auch direkt auf den Dieselverbrauch im Weinberg aus.

4. **Maschinenkombinationen** im Weinberg, gerade im Hinblick auf den von uns mit großer Überzeugung gelebten Herbizidverzicht, sind für uns Standard. Es gibt so gut wie keine Durchfahrten abseits der Pflanzenschutzmaßnahmen, die ohne eine Bearbeitung des Unterstockstreifens durchgeführt werden. Rollhacke und Scheibenseche sind ständige Begleiter im Zwischenachsanbau, da in vorausschauender Gerätekombination großes Effizienzpotential liegt. Zusammen mit den unter Punkt drei genannten Maßnahmen (Recyclinggeräte, grüne Rebsorten) bilden sich die genutzten Einsparpotenziale in deutlich reduzierten Maschinenstunden pro ha ebenso ab wie in einem deutlich reduzierten Dieselverbrauchs pro Liter Wein. Dieser ist in unserem Weingut mit 0,022 Liter/Liter Wein rund 50 % niedriger als der Schnitt der Fair and Green Betriebe.[4]
5. **Verzicht auf Kunststoffe**: Seit dem Jahr 2018 haben wir es endlich gänzlich geschafft, in unseren Weinbergen auf eine irreversible Ausbringung von Kunststoffmaterial zu verzichten. Vor allem Kunststoffbänder und –schläuche zur Fixierung der Rebstöcke an Stäbchen und Draht sind für uns zu einem No-Go geworden. Geht man mit aufmerksamen Blick durch seine Weinberge, bemerkt man schnell warum das unbedingt sein muss und uns die Arbeiten der letzten 30 Jahren wohl noch lange sichtbar bleiben werden: So werden sich leider wohl noch für lange Zeit jährlich einige hunderte Kilo blauen Max-Tapener-Bandes und grünen Schlauches auf den Flächen, Wegen und Entwässerungsgräben der Weinbaugebiete wiederfinden. Für beides finden sich endlich Alternativen am Markt, die zu nur leicht erhöhten Materialkosten zu haben sind. Sicherlich sind diese Systeme nicht so langlebig wie Kunststoffe, aber gerade dies ist ein augenscheinliches Beispiel wie in vielen Unternehmen, die durch weniger häufiges Stockbinden eingesparten Arbeitskosten einfach externalisiert werden – denn die Zeche für Unmengen an Mikroplastik in der Nahrungskette und der Plastikabfällen in den Ozeanen der Erde zahlen wir am Ende alle gemeinsam.
6. **Wasserverbrauch**: Gerade in der Weinproduktion ist penible Sauberkeit in allen Phasen der Weinbereitung oberstes Gebot. Eigene Messungen im Weingut haben eindrucksvoll gezeigt, wie bereits der Einsatz eines einfachen Spritzkopfes den Ausstoß einer ¾" Leitung von 66 l/min auf 21 l/min reduzieren kann, also den Wasser-

4 Ökobilanz Weingut Egon Schmitt, 2018.

verbrauch in diesem Bereich um 2/3 (!) senken kann. Oft ist es nur ein mangelndes Bewusstsein bei den Mitarbeitern (und Betriebsleitern), dass auch Wasser ein knappes Gut ist und vor allen Dingen auch Kosten verursacht, die leicht einsparbar sind. Eine Regenwassernutzung birgt hier noch größere Einsparpotenziale, die aber logistisch nicht immer einfach zu lösen sind. Viele Fair and Green Betriebe nutzen dieses Potenzial bereits in dem sie im freien aufgestellte Maischetanks im Frühjahr und Sommer als Regenwasserspeicher für Pflanzenschutzmaßnahmen nutzen.

Fazit

Dies sind nur einige der vielen Beispiele, wie sich Ressourceneffizienz innerhalb eines Weinbaubetriebes darstellen kann. Glücklicherweise geht in den allermeisten Fällen eine erhöhte Wirtschaftlichkeit mit der verbesserten Effizienz der eingesetzten Betriebsmittel einher. Aber eben nicht immer – und besonders hier ist das Mindset des Unternehmers gegenüber der Gesellschaft und unserer aller Umwelt wichtig, eine wirklich nachhaltige Wirtschaftsweise zu realisieren und dies nicht bei bloßen Lippenbekenntnissen zu belassenoder ausschließlich nachhaltig zu agieren, wenn es um die reine Wirtschaftlichkeit geht.

Für uns ist die Mitgliedschaft bei FAIR'N GREEN hier zu einem ganz wichtigen Instrument geworden, im Verbund mit anderen, gleichgesinnten Unternehmern unser Handeln immer wieder zu hinterfragen und auf den Prüfstand stellen zu lassen. Gerade als diejenigen, die eines der ältesten Handwerke der Welt ausführen sollten wir uns der Verantwortung bewusst sein, die wir tragen als Konsumenten, vor allem aber auch als Produzenten.

Die Wertschätzung, die wir von unseren Kunden zu diesem Thema erhalten, ist immens und motiviert uns, immer besser zu werden. Hierbei zeigt sich die Stärke des Verbundes FAIR'N GREEN, dessen Zertifizierungssystem genau diese stetige Optimierung und Verbesserung einfordert und damit fördert.

Ebenso erfahren wir durch die Zertifizierung unserer Weine als „CO_2 neutrales Produkt" durch die Nutzung unserer Einsparpotenziale am Jahresende eine direkte monetäre „Quittung" in Form der durch Kauf auszugleichenden CO_2-Äquivalente: Einer der effektivsten und motivierendsten Regulationsansätze in den meisten Wirtschafts- und Lebensbereichen ist und bleibt eben immer noch die direkte Einsparung von Ausgaben!

Zudem ist die Politik gefordert hier weiter stärkere Anreize zu setzen bzw. (aber bitte für die Betriebe zeitlich vorhersehbar) Standards für die Betriebe zu definieren, noch nachhaltiger zu agieren. Es muss schlicht und einfach unmöglich werden, Ausgaben durch „kostenlose" Umweltbeeinträchtigungen zu vermeiden und diese letztendlich der Allgemeinheit aufzuladen.

Unser Bundesland Rheinland-Pfalz geht hier grundsätzlich, in vielen Bereichen was den Weinbau betrifft, mit gutem Beispiel voran. Es gibt aber noch Luft nach oben: Aus meiner Sicht ist es völlig unverständlich, dass ein ökologischer Weinbau (zurecht) gefördert wird, aber der Anbau von neuen, robusteren Rebsorten mit 3fach Resistenzen gegen Mehltau nicht bedeutend höher gefördert wird als eine

Neuanlage eines Portugiesers oder Müller-Thurgau deren Kulturführung einen wesentlich höheren Ressourcenverbrauch (und das über lange Zeit!) fordern wird, als neue, grünere Rebsorten wie Sauvignac, Souvignier Gris und Co. Oder die angebauten Flächen eine höhere Flächenprämie erhalten. Zugegeben ist ein rein von der Politik aufgesetztes System was den CO_2-Ausstoß vergleichbar, messbar und besteuerbar macht aufwändig, aber unumgänglich, um den Riesling auch in den 2100er Jahren wie Riesling schmecken zu lassen.

4 Wassermanagement im Weinbau und in der Weinbereitung

Prof. Dr. Manfred Stoll/Dr. Maximilian Freund

Der bewusste, schonende Umgang und ein effektiver Schutz der Ressource Wasser stellt eine zentrale Säule der nachhaltigen Entwicklung dar – und ist gerade durch Klimawandel, Bevölkerungswachstum und Trinkwassermangel eine der größten Herausforderungen des 21. Jahrhunderts (UN 1992; UN 2018; BMBF 2014). Die sich daraus ergebenden Herausforderungen sind Ressourcenknappheit, Versorgungssicherheit, Nutzungskonflikte und Urbanisierung in den Themenfeldern Energie, Ernährung, Gesundheit, Umwelt und urbanen Räumen (Löwe et al. 2012).

Diese Aspekte finden sich u. a. in den 17 Hauptresolutionen nachhaltiger Entwicklung (sustainable development goals – SDG) der Vereinten Nationen (UN) wieder, die bis 2030 erreicht sein sollen. Als eines der zentralen Ziele ist „sauberes Wasser und Sanitärversorgung“ (Punkt 6 der Resolution) sicherzustellen (Tab. 1) (UN 2018).

Die Ziele 6.1 und 6.2, Zugang zu einwandfreiem und bezahlbarem Trinkwasser sowie zu einer angemessenen Sanitärversorgung, sind in Deutschland erreicht und bedürfen keiner weiteren Umsetzung. Auch das Ziel 6.5 zu integrierter Wasserbewirtschaftung ist dank der durch die Wasserrahmenrichtlinie vorgegebenen und umfassend umgesetzten Mechanismen in Deutschland in Bearbeitung, um Grundwasser und Gewässer in einen qualitativ „guten Zustand“ zu überführen. Auch wenn damit noch nicht alle Probleme in den Gewässern gelöst sind, werden alle relevanten Fragen adressiert und mit den Beteiligten diskutiert. Hingegen erzeugen die Anforderungen der Ziele 6.3 bzgl. einer Verbesserung der Wasserqualität und 6.6 zu wasserverbundenen Ökosystemen (wie Flüsse, Seen, Grundwasserleiter, Feuchtgebiete), hierzulande zusätzlichen Handlungsdruck. Das Ziel 6.4 soll der Wasserknappheit begegnen und fordert dafür, die Effizienz der Wassernutzung in allen Sektoren wesentlich zu steigern und eine nachhaltige Entnahme und Bereitstellung von Süßwasser zu gewährleisten. Auf diesem Weg hat Deutschland bereits erhebliche Fortschritte bei der Entnahme der nationalen Wasserressourcen nachgewiesen. Weiterer Anstrengungen und in der Praxis umsetzbarer Konzepte bedarf es hingegen, um den deutschen „Wasserfußabdruck“ in anderen Staaten zu verkleinern (BMU/UBA 2017).

Der Wasserfußabdruck berücksichtigt neben der direkten Wasserentnahme auch das indirekt verwendete Wasser für während der Produktion genutzter Produkte und Güter – das „virtuelle Wasser“. Insgesamt kann der Wasserfußabdruck auf Nationen, Unternehmen oder auf die Herstellung eines bestimmten Produkts bezogen sein. Er erweitert somit die Auswirkungen des eigenen Wasserkonsums auf andere Regionen, Bereiche und verwendete Produkte und dient als Indikator für die Inanspruchnahme der Ressource Wasser. Bei dieser Betrachtung wird zwischen grünem, blauem und grauem Wasser unterschieden. „Grünes Wasser“ ist das natürlich vorkommende Boden- und Regenwasser, welches von Pflanzen aufgenommen und verdunstet wird. Es ist somit vor allem für

Tab. 1: Nachhaltigkeitsziel (sustainable development goals (SDG) im Bereich Wasser und Sanitärversorgung (UN 2018)

Ziel	
6.1	Bis 2030 den allgemeinen und gerechten Zugang zu einwandfreiem und bezahlbarem Trinkwasser für alle erreichen.
6.2	Bis 2030 den Zugang zu einer angemessenen und gerechten Sanitärversorgung und Hygiene für alle erreichen und der Notdurftverrichtung im Freien ein Ende setzen, unter besonderer Beachtung der Bedürfnisse von Frauen und Mädchen und von Menschen in prekären Situationen.
6.3	Bis 2030 die Wasserqualität durch Verringerung der Verschmutzung, Beendigung des Einbringens und Minimierung der Freisetzung gefährlicher Chemikalien und Stoffe, Halbierung des Anteils unbehandelten Abwassers und eine beträchtliche Steigerung der Wiederaufbereitung und gefahrlosen Wiederverwendung weltweit verbessern.
6.4	Bis 2030 die Effizienz der Wassernutzung in allen Sektoren wesentlich steigern und eine nachhaltige Entnahme und Bereitstellung von Süßwasser gewährleisten, um der Wasserknappheit zu begegnen und die Zahl der unter Wasserknappheit leidenden Menschen erheblich zu verringern.
6.5	Bis 2030 auf allen Ebenen eine integriere Bewirtschaftung der Wasserressourcen umsetzen, gegebenenfalls auch mittels grenzüberschreitender Zusammenarbeit.
6.6	Bis 2020 wasserverbundene Ökosysteme schützen und wiederherstellen, darunter Berge, Wälder, Feuchtgebiete, Flüsse, Grundwasserleiter und Seen.

landwirtschaftliche Produkte relevant. „Blaues Wasser“ ist Grund- oder Oberflächenwasser, das zur Herstellung eines Produktes genutzt wird und nicht mehr in ein Gewässer zurückgeführt wird; in der Landwirtschaft ist es das Wasser zur Bewässerung. „Graues Wasser“ ist die Wassermenge, die während des Herstellungsprozesses verschmutzt wird. Bei der landwirtschaftlichen Produktion fällt graues Wasser an, indem durch den Einsatz von Dünge- und Pflanzenschutzmitteln Schadstoffe in Boden und Gewässer gelangen (BMU/UBA 2017).

In Deutschland steht im Mittel über viele Jahre ein potenzielles Wasserdargebot von 188 Mrd. m^3 zur Verfügung (vgl. Abb. 1). Das Wasserdargebot ist über die Jahre relativ stabil. In einzelnen Jahren ist jedoch mit deutlichen Abweichungen der erneuerbaren Wasserressourcen vom langjährigen Mittel aufgrund witterungsbedingter Schwankungen zu rechnen, so war 2002 besonders feucht, 2003, 2018 und 2019 besonders trocken. Trotz des insgesamt ausreichenden potenziellen Wasserdargebots gibt es auch in Deutschland regionale Unterschiede in der Wasserverfügbarkeit. Diese Unterschiede basieren auf unterschiedlichen klimatischen Randbedingungen. So ist das Land Brandenburg mit einem erneuerbaren Wasserdargebot von nur 3,7 Mrd. m^3 im Jahr (1484 m^3/E a) deutlich wasserärmer als beispielsweise Baden-Württemberg mit 49 Mrd. m^3 im Jahr (4522 m^3/E a). Grundsätzlich besteht in Deutschland daher kein Wasserstress. Weltweit betragen die Wassermengen geschätzte 1,4 Mrd. km^3, wovon Süßwasser 2,5 % ausmacht. Insgesamt ist jedoch nur 1 % direkt nutzbar. So stehen in einigen Ländern Nordafrikas und dem Nahen Osten zwischen null und 500 m^3 Wasser je Einwohner und Jahr zur verfügbar. Kanada zeigt sich mit den 100.000 m³ Wasser/E a dagegen sehr begünstigt. (BMU/UBA 2017).

Im Jahr 2016 betrug die gesamte entnommene Wassermenge in Deutschland 24,1 Mrd. m³ (Statista 2019). Diesem direkten Wasser stehen 117 Mrd. m³ Gesamtwasserverbrauch in Form des Wasserfußabdruckes gegenüber. Davon fallen 58 Mrd. m³ auf heimisches virtuelles Wasser, 125 Mrd. m³ auf importiertes virtuelles Wasser; aus der Summe werden die Exporte in Höhe von 65,8 Mrd. m³ abgezogen (UBA 2010). Somit muss die indirekte Wassernutzung auch in einem nachhaltigen Wassermanagement einbezogen werden.

In Europa sind die Hauptnutzer von Wasser der Energiesektor (44 %), die Landwirtschaft (24 %), die öffentliche Wasserversorgung (21 %) sowie der Industrie- und Dienstleistungssektor (11 %), wobei ein Wasserbedarfsanstieg aus allen Sektoren bis 2030 voraussichtlich um bis zu 16 % prognostiziert wird (European Commission 2017). Weltweit gilt die Landwirtschaft mit 70 % der Wassernutzung als größter Verbraucher (BMBF 2017; European Commission 2017). Somit entfällt auch in Europa ein Viertel der Wasserentnahme auf den landwirtschaftlichen Sektor – inklusive des Weinbaus, was

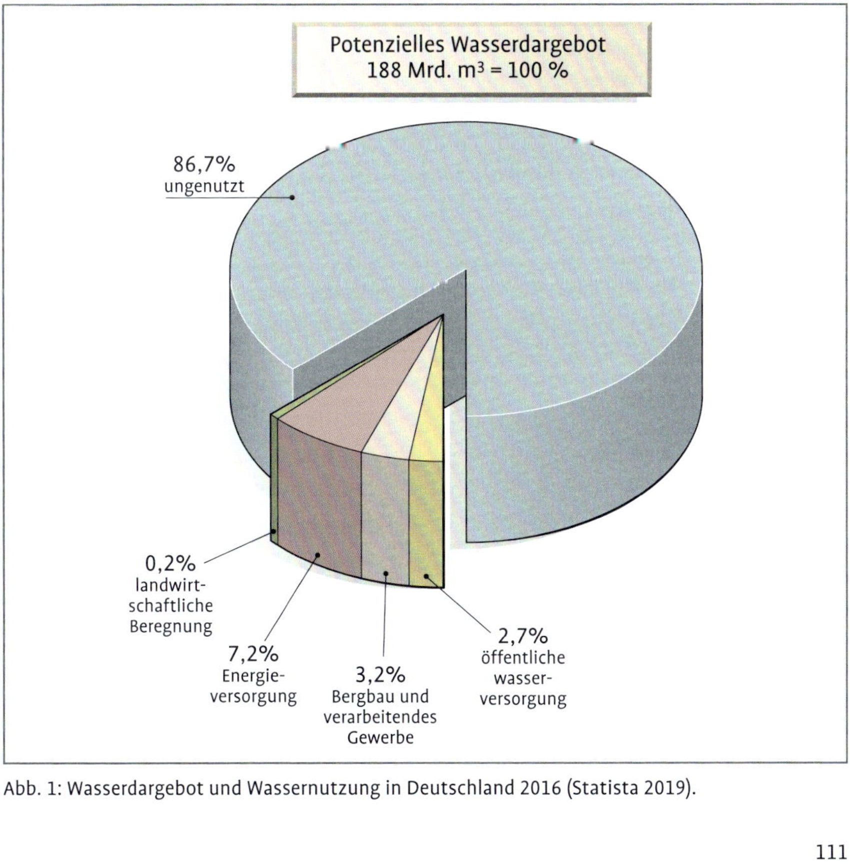

Abb. 1: Wasserdargebot und Wassernutzung in Deutschland 2016 (Statista 2019).

im Zusammenhang mit den klimatischen Bedingungen vor allem in Regionen mit saisonbedingten Verknappungen zu Nutzungskonflikten führen kann. Damit gekoppelt ist der gegenwärtige und potenzielle Bewässerungsbedarf der Landwirtschaft in Deutschland. Eine Abnahme der klimatischen Wasserbilanz, in Folge höherer potenzieller Verdunstung, verändert darüber hinaus den Bewässerungsbedarf. Derzeitig liegt er im Mittel bei 1,6% Gesamtwasserentnahme und wird voraussichtlich bis zum Jahre 2050 auf 3,1% ansteigen. Flächenmäßig bedeutet das eine Ausweitung von derzeit 2,2% auf 3,8%. Im Mittel ist der flächenmäßige Bewässerungsbedarf eher gering, schwankt aber deutschlandweit sehr stark (Seis et al. 2016).

Gleichzeitig führen in der Landwirtschaft, in der Landschaftspflege sowie von Privatanwendern genutzte Substanzen wie z. B. Düngemittel, Pestizide, Tierarzneimittel, Tierausscheidungen zu einer Verschmutzung der Gewässer (Völker und Mohaupt 2015). Darüber hinaus tragen Bewässerung, Entwässerung und Landnutzung in Verbindung mit landwirtschaftlichen Bodenbearbeitungspraktiken zu Erosion oder hydromorphologischen Veränderungen bei. Umgekehrt kann eine landwirtschaftliche Flächennutzung durch Landbedeckung und Landschaftselemente Vorteile in Form von besserer Infiltration, höherer Wasserrückhalte- und Filterkapazität der Böden bieten (European Commission 2017).

Der gewerblichen bzw. industriellen Nutzung der Ressource Wasser ist der Lebensmittelsektor und damit auch der kellerwirtschaftliche Bereich der Weinproduktion zuzuordnen. Hier erfüllt Wasser verschiedene Zwecke. Es ist selbst Lebensmittel, dient als Rohstoff und Zutat, Reinigungsmittel, Kälte- bzw. Wärmeträger, Brauch-, Sanitär- und Löschwasser. Nach Gebrauch erfolgt in Abhängigkeit der Verwendung die Entsorgung der Abwässer. Die Abwässer aus den verschiedenen Bereichen enthalten meist unterschiedliche Verunreinigungen. So sind die Stoffe in Abwässern aus der Nahrungsmittelbranche, wie Schlachthäusern, Brauereien, Brennereien, Molkereien und Weinkellereien zumeist biologisch gut abbaubar, so dass diese Betriebe oft an öffentliche Klärwerke angeschlossen sind. Die Abwässer der chemischen Industrie oder aus dem Maschinen- und Fahrzeugbau enthalten biologisch schwer eliminierbare Stoffe und werden daher meist in werkseigenen Anlagen mit besonderen Verfahren gereinigt oder vorbehandelt. In Summe fallen jedes Jahr in Deutschland rund 10 Mrd. m^3 Abwasser in kommunalen Kläranlagen an. Davon ist etwa die Hälfte Schmutzwasser, die andere Hälfte Fremd- und Niederschlagswasser. Trotz der erheblichen technischen Fortschritte auf dem Gebiet der Abwasserreinigung sind die Nährstoff- und Schadstoffeinträge aus Industrie, Gewerbe und Haushalten in die Oberflächengewässer teilweise immer noch zu hoch. Außerdem erhöht die freiwerdende Energie aus Kühlvorgängen die Wassertemperatur (Völker und Mohaupt 2015).

Tab. 2 gibt einen Überblick über die Europäischen Richtlinien und die nationalen Verordnungen der gesetzlichen Führungsgrößen, die einen Einfluss auf das Wasserdargebot haben. Über die Regelungen hinaus gilt es im industriellen und gewerblichen Bereich, nicht nur den Wassereinsatz zu mindern, sondern auch den Einsatz abwasserarmer bzw. abwasserloser Verfahren zu fördern und somit Abwasser zu vermeiden. Hierzu gehört zum Beispiel die Anwendung von Produktionsprozessen ohne Abwasserableitung, die innerbetriebliche Umstellung auf wassersparende Kreislaufsysteme oder die Verwendung

Tab. 2: Wesentliche Regelungen im Bereich Wasserwirtschaft (BMU/UBA 2017).

<table>
<tr><th>Ebene</th><th colspan="7">Regelungen</th></tr>
<tr><td rowspan="3">EU</td><td>Wasserrahmen-richtlinien (WRRL)</td><td>Kommunale Abwasser-Richtlinie</td><td rowspan="3">Trink-wasser-Richtlinie</td><td rowspan="3">Nitrat-Richt-linie</td><td rowspan="3">Hoch-wasser-risiko-manage-ment-Richtlinie (HWRM-RL)</td><td rowspan="3">Meeres-strategie-Rahmen-richtlinie (MSRL)</td></tr>
<tr><td>Grundwasser-richtlinie (GWRL)</td><td rowspan="2">Industrie-emissionen-Richtlinie (IERL)</td></tr>
<tr><td>Umwelt-qualitäts-normen-richtlinie (UQN-RL)</td></tr>
<tr><td rowspan="4">National</td><td>Wasser-haushalts-gesetz (WHG)</td><td>WHG</td><td rowspan="4">Trink-wasser-verord-nung (TrinkwV)</td><td>Dünge-gesetz (DüngG)</td><td rowspan="4">WHG</td><td rowspan="4">WHG</td></tr>
<tr><td>Grundwasser-verordnung (GrwV)</td><td>Abwasser-abgaben-gesetz (AbwAG)</td><td rowspan="3">Dünge-verordnung (DüV)</td></tr>
<tr><td>Oberflächen-gewässer-verordnung (OGewV)</td><td rowspan="2">Abwasser-verordnung (AbwV)</td></tr>
<tr><td>Anlagen-verordnung zum Umgang mit wasser-gefährdenden Stoffen (AwSV)</td></tr>
<tr><td>Länder</td><td colspan="7">Landesrecht (Gesetze/Verordnungen, Genehmigungen, Bescheide, Überwachung)</td></tr>
</table>

von Trockenkühltürmen anstelle von Nasskühltürmen. Diese Vermeidung stellt eine technisch-organisatorisch anspruchsvolle und oft komplexe Alternative dar, welche im Regelfall ein umfassendes betriebliches Wassermanagement in Form von innerbetrieblicher Stoff- und Wasserstromtrennung erfordert. Auch die Bewässerung landwirtschaftlicher Flächen mit Abwasser, die EU-Weit diskutiert wird, setzt Teilströme voraus, die abhängig ihrer Zusammensetzung nach hygienischen-mikrobiologischen Faktoren, chemischen Substanzen (Schwermetalle, organische Verbindungen) und Nährstoffen (z. B. N, P) unterschiedlich behandelt werden müssen (EEA 2009).

4.1 Beiträge zur Nachhaltigkeit des Wassermanagements im Weinanbau

Die lange Weinbautradition hat das Landschaftsbild in den Anbauregionen geprägt und verpflichtet nicht zuletzt zu verantwortungsvollem und umweltfreundlichem Handeln. Nachhaltiges Bewirtschaften der Weinberge geht mittlerweile weit über die Produktion qualitativ hochwertiger Trauben hinaus und verknüpft verschiedenste Ansprechgruppen, Handlungsfelder, Interaktionen und Verantwortlichkeiten (Abb. 2). Am Ende der Produktionskette, beim Kunden, spielt Vertrauen, Sicherheit sowie Preis und Qualität eine immer größere Rolle. Innerhalb dieses Geflechts nehmen alle Akteure eine wichtige Rolle ein, indem sie unter Gesichtspunkten der Nachhaltigkeit durch ihr Verhalten, ihre Entscheidungen sowie ihren Aktionismus in der weinbaulichen Praxis, diesen Gedanken erfüllen und weiterentwickeln.

Insbesondere die vorhergesagten Klimaentwicklungen wirken sich deutlich auf die Rebe-Umwelt-Interaktionen und die Produktionsmethoden aus. Hieraus zeigt sich, dass das Streben nach Nachhaltigkeit aus unterschiedlichen Blickwinkeln gesehen werden kann. Während der Produzent Methoden zur Verbesserung der Bodenfruchtbarkeit, der Reduzierung von Ressourcen (Wasser, Treibstoffe usw.) und Emissionen in den Vordergrund stellt, suchen Konsumenten vielfach die soziale Gerechtigkeit, die

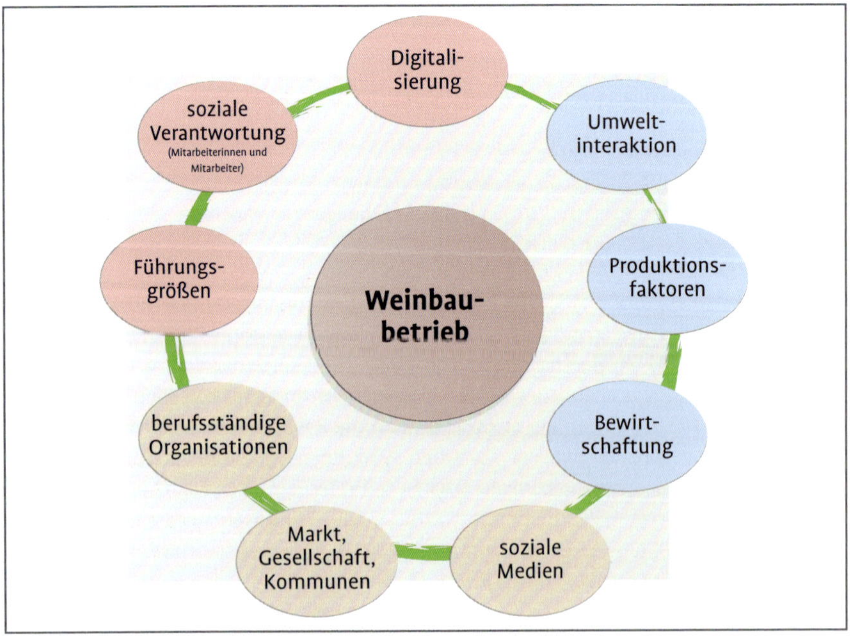

Abb. 2: Ansprechgruppen weinbaulicher Betriebe sowie deren Handlungsfelder [blau], Verantwortlichkeiten [rot] und Interaktionen [beige]; aktualisiert und erweitert nach Gemmrich und Bezner (2010).

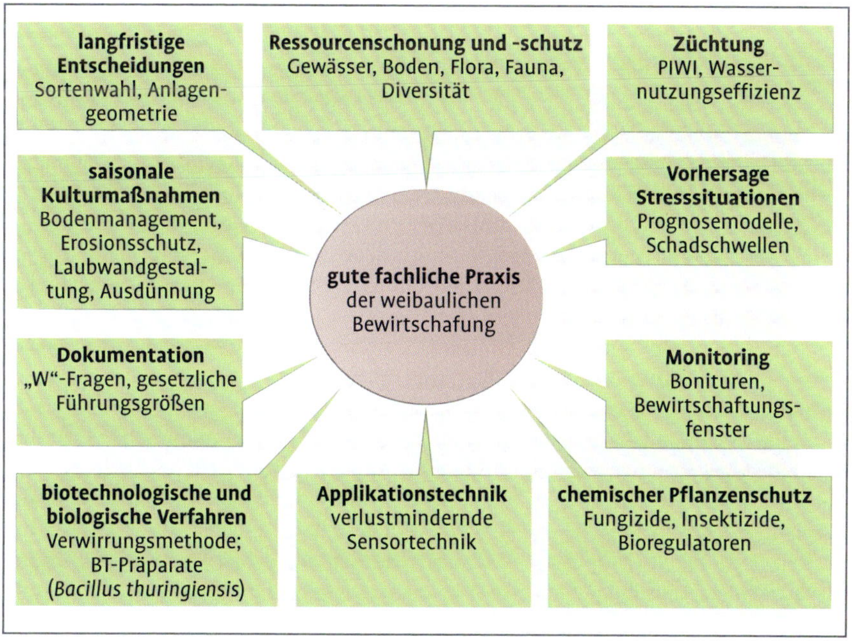

Abb. 3: Hauptansatzpunkte der guten fachlichen Praxis in der Nachhaltigkeit des Wassermanagements bei der weinbaulichen Bewirtschaftung.

Umweltfreundlichkeit oder den wirtschaftlichen Vorteil. Aus Sicht der Wissenschaft wurde erkannt, dass die Interdisziplinarität in Form der Zusammenarbeit verschiedener Forschungsrichtungen erforderlich ist, um neue Lösungsansätze hervorzubringen. Unter dem Leitbild der guten fachlichen Praxis (Abb. 3) lassen sich die wesentlichen Handlungsfelder ableiten und Aspekte der Nachhaltigkeit des Wassermanagements aufzeigen, die die ökologische Präzision und die ökonomische Effizienz bei der qualitätsorientierten Traubenproduktion für verschiedene Produktprofil beeinflussen.

4.1.1 Erfolge in der Züchtung und langfristige Anbauentscheidungen

Leider werden die Erfolge der Rebenzüchtung in der Branche nur wenig gewürdigt. Es ist aber gerade diesem Forschungsbereich zu verdanken, dass die Produktion von Pfropfreben reibungslos funktioniert, das Pflanzmaterial Virus getestet ist, Klone leistungsfähig sind oder pilzwiderstandsfähige Rebsorten von hoher Weinqualität zur Verfügung stehen (Rühl 2020). Seitens eines Züchters zählt es zu den größten Herausforderungen, mit den Zuchtzielen der weinbaulichen Produktion mindestens einer Umtriebsperiode voraus zu sein, um sowohl auf pflanzenbauliche, phytosanitäre oder klimatische Änderungen Lösungsstrategien vorzuhalten. Hierbei spielen zunächst Unterlagen eine entscheidende Rolle, die selbstverständlich Reblausresistenz *(Dactylosphaera vitifoliae)* besitzen, sich auf Standorten gut adaptieren und eine sehr gute Affinität zum Edelreis aufweisen. Aber in Zeiten sich ändernder Wasserverfügbarkeit und eines höheren Wassermangelstressrisikos spielt die Verbesserung der Wassernutzungseffizienz eine sehr wichtige Rolle. Die Biodiversität in diesem Bereich ist jedoch sehr klein und die wenigen Unterlagen – beim Bundessortenamt sind 17 Unterlagen eingetragen (Vitis International Variety Catalogue VIVC (www.vivc.de)) – entstammen teilweise der gleichen Kreuzungspopulation. Eine größere genetische Vielfalt könnte dazu beitragen, auch für andere Herausforderung Lösungen zu liefern. So könnte die markergestützte QTL-Züchtung von jüngsten Erfolgen der Identifizierung der Wurzelverzweigungsgene profitieren, die Unterlagsreben mit einer besseren Wassernutzungseffizienz hervorbringen könnte (Tandonnet et al. 2018). Obwohl mit der Klonenselektion keine Resistenz gegenüber den derzeitigen Hauptschaderregern des Weinbaus, dem Falschen und dem Echten Mehltau (*Plasmopara viticola* bzw. *Uncinula necator*), erschaffen werden kann, so sind Erfolge im Bereich der Ertragssicherheit, der Traubenarchitektur oder der Inhaltsstoffzusammensetzung zu liefern. Hiervon profitiert der Winzer in jeder Vegetationsperiode, sei es durch Ressourceneinsparung, höhere Traubengesundheit, reduzierten Erfordernissen des Arbeitsaufwandes oder höherer Mostqualität. Natürlich fokussiert sich die Rebenzüchtung seit Jahrzehnten darauf, neue Sorten mit erhöhter Widerstandsfähigkeit gegen die wichtigsten pilzlichen Schaderreger der Rebe zu züchten. Die aus dieser Resistenzzüchtung entstandenen neuen Sorten werden im Fachjargon auch PiWis (kurz für: PilzWiderstandsfähige Rebsorten) genannt. Diese Sorten stellen eine vielversprechende Alternative für den Weinbau dar (Akkurt et al. 2006), da mit einem minimalen Pflanzenschutzmittelaufwand dauerhaft die Resistenz erhalten werden kann. Die Kombination verschiedener Resistenzmechanismen, mit Faktoren der Traubenarchitektur oder physiologischen Eigenschaften sowie einer hohen Weinqualität sind vielversprechend und brachten schon einige neue Sorten hervor, die bereits in die Sortenliste eingetragen sind (Beispiele hierzu unter: http://www.zukunft-weinbau.de/forschung/piwi-liste/). PiWi-Sorten werden auch in Zukunft immer Rebsorten bleiben, die ein neues Aussehen und einen bis dahin unbekannten Sortennamen tragen, sodass sie bis zur Verbraucherakzeptanz ein entsprechendes Marketing benötigen.

4.1.2 Mechanisierung, Automatisierung und Digitalisierung

Wie in fast allen Industriezweigen hat auch in der Landwirtschaft der technische Fortschritt zu einem erheblichen Maße zum Strukturwandel beigetragen. Im Weinbau führte dies zu größeren Betriebsflächen bei gleichzeitiger Reduktion von Kleinst- und Nebenerwerbsbetrieben (Bitsch et al. 2019). Gleichfalls führt und fordert der Rückgang des Steillagenweinbaus technische Innovationen, um die Bewirtschaftung mechanisierbar zu machen oder arbeitswirtschaftlich effizienter zu gestalten. Hier sind im Wesentlichen seilwindenunterstützte Raupenmechanisierungssysteme (RMS), Traubenvollerntermodule für Raupenfahrzeuge zu nennen oder falls die Gegebenheiten es zulassen, über eine hangparallele Zeilenführung nachzudenken. Beide Handlungsrichtungen tragen erheblich dazu bei, den Arbeitszeitaufwand in Steillagen zu reduzieren, um generell die Weinbautradition und das Landschaftsbild in den traditionellen Anbaugebieten zu erhalten. In Direktzuganlagen hat die Erntetechnologie einen Qualitäts- und Leistungsstandard erreicht, der es ermöglicht, in kleiner werdenden Erntezeitfenstern schlagkräftig zu agieren und die Ernte zu sichern, da die Betriebe in kürzerer Zeit eine deutlich größere Fläche ernten können.

Große Fortschritte, die insbesondere zur Nachhaltigkeit des Wassermanagements beitragen, wurden auch in der Pflanzenschutzmittelapplikationstechnik durch Recycling-Geräte, Möglichkeiten der Mehrzeilenbehandlung oder Geräte mit Mehrtanksystemen erzielt. Dies wirkt sich auf eine reduzierte Umweltbelastung durch die unerwünschte Abtrift, dem gezielten Einsatz eines Wirkstoffes in einem Teil der Laubwand bzw. auch die sachgerechte Reinigung der Geräte aus. Die Applikation von Pflanzenschutzmitteln mittels Drohnen könnte zukünftig ebenfalls dazu beitragen, schwer zugängliche Flächen zu behandeln oder Anlagen zu schützen, wenn eine Applikation im Rahmen einer Überfahrt nicht möglich ist und wäre entsprechend ein bodenschonendes Verfahren. Auch führten neue Behandlungsstrategien zu neuen Verfahren, die den erforderlichen Aufwand durch chemische Pflanzenschutzmittel helfen, zu reduzieren (z. B. UV-C-Applikation, Klaerner et al. 2015). Auch in der Bodenbewirtschaftung tun sich immer wieder neue Systeme auf, die in der Lage sind, bei hoher Fahrgeschwindigkeit und in Real-Time, Geräteeinstellungen anzupassen und damit insbesondere den Unterstockbereich einer Weinbergszeile mechanisch und effizient zu behandeln.

Darüber hinaus bekommen elektrische Antriebe oder auch unbemannte Fahrzeuge eine immer wichtigere Bedeutung. Manche Aufgaben im Weinberg werden in Zukunft entweder mit einem deutlich reduzierten Energieaufwand oder durch den Einsatz von speziell entwickelten Trägerfahrzeugen oder Robotern mit nicht-invasiven Sensortechnologien automatisiert. Dies ermöglicht eine bedarfsorientierte Bewirtschaftung (precision viticulture) bei gleichzeitiger Schonung der Ressourcen und einer Verbesserung der Qualität der Grundwasserleiter. In Europa und Australien gibt es mehrere Projekte, die den Robotik-Einsatz für Aktivitäten wie das automatisierte Monitoring von Weinbergen untersuchen. Ein Beispiel ist das EU-Projekt VineRobot, das einen autonom navigierenden Roboter zur Erfassung von verschiedenen Parametern an Laubwand und Trauben nutzt (www.vinerobot.eu; Diago und Tardaguila 2015, Underwood et al. 2017).

Der Einzug der Digitalisierung bietet aufgrund der leistungsstarken Datenerhebung immer neue Erfassungs- und Auswertungsinstrumente, die Entscheidungen in der Bewirtschaftung erleichtern und Prozessabläufe zunehmend automatisch dokumentieren und dazu beigetragen, Prozessabläufe ökonomisch effizienter zu gestalten. Hierzu stehen zahlreiche elektronische Schlagkarteien, die „schlagbezogen", d. h. einen Weinberg oder Flurstück betreffend, Aufzeichnungen zuordnen können, zur Verfügung. Ein engeres, stationäres Messnetz oder die Verfügbarkeit von hochaufgelösten Radardaten ermöglichen es, die Schaderregerprognose flächenbezogen zu erstellen und durch gezielte Pflanzenschutzmaßnahmen den Mittelaufwand weiter zu reduzieren.

4.1.3 Anbau

Das Klima ist der entscheidende Faktor für den Anbau, aber bei fast keiner Kultur ist der Zusammenhang zwischen den klimatischen Bedingungen und der Qualität stärker ausgeprägt als bei der qualitätsorientierten Erzeugung von Trauben zur Weinbereitung. Die Szenarien der Klimamodelle gehen von einer Zunahme der Temperatur bis zum Ende dieses Jahrhunderts um ca. 1,5 °C bis 5 °C aus (IPCC 2013). Die Risiken durch Extremwetterereignisse, insbesondere des vergangenen Jahrzehnts, beschäftigen alle Branchen der Weinwirtschaft und in den Tabellen der Temperaturrekorde sowie der Anzahl an Trockenstresstage, finden wir immer häufiger die aktuellen Jahrgänge. Während der vergangenen 32 Jahre gab es nur zwei Jahre mit unterdurchschnittlicher Temperatur und seit Beginn regelmäßiger Temperaturaufzeichnungen im Jahr 1881 war 2019 das zweitwärmste Jahr, hinter 2018 (DWD 2019). Dies wirkt sich auf langfristige Entscheidungen bezüglich der Standorteignung, der Rebsortenwahl und der Festlegung auf ein Erziehungssystem aus. Insbesondere der Auswahl der Unterlagsrebe wird zur Verbesserung der Wassernutzungseffizienz zukünftig besonderes Augenmerk zukommen, da zunächst der Wurzelteil für die Erschließung des Standortes von tragender Bedeutung ist. Aber auch die Rebsorte selbst zeigt Unterschiede bezüglich der Anpassungsreaktionen zu Wassermangelstress und ist aus dieser Sicht von Bedeutung (Schultz 2003). Außerdem wirkt sich die Temperaturerhöhung auch auf die phänologische Entwicklung der Rebe aus und hat diese in allen deutschen Anbaugebieten in den vergangenen Jahren deutlich nach vorne verlagert – wobei Spätfröste nach dem Austrieb der Reben (Mitte – Ende April) auch ein erhöhtes Risiko darstellen. Darüber hinaus hat in der jüngeren Vergangenheit das Risiko für Trockenstresstage in verschiedensten Lagen zugenommen und wird nach den Projektionen regionaler Klimamodelle in Zukunft weiter steigen (Hofmann und Schultz 2015). Besonders neu angepflanzte Weinberge mit gering ausgeprägtem Wurzelsystem und Weinberge mit geringer Wasserspeicherfähigkeit sind davon betroffen. Hingegen haben alte Reben in diesem Punkt Vorteile, da deren Wurzeln den Boden deutlich besser erschlossen haben und diese Reben ein deutlich reduziertes Wassermangelstressrisiko besitzen (Bou Nader et al. 2019).

Neben den physiologischen Reaktionen sind natürlich die Bereitstellung und die Bedarfsprognose für Zusatzbewässerung ein zentrales Thema. Gerade in Steillagenregionen, die einen höheren Energieeintrag und zumeist eine niedrigere Wasserspeicherfähigkeit besitzen, ist die Bereitstellung einer Infrastruktur und das Wasserdargebot zur Bewässerung problematisch. In den meisten Flurbereinigungsmaßnahmen, bis hin zur jüngsten Vergangenheit, wurden Infrastrukturfragen nicht berücksichtigt, sodass selten die Möglichkeit besteht, Wasser an den Flurstücken bereitzustellen (Stoll und Schwarz 2014). Die Genehmigungsverfahren der Wasserentnahme aus Fließgewässern, Uferfiltraten, Tiefenbrunnen oder Speicherbecken sind teuer und ziehen sich meist über einen langen Zeitraum hin. Hingegen gilt die Verteilung des Wassers, die am effizientesten über druckkompensierte Tröpfchenbewässerung geschieht, als ausgereift und erfüllt alle Anforderungen.

Die Bewässerungssteuerung basiert entweder auf pflanzenbasierten, direkten oder indirekten Messungen, die durch kontinuierlich Bodenfeuchtigkeitsmessungen in verschiedenen Bodentiefen flankiert werden (Charlesworth 2005) oder auf der Modellierung des Wasserhaushaltes (Hofmann und Schultz 2015). Die Wasserbilanz der Rebe selbst ergibt sich aus der Aufnahme von Wasser über die Wurzel und der Abgabe durch die Transpiration im Blatt, die bei der Aufnahme von Kohlendioxid bei der Photosynthese zwangsläufig eintritt. Darüber hinaus beeinflussen die Bestandsführung der Begrünung und die allgemeine Bodenbewirtschaftung den Bodenwassergehalt (Hoppmann et al. 2017). Dieser gesamte Wasserverbrauch ist von zahlreichen Regelmechanismen abhängig, die sich auf unterschiedlichen Ebenen abspielen (Tab. 3). Die bodenphysikalischen Eigenschaften, die den Wärme- und Wasserhaushalt der Böden umfassen, können vom Winzer durch die Bodenpflegemaßnahmen aktiv verändert werden.

Tab. 3: Meteorologische, rebphysiologische, bodenphysikalische und weinbautechnische Einflüsse sowie deren Anpassungsmöglichkeiten/Risiken bzw. Handlungsspielraum auf den Wasserhaushalt der Reben (angepasst nach Hoppmann et al. 2017).

Meteorologie	Rebe (Physiologie/Sorte)	Boden	Weinbautechnik	Anpassung/ Risiko	Handlungsspielraum
Niederschlag	Wasseraufnahme und -transport	je nach Bodenart	Begrünungs- und Bodenmanagement	Erosionsrisiko abh. von Steigung	saisonal
Sättigungsdefizit	Transpiration	Bodentyp	Laubwandmanagement, Blatt-Frucht-Verhältnis	Reife und Inhaltsstoffe	saisonal
Strahlungsbilanz	Kohlenhydrat und Stickstoffmetabo.	nutzb. Feldkapazität	Pflanzdichte	Wüchsigkeit	langfristig
Temperatur	Phänologische Entwicklung	Welkepunkt	Bewässerung	Trockenstress	mittelfristig
rel. Luftfeuchte	Transpiration und Blattflächenzuwachs	Feld kapazität	Laubarbeiten	mikroklimatischer Einfluss	saisonal
Windgeschwindigkeit	Vegetative und generative Entwicklung	Bodenmächtigkeit	Wahl der Unterlage	Wüchsigkeit	langfristig
Evaporation	Wurzelverteilung	Skelettanteil	Begrünungs- und Bodenmanagement	Wassernutzungseffizienz	saisonal
	Wurzeldichte	Verteilung Grob- und Feinporen	Wahl der Unterlage	Wüchsigkeit	langfristig
	Blattfläche (Form + Größe)	Korngrößen-ver-teilung	Laubarbeiten, Blatt-Frucht-Verhältnis	Reife und Inhaltsstoffe	saisonal
	Xylem (Länge + Durchmesser)	Wasserleitfähigkeit		Wassernutzungseffizienz	saisonal
	vegetatives Wachstum	Bodendichte, Durchlüftung, Temperatur	Nährstoffversorgung, Begrünungs- und Bodenmanagement	Wüchsigkeit	mittelfristig

4.2 Nachhaltiges Wassermanagement im Kellerbereich

Im Sinne einer nachhaltigen Wassernutzung im Kellereibereich ist ein schonender, sparsamer Umgang mit der Ressource Wasser nicht nur aus ökonomischen, Kosten einsparenden, sondern auch aus ökologischen Gesichtspunkten zu betrachten. Auch der soziale Aspekt findet im Bereich der Wassernutzung, Abwasserentsorgung und auch im Sinne des virtuellen Wasserfußabdrucks, unter Einbeziehung des indirekt benötigten Wassers für genutzte Produkte und Geräte, Berücksichtigung.

Dies führt neben einer effizienteren Nutzung der Ressource Wasser auch zu einer Reduzierung der Abwasserverschmutzung und der zu behandelnden bzw. zu entsorgenden Abwassermengen. Durch eine geeignete Trennung der Abwasserströme nach deren Eigenschaften, kann ein Teil des genutzten Wassers einer Wieder- bzw. Weiterverwendung, beispielsweise als Brauch-, Lösch- oder als Bewässerungswasser für Weinberge zugeführt werden. Auch kann Kühlwasser der Wärmerückgewinnung zugeführt werden.

4.2.1 Wasser

Weinbaubetriebe und Weinkellereien benötigen für die verschiedensten Tätigkeiten Wasser, was es zu einem nicht zu unterschätzenden Betriebsfaktor macht, der von den Wein bereitenden Betrieben aus mehreren Blickwinkeln zu betrachten ist. Ein wichtiger Aspekt ist eine kostengünstige, qualitäts- und mengenmäßig ausreichende Wasserversorgung und innerbetriebliche Verteilung, welche in Abhängigkeit der benötigten Wasserqualität eine zusätzliche Wasseraufbereitung einbeziehen muss. Konsequenter Weise sind hier die Gesichtspunkte der Wasserverunreinigung während der Nutzung als auch die Abwasserentsorgung einzubeziehen. Da ein Teil des Wassers direkt oder über produktberührende Oberflächen indirekt mit Trauben, Most und Wein in Berührung kommt, muss dieses für den menschlichen Gebrauch geeignet sein und somit Trinkwasserqualität besitzen.

Wasserverbrauch

Die Wasserverbrauchszahlen der einzelnen Wein bereitenden Betriebe schwanken sehr stark. In Abhängigkeit des betrieblichen Standortes, der Größe und dem Alter der Betriebsstätte, den unterschiedlichen Produktionsstufen und Weintypen und dem

Tab. 4: Jährlicher Wasserverbrauch von Weingütern und Weinkellereien in Abhängigkeit der Betriebsgröße in der Weinbauregion Napa Country/Californien (USA) (Storm 2001).

Betriebsgröße [L/Jahr]	Weingut incl. Weinbergen [L/L Wein]	Weinhandelskellerei [L/L Wein]
> 4.500.000	8–12	3
900.000–4.500.000	12–14	4
225.000–900.000	14–15	7
< 225.000	14–21	7

möglichen Zu- und Verkauf der verschiedenen Zwischen- und Endprodukte, schwanken die Verbrauchsmengen zwischen 2 und 10 l Wasser/L Wein (Tab. 4) (vgl. Howell and Myburgh 2018; Freund und Fröhlich 2008). Adams und Walg (1990) ermittelten für die Traubenproduktion ohne Bewässerung rd. 0,14 L/L, für die Fassweinproduktion 1,66 L/L und die Flaschenweinerzeugung 5,23 L/L.

Bei den Verbrauchsmengen ist zusätzlich sowohl für die Wasserver- als auch -entsorgung zu beachten, dass dieser aufgrund des saisonalen Ablaufs der Weinbereitung größeren Schwankungen unterliegt (Tab. 5).

Tab. 5: Monatlicher Verteilung des jährlichen Wasserverbrauchs einer Kellerei (Müller 1995).

	Anteil in %	Bemerkungen
Januar	8	1. Abstich
Februar	6	
März	9	2. Abstich
April	7	
Mai	8	Abfüllung
Juni	8	Abfüllung
Juli	7	Abfüllung
August	7	
September	10	Vorbereitung/ Herbst
Oktober	12	Herbst
November	11	Herbst/1. Abstich
Dezember	7	1. Abstich

Aufgrund der beschriebenen Rahmenbedingungen sind betriebsübergreifende Kennzahlen wenig aussagekräftig, weshalb auch allgemeingültige prozessorientierte Kennzahlensysteme in der deutschen Weinbranche fehlen. Die in Tab. 6 dargestellten Mengen sollen daher nur als Orientierung dienen. Da neben Heißwasser auch Wasserdampf in Weinkellereien benötigt wird, ist in Tab. 7 der Dampfbedarf einiger Prozesse während der Weinbereitung dargestellt.

Trotz fehlender konkreter betriebsübergreifender Informationen über den prozessorientierten Wasserverbrauch, lassen sich die Verbrauchsstellen im Weinbereitungsprozess mit Blick auf einen nachhaltigen Umgang ausreichend identifizieren. Wird der in Tab. 5 dargestellte saisonale Wasserverbrauch mit dem in Abb. 4 skizzierten Weinbereitungsprozess verknüpft, wird deutlich, dass Wasser vorwiegend in den Prozessschritten Traubenverarbeitung mit der daran anschließenden Mostbehandlung und

Tab. 6: Wasserverbrauchsdaten der Musterkellerei im Benchmarkingtool „Amethyst“ (Freund und Fröhlich 2008).

Prozessschritt	Menge	Anteil in %	davon Heißwasser
Traubenverarbeitung	2,24 L/L Wein	53	
Tankraum	1,00 L/L Tankraum	24	0,10 L/L Wein
Flaschenfüllung	0,57 L/L Wein	13	0,37 L/L Wein
Kühlung	0,43 L/L Wein	10	0,21 L/L Wein
Verluste	0,12 L/L Wein	3	0,68 L/L Wein
S Weinbereitung	4,23 L/L Wein	100	0,68 L/L Wein

Tab. 7: Dampfverbrauchsdaten verschiedener Prozessschritte während der Weinbereitung (Köhler 1997).

Prozessschritt	Menge
HKZ-Erhitzung Most	3–4 kg/hL
HKZ-Rotweinmaische	6–7 kg/hL
Maischeerhitzung	9–10 kg/hL
Entschwefelung	6–12 kg/hL
Flaschenreinigung	Klein 7–17 kg/hL
	Groß 3–6 kg/hL
Flaschensterilisation	1–2 kg/hL
Sterilisation Abfüllung	1,5–2 kg/hL
Weinsteinentfernung	0,1 kg/hL Tankraum ~ 15 min

der Gärung inklusive 1. Abstich benötigt wird. Die Abfüllphase, welche in der Zeitspanne April–Juli terminiert ist, kann weiter als ein Hauptwasserverbraucher angesehen werden. In dieser Phase werden rund 1/5 des Wassers einer Kellerei verbraucht (vgl. Tab. 5 und Tab. 6). In Weinhandelskellereien, in denen Wein über das ganze Jahr zugekauft wird und die Prozessschritte Weinausbau und Abfüllung im Vordergrund stehen, fallen die Verbrauchsspitzen weg und es kann annähernd von einer Gleichverteilung des Wasserverbrauchs ausgegangen werden.

Zu rund 80 % wird dieses Betriebswasser für die Aufrechterhaltung der Betriebshygiene eingesetzt. Hierunter fallen die Reinigung und Desinfektion von Maschinen, Einrichtungen und anderen Bestandteilen der Betriebsstätte, wie Gebäude und Hofflächen. Die restliche Wassermenge verteilt sich auf prozessorientierte Verbraucher wie Kühlung im Allgemeinen (Lager), Gärkühlung (Berieslung rd. 1,0 L/L), Wässern von Filterschichten (rd. 0,2 L/L Wein), Lösen und Ansetzen verschiedener Weinbehandlungsstoffe wie Bentonit, warmlöslicher Pulvergelatine, Ausspritzen von sterilisierten Flaschen und andere Verbraucher wie sanitäre Anlagen, Büroräume und die Außenanlagen (Müller 1995; Huck 2007; Freund und Fröhlich 2008; Van Schoor 2005).

Wasserversorgung

Die Wasserversorgung dient der Bereitstellung des notwendigen Trink- und Betriebswassers. Dies umfasst den Bau und den Betrieb von Anlagen zur Gewinnung von Rohwasser aus Brunnen, Grundwasser, Quellwasser, Oberflächenwasser aus Seen und Flüssen, Auffangen von Regenwasser in Zisternen, dessen Aufbereitung zur benötigten Wasserqualität sowie dessen Wasserverteilung (Hochbehälter, Pumpstationen, Wasserleitungen, Druckerhöhungsstationen). In Deutschland übernehmen diese Aufgabe vorwiegend kommunale bzw. regionale Wasserversorgungsunternehmen, die Wasser in Trinkwasserqualität nach der Trinkwasserverordnung (TrinkwV) über ein öffentliches Leitungsnetz den Betrieben zur Verfügung stellen.

Betriebe, die ihr Wasser aus dem öffentlichen Leitungsnetz beziehen, können somit an der Wasserübergabestelle direkt ohne weitere Aufbereitungsmaßnahmen Wasser in Trinkwasserqualität entnehmen. Bei einem den Regeln der Technik entsprechenden und sorgfältig instand gehaltenen betrieblichen Leitungsnetz, trifft dies auch noch für die betrieblichen Zapfstellen zu. Betreibt der Betrieb einen eigenen Brunnen, ist je nach Wasserqualität neben der Gewinnung auch eine Aufbereitung des Rohwassers zu Trinkwasser notwendig. Ergänzend hierzu müssen zusätzlich die Anforderungen der TrinkwV hinsichtlich Anzeige-, Untersuchungs- und Handlungspflicht gegenüber den zuständigen Behörden erbracht werden.

In größeren Weinkellereien stellt in saisonaler Abhängigkeit die aus dem öffentlichen Leitungsnetz bzw. dem eigenen Brunnen zur Verfügung stehende Wassermenge einen begrenzenden Faktor dar, so dass betriebliche Speicherkapazitäten eingeplant werden sollten, die sich an den täglichen Spitzenverbrauchswerten orientieren. Eine innerbetriebliche Bevorratung eines Tagesbedarfes kann deshalb sinnvoll sein, zumal es auch in den Wasserversorgungsunternehmen zu Betriebsunterbrechungen kommen kann.

Unterliegen die Gebäude Brandschutzauflagen, so ist eine zusätzlich Löschwasser-Versorgung in die Planungen einzubeziehen. Diese ist nicht mit der Trinkwasserleitung zu kombinieren, da das größere Wasservolumen der Feuerhydranten (24 bis zu 200 L/min bei min. 3 bar) bzw. Steigleitungen (300 L/min bei min. 4,5 bar) in den gemeinsam genutzten Rohrleitungsabschnitten nicht ausreichend ausgetauscht würde. Dies hätte eine Verkeimung des Stagnationswassers zu Folge (Kuhlmann und Winter 2009). Auch Brauchwasserleitungen dürfen nicht mit Trinkwasserleitung gekoppelt sein.

Wasseraufbereitung

Trotz der gewährleisteten Eignung des Wassers für den menschlichen Gebrauch und der, ein instand gehaltenes betriebsinternes Leitungsnetz vorausgesetzt, aus Sicht der Lebensmittelsicherheit zur grundsätzlich direkten Nutzung geeigneten Wasserqualität, ist eine betriebliche Nachaufbereitung für ein Teil des benötigten Wassers empfehlenswert. Während es in den meisten Klein- und Mittelbetrieben als selbstverständlich, seine Zusammensetzung als gegeben und uninteressant hingenommen wird, ist aufgrund der Wasserherkunft (Leitungswasser aus Grund- oder Oberflächenwasser, betriebseigenes Brunnenwasser) die Zusammensetzung sehr unterschiedlich. Auch wird das Leitungswasser durch die kommunalen Wasserversorgungsunternehmen aufgrund der unterschiedlichen Eigenschaften und der Verwendung verschiedener Aufbereitungstechniken unterschiedlich vorbehandelt an der Wasserübergabestelle an den Betrieb übergeben.

Die Aufbereitung des Wassers kann somit unter verschiedenen Aufgabenstellungen erfolgen und beschränkt sich in Weinkellereien in der Regel auf die Entfernung von Trübstoffen oder anderen Partikeln, die Reduzierung der Gesamthärte oder der Carbonathärte, eine Vollentsalzung sowie die Reduzierung des Keimgehaltes (vgl. Baur et al. 2019).

Wasserinstallation

Die eigentliche Ausführung der Trinkwasser-Installation sollte konstruktive Maßnahmen enthalten, so dass die Wasserqualität im Leitungsnetz nicht verändert und somit die Gesundheit des Menschen nachteilig beeinträchtigt oder gar gefährdet wird. Dies beinhaltet neben der Entkopplung des Brauch- bzw. Löschwasserbedarfes vom Trinkwassernetz das Einschleifen in Form von Ringleitungen bei selten benutzten Rohrleitungsabschnitten sowie die Vermeidung von Umgehungsleitungen bspw. an Wasserzählern oder Filteranlagen, um ein Verkeimen von länger nicht benutzten Leitungsabschnitten zu verhindern. Weiter sind Sicherheitsmaßnahmen zu treffen, die ein Rückfluss aus ans Leitungsnetz angeschlossenen Anlagen, Geräten oder Sonstigem verhindern. So sollten sogenannte Rückflussverhinderer an den Entnahmestellen und Zapfstellen in einer Weinkellerei selbstverständlich sein (vgl. Kuhlmann und Winter 2009).

Für das Wasserleitungsnetz selbst werden unterschiedliche Materialien verwendet. Für Rohre und Rohrverbinder in der Trinkwasser-Installation kommen die Werkstoffe schmelztauchverzinkte Eisenwerkstoffe, nichtrostender Stahl, Kupfer, innenverzinktes Kupfer, vernetztes Polyethylen (PE-X), Polypropylen (PP), Polybuten (PB), chloriertes Polyvinylchlorid (PVC-C) und Verbundrohre (Kunststoffe) in Betracht (DVGW 2002).

Einige Anlagen, Maschinen und Prozessschritte verlangen unabhängig der Entnahmestellen einen konstanten Druck bzw. lassen nur einen geringen Druckabfall zu. Um dies zu gewährleisten, ist auf eine ausreichende Nennweite, einen ausreichenden Volumenstrom und dessen Druckabhängigkeit sowie den Netzdruck zu achten. Im Bedarfsfall können Druckerhöhungsanlagen oder frequenzgeregelte Pumpen mit Konstantdruckregelung eingesetzt werden, wobei hier aus energetischen Gründen der Netzdruck nicht höher als technisch begründbar festgelegt werden sollte. Da in öffentlichen Netzen nicht selten ein Ruhedruck von 6 bis 8 bar Überdruck herrscht, sollte bei direktem Anschluss druckempfindlicher Anlagen an das Netz auch an eine Druckreduzierung gedacht werden.

Zur Berechnung des Leitungsdurchmessers wird meist eine Strömungsgeschwindigkeit in Kalt- und Warmwasserversorgungsleitungen von 1,0 bis 2,5 m/s, in Druckleitungen bei nicht ständigem Betrieb bis zu 5,0 m/s veranschlagt. Als Wert für die normalen Wasseranschlüsse gibt Strom (2001) 0,2–0,6 L/s an. Dies entspricht 12 bis 36 L/min. Für einen Großbetrieb mit einer Produktionsmenge von rd. 1 Mio. L Wein gibt er einen maximalen Volumenstrom von 12 L/s (720 L/min) an. Weiter gilt für die Spülung während der Reinigung, dass mindestens die 1,5fache Wassermenge der Anlagenleistung benötigt wird. So soll eine turbulente Strömung und damit die Entfernung von Produktresten in der Anlage gewährleistet werden. Eine Abfülllinie mit 10.000 Flaschen pro Stunde benötigt somit 15.000 L Spülwasser in der Stunde für eine Dauer von rd. 20 min; dies entspricht immerhin 250 L/min und 5.000 L Wasser.

Instandhaltung

Damit die Sicherung der Trinkwasserqualität in der Trinkwasser-Installation eine dauerhafte Angelegenheit ist und bleibt, müssen wartungsbedürftige Bauteile einer regelmäßigen Inspektion und Wartung unterzogen werden. Dies trifft insbesondere für wichtige Funktionsteile wie Sicherheitsventile, Rückflussminderer, Partikelfilter, Dichtelemente, Entnahmearmaturen, Druckminderer, Rohrleitungen und Wasserzähler, aber auch für Baugruppen wie Trinkwassererwärmer, Druckerhöhungsanlagen, Enthärtungsanlagen, Dosiergeräte und die Löschwasserversorgung zu (vgl. Kuhlmann und Winter 2009; UBA 2007).

Da Trinkwasser nur für begrenzte Zeit im Leitungsnetz seine Lebensmittelqualität behält, ist darauf zu achten, dass insbesondere die Teile der Trinkwasser-Installation, die keiner regelmäßigen Nutzung unterliegen, wie abgelegene Entnahmestellen in Kellern oder Höfen, aber auch Gästezimmern, regelmäßig zu nutzen, um durch Erneuerung des so genannten Stagnationswassers in den Rohrleitungen Trinkwasserqualität sicherzustellen. Weiter ist darauf zu achten, dass die Kaltwassertemperatur nicht über 25 °C steigt und die Warmwassertemperatur in der gesamten Anlage nicht unter 55 °C sinkt. Durch diese Temperaturen kann bei Einhaltung der anerkannten Regeln der Technik und einer regelmäßigen Wasserentnahme die mikrobiologische Trinkwasserqualität an der Entnahmestelle auch ohne zusätzliche Desinfektion gewährleistet werden (DVWG 2009).

Einsparpotenzial beim Wasserverbrauch

Allein die Verbrauchsspanne von 2 bis teilweise mehr als 10 L Wasser pro Liter Wein zeigt, dass in einem Großteil der Betriebe Einsparpotenzial vorhanden ist. Wird dieses Potenzial genutzt, kann neben der Verringerung der Betriebskosten auch die Umwelt und der Naturhaushalt geschont werden. Und zwar nicht nur aus Sicht des direkten Wasserverbrauchs, sondern auch aufgrund der damit zusammenhängenden indirekten Aspekte wie Reinigungs- und Desinfektionsmittelverbrauch, Wasseraufbereitung und Energiebedarf. Letztendlich muss ein großer Anteil des verwendeten Wassers wieder als Abwasser entsorgt werden, welches einen weiteren wesentlichen Aspekt aus Sicht eines Wein bereitenden Betriebes darstellt.

Im Folgenden sind einmal einige Grundregeln des sparsamen Wasserverbrauchs aufgezählt (Müller 1995; Gemmrich 1998; Eder et al. 2006; Huck 2007; Freund und Fröhlich 2008):

Vermeidung des Wassereinsatzes:
Vor jedem Wassereinsatz sollte geprüft werden, ob er notwendig ist oder die Menge reduziert werden kann. So kann die Verwendung von Bürste und Besen vor der Reinigung das Trinkwasservolumen und gleichzeitig die Abwasserbelastung wesentlich verringern.

Kontrolle des Wasserbedarfs/-verbrauchs:
Um genau zu wissen, an welcher Stelle im Betrieb wie viel Wasser im Weinkeller benötigt wird, sind an den Hauptverbrauchsstellen Wasseruhren zu installieren. Deren regelmäßige Kontrolle gibt Auskunft über den Verbrauch und mögliche Ansatzpunkte für Einsparpotenziale. Gleichzeitig können diese Informationen im Bereich der Abwassernutzung hilfreich sein.

Vermeidung von Wasserverlusten:
Undichtigkeiten an Wasserleitungen und Armaturen können sich zu großen Mengen addieren und sollten regelmäßig überprüft und behoben werden. Ein tropfender Wasserhahn kann mehrere tausend Liter kostbares Trinkwasser im Jahr vergeuden.

Einsatz Wasser sparender Technik:
Mit bereits geringem finanziellem Aufwand kann der Wasserverbrauch durch die Nutzung Wasser sparender Armaturen und Geräte gezielt gedrosselt werden. Durch den Einbau von Durchflussbegrenzern oder Wassermengenreglern wird der Verbrauch reduziert, ohne dass dabei die Reinigungseffizienz nachteilig beeinflusst wird. Alle Wasserschläuche sollten mit Absperreinrichtungen, mit denen der Wasserstrahl in der Stärke beeinflusst und nach Gebrauch direkt gestoppt werden kann, ausgestattet werden. Ebenso vorteilhaft ist der Einsatz eines Hochdruckreinigers. Auch bei den zu reinigenden Gerätschaften und Oberflächen ist auf Wasser sparende Ausführungen, wie z. B. die Rauigkeit bei Weinbehältern, zu achten. Auch eine Stapelreinigung in Form der Clean-in-Place (CIP)-Technik kann im Vergleich zu der „verlorenen“ Reinigung Wasser

aber auch Chemikalien einsparen. So wird hier z. B. das Neutralisationswasser der letzten Stufe zur Vorreinigung beim nächsten Reinigungszyklus eingesetzt.

Kreislaufführung bzw. Wiederverwendung von Betriebswässern:
In einigen großen Weinkellereien wird die Gärtankkühlung noch über die Berieselung mit Trinkwasser durchgeführt. Wünschenswert wäre die mittel- bis langfristige Umstellung auf geschlossene Kreisläufe, sei es weiterhin über die Berieselung im Kreislaufsystem oder aber über eine Kühlanlage. Die Kreislaufführung des Berieselungswassers wird jedoch durch Verkeimung, Salz- und Biofilmbildung des Kreislaufwassers erschwert, so dass es aufgrund der geringfügigen Verschmutzung für diverse Nutzungen weiterverwendet werden kann.

Weitere mögliche Einsparmaßnahmen sind in Tab. 8 aufgeführt. Jedoch ist grundsätzlich darauf hinzuweisen, dass die Produktsicherheit und die dazu notwendige Basishygiene, einschließlich der Reinigungsprozesse mit Wasser, im Vordergrund gegenüber Wasser sparender Maßnahmen stehen; beides jedoch nicht im Widerspruch zueinander stehen muss.

4.2.2 Abwasser

Abwassermengen

In Kellereibetrieben entstehen etwa 75–85 % des Frischwasserbedarfs als Abwasser. Somit kann näherungsweise der Abwasseranfall eines Betriebes über den Frischwasserbezug ermittelt werden (vgl. Müller 1995; Day et al. 2011). Auf der Basis zahlreicher Untersuchungen wird im Schnitt eine Abwassermenge von 200 Liter je ha Rebfläche und Tag unterstellt, und zwar an insgesamt 100 Tagen im Jahr bei Flaschenweinproduktion und an 50 Tagen im Jahr bei Fassweinproduktion. Das entspricht einer jährlichen Abwassermenge von 20 bzw. 10 m^3 je ha Rebfläche. Im Falle von Weinhandelsbetrieben oder reinen Kellereien werden 10.000 L an zugekauftem Most oder Wein der Bezugsgröße von einem Hektar gleichgestellt (Müller 1995; Eder et al. 2006; Barhorst et al. 2012).

Eine Sonderstellung im Bereich des Abwasseranfalls nehmen Waschplätze für Geräte und Fahrzeuge von Weinbaubetrieben ein. Verursacher ist der Weinbau, die Reinigung erfolgt in der Regel auf dem Betriebsgelände, so dass die Abwässer über das betriebliche System abgeleitet werden. Hierbei ist besonders zu beachten, dass außer den meist ungefährlichen Feststoffanteilen wie Erde und Pflanzenresten, durch die Reinigung meist wassergefährdende Leichtstoffe wie Öle, Benzin, Fette aber auch Reste von Pflanzenschutz- und Düngemittel in das Abwasser gelangen können. Aus diesem Grund sind hier sowohl wasser- als auch baurechtliche Vorgaben zu berücksichtigen. Dies betrifft sowohl den Unter-, Oberbau und die Einfassung der Waschplatzfläche als auch die Abwasserführung und -vorbehandlung durch Schlammfang und Abscheider (vgl. LUBW 2006; Müller und Hauck 2003). Da diese Abscheider nur Leichtstoffe mit einer geringeren Dichte als Wasser abtrennen können, sind derzeit spezielle Reinigungsplätze für Pflanzenschutzmittelgeräte in Diskussion, die über technische Lösungen wie Umkehrosmose, Aktivkohlefilter oder biotechnische/biologische Methoden die Pflanzenschutzmittel vom Abwasser trennen (vgl. Altmayer 2017). Für den Bereich des Pflanzenschutzes gilt als gute fachliche Praxis, dass Restbrühen und Reinigungsflüssigkeiten in

Tab. 8: Mögliche Maßnahmen zum Einsparen von Wasser in Weinkellereien mit typischem Einsparpotenzial in % w/w (Galitsky et al. 2005; Freund und Fröhlich 2008; Günsel und Praeckel 1998).

Maßnahmen	%
Allgemeine Maßnahmen	
Wassermanagementprogramm	5
Beseitigen von Undichtigkeiten	2
Reinigung im Allgemeinen	
Fegen von Böden bevor der Wasserreinigung	2
Stapelreinigung (Cleaning in Place)	20
Hochleistungsdüsen – Zielstrahlreiniger, Reinigungsroboter	21
Fassreinigung	
Hochdruckdüse – Tankreinigung, Zielstrahlreiniger, Reinigungsroboter	8
Reinigung der Fässer mit Ozon	24
Reinigung der Fässer mit Dampf	14
autom. Reinigungssysteme	9
Kühlturm	
Alternative Quellen zur Wasseraufbereitung	11,5
Ersetzen von Durchlaufkühlsystem durch Kühlturm	10
Reduzierung der Wasserverluste im Kühlturm	2
Kontinuierliches kontrollieren der Wasserableitung/Installieren von Steuerungen	0,6
Verdunstungskühlung	
Austauschen von nicht nach dem Umlaufkühlungssystem arbeitenden Verdampfern	8
Wiederverwenden von abgeleitetem Wasser für die Verdunstungskühlung	2
Heißwasser	
Reduzierung des aufbereiteten Wassers durch Reduzierung im Energieverbrauch	2
Rückführung von Kondensat/Brauchwasser	0,6
Befeuchter	
Kontrollen und Wasserzufuhrventile	0,2
effiziente Befeuchter	1
unterirdische Fasskeller	2
Verschiedenes	
effiziente Toiletten- und Gebäudeeinrichtungen	1

Input	Prozessschritt	Output	Grobstoffe	Trub	absetzbare Stoffe	BSB_5	CSB	Temperatur	pH	Lauge	Säure	Mineralst. (K, Na, Ca)	Phosphor	Gesamtstickstoff	Verschmutzung	Wassergefährdend	Anteil	Zeit
Trauben Wasser Dampf (Maischeerhitzung)	Traubenannahme	Beerenreste	X		X	X			6-7	X	X	X	(X)	X	n	0	53 %	September–November
		Kerne																
		Waschwasser																
		Kondensat						X							0	0		
		Kühlwasser						X							0	0		
Maische Wasser Reinigungsmittel	Pressen	Trester																
		Waschwasser mit Reinigungsmittel	X		X	X			4-6	X	X	X	(X)	X	n	0		
Most Behandlungsmittel Wasser Reinigungsmittel Dampf (Pasteurisation) Entschwefelung Mostkonzentrierung	Mostvorklärung	Mosttrub	X	X	X	X			3-4			X		X	h	0	8 %	
		Waschwasser mit Reinigungsmittel	X	X	X	X			4-5	X		X	(X)	X	h	0		
		Kondensat						X	6-7						0	0		
		Kühlwasser						X	6-7						0	0		
		Kalkmilch/Lauge/Schwefelsäure			X		X	X	2-9	(X)	(X)	(X)			n	?		
		Produktwasser				X			3-5		X	X			n	0		
Kühlwasser	Gärung	Kühlwasser						X	6-7				(X)		0	0	10 %	
Wein Behandlungsmittel Wasser Reinigungsmittel	Weinklärung (1. und 2. Abstich)	Hefetrub		X	X	X	X		3-4	X	X	X	(X)	X	n	0	13 %	November–März / April–Mai
		Schönungstrub		X	X	X	X		3-5			X		(X)	n	?		
		Waschwasser mit Reinigungsmittel			X	X	X		4-5	X	X	X	(X)		n	?		
		Wasser zur Fasskonservierung							3-6	X					n	?		
Wein Filterhilfsmittel Filterschichten Wasser Reinigungsmittel Entalkoholisierung	Filtration	Filterhilfsmittel (Kieselgur, Perlit)			X	X			3-4	X	X	X	(X)	X	n	0		
		Filterschichten																
		Wässerungswasser				X			5-7			X	(X)		0	0		
		Waschwasser mit Reinigungsmittel			X	X			4-5	X	X	X	(X)	X	n	0		
		Produktwasser				X			3-5		X	X			n	0		
Wein Filterschichten Dampf Wasser Desinfektionsmittel Reinigungsmittel	Flaschenreinigung Flaschendesinfektion Flaschenfüllung	Reinigungslauge mit Etiketten	X		X		X	X	8-12	X		X	(X)	X	h	0	11 %	April–Juli
		Kondensat					X		6-7						0	0		
		Wässerungswasser							6-7			X	(X)		n	0		
		Desinfektionslösung					X		2-4		?				n	?		
		Rinswasser							5-7		?		(X)		0	?		
		Filterschichten																
		Waschwasser mit Reinigungsmittel					X	X	5-7	X	X	X	(X)		n	0		
Wasser Reinigungsmittel Ionentauscher Chemikalien	sonstige Betriebsstätte (Wasseraufbereitung, allgemeine Reinigung, Labor, sanitäre Anlagen, Waschplatz)	Waschwasser mit Reinigungsmittel			X	X		X	4-5	X	X	X	(X)	X	n	0	5 %	Jahr
		Prozesswasser					X	X	5-7	X	X	X	X		n	0		
		verdünnte Chemikalien (Labor)					X		3-8	X	X	X		?	h	?		
		Schwarzwasser	X	X	X	X	X		7-9				(X)	X	n	?		
		Waschwasser Waschplatz	X	X	X	X	X			(X)	(X)	X	(X)	(X)	n	?	?	
		Regenwasser	X		X	X			5-7						n	0		

X = relevant
(X) = betriebsabhängig
? = Prozess abhängig
0 = unbelastet
n = niedrig
h = hoch
BSB_5 = biologischer Sauerstoffverbrauch in 5 Tagen
CSB = chemischer Sauerstoffverbrauch

Abb. 4: Abwasseranfall während der Weinbereitung (zusammengestellt aus Barhorst et al. 2012; Day et al. 2011; Di Stefano et al. 2008; European Commission 2006; Knerr 2012; Müller 1995; van Schoor 2005; Walg 1992).

geeigneter Verdünnung auf der Anwendungsfläche auszubringen sind. Eine Einleitung in Hofabläufe oder in die Kanalisation verstößt gegen diese. Darüber hinaus finden für die Lagerung von Pflanzenschutzmitteln und weitere wassergefährdende Stoffe und andere Gefahrstoffe wie Öle, Reinigungs-, Desinfektions-, Kühlmittel usw. bereits eine Vielzahl von Gesetzen, Verordnungen und Genehmigungen Anwendung, wobei zeitlich und mengenmäßig der Vorrat auf das notwendige Minimum begrenzt bleiben sollte.

In einem Weinbaubetrieb fallen Abwässer hauptsächlich in der Phase der eigentlichen Weinbereitung an. Diese umfasst alle Arbeitsgänge von der Traubenlese, beginnend im September, über die Kelterung, die Mostvorklärung und den Abzug des Jungweins bis hin zum Schönungsabstich. Bei den hier anfallenden Abwässern handelt es sich hauptsächlich um Waschwässer, die im Zuge der Reinigung bzw. der Desinfektion der jeweils verwendeten Maschinen, Geräte, Einrichtungen, Gebäude und Hofflächen entstehen und um flüssige Produktionsrückstände. Durch die Fortentwicklung der Gärtemperierung hin zu geschlossenen Kühlsystemen, kommt eine Oberflächenberieselung mit Wasser mit einer durchschnittlichen Menge von 0,89 L je L Most nur noch selten zur Anwendung. Aus diesem Grund wird Kühlwasser in der Phase der Gärung nur noch in geringen Mengen als Abwasser entsorgt. Weiter fallen größere Abwassermengen als Flaschenspülwässer oder als Reinigungswässer während des Füllbetriebs an (Eder et al. 2006). Ergänzend müssen die bei der Nasskonservierung für Holzfässer anfallenden Abwässer berücksichtigt werden. In Abb. 4 sind diese Teilströme den jeweiligen Prozessstufen zugeordnet.

Zusammensetzung kellerwirtschaftlicher Abwässer

Kommunale Kläranlagen werden täglich mit einer relativ gleichbleibenden Abwassermenge in konstanter Zusammensetzung beliefert. Kellerwirtschaftliche Abwässer sind dagegen sehr einseitig und parallel zum Wasserverbrauch in ihrer Zusammensetzung als auch Menge saisonal charakterisiert. Aus diesem Grund ist die organische und anorganische Zusammensetzung von kellerwirtschaftlichen Abwässern über das Jahr hinweg ungleichmäßig verteilt, so dass sich die Mikroorganismenflora von Kläranlagen in Weinbaugemeinden den jahreszeitlich wechselnden Situationen anpassen muss. Ähnlich der organischen Belastung verteilen sich auch die Abwassermengen über das Jahr ungleichmäßig. Auf Grund dieser Eigenschaften kellerwirtschaftlicher Abwässer müssen kommunale Kläranlagen in Weinbauregionen entsprechend ausgelegt werden. Dies wird über die abwasserrechtlichen Rahmenbedingungen geregelt. So müssen u. a. die in örtliche Abwasseranlagen bzw. direkt in Gewässer eingeleiteten Abwässer bestimmte Eigenschaften erfüllen. Im Falle einer Einleitung in eine öffentliche Kläranlage wird von Indirekteinleitung, bei Einleitung direkt in Gewässer von Direkteinleitung gesprochen. Beides Bedarf einer wasserrechtlichen Genehmigung (§§ 57–58 des Wasserhaushaltsgesetzes (WHG)). Die formulierten Anforderungen für die Direkteinleitung sind einmal in Tab. 9 für Weinbau- und vergleichbare Abwässer dargestellt. Für die Genehmigung und die Formulierung der Anforderungen an die Indirekteinleitung sind die kommunalen Kläranlagen selbst zuständig. Anforderungen z. B. an Temperatur (<35° C), pH-Wert (6,5–10), absetzbare Stoffe, Schwermetalle, Sulfite, Öle, Fette usw. werden in Abwassersatzungen konkretisiert. Zusätzlich besteht die Möglichkeit eine Starkverschmutzerzulage zu den Grundgebühren zu erheben, die sich auf Basis des Verschmutzungsgrades im Vergleich zum häuslichen Abwasser berechnet, in Form des Einwohnerwerts (EW) (vgl. Walg 1992; aus Barhorst et al. 2012).

Diese Anforderungen – in der Kläranlage nicht eliminierbare Schadstoffe, zu klein ausgelegte Kläranlagen und mögliche Starkverschmutzerzulagen – können dazu führen, dass bei Betrieben spezielle Abwasservorbehandlungsanlagen erforderlich sind.

Tab. 9: Anforderungen an die Direkteinleiter für Abwasser nach Abwasserverordnung (AbwV Anlage 2 – Brauerei, Obstverarbeitung, alkoholische Getränke).

bewertete Schadstoffe nach AbwAG § 3	
Chemischer Sauerstoffbedarf (CSB)	110 mg/L
Biochemischer Sauerstoffbedarf in 5 Tagen (BSB_5)	25 mg/L
Ammoniumstickstoff (NH4-N)	10 mg/L
Gesamtstickstoff (Nges)	18 mg/L
Phosphor (Pges)	2 mg/L

In der Regel erteilen die zur Abwasserbeseitigung verpflichteten Städte und Gemeinden für Indirekteinleitungen eine satzungsrechtliche Genehmigung für die Einleitung des Abwassers in ihre jeweilige öffentliche Abwasseranlage.

Die Zusammensetzung wird durch die eingespülten Schmutzpartikel, Trub- und Produktreste, beziehungsweise durch die verwendeten Reinigungs- und Desinfektionsmittel bestimmt. Die Beschaffenheit und Belastung kellerwirtschaftlicher Abwässer ist folglich in Abhängigkeit vom Verfahrensschritt, der technischen Ausstattung sowie der Erzeugungs- und der Vermarktungsstruktur großen Schwankungen unterworfen. Während nahezu allen Phasen der Weinbereitung dominieren organische Inhaltstoffe gegenüber anorganischen Verbindungen. Entsprechend verhalten sich die gelösten Fraktionen zu den ungelösten Feststoffen, die nur phasenweise eine besondere Rolle spielen (vgl. Adams und Walg 1990; Müller 1995; Eder et al. 2006; Haran-Smith and Gibberd 2009; Barhorst et al. 2012). In Abb. 4 sind den jeweiligen Teilströmen charakteristische Abwassereigenschaften zugeordnet.

Gegenüber häuslichem Abwasser mit einem durchschnittlichen Biologischen Sauerstoffbedarf nach fünf Tagen (BSB_5) von 390 mg/L sind die Reinigungswässer aus der Weinwirtschaft um ein Vielfaches stärker organisch belastet. In Abhängigkeit der jeweiligen Verarbeitungsphase werden in Abwässern BSB_5-Werte zwischen 1.500 und 20.000 mg/L teilweise auch 65.000 mg/L erreicht (Stillert 2016). Die organische Belastung der Reinigungswässer wird in erster Linie durch eingespülte Trub- und Produktreste (z. B. Hefe-, Most-, Schönungstrub) verursacht. In Reinform zählen diese zu den besonders stark organisch belasteten Substanzen mit BSB_5-Werten zwischen 125.000 und 175.000 mg/L (Müller 1995; Eder et al. 2006). In Tab. 10 sind zum Vergleich die CSB-Werte von Reinigungsmitteln zusammengefasst.

Eine mittlere BSB_5-Belastung liegt bei 16 $EGW_{BSB5\ 60}$/ha mit einer Schwankungsbreite von 1,2-34 $EGW_{BSB5\ 60}$/ha (Barhorst et al. 2012). Der Einwohnergleichwert von 1,2-34 $EGW_{BSB5\ 60}$/ha bedeutet, dass ein Weingut eine um das 1,2 bis 34fach höhere BSB_5-Belastung pro ha hat als das häusliche Abwasser eines Einwohners, für den ein Einwohnerwert von 60 g/Tag veranschlagt wird.

Außerhalb der eigentlichen Phase der Weinbereitung ist neben einer geringen Belastung, auch das notwendige Transportmedium Abwasser nicht in ausreichender Form vorhanden. Aufgrund beider Faktoren, wechselnde Abwasserzusammensetzung und Abwassermenge, lassen sich die Probleme der Abwasseremission in einem Weinbaubetrieb wie folgt zusammenfassen (Adams und Walg 1990):

Tab. 10: Spritzwasserbedarf und CSB-Werte bei verschiedenen Tankgrößen (Michel und Stieh-Koch 1986).

Tankgröße in Liter	Ausspritzwasser in Liter	CSB- im Ausspritzwasser mg/L	g
14.000	80	1.950	156
25.000	80	3.010	241
27.000	55	2.000	110
50.000	140	3470	486
Mittelwert		2.608	

1. Organisch belastete Abwässer sind in der Kläranlage zwar gut abbaubar, jedoch führt ein stoßweiser Anfall zu einer Überlastung und einem Umkippen der Belebungsbecken.
2. Organisch belastetes Weinbauabwasser weist infolge der Fruchtsäuren einen sauren pH-Wert auf, so dass an Zementrohren des Kanalnetzes Korrosionsschäden verursacht werden können.
3. Absetzbare Substanzen im weinbaulichen Abwasser, wie Beerenreste, Trub-, Schönungs-, Filtrationsrückstände können sich im Kanalnetz absetzen und ebenfalls zu Korrosionsschäden führen.
4. Anorganisch belastete Weinbauabwässer aus der Flaschenreinigung, Flaschensterilisation oder Nasskonservierung von Holzfässern weist einen aggressiven pH-Wert auf. Bei der Flaschenreinigung liegen sie im alkalischen, bei den Abwässern aus Flaschensterilisation und Nasskonservierung im sauren pH-Bereich.

Verminderung weinbaulicher Abwässer

Die Menge und Belastung weinbaulicher Abwässer kann durch gezielte Maßnahmen bereits während des Produktionsprozesses erheblich verringert werden. Durch die konsequente Ausnutzung produktionsintegrierter Maßnahmen kann weitgehend auf die Implementierung weiterer, kostenintensiver Behandlungsmaßnahmen verzichtet werden, sei es im Falle von klein- und mittelständischen Betrieben in der öffentlichen Abwasserreinigung oder in betriebseigenen Anlagen im Großbetrieb. Zentrale Ansatzpunkte für derartige innerbetriebliche Vermeidungsmaßnahmen sind (Adams und Walg 1990; Müller 1995; Eder et al. 2006; Huck 2007):

1. Reduktion des Wasserverbrauchs
2. Reduktion der Schmutzbelastung durch Rückhaltung von Nebenprodukten
   - Vermeidung unnötiger Trubstoffbelastungen durch schonende Prozess- und Anlagentechnik (z. B. Lesegut angepasste Traubenverarbeitung), hygienische Gestaltung der Maschinen und Einrichtungen mit Blick auf Konstruktion (Toträume), Verarbeitung (Oberflächenrauigkeit, Ausführung der Schweißnähte) und Materialbeschaffenheit (z. B. Werkstoff).

- Zurückhaltung und Verwertung von Trubstoffen durch trockene Vorreinigung von Geräten, Maschinen, Tanks, Gebäude- und Hofflächen, abfangen und entsorgen fester Rückstände aus dem Abwasserstrom durch Einbau geeigneter Siebvorrichtungen.

3. Vermeidung unnötiger Produktverluste in den einzelnen Prozessschritten beim Beifüllen, Umlagern, Filtrieren und Abfüllen von Most und Wein durch achtsames Arbeiten und Auswahl der geeigneten technischen Einrichtung, wie z. B. bei der Filtration.
4. Optimierung von Reinigungs- und Desinfektionsvorgängen. Unter der Berücksichtigung der Reinigungsfaktoren Mechanik (z. B. Bürsten, Besen, Hochdruckreiniger), Zeit, Temperatur und Chemie und der damit zusammenhängenden Ressourcennutzung von Wasser, Energie, chemischen Substanzen und Personal, gilt es hierbei einen Kompromiss zu finden. Im Falle des Wassermanagements steht hier der Wasser- und Reinigungs- bzw. Desinfektionsmittelverbrauch und das daraus resultierende Abwasser mit entsprechender chemischer Belastung im Vordergrund. So führen die chemischen Substanzen nicht nur die abgelöste Schmutzfracht mit sich, sondern stellen je nach Stoffart durch ihre Abbaubarkeit bzw. Umweltunverträglichkeit eine Belastung dar. Neben den bereits beim Wasserverbrauch aufgeführten Aspekten, spielt die Auswahl des geeigneten Mittels, dessen Umweltverträglichkeit als auch die Dosierung eine wichtige Rolle. Als Orientierung können Empfehlungen der Fachberater der Herstellerfirmen, das Charter-Symbol für Nachhaltiges Waschen und Reinigen sowie die im Bereich der ökologischen Weinbereitung zugelassenen Reinigungs- und Desinfektionsmittel (z. B. Natriumhydroxid, Kaliumhydroxid, Kali- und natronseifen, Wasserstoffperoxid, Ozon, Peressigsäure, Zitronensäure, Alkohol, Dampf) dienen (vgl. European Commission 2008).

Ergänzend zu diesen Vermeidungsmaßnahmen organisieren regionale Abwasserverbände Bringsysteme für Weinbauabwässer. Hier können bei der Weinproduktion entstehende Abwässer bzw. flüssige Reststoffe wie Trub, Hefe, Heferückstände und sonstige Separator- bzw. Flotatschlämme sowie Spülwässer der Tank- und Flaschenreinigung der Kläranlage in der Regel nach vorheriger Absprache angeliefert werden; Voraussetzung ist die Freiheit von wassergefährdenden Stoffen wie z. B. Blautrub. Dadurch werden zum einen die Kanäle entlastet, Feststoffe können durch Grobrechen zurückgehalten und gesondert entsorgt werden und vor allem können die gesammelten, nährstoffreichen Abwässer gezielt als zusätzliche Kohlenstoffquelle zum Vorteil der Mikrobiologie eingesetzt werden (vgl. Abwasserverband Oberer Rheingau 2019; Stillert 2016; Barhorst et al. 2012). Die angelieferten Mengen werden quittiert, so dass eine Entsorgung der Stoffe im Sinne der Düngeverordnung nachgewiesen werden kann.

Abwasserwieder- bzw. -weiterverwendung

Neben der Vermeidung oder dem Vermindern bietet sich das Recycling von Wasser bzw. Abwasser in Form einer Wieder- bzw. Weiterverwendung an. Im Sinne einer Wiederverwendung wird das Wasser für denselben Zweck dem Prozess wieder zugeführt (KrWG § 3 Abs. 21) – z. B. Kühlwasser; im Falle einer Weiterverwendung erfolgt die Nutzung für einen anderen Zweck wie z. B. Waschwasser zur Weinbergsbewässerung.

Wie der Umgang mit Abwässern mit wassergefährdenden Stoffen wie Pflanzenschutzmittelresten, Ölen, Blauschönungstrub und der Ansatz der Bringsysteme zeigt, ist eine Trennung der verschieden zusammengesetzten Abwässer hinsichtlich einer Verminderung oft eine Notwendigkeit. Auch für eine Wieder- bzw. Weiterverwendung im eigenen Betrieb ist Trennung der unterschiedlichen Ströme häufig Voraussetzung, um die Abwässer nach einer gezielten Behandlung einer Weiternutzung zuzuführen. Neben einer Teilstromerfassung sind für eine effiziente Nutzung des recycelten Wassers auch möglichst genaue Kenntnisse über Zeitpunkt und Menge des Anfalls und des Gebrauchs, die Zusammensetzung und die Anforderungen der jeweiligen Abwässer von Nöten.

In der Regel lassen sich schwach verschmutzte Abwässer, sogenanntes Grauwasser, zusammen mit dem nutzbaren Regenwassern nach einer eventuellen Nachbehandlung als Brauchwasser zur Reinigung von Fahrzeugen, Böden, als Toilettenspül- oder Löschwasser oder zur Grünflächen- bzw. Weinbaubewässerung nutzen. Vor allem in den saisonalen Verbrauchsspitzen im Herbst und zum Zeitpunkt des 1. Abstich kann vorbehandeltes, von den organischen Stoffen größtenteils befreites Abwasser zur Vorspülung eingesetzt werden, da hier eine längere Stapelung des Wassers mit entsprechendem mikrobiologischen Risiken entfällt.

Abwasserbehandlung

Je nach Schmutzfracht und Vorbelastung der Abwässer-Teilströme (vgl. Abb. 4) stehen den Betrieben in Abhängigkeit der Größe, der örtlichen Gegebenheiten und des Ziels der Anwendung verschiedene Möglichkeiten der Behandlung zur Verfügung. Neben einer Reduzierung oder dem Wegfall einer Starkverschmutzerzulage bestimmen die Wieder- bzw. Weiternutzung die eingesetzten Instrumente.

Für eine Regenwasser- bzw. leicht verschmutztes Prozesswassernutzung aus dem Rinser oder dem Nachspülen von Behältern reicht in vielen Fällen eine einfache Regenwassernutzungsanlage. Diese besteht in Abhängigkeit der genutzten Menge und Zusammensetzung aus verschiedenen Elementen wie Grobsieben, Feinfilter, Zisterne und Entnahmesystem, welches auf jeden Fall getrennt von der Trinkwasserleitung zu installieren ist (vgl. Benz 2016; Day et al. 2011).

Im Falle von vorwiegend organisch belasteten Abwässern erfolgt eventuell eine mehrstufige Behandlung. Einer gezielten Rückhaltung des Flüssigtrubs und wassergefährdender Stoffe folgt als erster Behandlungsschritt eine mechanische Grobstoffrückhaltung mittels Sieb- und Sedimentationstechnik, der die Aufgabe hat, Feststoffe wie Beerenbestandteile, Weinstein, Filterrückstände, Etiketten- und Korkreste abzutrennen. Nach dieser Grobstoffabscheidung findet ein Fracht- und Mengenausgleich in einem Misch- und Ausgleichsbehälter statt. Dieser Behälter dient neben einem Ausgleichen der diskontinuierlich anfallenden Abwassermenge und Zusammensetzung (pH-Wert, Temperatur, organische Belastung) auch als Vorlage für eventuell nachfolgende biologische Stufen. In Ländern wie Australien, Südafrika und Kalifornien erfolgt diese Pufferung teils in angelegten Teichen, in denen neben einer Verdunstung auch bei fehlender Versiegelung eine Versickerung stattfindet (Howell and Myburgh 2018).

Eine Neutralisation des Abwassers, welches während der Weinbereitung einen pH-Wert zwischen 3,5 und 11 besitzt, ist zum Erreichen eventueller Vorgaben der örtlichen

Abwassersatzung vor Einleitung ins Kanalnetz, notwendig. Auch stellen biologische Behandlungsstufen gewisse Anforderungen an den pH-Wert. Neben dem Ausgleichsbehälter kann über eine chemische Neutralisationsanlage der pH-Wert eingestellt werden, wobei hierbei die Salzbelastung des Abwassers erhöht wird.

Das so vorbehandelte Abwasser kann nun der Kanalisation zugeführt werden. Ergänzend kann dieser Vorbehandlung eine biologische Abwasserbehandlung folgen. Diese dient der Elimination feindispergierter, kolloidaler und gelöster organischer Stoffe. Der Reinigungseffekt basiert auf Stoffwechseltätigkeit von Mikroorganismen, die hochmolekulare, energiereiche Stoffe zu niedermolekularen, energieärmeren Stoffen abbauen und dabei Biomasse bilden. Die biologischen Stufen lassen sich in aerobe und anaerobe Verfahren aufteilen. Im aeroben Bereich werden die Stoffe mit Hilfe von Sauerstoff zu Kohlenstoffdioxid und Wasser umgewandelt. Dagegen wird beim anaeroben Abbau ohne Sauerstoff gearbeitet. Hier erfolgt ein mehrstufiger Abbau bis zum Biogas Methan. Auch Pflanzenkläranlagen bzw. Wurzelraumentsorgung nutzen Mikroorganismen, in diesem Fall des Bodens, zur Reinigung (vgl. Müller 1995; Barhorst et al. 2012). Howell and Myburgh (2018) geben einen Überblick über den Einfluss der Abwasserbehandlung und dessen Weiterverwendung zur Bewässerung verschiedener Pflanzen inklusive der Rebe.

Alternativ bzw. ergänzend zu einer biologischen Behandlung können Membrantechnologien z. B. in Form von einer Kombination einer Ultrafiltration und einer Umkehrosmose zur Reduzierung des biologischen und chemischen Sauerstoffbedarfs eingesetzt werden. Dabei können in Abhängigkeit der Zusammensetzung 85–90 % des CSBs reduziert werden. In Abhängigkeit des Alkoholgehalts ist dann eine Weiterverwendung des Abwassers möglich (vgl. Michel und Stieh-Koch 1986; Lange et al. 2006).

Fazit

Wasser ist die Lebensgrundlage des Menschen: lebensnotwendig als Trinkwasser, unverzichtbar als Produktionsfaktor, Transportmittel und wichtiger Standortfaktor für den Anbau, die Verarbeitung, Industrie und Gewerbe. In gleicher Weise sind aber auch alle natürlichen Lebensräume auf sauberes Wasser angewiesen, seien es Feucht- und Nassstandorte, Quellen oder Fließgewässer, Seen oder die Meeresumwelt, Böden oder das Grundwasser. Wasser ist (z. B. im Gegensatz zu Energieträgern) durch nichts zu ersetzen, das Angebot ist begrenzt, die Nachfrage steigt. Dabei wird Wasser als Ressource dem System zunächst entnommen aber nicht an jeder Stelle im eigentlichen Sinne verbraucht. Deshalb sind es gerade die Folgeprozesse, die durch Auswaschung oder durch Verschmutzung es für weitere Nutzer unbrauchbar machen und zum nachhaltigen Umgang anhalten. Somit ist es auch in der Weinbranche erforderlich, ein nachhaltiges Wassermanagement zu implementieren, das die Bereitstellung, Zwischenspeicherung, Abwasser- und die Wasserwiederverwendung einbezieht, auch in einem Land wie Deutschland mit einer in Abhängigkeit der Region und des Jahres in der Regel ausreichenden Wasserverfügbarkeit.

Literaturverzeichnis

Abwasserverband Oberer Rheingau (2019): Weinbauabwässer direkt zur Kläranlage. Informationen für den Weinbau, [online] www.abwasserverband-oberer-rheingau.de/weinbauabwaesser.php [zuletzt geprüft am 31.12.2021].

Adams, K./Walg, O. (1990): Entsorgung weinbaulicher Abwasser. KTBL-Schrift 368, Münster-Hiltrup: Landwirtschaftsverlag.

Akkurt, M./Welter, L./Mail, E./Topfer, R./Zyprian, E. (2006): Development of SCAR Markers Linked to Powdery Mildew *(Uncinula necator)* Resistance in Grapevine (*Vitis vinifera* L. and Vitis sp.) Molecular Breeding 19 (2):103–111.

Altmayer, B. (2017): Reinigungsplätze für Pflanzenschutzgeräte: Einträge in Gewässer sind weitgehend vermeidbar. Das Deutsche Weinmagazin (10):14–17.

Barhorst, J./Brambach, R./Carozzi, A./Goldschmidt, R./Bruber, U./Hansen, J./Huber, A. (2012): Abwasser aus der Weinbereitung. DWA-Regelwerk M 773, Hennef: Deutschen Vereinigung für Wasserwirtschaft, Abwasser und Abfall (DWA).

Baur, A./Fritsch, P./Hoch, W./Merkl, G./Rautenberg, J./Weiß, M./Wricke, B. (2019): Mutschmann/Stimmelmayr: Taschenbuch der Wasserversorgung. 17. Auflage, Wiesbaden, Springer Vieweg.

Benz (Hrsg.) (2016): REGENWASSER – Nutzung & Bewirtschaftung. Neckarbischofsheim: BENZ GmbH & Co. KG Baustoffe.

Bitsch, L./Volzer, E./Hanf, J.H. (2019): Struktur im Wandel. Der deutsche Weinbau 13/17:48–51.

BMBF (Hrsg.) (2014): Die Ressource Wasser im Fokus. Wasserforschung für eine nachhaltige Zukunft. Bonn: Bundesministerium für Bildung und Forschung.

BMBF (Hrsg.) (2017): Globale Ressource Wasser (GRoW). Bonn: Bundesministerium für Bildung und Forschung.

BMU/UBA (Hrsg.) (2017): Wasserwirtschaft in Deutschland – Grundlagen, Belastungen, Maßnahmen. Dessau-Roßlau: Umweltbundesamt.

Bou Nader, K./Stoll, M./Rauhut, D./Patz, C.-D./Jung, R,/Loehnertz, O./Schultz, H.R./Hilbert, G./Renaud, C./Roby, J. P./Delrot, S./Gomes, E. (2019): Impact of grapevine age on water status and productivity of *Vitis vinifera* L. cv. Riesling. European journal of agronomy 104 (2):1–12

Charlesworth, P. (2005): Soil Water Monitoring an Information Package. Irrigation Insights, 2 edn. Melbourne, Australia: Department of Environment and Primary Industries.

Day, P./Cribb, J./Boland, A.-M./Shanahan, M./Oemcke, D./Kumar, A./Cowey, D./Forsyth, K./Burgi, A. (2011): Winery Wastewater Management and Recycling: Operational Guidelines. Adelaide, Australia: Grape and Wine Research and Development Corporation (GWRDC).

Di Stefano, N./Quaylde, W./Arienzo, M./Zandona, R./Blackwell, J./Christen, E. (2008): A low cost land based winery wastewater treatment system: development and preliminary results. CSIRO Land and Water Science Report 43/08. Griffith, Australia: Commonwealth Scientific and Industrial Research Organisation.

Diago, M. P./Tardaguila, J. (2015): A new robot for vineyard monitoring. Wine and Viticulture Journal (30):38–42.

DVGW (Hrsg.) (2002): Werkstoffe in der Trinkwasser-Installation. twin – Information des DVGW zur Trinkwasser-Installation. Bonn: Deutsche Vereinigung des Gas- und Wasserfaches e.V.

DVGW (Hrsg.) (2009): Desinfektion von Trinkwasser-Installationen zur Beseitigung mikrobieller Kontaminationen. twin – Information des DVGW zur Trinkwasser-Installation. Bonn: Deutsche Vereinigung des Gas- und Wasserfaches e. V.

DWD (2019): https://www.wetterdienst.de/Klima/ [zuletzt geprüft am 24.01.2022]

Eder, R., A./Schreiner, T./Sommerbauer, E./Barta, J./Rochard/Müller, D. (2006): Abwassermanagement im Weinbau. Leonardo-Projekt VINET. Klosterneuburg, Österreich: Bundesministerium für Land- und Forstwirtschaft, Umwelt und Wasserwirtschaft, Österreich.

EEA (Hrsg.) (2009): Water resources across Europe. Confronting water scarcity and drought. EEA report No 2/2009. Luxembourg, Copenhagen: Office for Official Publ. of the European Communities; European Environment Agency.

European Commission (2006): Integrated Pollution Prevention and Control Reference Document on Best Available Techniques in the Food, Drink and Milk Industries. Best available techniques Reference document (BREFs). Seville, Spain: European Commission.

European Commission (2008): Verordnung (EG) Nr. 889/2008 DER KOMMISSION vom 5. September 2008 mit Durchführungsvorschriften zur Verordnung (EG) Nr. 834/2007 des Rates über die ökologische/biologische Produktion und die Kennzeichnung von ökologischen/biologischen Erzeugnissen hinsichtlich der ökologischen/biologischen Produktion, Kennzeichnung und Kontrolle. Amtsblatt der Europäischen Union L 250.

European Commission (2017): Agriculture and Sustainable Water Management in the EU. Commission Staff Working Dokument 153. Bruessels, Belgium: European Commission.

Freund, M. (2011): Wasser in Weinbereitung – Anforderungen an die Versorgungs- und Verteilungseinrichtungen. In: Schultz, H.-R./Stoll, M. (Hrsg.): Deutsches Weinbau Jahrbuch 2012, (63), Stuttgart: Ulmer, 26–38.

Freund, M./Fröhlich, J. (2008): Energie- und Wassereinsparung in Weinkellereien. Manuskript zum Workshop „Energie und Wassereinsparung in Weinkellereien". Geisenheim: Forschungsanstalt Geisenheim.

Galitsky, C., E./Worrell, A./Radspieler, P./Healy and Zechiel, S. (2005): BEST Winery Guidebook: Benchmarking and Energy and Water SavingsTool for the Wine Industry.

Gemmrich, A. (1998): Nachhaltige Weinwirtschaft – Wegweiser zum betrieblichen Umweltschutz in Weinbaubetrieben, Kellereien und Winzergenossenschaften. Neustadt, Weinstraße: Meininger.

Gemmrich, A./Bezner, E. (2010): Umsetzung eines nachhaltigen Weinbaus durch freiwilliges unternehmerisches Engagement. In: Schultz, H.-R./Stoll, M. (Hrsg.): Deutsches Weinbau Jahrbuch 2010, (61), Stuttgart: Ulmer, 118–124.

Günsel, M./Praeckel, U. (1998): Weniger ist mehr: Möglichkeiten der Kostenoptimierung im Reinigungs- und Desinfektionsprozess. Brauindustrie (7):415–419.

Hanran-Smith, G./Gibberd, M. (2009): Improved industry capacity for wastewater management by small wineries in the Margaret River wine region. Projekt report, Perth, Australia: Department of Environment and Agriculture, Curtin University.

Hofmann, M./Schultz, H. R. (2015): Modeling the water balance of sloped vineyards under various climate change scenarios. Paper presented at the 38th World Congress of Vine and Wine, Mainz.

Hoppmann, D./Schaller, K./Stoll, M. (2017): Terroir: Wetter, Klima und Boden im Weinbau. 2 edn. Stuttgart: Ulmer.

Howell, C. L./Myburgh, P. A. (2018): Management of Winery Wastewater by Re-using it for Crop Irrigation – A Review. South African Journal of Enology and Viticulture 39 (1): 116–131.

Huck, V. (2007): Maßnahmen zum nachhaltigen Umgang mit Wasser bei der Weinbereitung. Luxembourg: Ministère de L'Intérieur et de L'Aménagement du Territoire.

IPCC (2013): The Physical Science Basis. Contribution of Working Group I to the Fifth Assessment Report of the Intergovernmental Panel on Climate Change. Cambridge and New York 2013.

Klaerner, S./Flemming, B./Berkelmann-Loehnertz, B. (2015): Studies on mould prevention in viticulture by means of UV-C application of vines (*Vitis vinifera* L.) LANDTECHNIK 70 (4):139–148.

Knerr, H. (2012): Untersuchungen zur Zusammensetzung und zum Abbau von Schwarzwasser mittels des Belebungsverfahrens sowie zur Kinetik des heterotrophen und autotrophen Stoffwechsels. Dissertation, Kaiserslautern: Technische Universität Kaiserslautern.

Köhler, H. (1997): Dampferzeugung. ATW-Vorhaben Nr. 94, Darmstadt: Kuratorium für Technik und Bauwesen in der Landwirtschaft e. V. (KTBL).

Kuhlmann, J./Winter, R. (2009): Sicherung der Trinkwasserqualität in Trinkwasser-Installationen. In: DVWG energie | wasser-praxis (4).

Lange, M./Bolle, F./Schilling, S./Baumgarten, S. (2006): Membrantechnik für die Abwasserreinigung. Siedlungswasser- und Siedlungsabfallwirtschaft Nordrhein-Westfalen. Aachen: FIW-Verlag.

Löwe, H./Schade, J./Höckele, V. (2012): Förderschwerpunkt „Nachhaltiges Wassermanagement" (NaWaM). im Rahmenprogramm „Forschung für nachhaltige Entwicklungen" (FONA). Bonn, Berlin: Bundesministerium für Bildung und Forschung.

LUBW (2006): Handbuch Mineralölhaltiges Abwasser. Karlsruhe: Landesanstalt für Umwelt, Messungen und Naturschutz Baden-Württemberg (LUBW)

Michel, H./Stieh-Koch, C.-H. (1986): Versuche zur innerbetrieblichen Aufbereitung von Weinbauabwasser mit Hilfe von Ultrafiltration und Umkehrosmose. Die Weinwirtschaft – Technik (122):380–385.

Müller, D. (1995): Technische Möglichkeiten zum Sammeln, Vorreinigen und Ableiten weinbaulicher Abwässer. ATW-Vorhaben Nr. 70, Münster-Hiltrup: Landwirtschaftsverlag.

Müller, D./Hauck, H. (2003): Waschplätze im Weinbau – Gewässerschutz durch sicheren Umgang mit wassergefährdenden Stoffen. Neustadt, Weinstraße: Dienstleistungszentrum ländlicher Raum – Rheinpfalz.

Rühl, E. H. (2020): Quo vadis Rebenzüchtung? Schultz, H.-R./Stoll, M. (Hrsg.): Deutsches Weinbau Jahrbuch 2020 (71), Stuttgart: Ulmer, 96–100.

Schultz, H. R. (2003): Extension of a Farquhar model for limitations of leaf photosynthesis induced by light environment, phenology and leaf age in grapevines (*Vitis vinifera* L. cv. White Riesling and Zinfandel). Functional Plant Biology 30 (6):673–687.

Seis, W./Lesjean, B./Maaßen, S./Balla, D./Hochstrat, R./Düppenbecker, B. (2016): Rahmenbedingungen für die umweltgerechte Nutzung von behandeltem Abwasser zur landwirtschaftlichen Bewässerung. Dessau-Roßlau: Umweltbundesamt.

Statista (2019): Wasserwirtschaft in Deutschland. Online verfügbar unter https://de.statista.com/statistik/studie/id/7220/dokument/wasserversorgung-und-abwasserentsorgung---statista-dossier-2012/ [zuletzt geprüft am 31.12.2021].

Stillert, A. (2016): Offen erklärt – Sauber geklärt. Tagung Winzer-Dialog am 21.07.2016, Sprendlingen, Verbandsgemeindewerke Sprendlingen-Gensingen.

Stoll, M./Schwarz, H.-P. (2014): Rebflurbereinigung: Anforderungen an die Rebflurbereinigung aus weinbaulicher Sicht. In: Schumann, M. Hrsg. Landmanagement 73. Augsburg: Wißner-Verlag Verwaltungs-GmbH, 7–12.

Storm, D. R. (2001): Winery Utilities. Planning, Design and Operation. Boston, MA: Springer US.

Tandonnet, J.-P./Marguerit, E./Cookson, S. J./Ollat, N. (2018): Genetic architecture of aerial and root traits in field-grown grafted grapevines is largely independent. Theoretical and Applied Genetics 131: 903–915.

UBA (Hrsg.) (2007): Trink was – Trinkwasser aus dem Hahn. Gesundheitliche Aspekte der Trinkwasser-Installation. Dessau-Roßlau: Umweltbundesamt.

UBA (Hrsg.) (2010): Wassernutzung privater Haushalte. Deutschlands Wasserfußabdruck. Dessau-Roßlau: Umweltbundesamt.

UBA (Hrsg.) (2017): Empfehlungen des Umweltbundesamtes für die Entwicklung von EU-Mindestqualitätsanforderungen für Wasserwiederverwendung. Dessau-Roßlau: Umweltbundesamt.

UN (Hrsg.) (1992): AGENDA 21. United Nations Conference on Environment & Development, Rio de Janerio, Brazil, 3 to 14 June 1992. Rio de Janerio, Brazil: United Nations.

UN (Hrsg.) (2018): The 2030 Agenda and the Sustainable Development Goals: An opportunity for Latin America and the Caribbean. LC/G.2681-P/Rev.3. Santiago, USA: United Nations publication.

Underwood, J./Wendel, A./Schofield, B./McMurray, L./Kimber, R. (2017): Efficient in-field plant phenomics for row-crops with an autonomous ground vehicle. Journal of Field Robotics 34:1061–1083.

Van Schoor, L. H. (2005): Guidelines for the Management of Wastewater and Solid Waste at existing Wineries. [online] www.ipw.co.za/content/guidelines/WastewaterApril05English.pdf [zuletzt geprüft am 31.12.2021].

Völker, J./Mohaupt, V. (2015): Die Wasserrahmenrichtlinie. Deutschlands Gewässer 2015. Dessau-Roßlau: Umweltbundesamt.

Walg, O. (1992): Weinbauabwasser – Schäden und Schadensvermeidung. Der Deutsche Weinbau (47):520–524.

5 Nachhaltiges Bauen im Weingut Heymann-Löwenstein

Reinhard Löwenstein

5.1 Gestalt, Form und Energie

Alles hat seine Zeit. Bei der Grundsteinlegung von Kellerei und Wohngebäude des heutigen Weinguts Heymann–Löwenstein im Jahre 1898 wurde, der Begriff „nachhaltig" noch im sehr wörtlichen Sinne gebraucht. Wer damals etwas auf sich hielt und über die notwendigen finanziellen Mittel verfügte, baute auf Haltbarkeit, baute für die nachfolgenden Generationen. Begriffe wie Eigenkapitalverzinsung und Abschreibungen waren eher untergeordnete Kategorien. Dafür spielten Aspekte der Bausoziologie, wie wir es heute nennen, eine große Rolle. Das Gebäude sollte schön sein, sollte etwas hermachen. Die in unserer Region üblicherweise verbauten Steine aus den umliegenden Schieferbrüchen kamen daher nur in den Tonnengewölben des Fasskellers und in Teilen der Wirtschaftsräume zum Einsatz. Der größte Teil statisch relevanter Mauern wurde mit stabilen Ziegelsteinen hochgezogen. Und als die Fassade prägende Ecksteine und Gesimse sowie für die schmucken Rundbögen und die mit Kapitellen verzierten Säulen der Loggia wurden Sandsteine aus den unweit an der Lahn gebrochenen Sandstein dekorativ positioniert. Nicht tragende Wände wurden zwischen den Holzbalken mit Bimssteinen ausgemauert. Sie werden heute noch in der Region aus der Vulkanasche des vor 12.000 Jahren ausgebrochenen Vulkans „Maria Laach" hergestellt. Und das Dach wurde selbstverständlich mit den in der Region hergestellten Platten aus Tonschiefer gedeckt.

Gebaut für die Ewigkeit. Soweit – so nachhaltig. Aber was ist mit dem Carbon Footprint der Fußböden aus amerikanischer Pich-Pine, dem Strom aus dem Dynamo einer mit Kohle betriebenen Dampfmaschine, der Beleuchtung und den Kochflammen aus mit selbst hergestelltem hoch explosivem Karbidgas? Das damalige Bauen und Wirtschaften ist heute einer differenzierteren Betrachtungs- und Handlungsweise gewichen. Schließlich ist nicht nur das Wissen angewachsen. Auch die zur Verfügung stehenden Werkzeuge und Materialen erlauben differenziertere Diskussionen über die verschiedenen Aspekte von Nachhaltigkeit.

Als wir uns vor einigen Jahren daranmachten, das historische Gebäude um neue Betriebsräume zu erweitern, war die Zielvorgabe komplex: Das Amt für Denkmalschutz verlange einen „modernen" Anbau – damit das Alte als solches erkennbar bleibt. Dabei wäre es so schön einfach gewesen, das Gebäude im gleichen Baustil zu erweitern. Viele Bücher über Industriearchitektur standen schon im Regal. Modern sollten wir also bauen. OK. Aber was ist modern, was ist kontemporär, was ist funktional, schön, ökologisch, haltbar, hat ein Wohlfühlklima, beseelt die Mitarbeiter und ist letztendlich noch bezahlbar? Anders als vor hundert Jahren leben wir heute im Zeitalter der 1.000 Optionen. Nicht einfach – aber eine spannende Herausforderung! Und nach vielen Diskussionen in der Familie, Internetrecherchen, Erkundungsreisen

und vor Allem vielen, vielen Bögen Transparentpapier ... Endlich hatte er Gestalt angenommen, unser Plan.

Bei der Suche nach einem Architekten zur Umsetzung unserer Ideen lernten wir mit Herrn Kappler einen Baumeister kennen, dessen familiäre Wurzeln in der Holzindustrie liegen. Er überzeugte uns, dass Traubenverarbeitung und Flaschenfüllung, d. h. feuchte Räume, Hochdruckreiniger & Co., bei moderner Holzbauweise keine Probleme darstellen und die Haltbarkeit von Holzhäusern der von „normaler“ Bauweise entspricht. Also setzten wir auf Holz. Als Sandwich sind die Balken von beiden Seiten mit unbehandelten OFD-Platten verkleidet. Dazwischen sorgen die durch Wasserglas inert gemachten Zeitungsschnipsel für die nötige Isolation. In den Feuchträumen wurden statt OFD-Platten wasserfeste Paneele angebracht. Und außen schützt eine vorgesetzte, gut hinterlüftete Fassade das Holz vor Witterungseinflüssen. Die Fassade selbst ist durch einen mit Mineralfarben durchgefärbten Putz geschützt. Wir sind glücklich zu wissen, dass nirgends Konservierungsstoffe zum Einsatz kamen! Die Dächer sind als begrünte Flachdächer ausgeführt, auf einer Teilfläche ist eine PV-Anlage installiert.

Die Bodenplatte und zwei Wände sind in Beton gefertigt. Durch hier eingegossene Schläuche (Betonkernaktivierung) fließt zur Klimatisierung je nach Bedarf warmes oder kaltes Wasser. Um im Flaschenlager Schwitzwasser und Schimmelbildung vorzubeugen, wird die Luft auf 65 % entfeuchtet und im Umwälzverfahren gegen die Betonwände geblasen.

Basis der Energiegewinnung ist eine leistungsfähige Geothermieanlage, die auch in das Energiekonzept des Altbaus integriert ist. Hier sorgte bislang ein Gasbrenner für

warmes Wasser und Wärme. Nun sorgen Wärmepumpen dafür, dass auch im Altbau eine Grundversorgung über die Geothermieanlage gewährleistet ist. Nur bei tieferen Temperaturen und erhöhtem Warmwasserbedarf wird die Gasheizung automatisch zugeschaltet. Klar, es war eine teure Investition. Aber den Anschaffungskosten der Geothermieanlage von ca. 130.000.– Euro steht eine jährliche Einsparung von 120.000 KWh Zukaufstrom entgegen. Oder, anders formuliert: Ca. 65 % der verbrauchten Energie wird selbst produziert. Beim derzeitigen Strompreis sollte sich die Investition nach nur 5 Jahren amortisiert haben. Da zum Kühlen wie auch zum Wärmen in etwa die gleiche Energiemenge benötigt wird, sollte die Geothermieanlage auch bei ggf. ungünstigen geologischen Verhältnissen ihre Leistungsfähigkeit auf Dauer behalten (Niemand weiß, was sich in über 100 Meter Tiefe geologisch so genau abspielt).

Der in einer PV-Anlage produzierte Strom von ca. 7 KWh wird zu fast 100 % selbst verbraucht und trägt positiv zu Energiebilanz bei. Positiv in diesem Kontext ist auch die Beleuchtung, die zu 100 % über stromsparende LED-Leuchten erfolgt und die über Bewegungsmelder gesteuert ist.

Die Raumaufteilung entspricht den Bedürfnissen der momentanen Betriebsabläufe und bietet gleichzeitig (hoffentlich) ausreichend Flexibilität für ggf. zukünftig notwendige Veränderungen. Konkret sind den neuen Räume folgende Funktionen zugeordnet: Traubenverarbeitung, d. h. Annahme, Kühlen, Sortieren, Mazerieren, Keltern und letztlich die Flaschenfüllung, das Lagern, Ausstatten, Kommissionieren der Flaschen und der Versand.

Die Form. Der zu bebauende Raum ist eingefasst von einer schmucken, im neugotischen Stil gebauten Kapelle und dem Weingut im Baustil des Fin-Siècle. Dem historischen Optimismus dieser Zeit wurde mit dem 1. Weltkrieg und der folgenden Wirtschaftskrise ein jähes Ende gesetzt. Die geplante Erweiterung des Gebäudes konnte nicht realisiert werden und ein großer, fensterloser Giebel bietet seither einen wenig schmeichelnden Anblick. Unsere Antwort: Der Anbau kaschiert den Giebel. Der Blick wird auf die neuen Baukörper gelenkt, die durch eine moderne Formensprache ausreichend Kontrast zum historischen Umfeld schaffen und gleichzeitig durch Materialien und Farben eine harmonische Verbindung garantieren.

Konkret: In einigen Metern Abstand zum Altbau steht prominent ein großer Kubus. Er dominiert die farb- und räumlich zurückgesetzten weiteren Baukörper, deren ockerfarbiger Putz die Fassadenfarbe des Altbaus aufgreift und gleichzeitig mit den warmen Brauntönen der Bruchsteinfassade der Kapelle harmoniert. Die Fassade des das Erscheinungsbild beherrschenden zentralen Kubus ist nicht verputzt. Hier kamen mit der Lötflamme schwarz angebrannte Bretter aus Tannenholz zum Einsatz. An diesen Brettern ist eine aus Edelstahlblechen gelaserte Kalligrafie über die Ode an den Wein von Pablo Neruda angebracht. Die gebürstete Oberfläche des Edelstahls spiegelt die verschiedenen Farben im Umfeld und lässt die Fassade je nach Lichteinfall in unterschiedlichsten Anmutungen lebendig werden, sodass der eigentlich kalte Edelstahl eher warm erscheint. Mit Eintritt der Dämmerung wird die Fassade mit LED-Strahlern angeleuchtet, die in unterschiedlichen Farben programmiert werden können und damit auch in der Dunkelheit ein immer wechselndes Erscheinungsbild ergeben. Es war gewünscht und geplant, dass der Kubus beim Betrachter sehr unterschiedliche Gefühle evozieren kann. Assoziationen reichen von Lager und Verkaufsraum bis hin zu Kaaba, Synagoge, Museum oder Gedenkstätte. Der Buchstabenabstand der Kalligrafie wurde so gewählt, dass die Schrift im ersten Augenblick als ästhetisches Chaos wahrgenommen wird. Bei genauerem Betrachten können dann einzelne Satzfragmente identifiziert werden. So gibt nicht nur der Inhalt des ‚Ode an dem Wein' eine Fülle unserer inneren Haltungen zum Wein wider, Auch die vielfältigen und oft widersprüchlichen Assoziation bei der Wahrnehmung des Kubus korrespondieren mit unserer Vision eines komplexen Terroirweines.

Obwohl die Fensterflächen aus Energiespargründen klein gehalten sind, werden die Räume als ausreichend hell empfunden. Fenster und Türen in gleicher Formensprache verbinden Alt- und Neubau und verweisen – auf einer Lichtachse angeordnet – durch unterschiedliche Materialen auf ihre Entstehungszeit.

Die nicht mehr zur Produktion benötigten Flächen und Räume im Altbau wurden aufwendig renoviert und stehen nun als Vinothek zum Weinverkauf und für Events zur

Verfügung. Sie sind mit einer Wandheizung an das Heiz- und Kühlsystem der Geothermieanlage angeschlossen. Bei der Inneneinrichtung wurde darauf geachtet, den von der Bauweise vorgegeben Stil zu belassen resp. zu unterstützen. Der mit Tischen für größere Gesellschafen bestückte Raum mit altem, nicht verputztem Tonnengewölbe erfährt seine spezielle Spannung durch die Beleuchtung mit großen Kristalllüstern. Der eigentliche Verkaufsraum hat mit seiner preußischen Kappendecke, Fenstern und Lampen die Anmutungen einer historischen Industriehalle. Auch dieser Raum lebt durch vielfältige Verfremdungseffekte. So wird die industrielle Kühle durch eine Kuschelecke mit Lederseseln, einer kleinen Bibliothek und einer Bildergalerie auf englischer Tapete gebrochen. Und auch der große aus einem Ulmenstamm gefertigte Probiertisch bringt Wärme ins Geschehen. Besondere Effekte vermittelt der in einen kitschigen Barockrahmen eingefasste Bildschirm, auf dem nicht nur Bilder und PowerPoint-Präsentationen zu sehen sind, sondern, zusammen mit den Mitarbeitern, auch die entscheidenden Fußballspiele. Die Vinothek und der Innenhof mit jährlichen Kunstausstellungen laden nicht nur ein zum Verkosten und Einkaufen, sondern auch zum genussvollen Verweilen und vinophilen Sinnieren.

Nicht nur unsere Besucher, auch unsere Familie, unsere Mitarbeiter und unser Wein sollen sich in den neuen Räumen wohlfühlen. Auf einer Metaebene ist unsere Architektur daher zusätzlich geprägt von zwei Konzepten: Von Entwicklung und von Ausgleich.

Ein Weinregal voller Flaschen, Mitbringsel von Reisen, Geschenke von Kollegen, Händlern und Sommeliers. Es ist gewünscht, dass sich unsere Mitarbeiter hier bedienen, um nach Feierabend in geselliger Runde am großen Tisch des Mitarbeiterraums zu verkosten und zu diskutieren. Bei der Vielzahl von Mitarbeitern aus unterschiedlichsten Ländern und Kulturen kommt es so zu fruchtbarer Kommunikation und Horizonterweiterungen.

Subtiler ist der architektonische Einfluss auf Mensch und Wein bei der Traubenverarbeitung: Im Kubus steht die Zahl Neun im Fokus. Die Grundfläche beträgt 9 mal 9 und die Höhe 8,10 Meter. Wie ein Leitton in der Musik zur nächsten Oktave führt, evoziert die Zahl 9 den Sprung zur nächsthöheren Dimension unseres Dezimalsystems, zu einer höheren Qualität. Trauben werden im Kubus sortiert und zu Traubensaft gekeltert. Und nach Gärung und Reife in den Kellergewölben erblicken sie hier als Wein wieder das Licht der Welt und werden auf Flaschen gezogen.

Zusätzlich ist die Zahl Neun auch das Symbol des Einsiedlers, des alten Mannes mit der Lampe in der Hand. Sie leuchtet nach außen, um mit klarem Gedanken optimale Rahmenbedingungen für unsere Vinifikation zu ermöglichen. Und sie leuchtet nach innen, lässt uns immer wieder unbekannte, geheimnisvolle und unkalkulierbaren Aspekte der Vinifikation erspüren.

Ziel industriellen Weinmachens ist es, durch Einsatz moderner Lebensmitteltechnologie ein Optimum an vorgeplantem Geschmack zu produzieren. Dem gegenüber steht die Idee der Vinifikation von Terroirwein: Wein als nachhaltiges Kulturgut, entsteht in der konstruktiven Auseinandersetzung des Menschen mit der Natur. Welche Interventionen sind sinnvoll? Wo sind die roten Linien? Ein Zusatz von Schönungen, Enzymen und Hefen sind bei uns tabu. Im grünen Bereich sehen wir rein physikalische Maßnahmen wie Kühlung und Filtration. Und wir erachten es für wichtig, ein positives energetisches Umfeld zu schaffen, damit Terroirwein als singuläres, authentisches Kulturgut entstehen kann.

Angelehnt an die äolischen Harfen im alten Griechenland fängt eine aus dem Kellergewölbe hinausragende Panflöte den Wind und lässt im Keller einen geheimnisvollen Sound erklingen. Gegenpol zur Stimme Apollos sind die dionysischen Energien: Durch das Kellergewölbe plätschert Grundwasser der Mosel.

An der Grenzfläche zwischen Kontrolle und Laissez-faire, zwischen Ordnung und Chaos, beim energetischen Ausgleichs der Kräfte Apollons und Dionysos', von Feng und Shui .... Hier entsteht Neues, hier inkarniert 400 Millionen Jahre alter, versteinerter Meeresboden zu einem jedes Jahr wieder überraschend anderen, einzigartigen Geschmackserlebnis.

Auch im Kubus wurde dieses Energiekonzept umgesetzt. Die quadratische Form ist Symbol der Zahl Vier, der Fortifikation, der männlichen Energie. Sie zum Ausgleich zu bringen ist das umlaufende Fensterband in die einem Mondmonat entsprechende Anzahl von 28 Feldern untergliedert. Und, wie in gotischen Kathedralen, bildet das von oben durch diese Fenster einfallende Licht den Gegenpol zum Dunkel des tiefen Gewölbekellers. Bei der Fassadengestaltung wird die dionysisch-wilde, archaische Dimension unseres Weins durch die über offenem Feuer verkohlten Holzbretter verkörpert. Diese erste Hülle wird „umarmt“ von himmlischer Poesie, von einer Kalligrafie über Pablo Nerudas „Ode an den Wein“.

So ist unsere Arbeit auf vielfältige Weise beseelt durch die kreative Begegnung der Energien von Apollon und Dionysos. Hier arbeiten wir gern, als kritische Kontrolleure, als engagierte Akteure und als unreflektierte, emotionale Bestandteile dieses so faszinierenden, schöpferischen Prozesses der Entstehung von Terroirwein.

Als nachhaltiges Weingut hat Heymann-Löwenstein neben Ökologie und Ökonomie ganz besonders auch die Menschen im Fokus. Ein spannendes Angebot zur Persönlichkeitsentwicklung, zur Emanzipation. „Der wahre Reisende weiß nie, wohin die Reise geht.« (Zhuangzi)

Teil III

Gesellschaftliche Nachhaltigkeit

1 Umgang mit Mitarbeitern als Erfolgsfaktor

Philipp Kuhn

1.1 Die Weinwirtschaft und die Gesellschaft befinden sich im Wandel

Wir machen hier bei uns auf dem Weingut in Laumersheim im Prinzip Wein auf dieselbe handwerkliche Art, wie es unsere Vorfahren vor 2.000 Jahren gemacht haben; aber die Rahmenbedingungen sind grundlegend andere. Unsere Gesellschaft befindet sich in stetigem Wandel und auch die Weinwirtschaft bleibt davon nicht verschont. Mittlerweile kommt im Keller ebenso wie im Weinberg modernste Technik zum Einsatz, die es uns ermöglicht, alte Handwerkskunst besser steuern zu können. Über Smartphones und soziale Medien sind wir mit Händlern und Kunden auf der ganzen Welt ständig in Kontakt. Natürlich ist der Wandel auch an den Menschen im Weingut nicht spurlos vorbei gegangen. Auch hier gestaltet sich die Ausgangslage anders als noch vor wenigen Jahrzehnten.

Die Anforderungen an die Mitarbeiter sind heutzutage vielfältiger und anspruchsvoller denn je und als Betriebsleiter muss man dem Rechnung tragen, denn nur mit zufriedenen Mitarbeitern, die leistungsbereit, kreativ und engagiert sind, kann ein Weingut heutzutage am Markt bestehen. Aber auch die Mitarbeiter haben sich gewandelt und stehen heute ihrer Arbeitsstelle anders gegenüber, als dies früher der Fall war. Privates hat gegenüber Arbeit deutlich an Stellenwert gewonnen. Als Betriebsleiter muss man daher bemüht sein, andere Rahmenbedingungen zu schaffen und ein für alle (potenziellen) Mitarbeiter attraktiven Arbeitsplatz zu schaffen, um im Wettbewerb um Fachkräfte zu bestehen.

1.2 Der Fachkräftemangel betrifft die Weinwirtschaft bereits heute

Die Weinwirtschaft ist bereits heute vom Fachkräftemangel betroffen und es gestaltet sich zunehmend schwieriger, fähige Mitarbeiter zu finden – manchmal sogar, überhaupt Mitarbeiter zu finden. Hiervon sind alle Betriebsbereiche und Arten von Mitarbeitern gleichermaßen betroffen: festangestellte Mitarbeiter, saisonale Arbeitskräfte und Auszubildende. Als traditionell im ländlichen Raum angesiedelter Betrieb, konkurriert man einerseits mit der Industrie und den dort gezahlten Löhnen und andererseits mit dem Wegzug in den urbanen Raum. Beides ist für junge Menschen heutzutage oft deutlich attraktiver. Betriebsleiter müssen gezielt Maßnahmen treffen, damit ihr Weingut ein moderner und ansprechender Arbeitsplatz ist.

Ein besonderes Problem für viele potenzielle Arbeitskräfte scheint zu sein, dass „die Uhren in der Landwirtschaft anders ticken". Natürlich gibt es viele Wochen im Jahr, wo auch auf einem Weingut die Arbeitszeiten fest und geregelt sind, es gibt jedoch auch

Zeiten, wo man sich nach der Natur richten muss. Es wird zunehmend schwierig Personal zu finden, das bereit ist, im Zweifel in den frühesten Morgenstunden Pflanzenschutzmaßnahmen durchzuführen oder aber am Wochenende flexibel ein Regenfenster zu nutzen. Arbeitszeiten, die zu sehr mit der Freizeitgestaltung kollidieren, lassen die Weinwirtschaft für viele junge Menschen zunehmend unattraktiv erscheinen. Es wird hingegen von den Mitarbeitern erwartet, dass die Arbeitszeiten möglichst flexibel gestaltet werden können und man sich die Arbeit im Prinzip „um die Freizeit herum gestaltet" und nicht andersherum. Es ist mittlerweile gang und gäbe, dass bei vielen Paaren beide Partner arbeiten gehen. Das macht eine noch größere Flexibilität unabdingbar und erfordert vor allem mehr Kommunikation und Abstimmung.

1.3 Arbeit hat gegenüber Privatem an Stellenwert eingebüßt

Hinzu kommt, dass sich auch die Mitarbeiter bzw. die Menschen unserer Gesellschaft generell in den letzten Jahrzehnten stark gewandelt haben. Sie sind wesentlich selbstbewusster geworden und beanspruchen mehr persönliche Rechte und Freiräume für sich. Arbeit hat in den Wertvorstellungen gegenüber Freizeit und Familie stark an Bedeutung verloren. Lebensqualität, Selbstverwirklichung und persönliches Wachstum haben einen wesentlich höheren Stellenwert für die meisten Menschen, wodurch automatisch weniger Bindung an und Identifizierung mit dem Arbeitgeber einhergeht. Umso mehr, müssen Weingüter und somit vor allem die Betriebsleitung bemüht sein, ein möglichst attraktives Arbeitsumfeld zu schaffen und den persönlichen Anliegen der Mitarbeiter gerecht zu werden. Dies wird weiterhin erschwert dadurch, dass die Anforderungen an die Mitarbeiter heutzutage vielfältiger und anspruchsvoller denn je sind. Diese Komplexität spiegelt sich unter anderem auch darin wider, dass der Erfahrungen der letzten Jahre nach, viele (Hoch)Schulabsolventen nicht direkt voll praxistauglich sind, sondern trotz solider theoretischer Ausbildung, noch ein großes Maß an Betreuung und Einarbeitung benötigen, um im Betrieb voll einsatzfähig zu sein. Dies gestaltet sich allerdings ebenfalls zunehmend schwierig, da hierzu schlichtweg die Zeit und die personellen Kapazitäten fehlen.

Wie kann man es vor dem Hintergrund all dieser Herausforderungen nun schaffen, für Mitarbeiter attraktiv zu sein, aber dennoch ein effizienter, wirtschaftlich erfolgreicher Betrieb zu sein? Welcher Umgang mit Mitarbeitern, welche Art der Personalführung und des Personalmanagements können es leisten, dass man sich von den Mitbewerbern (um Personal) abhebt und zufriedene Mitarbeiter hat, mit denen man langfristig und für beide Seiten zufriedenstellend zusammenarbeiten kann?

1.4 Weingüter müssen aktiv daran arbeiten attraktive Arbeitgeber zu sein

Grundsätzlich lässt sich zuvorderst festhalten: ein Weingut muss objektiv betrachtet ein guter und attraktiver Arbeitgeber sein, um im Wettbewerb um Mitarbeiter bestehen zu können. Das heißt die Entlohnung muss mindestens angemessen, wenn möglich sogar überdurchschnittlich sein, damit man nicht Gefahr läuft, dass Mitarbeiter leicht durch finanzielle Anreize abwandern oder gar gezielt abgeworben werden können. Mit allen Angestellten sollten klare Arbeitsverträge geschlossen werden, bei Bedarf in der jeweiligen Muttersprache des Mitarbeiters (Saisonarbeitskräfte) und es sollte selbstverständlich darauf verzichtet werden, Abzüge für Unterkunft und Verpflegung vorzunehmen.

Für beide Seiten ist es beispielsweise oft auch interessant, zusätzlich zum festen Gehalt, Bonuszahlungen an bestimmte individuelle Ziele zu koppeln. Dies dient nicht nur der direkten Wertschätzung, sondern motiviert vor allem zusätzlich. Gleichzeitig kann eine solche Zielvereinbarung auch der gesteigerten Identifikation mit dem Unternehmen dienen, da der eigene wirtschaftliche Vorteil direkt an die eigene Leistung und den gesamtbetrieblichen Erfolg gekoppelt ist.

Neben der reinen monetären Entlohnung können jedoch andere Leistungen zusätzliche Anreize schaffen. Die bereits erwähnten flexiblen Arbeitszeiten – im Rahmen der saisonalen und personellen Möglichkeiten – werden von vielen Mitarbeitern bereits vorausgesetzt, hier ist man als Betriebsleiter folglich oft in der Position „keine Wahl zu haben". Allerdings zeigt die Erfahrung, dass ein Geben und Nehmen hier zum besten Ergebnis führt. Mitarbeiter, denen zugetraut wird, sich ihre Arbeit zeitlich weitestgehend frei einzuteilen, sind eher bereit, zu anderen Zeiten auch auf die betrieblichen Bedürfnisse einzugehen und beispielsweise zu unüblichen Zeiten oder so lange wie nötig zu arbeiten. Die freie zeitliche Einteilung der Arbeiten deckt zudem einen weiteren zentralen Aspekt moderner Personalführung ab: sie wertschätzt die Mitarbeiter. Durch das zugesprochene Vertrauen und die entgegengebrachte Verantwortung, bindet man Mitarbeiter an den Betrieb und schafft es, dass sie sich stärker mit dem Unternehmen identifizieren. Gleichzeitig entwickeln sich Mitarbeiter in ihren Kompetenzen und Fähigkeiten weiter, wenn ihnen mehr Verantwortung zugesprochen wird, wovon jeder Betrieb profitiert.

Eine gute Möglichkeit in diesem Sinn ist es auch, Schulungen oder Weiterbildungen anzubieten, für die man die Mitarbeiter freistellt und die man ihnen finanziert: es profitieren wiederum beide Seiten, da die Mitarbeiter langfristig Kompetenzen hinzugewinnen und das Unternehmen besser ausgebildetes Personal erhält. Neben Weiterbildungsmöglichkeiten gibt es zahlreiche weitere Möglichkeiten, um objektiv betrachtet für Angestellte attraktiver zu werden: Tankgutscheine, Weihnachtsgeld, Urlaubsgeld oder auch die Möglichkeit einer Betriebsrente können den Ausschlag geben, dass Mitarbeiter über Jahre im Weingut bleiben oder sich neu für den eigenen Betrieb entscheiden. Viele dieser Maßnahmen sind ein Muss, um ein attraktiver Arbeitgeber zu sein und zu bleiben.

1.5 Soziales Miteinander als A und O – ein gutes Team muss aktiv aufgebaut werden

Viel wichtiger für die Mitarbeiterzufriedenheit, die Identifikation mit dem Arbeitgeber und eine daraus resultierende langjährige Mitarbeiterbindung ist jedoch das soziale Miteinander. Als Betriebsleiter habe ich die Erfahrung gemacht, dass man aktiv daran arbeiten muss, damit aus Kollegen ein gutes Team wird, das bereit ist, füreinander da zu sein und das gut und gerne zusammenarbeitet. Die Vorteile einer harmonierenden

Mitarbeiterschaft liegen klar auf der Hand: zufriedene Mitarbeiter sind seltener krank, eher bereit auch einmal länger oder unter größerem Stress zu arbeiten und liefern grundsätzlich bessere Ergebnisse ab. Außerdem überwiegt die persönliche Zufriedenheit am Arbeitsplatz meiner Erfahrung nach definitiv die oben genannten „objektiven Attraktivitätskomponenten“, soll heißen jemand arbeitet lieber für ein etwas niedrigeres Gehalt in einem tollen Team, als für etwas mehr Geld in einem Unternehmen, wo er nicht rein passt und sich nicht mit identifiziert. Zeigt man zudem Verständnis für die Lebenssituationen der Mitarbeiter und unterstützt sie beispielsweise in besonderen Situationen wie Nachwuchs oder Krankheitsfällen, so kann man davon ausgehen, dass einem dies im positiven Sinne zurückgezahlt wird.

Gemeinsame soziale Aktivitäten außerhalb der reinen Arbeit sind für ein gutes Teambuilding essenziell. Hierzu können beispielsweise gemeinsame Messebesuche zählen, aber vor allem generelle Ausflüge, Verkostungen, gemeinsame Mittagessen, Weihnachtsfeiern oder Grillfeste. Es wird jeweils wiederum gleichzeitig wertgeschätzt und das soziale Miteinander gefördert. Erfahrungsgemäß ist der Erfolg auch hier am größten, wenn die Mitarbeiter eingebunden werden. Gezielt unterstützt entwickelt sich idealerweise eine Eigendynamik.

Damit die Angestellten als Team funktionieren bzw. zu einem echten Team zusammenwachsen können ist allerdings aktive Arbeit und vor allem gutes soziales Gespür seitens der Betriebsleitung von Nöten. Bei der Auswahl eines jeden weiteren Mitarbeiters muss sich neben der fachlichen Eignung die Frage gestellt werden, ob er oder sie ins Team passt oder nicht. So macht es beispielsweise Sinn zentrale Mitarbeiter bei der Personalsuche einzubinden, da sie noch mehr Teil des Teams sind als die Betriebsleitung selbst. Die Einbindung der Mitarbeiter in Entscheidungen sollte grundsätzlich fester Bestandteil jeder guten Betriebsführung sein, da es wiederum Anerkennung ausdrückt und Verantwortung verteilt. Als Betriebsleiter wird man so nicht nur entlastet, sondern kann auch vom Know-how der Mitarbeiter profitieren und schätzt sie gleichzeitig wert

Generell kann das bestehende und bewährte Team eine wichtige Rolle bei der Suche nach neuen Mitarbeitern einnehmen. Einerseits kann mit jeder weiteren Person auf ein größeres Netzwerk zurückgegriffen werden, andererseits erhält man regelmäßig durch Mundpropaganda (im Falle eines positiven Betriebsklimas und zufriedenen Mitarbeitern) Bewerbungen auf ausgeschriebene Stellen oder als Initiativbewerbung. Es empfiehlt sich die bestehenden Netzwerke bzw. Vorschläge der Angestellten zu nutzen, da sie sich ehrfahrungsgemäß nicht für einen sozial oder fachlich ungeeigneten Mitarbeiter stark machen würden, da dies im Zweifel doppelt negativ auf sie zurückfallen würde.

1.6 Ausbildung von Personal als beste Option?

Die besten Erfahrungen haben wir über kurz oder lang mit der eigenen Ausbildung von Personal gemacht. Einer der großen Vorteile von Ausbildung ist natürlich, dass man aktiv dem Fachkräftemangel entgegenwirkt, da man einen Beitrag zur soliden Ausbildung neuen Personals leistet. Der aus individueller Sicht ungleich größere Nutzen ist hingegen, dass man sich selbst „maßgeschneidertes Personal“ für das eigene Weingut entwickelt und dabei verhältnismäßig deutlich geringere Kosten hat, als wenn teures

Personal am Markt akquiriert werden muss. Es ist bei der Ausbildung des Nachwuchses von zentraler Bedeutung, dass die Bereitschaft vorhanden ist, das eigene Wissen weiterzugeben. Es spricht sich in der Branche herum, wer eine wirklich gute und fundierte Ausbildung bietet, und auf jeden erfolgreichen Azubi werden weitere interessierte Bewerber folgen.

Das ist doppelt wichtig, da die meisten Betriebe mit stark rückläufigen Bewerberzahlen für Ausbildungsstellen zu kämpfen haben und viele sogar gar keine Bewerbungen mehr erhalten. Unterm Strich hat sich jedoch für unseren Betrieb gezeigt, dass es sich absolut lohnt auszubilden. Etwa zwei Drittel des heutigen Mitarbeiterstabs sind ehemalige Auszubildende, die entweder geblieben oder nach weiteren Lehrjahren in anderen Weingütern zu uns zurückgekommen sind. So kennt man einander bereits und weiß als Betriebsleiter, ob der oder die Person ins Team passt und wo sie am besten einzusetzen sind. Auch in diesem Bereich ist ein gutes Netzwerk sehr wichtig

1.7 Welche Rolle spielt der Betriebsleiter?

Erfolgreiche Mitarbeiterführung und erfolgreiches Teambuilding sind meiner Erfahrung nach ein sehr langwieriger Prozess, der Geduld, Fingerspitzengefühl und natürlich auch etwas Glück erfordert. Man profitiert unglaublich von einem guten Netzwerk und guten sozialen Beziehungen, was natürlich auch das soziale Umfeld der Mitarbeiter umfasst. Es ist unabdinglich, dass man bereit ist, den Mitarbeitern in einigen Dingen entgegen zu kommen, seien es Elternzeiten oder sonstige private Verpflichtungen, die den meisten Menschen heutzutage wichtiger sind als die Arbeit. Schafft man es jedoch, wie in unserem Fall, ein Team aufzubauen, bei dem viele Mitarbeiter schon über 10 Jahre im Unternehmen tätig sind, dann festigen die langjährigen gemeinsamen Erfahrungen das Team weiter, anstatt es zu entzweien.

Gleichzeitig ist es stets wichtig, zu verinnerlichen, dass man als Betriebsleiter zwar Teil des Teams ist, aber trotzdem immer auch Chef sein wird und sein muss. Die Verantwortung und die Entscheidungsgewalt liegen letztlich bei der Betriebsleitung und muss entsprechend wahrgenommen werden. So ist es immer wieder nötig, auch etwas Druck zu machen und Missstände klar anzusprechen, um sie zu korrigieren. Auch hier spielt wieder die Art des Betriebsleiters und die persönliche Beziehung zu den Mitarbeitern die zentrale Rolle: man muss Einfühlungsvermögen haben und bei jedem Angestellten wissen, wie man ihn am besten erreichen kann.

Auch eine gewisse Konkurrenz im Team zu schaffen, kann durchaus förderlich sein, ohne das Betriebsklima zu belasten. Schickt man zum Beispiel einen Mitarbeiter auf eine besondere Auslandsreise, so weckt das mitunter auch bei den anderen Begehrlichkeiten und motiviert sie. Außerdem kehrt er hoffentlich mit positiven Erfahrungen zurück, die sich ebenfalls wieder auf das gesamte Team auswirken, da Erfolge einzelner auch gleichzeitig Teamerfolge sind.

Fazit

Das Team steht über allem und ist maßgeblich für den Erfolg des Unternehmens verantwortlich. Gleichzeitig ist der Betriebsleiter Teil des Teams und steht dennoch als Chef in der Hierarchie über den Mitarbeitern und ist für das Funktionieren und die Dynamik verantwortlich. Hier sind gutes soziales Gespür und viel Empathie von Nöten. Es ist essenziell, den Mitarbeitern gleichzeitig Wertschätzung entgegen zu bringen und sie weiter zu motivieren, ihr Bestes für das Unternehmen zu geben.

Neben den „harten Faktoren" wie Urlaubstagen und Höhe des Gehalts sind dabei für die meisten Mitarbeiter die „sanften Faktoren" wie gutes Betriebsklima, hoher Grad an Eigenverantwortung und Rücksicht auf private Belange von zentraler Bedeutung. Wer es schafft, über Jahre hinweg ein Team aufzubauen, das auf einer Wellenlänge ist und wo sich alle stark mit dem Weingut identifizieren, kann davon ausgehen, dass alle ihr Möglichstes tun werden, um langfristig zum Unternehmenserfolg beizutragen.

2 Gesellschaftliches Engagement in der Region

Peter Siener

„Was ein Mensch an Gutem in die Welt gibt, geht nicht verloren." (Albert Schweitzer)

2.1 Einleitung – Gesellschaftliches Engagement eingeordnet

Ohne das Engagement von ehrenamtlichen und freiwilligen Helfern wären viele Dinge, die unsere Gesellschaft ausmachen, kaum möglich. Es sind vor allem diese gesellschaftlich engagierten Bürgerinnen und Bürger, die die Qualität unseres Gemeinwesens bewahren und stärken. Denn soziale Verantwortung zu übernehmen, bedeutet unsere Gesellschaft positiv mitzugestalten und lebendig zu machen. Im ländlichen Raum sind es häufig auch die kleinen, fest im sozialen Umfeld verwurzelten Unternehmen – in der Pfalz häufig Weingüter –, die engagiert sind und darüber hinaus das freiwillige Engagement ihrer Mitarbeiter unterstützen oder sogar ermöglichen.

Gesellschaftliches Engagement ist vielfältig, jeder einzelne Bereich unverzichtbar. So kann man zum Beispiel ehrenamtlich im Umweltschutz aktiv sein, seine Freizeit mit älteren und kranken Menschen verbringen, Geld für einen wohltätigen Zweck spenden, Essen an Bedürftige verteilen, in der Flüchtlingshilfe oder aber bei Feuerwehr und Rettungsdiensten tätig sein. Hier übernehmen Bürgerinnen und Bürger freiwillig Verantwortung gegenüber unserer Gesellschaft, indem unter anderem Vereine und Organisationen unterstützt werden und somit „wichtige Impulse für das gesellschaftliche Miteinander [gesetzt und] positive Effekte für die Gesellschaft [generiert werden]" (Deutscher Bundestag 2012). Zusätzlich ist bürgerliches Engagement auch eine Form der Demokratie, in der Einzelne sich für etwas stark machen, das kaum oder überhaupt keine staatliche Unterstützung erhält. Viele Menschen, die sich engagieren, nehmen so auf unpolitischem Weg Einfluss auf die Entwicklung unserer Gesellschaft. Doch auch der persönliche Gewinn der eigenen Hilfsbereitschaft darf nicht unterschätzt werden. Der Kontakt mit Menschen unterschiedlichster Verwurzelung und sozialer Hintergründe, die Konfrontation mit verschiedensten Situationen und Problemen, führt zu einer Erweiterung des eigenen Horizontes, die einen als Person wachsen lässt.

2.2 Die Bedeutung gesellschaftlichen Engagements für kleine Orte im ländlichen Raum

Viele ländliche Regionen in Deutschland haben mit zahlreichen Problemen zu kämpfen und geraten häufig in einen Teufelskreis aus „Arbeitslosigkeit, Abwanderung und Alterung, der wiederum leere Staatskassen und einen Abbau an Infrastruktur nach sich zieht" (Barlösius/Neu 2007, zit. nach Neu 2007: 34[5]). Dies trifft nicht nur auf die

5 Neu, C. (2007): Bürgerschaftliches Engagement als Erfolgsfaktor für den ländlichen Raum. In: UNESCO heute. Zeitschrift der Deutschen UNESCO-Kommission. 2/2007: 34–37.

häufig genannten strukturschwachen Regionen Ostdeutschlands zu, wenn auch die Situation nicht in allen ländlich geprägten Regionen Deutschlands gleichermaßen problematisch ist. Nichtsdestotrotz stehen auch die ländlichen Bereiche beispielsweise in der Südpfalz vor anderen Herausforderungen, als dies in den boomenden Metropolregionen der Fall ist.

Jedoch nicht nur was die aktuellen und zukünftigen gesellschaftlichen Herausforderungen angeht, auch mit Blick auf das Verhältnis zum sozialen Engagement ehrenamtlicher Helfer, gibt es gravierende Unterschiede zwischen dem ländlichen Raum und den urbanen Gebieten Deutschlands. In den kernstädtischen Regionen zeichnet sich zunehmend ab, dass es eine stabile Anzahl an ehrenamtlich Aktiven gibt, denen eine stark zunehmende Anzahl an „Beteiligten" gegenübersteht – eine konstante Zahl Freiwilliger stemmt folglich Angebote für eine wachsende Zahl an „Nutzern". Im ländlichen Raum hingegen ist dieser Trend eher umgekehrt: in fast allen Bereichen wächst die Zahl der aktiven Ehrenamtlichen bzw. Freiwilligen überproportional gegenüber der Zahl der Beteiligten. „Man hat den Eindruck, dass sich in den Großstädten eine Kultur der „Serviceleistungen" von Engagierten für Beteiligte ausbreitet, auf dem Lande eher eine Kultur des Anpackens und Selbermachens." (Gensicke 2014[1]).

So zeigt sich immer wieder, dass es viele Orte in ländlichen Gegenden trotz vermeintlich gleicher Bedingungen schaffen, sich den bereits erwähnten negativen Trends entgegenzustellen und ein gänzlich anderes Bild abzugeben. Diese Orte zeichnet in der Regel aus, dass sie von großer Aktivität und sozialem Engagement geprägt sind. Natürlich helfen politische Maßnahmen, wie die Ausweisung günstigen Baulands oder der Einsatz dafür, weiter Schulstandort zu bleiben, wenn es darum geht objektiv gesehen als Stand- und Wohnort attraktiv zu bleiben. Es ist aber besonders das vielfältige und vitale Gemeindeleben, welches diese Orte zu dem macht, was sie sind: ein Ort, an dem sich Unternehmen ansiedeln, oder zumindest nicht abwandern und der für zahllose Familien Heimat und Identität bedeutet. Vereine und Verbände, in der Regel häufig Sportvereine und die Freiwilligen Feuerwehren, sind meist Dreh- und Angelpunkt des gesellschaftlichen Lebens (Neu 2007).

Im ländlichen Raum ist das zivilgesellschaftliche Engagement im Verhältnis zur Bevölkerungszahl generell deutlich ausgeprägter, als dies in den Städten der Fall ist. Weiterhin ist das Engagement in Orten mit geringer Bevölkerungsdichte größer als in solchen mit hoher Bevölkerungsdichte. Einer der Gründe hierfür ist, dass das Angebot an institutionellen und kommerziellen Angeboten zur Freizeitgestaltung und Teilhabe auf dem Land weniger stark ausgeprägt ist als in den Städten. Das Bürgerengagement gewährleistet folglich ein elementares Stück sozialer Lebensqualität (Schubert 2019[2]). So heißt es beispielsweise in der Festschrift zum 60-jährigen Jubiläum von „Der ländliche Raum": „Tragende Säule des gemeinschaftlichen Lebens auf dem Lande ist der freiwillige Einsatz von Menschen. Dazu gehören Ehrenamt und das bürgerschaftliche

1 Gensicke, T. (2014): Bürgerschaftliches Engagement in den ländlichen Räumen der Bundesrepublik Deutschland – Strukturen, Chancen und Probleme. Sekundäranalyse auf Grundlage des Freiwilligensurveys der Bundesregierung. TNS Deutschland GmbH, München.

2 Schubert, C. (2019): Strukturen des Engagements im ländlichen Raum: zivilgesellschaftliches Engagement im Umgang mit demografischen Veränderungen.

Engagement der Menschen vor Ort in den unterschiedlichsten Bereichen. Dieser persönliche Einsatz der Einwohner für ihre Mitmenschen und die Gestaltung ihrer Lebensbedingungen lässt den Wohnort zur Heimat werden".[3]

In den entlegenen Regionen der alten Bundesländer ist beispielsweise der Anteil der in Vereinen organisierten Menschen an der Gesamtbevölkerung im innerdeutschen Vergleich am größten. 47% der Menschen engagieren sich hier auf die ein oder andere Weise, wobei Sportvereinen mit mehr als einem Fünftel der Ehrenamtlichen die größte Bedeutung zukommt. Von zentraler Bedeutung ist jedoch auch das Engagement in Vereinen oder Organisationen, die kulturelle, karitative oder soziale Ziele verfolgen; und jene Initiativen und Bürgervereine, die sich für ökologische oder politische Zwecke einsetzen. Hier ist im ländlichen Raum nachweislich nicht nur der Anteil der Mitglieder im Verhältnis zur Bevölkerung in entsprechenden Vereinen größer, auch die Zahl jener die sich aktiv durch bürgerliches Engagement auszeichnen, ist größer als in urbanen Gebieten. „In den ländlichen Räumen hat sich somit eine bürgerschaftliche Infrastruktur ganz eigener Art entwickelt. Zum einen setzen sich hier die engen sozialen Kontakte der Menschen einer überschaubaren Siedlungskultur auch in eine aktive bürgerschaftliche Gemeinschaft um. Zum anderen kompensiert diese Gemeinschaftlichkeit teilweise die weniger ausgebaute öffentliche und kommerzielle Infrastruktur" (Gensicke 2014).

Die Rolle von kleinen und mittelständischen Unternehmen, wie beispielsweise Weingütern in den Winzerdörfern der Pfalz, sollte hierbei nicht unterschätzt werden. Sie bieten nicht nur attraktive Arbeitsplätze in den jeweiligen Orten, sondern sind identitätsstiftend, in berufsständischen und sonstigen Organisationen bestens vernetzt und die Winzerinnen und Winzer in der Regel sozial sehr engagiert. Dieses Engagement zeigt sich auf vielfältige Art und Weise, z. B. in Form von politischer Mitarbeit im Gemeinderat, Unterstützung von touristischen Maßnahmen wie der Pflege von Weinwanderwegen oder Finanz- bzw. Sachspenden für Vereine und Feste. Die organisierte Gemeinschaft der ortsansässigen Winzerinnen und Winzer prägt mit ihren Weingütern nicht nur die Kultur und das Bild vieler kleiner Orte, sie zählen ebenso wie viele Vereine oder beispielsweise die Freiwilligen Feuerwehren, zu den sozialen Dreh- und Angelpunkten und sind ein fester Bestandteil des sozialen Gefüges, das die Gemeinschaft zusammenhält.

2.3 Das Winzerdorf Birkweiler – ein Beispiel

Wie in vielen Orten der Region, finden sich auch im Winzerdorf Birkweiler, einer Ortsgemeinde im Landkreis Südliche Weinstraße in Rheinland-Pfalz, zahlreiche Beispiele gesellschaftlichen Engagements, die das Dorfleben bunt und lebendig gestalten. Das Fördern und Unterstützen wichtiger gesellschaftlicher Werte sowie der Kulturlandschaft ist hier für viele Bürgerinnen und Bürger eine Herzensangelegenheit und auch fast alle ortsansässigen WinzerInnen bringen sich aktiv ein. Zahlreiche Vereine und Initiativen

3 Seehofer, H. (2007): Landwirtschaft und Ländlicher Raum: Rückschau und Perspektiven. In: Der ländliche Raum: Vielfalt ist seine Stärke. Jubiläumsausgabe Ländlicher Raum. 60 Jahre Agrarsoziale Gesellschaft e. V.

machen das Dorfleben attraktiv. So organisieren freiwillige Helfer des Sportvereins Seniorenturnen, Kinderfußball und Boule-Turniere. Auch die eigene Kirchweih wird jährlich von fleißigen Mitgliedern des Sportvereins organisiert. Im Frühjahr veranstalten die Landfrauen ein Heringsessen für die Dorfgemeinschaft, im Oktober laden sie dann zu selbstgebackenem Kuchen in ihr Herbstcafé ein – ganz im Sinne der „Pfälzer-Geselligkeit“. Das beweist auch der Verein der Weinfreunde, den zahlreiche Birkweiler Weingüter unterstützen. Dieser organisiert jedes Jahr die „Birkweiler Weinjahreszeiten“ und heißt Einheimische sowie Touristen willkommen die pfälzische Kultur bei gutem Wein und leckerem Essen zu genießen. Die berühmteste Jahreszeit in Birkweiler ist wohl der „Weinfrühling“, bei dem jedes Jahr an Pfingsten 11 Weingüter ein idyllisches Weinfest in der berühmten Weinlage „Keschdebusch“ veranstalten um die Natur, die pfälzische Kultur und generell die Lebensfreude gemeinsam zu feiern.

2019 konnte zum ersten Mal auch mit der Hilfe dieses Vereins das „fermate-Festival“ in Birkweiler sowie im Nachbarort Siebeldingen stattfinden. Die Idee die Region mit hochkarätiger Kammermusik zu bereichern hatte das Musikerpaar Ilse und Christoph Berner aus Birkweiler. Mithilfe zahlreicher freiwilliger Helferinnen und Helfer, Sponsoren und dem Verein Südliche Weinstraße Landau-Land e. V. wurde das Projekt ein gefeierter Erfolg mit Wiederholungsbedarf. Alle finanziellen Einnahmen der Vereine kommen als Spende wieder der Gemeinde zugute um neue Projekte ins Leben zu rufen und bereits bestehende fortzuführen oder weiter zu entwickeln. So ist es dem Gemeinderat auch möglich Spielplätze und den neu gestalteten Dorfmittelpunkt instand zu halten. Darüber hinaus wird dafür gesorgt, das Dorf für Einwohner und Touristen attraktiv zu gestalten. Beim Spazierengehen durch die Weinlagen Mandelberg, Kastanienbusch und Rosenberg kann auf hübschen Holzbänken und Holzliegen verweilt werden, um die Natur auf sich wirken zu lassen.

Für die Pflege und den Erhalt dieser Kulturlandschaft sorgen selbstverständlich auch die Winzerbetriebe und ihre Mitarbeiter. Jedes Jahr spenden und pflanzen die Birkweiler Winzer ca. 50 Mandelbäume, die anschließend ganzjährlich gepflegt werden. Zwischen März und April lässt dann der rosa Blütenzauber der Mandelbäume die Region aus dem Winterschlaf erwachen und taucht sie in eine ganz besondere Atmosphäre. Der Charme der Mandelblüte zieht zahlreiche Besucher an, die das Naturspektakel und die Genussregion Südliche Weinstraße mit allen Sinnen erleben wollen.

2.4 Soziales Engagement und wirtschaftliche A(ttra)ktivität gehen Hand in Hand

Die bereits genannten Beispiele machen schnell deutlich, dass viele Formen des Engagements auch positive Auswirkungen auf das Wirtschaftsleben der Orte und Regionen haben. Zahlreiche Veranstaltungen und Einrichtungen, die nur durch engagierte Bürgerinnen und Bürger entstanden sind und regelmäßig organisiert und durchgeführt werden, tragen mittlerweile maßgeblich zur Attraktivität für Anwohner und Touristen, aber auch zur Wirtschaftsleistung der Orte bei. Ein gutes Beispiel sind hier die Aktivitäten der LandFrauen. Der Verein Deutscher LandFrauen e. V. vertritt aktuell die Interessen von über 500.000 Mitgliedern, die sich in 400 Kreis- und Bezirksverbänden und 12.000

Ortsvereinen organisieren (Deutscher LandFrauenverband e.V. 2020[4]). Sie stehen sinnbildlich dafür, das eigene Schicksal und die Zukunft der Heimat mit Mut selbst in die Hand zu nehmen und aktiv mitzugestalten. In Zeiten des immer stärker spürbaren demografischen Wandels, ist es umso wichtiger, Verantwortung zu übernehmen und selbst an der Zukunftsfähigkeit der jeweiligen Heimatgemeinde und des zugehörigen Lebensmodells zu arbeiten. „Die LandFrauen haben sich niemals mit bestehenden Missständen abgefunden, sondern waren aktiv, haben die Dinge selbst in die Hand genommen und ihre Umgebung gestaltet. Aus dieser selbst entwickelten „Hilfe zur Selbsthilfe" sind dann vielfach ganze Programme entstanden, Arbeitsplätze und die damit zusammenhängende Belebung in der Region. Dieses Bürgerengagement ist zusammen mit innovativen Entwicklungskonzepten und schlagkräftigen Handlungsstrategien der Schlüssel für die Zukunft ländlicher Räume." (Scherb 2007[5]).

Auch den Weingütern kommt in vielen Orten in der Pfalz eine besondere Rolle zu, sowohl mit Blick auf das gesellschaftliche Engagement als auch was den wirtschaftlichen Aspekt angeht. Die starke weinbauliche Prägung der (Kultur-)Landschaft und die zahlreichen Weingüter als Ausflugsziele – häufig mit Möglichkeiten zur Übernachtung – haben einen maßgeblichen Anteil am boomenden Tourismus in der Region. Dieser schafft nicht nur zusätzliche Arbeitsplätze, sondern schafft für die Weingüter der Region eine wichtige weitere Absatzmöglichkeit im zunehmend globalisierten Weinmarkt. Denn der Verkauf ab Hof stellt für viele Weingüter weiterhin einen enorm wichtigen Absatzweg dar. „Der zunehmend genuss- und erlebnisorientierte Besucher erwartet ein attraktives Angebot vor Ort, das über die alleinige Verkostung und Kauf zumeist hinausgeht. Weiterhin steigt der Wunsch nach Konsum qualitativ hochwertiger Weine in einem angenehmen und ansprechenden Ambiente." (Ratz und Dreyer 2013[6]).

Das soziale Engagement, welches beispielsweise das kulturelle Angebot vieler Orte maßgeblich trägt, sorgt so zusammen mit den traditionellen Weinbaubetrieben und den wiederum stark engagierten Winzerinnen und Winzern für eine sich gegenseitig verstärkende Positivspirale, von der die ganze Region profitiert. Sie wird als Wohnort und Reiseziel attraktiver, was weitere Investitionen in den Gemeinden und weiteres Engagement zur Folge hat.

Um auch dieser sozialen Verantwortung gerecht zu werden und vor allem das gelebte Engagement glaubhaft nach Außen kommunizieren zu können, lassen sich immer mehr Weingüter nach dem System FAIR'N GREEN zertifizieren. Denn dieses berücksichtigt neben wirtschaftlichen und ökologischen Aspekten auch gleichwertig das soziale Miteinander. Hierbei spielen Aspekte wie ordentliche Arbeitsverträge, ggf. in der jeweiligen Muttersprache der Arbeitnehmer, aber auch das Vorhandensein von Möglichkeiten zur

4 Deutscher LandFrauenverband e.V. (2020): 500.000 engagierte Frauen: LandFrauen sind eine lebendige und starke Gemeinschaft.

5 Scherb, B.: LandFrauen – aktiv für die Gestaltung des ländlichen Raumes. In: Der ländliche Raum: Vielfalt ist seine Stärke. Jubiläumsausgabe Ländlicher Raum. 60 Jahre Agrarsoziale Gesellschaft e.V.

6 Ratz, J. und Dreyer, A. (2013): Architektur als Wertschöpfungsinstrument für den Direktvertrieb von Weingütern. In: Lun et. al (Hrsg.): Wein und Tourismus. Eine Wertschöpfungspartnerschaft zur Förderung regionaler Wirtschaftskreisläufe. EURAC book, Vol. 62. Bozen.

Fort- und Weiterbildung eine Rolle. Um langfristige Arbeitsbeziehungen aufzubauen, ist zudem der respekt- und verantwortungsvolle Umgang miteinander essenziell. Das gesamtgesellschaftliche Engagement der Weingüter ist mit Blick auf die Nachhaltigkeitsdiskussion nicht zu vergessen. Fast alle Betriebe sind fest in ihrer jeweiligen Region und dem zugehörigen sozialen Umfeld verwurzelt. Und fördern daher gezielt „das Sich-Einbringen in der Gemeinde, die Unterstützung von Hilfsorganisationen, Lernpatenschaften oder Mehrgenerationenhäusern“ (Mangold 2019[7]). Durch die FAIR'N GREEN Nachhaltigkeitszertifizierung werden im Bereich soziale Nachhaltigkeit zudem viele Bereiche abgedeckt, die besonders das Engagement der Weingüter in ihren jeweiligen Gemeinden widerspiegelt. Neben den bereits erwähnten Aspekten zählen hierzu Möglichkeiten zur Aus- und Weiterbildung, die Zusammenarbeit mit regionalen Interessengruppen, Engagement im Denkmalschutz und die Förderung des Erhalts der Kulturlandschaft. Gerade die beiden letztgenannten Bereiche des Engagements sind im Winzerdorf Birkweiler omnipräsent. Der restaurierte und instand gehaltene historische Ortskern wird von den ihn pflegenden Weingütern geprägt, ebenso wie die umliegende weinbauliche Kulturlandschaft.

Fazit

Anhand der zuvor genannten Beispiele wird deutlich, dass lokale Angebote von Initiativen und Vereinen wichtig sind, da sie Mitmachmöglichkeiten bieten und dadurch Zugänge zu freiwilligem Engagement ermöglichen. Nachhaltige Entwicklung benötigt neben der Umsetzung von umweltbezogenen und wirtschaftlichen Zielen auch maßgeblich soziales Engagement. Nur so kann die Zufriedenheit und damit einhergehend die Leistungsbereitschaft einer Gesellschaft gewährleistet und die Entwicklung einer Region vorangetrieben werden. Dies ist einer der Gründe, weshalb wir uns mit dem Weingut Siener für die Nachhaltigkeitszertifizierung FAIR'N GREEN entschieden haben. FAIR'N GREEN bedeutet nicht nur naturnaher Weinbau, Förderung der Biodiversität und Schutz der natürlichen Ressourcen, das System steht auch für gesellschaftliche Verantwortung und damit einhergehend für die Erhaltung und Förderung der (regionalen) Kulturlandschaft. Die ganzheitliche Nachhaltigkeitsbetrachtung von FAIR'N GREEN ist ein entscheidender Faktor warum sich Weingüter wie das Weingut Siener in Birkweiler für die Zertifizierung mit diesem Siegel entschieden haben.

Das soziale Engagement von Personen, die ein Unternehmen führen oder in diesem mitarbeiten, spiegelt die Philosophie und die Werte wider, die hinter diesem Unternehmen stehen und dient somit als Orientierung und Vorbild für andere. Gesellschaftliches Engagement in einem Betrieb oder eines Einzelnen ist damit weit mehr als ein Aufwerten des eigenen Images, es ist gemeinwohlorientiert und Überzeugungssache. Sich um das Wohlbefinden der Menschen einer Region zu kümmern, ist eine Tätigkeit, die Respekt und höchste Wertschätzung verdient.

7 Mangold, M.F. (2019): Weine mit Gewissen und Verantwortung. FAIR'N GREEN. Topcrus mit sozialer Verantwortung. In: VINUM 05|2019. S. 28.

Durch gesellschaftliches Engagement nehmen Unternehmen, beispielsweise wir als Weingut, bewusst und aktiv unsere gesellschaftliche Verantwortung wahr und versuchen „etwas zurück zu geben". Gleichzeitig wird die eigene Vorbildfunktion gelebt und weitere Menschen, z. B. die eigenen Mitarbeiter, aber auch andere Aktive in Weinbauverbänden, öffentlichen Ämtern etc. dazu angeregt, sich ebenfalls zu engagieren. Es entstehen Projekte, es wird sich finanziell oder durch eigene Mitarbeit engagiert und die Region rückt weiter zusammen und steigert die eigene Attraktivität nach innen und nach außen. Wenn jeder einen (kleinen) Beitrag leistet, kann gemeinsam viel bewegt werden.

Literaturverzeichnis

Deutscher Bundestag (Hrsg.) (2012): Erster Engagementbericht – Für eine Kultur der Mitverantwortung. Bericht der Selbstständigkeitskommission und Stellungnahme der Bundesregierung. Berlin: Deutscher Bundestag.

Deutscher LandFrauenverband e. V. (2020): 500.000 engagierte Frauen: LandFrauen sind eine lebendige und starke Gemeinschaft. Online: https://www.landfrauen.info/verband/ (Zugriff: 30.04.2020).

Gensicke, T. (2014): Bürgerschaftliches Engagement in den ländlichen Räumen der Bundesrepublik Deutschland – Strukturen, Chancen und Probleme. Sekundäranalyse auf Grundlage des Freiwilligensurveys der Bundesregierung. TNS Deutschland GmbH, München.

Kögel, A. (2018): Gesellschaftliches Engagement in Deutschland. Alles Gute kommt von Bürgern. www.tagesspiegel.de.

Mangold, M. F. (2019): Weine mit Gewissen und Verantwortung. FAIR'N GREEN. Topcrus mit sozialer Verantwortung. In: VINUM 05|2019. S. 28.

Neu, C. (2007): Bürgerschaftliches Engagement als Erfolgsfaktor für den ländlichen Raum. In: UNESCO heute. Zeitschrift der Deutschen UNESCO-Kommission. 2/2007: 34–37.

Ratz, J./Dreyer, A. (2013): Architektur als Wertschöpfungsinstrument für den Direktvertrieb von Weingütern. In: Lun et. al (Hrsg.): Wein und Tourismus. Eine Wertschöpfungspartnerschaft zur Förderung regionaler Wirtschaftskreisläufe. EURAC book, Vol. 62. Bozen.

Scherb, B. (2008): LandFrauen – aktiv für die Gestaltung des ländlichen Raumes. In: Der ländliche Raum: Vielfalt ist seine Stärke. Jubiläumsausgabe Ländlicher Raum. 60 Jahre Agrarsoziale Gesellschaft e. V.

Schubert, C. (2019): Strukturen des Engagements im ländlichen Raum: zivilgesellschaftliches Engagement im Umgang mit demografischen Veränderungen. Online: https://www.idz-jena.de/fileadmin/user_upload/PDFS_WsD5/Text_Schubert.pdf (Zugriff: 30.04.2020).

Seehofer, H. (2007): Landwirtschaft und Ländlicher Raum: Rückschau und Perspektiven. In: Der ländliche Raum: Vielfalt ist seine Stärke. Jubiläumsausgabe Ländlicher Raum. 60 Jahre Agrarsoziale Gesellschaft e. V.

Simonson J./Vogel, C./Tesch-Römer, C. (Hrsg.) (2017): Freiwilliges Engagement in Deutschland: Der Deutsche Freiwilligensurvey 2014. Berlin.

3 Die gesellschaftliche Verantwortung von Genossenschaften

Tobias Zingerle

Die Verantwortung, die Unternehmen in der und für die Gesellschaft übernehmen, in der sie agieren, ist für eine nachhaltige Wirtschaftsweise von zentraler Bedeutung. Gemäß dem Drei-Säulen-Modell sind soziale Aspekte neben ökologischen und ökonomischen Themen integraler Bestandteil eines jeden Nachhaltigkeitskonzepts. Auch im Rahmen der Nachhaltigkeitszertifizierung von FAIR'N GREEN wird neben den Bereichen Umwelt (Ökologie), Betriebsführung (Ökonomie) und Wertschöpfungskette auch der Bereich Gesellschaft (Soziales) analysiert. In diesem Artikel soll anhand des Beispiels der Kellerei Kaltern untersucht werden, ob und inwieweit Genossenschaften in besonderer Weise gesellschaftliche Verantwortung übernehmen.

3.1 Was versteht man unter einer Genossenschaft?

Eine Genossenschaft ist eine Gruppe von Personen, die sich freiwillig zusammenschließt, um gemeinsam wirtschaftliche, soziale oder kulturelle Bedürfnisse zu befriedigen. Das Genossenschaftsprinzip wird von den drei Prinzipien Selbsthilfe, Selbstverwaltung und Selbstverantwortung geleitet.

Für Genossenschaften steht nicht das Kapital, sondern der Mensch im Mittelpunkt, also die wirtschaftliche Förderung und die gegenseitige Unterstützung der Mitglieder. Dies bedeutet, dass für die Mitglieder ein besserer Preis bzw. eine bessere Entlohnung erreicht oder bessere Lebensbedingungen geschaffen werden sollen. Genossenschaften arbeiten kostendeckend, Gewinnmaximierung steht nicht im Vordergrund.

3.2 Die Geschichte der Genossenschaftsidee

Die Genossenschaftsidee ist heute omnipräsent – gerade in Südtirol – und für viele Menschen eine Selbstverständlichkeit. Darüber wird leicht vergessen, dass die Genossenschaft als Organisationsform noch keine 200 Jahre alt ist und zur Zeit ihres Aufkommens revolutionär war. Die Idee dafür geht (unter anderem) auf Friedrich Wilhelm Raiffeisen zurück und hat ihre Wurzeln im Gedanken der christlichen Solidarität. Ziel der Genossenschaften im 19. Jahrhundert war es, die durch die Industrialisierung verarmte ländliche Bevölkerung zu unterstützen, ihre Lebensgrundlage zu sichern und Wohlstand zu schaffen, und zwar durch gemeinschaftliche Selbsthilfe nach dem Leitmotiv: „Einer für alle – alle für einen." Wiewohl Genossenschaften bereits zu ihrer Entstehung hauptsächlich einen Förderauftrag für ihre Mitglieder hatten, standen sie grundsätzlich jedem offen, und ihr Gründungszweck war die Verbesserung der gesamtgesellschaftlichen Situation.

Von Deutschland ausgehend breitete sich der Genossenschaftsgedanke in der zweiten Hälfte des 19. Jahrhunderts in Mitteleuropa aus. In Südtirol entstanden zunächst Landwirtschafts-, Energie- und Kreditgenossenschaften. Sie gaben der wirtschaftlichen Entwicklung des Landes einen entscheidenden Impuls. Die erste Kellereigenossenschaft war im Jahr 1893 die Kellerei Andrian. Heute gibt es in Südtirol über 1.000 Genossenschaften (bei 520.000 Einwohnern), in Deutschland sind es etwa 8.000. Weltweit gibt es ca. 1 Milliarde Genossenschaftsmitglieder in über 100 Ländern. 100 Millionen Menschen verdanken ihren Arbeitsplatz einer Genossenschaft. 2016 wurde die Genossenschaftsidee zum Immateriellen Weltkulturerbe der UNESCO erklärt (Raiffeisenverband 2020).

Im Südtiroler Weinbau spielen Genossenschaften eine ganz besondere Rolle. Fast 3.300 Mitglieder bewirtschaften knapp über 3.300 Hektar Weinbaufläche. Dies entspricht einem Anteil von 74 % an der Gesamtproduktion. Seit vielen Jahrzehnten gehören die Genossenschaften in Südtirol zu den Qualitätsführern. Viele von ihnen wurden von den italienischen Weinführern mit prestigeträchtigen Auszeichnungen wie „Kellerei des Jahres“ oder „Wein des Jahres“ prämiert. Ein Gutteil der jedes Jahr mit Höchstnoten ausgezeichneten Südtiroler Weine stammt von Genossenschaften, und der erste von Robert Parker mit 100 Punkten prämierte Weißwein aus Italien kommt von einer Südtiroler Genossenschaft. Es mag viele Gründe dafür geben, weshalb diese Organisationsform gerade im Südtiroler Weinbau so erfolgreich ist. Jedenfalls legen die Südtiroler Winzer eindrucksvoll dar, welches Potential Genossenschaften entfalten können.

Seit dem Zusammenschluss der Kellerei Erste + Neue und der Kellerei Kaltern im Jahr 2016 ist die Kellerei Kaltern die größte Winzergenossenschaft des Landes. Das Unternehmen blickt auf eine traditionsreiche Geschichte zurück. Die erste Kellereigenossenschaft in Kaltern wurde im Jahr 1900 gegründet. In rascher Abfolge folgten im Jahr 1906 die Bauernkellerei, 1908 die Jubiläumskellerei, 1925 die Neue Kellereigenossenschaft Kaltern (ab diesem Zeitpunkt firmierte die 1900 gegründete Genossenschaft als Erste Kellereigenossenschaft Kaltern) und 1932 die Genossenschaft Josef Baron Di Pauli. Nach mehreren Zusammenschlüssen entstand aus den ursprünglich fünf Genossenschaften ein Unternehmen: die Kellerei Kaltern mit über 600 Mitgliedern und fast 450 Hektar Weinbaufläche. Das Dorf Kaltern hat insgesamt 8.000 Einwohner, die allermeisten Familien sind also auf die eine oder andere Art mit der Genossenschaft verbunden, die zugleich der größte Arbeitgeber im Ort ist. Etwa 60 % der Weinbaufläche im Gemeindegebiet werden von ihren Mitgliedern verwaltet.

3.3 Dem Gemeinwohl verpflichtet?

Es stellt sich die Frage, ob Genossenschaften mehr als andere Unternehmensformen der Gesellschaft gegenüber verpflichtet sind. Diese These vertritt die Direktorin des Instituts für Genossenschaftswesen an der Westfälischen Wilhelms-Universität Münster Theresia Theurl: „Der genossenschaftlichen Governance ist es mehr als allen anderen Kooperationsformen inhärent, positive gesellschaftliche Wirkungen hervorzurufen, was gleichbedeutend mit der Übernahme gesellschaftlicher Verantwortung durch die Kooperationspartner ist. Gesellschaftliche Verantwortung wird übernommen, weil und indem Genossenschaften ihrem gesetzlich normierten Kooperationszweck nachkommen.“

(Theurl 2013: 82) Die Autorin argumentiert, dass durch die Zusammenarbeit der Mitglieder Werte geschaffen würden, die ihrerseits zu Sekundäreffekten gesamtwirtschaftlicher bzw. gesellschaftlicher Natur führten, die umso weitreichender seien, je besser die Ziele für die Mitglieder erreicht würden. Pointiert sagt sie, dass „keine Notwendigkeit für genossenschaftliche CSR-Konzepte besteht, denn die Genossenschaft ist ein solches." (Theurl 2013, 93).

Günther Ringle (Professor für Betriebswirtschaftslehre und Genossenschaftslehre an der Universität Hamburg) erinnert in seinem Working Paper „Die soziale Funktion von Genossenschaften im Wandel" daran, dass Genossenschaften aufgrund ihrer Verwurzelung in einem überschaubaren regionalen Raum stark mit dem direkten Umfeld verbunden sind. Zudem waren Genossenschaften in ihrer Entstehungszeit vorrangig ein Instrument zur Überwindung damals vorherrschender wirtschaftlicher Nöte und sozialer Missstände in der Bevölkerung. Die Pioniere des modernen Genossenschaftswesens sahen in Genossenschaften neben der Steigerung der Lebensqualität der Mitglieder auch einen Weg, das Gemeinwohl zu fördern. Allerdings unterstreicht Ringle: Da „im Mittelpunkt ihres Handelns der Grundauftrag zur Mitgliederförderung steht, können gemeinnützige Engagements nur ein nachrangiges Aktionsfeld sein, das keine Vernachlässigung der Verpflichtungen von Genossenschaften gegenüber ihren Eigentümern nach sich ziehen darf." (Ringle 2016, 16). Ringle warnt davor, dass Nutzenstiftung nach außen von einem Teil der Mitglieder als „vorenthaltene Mitgliederförderung" empfunden werden könnte, wenn die Erfüllung des originären Förderauftrags eine spürbare Einschränkung erfahre. „Eine Verpflichtung zur Allgemeinförderung existiert nicht." (Ringle 2016, 9).

Auch wenn also Genossenschaften nicht an sich zur Übernahme größerer gesellschaftlicher Verantwortung als andere Unternehmen verpflichtet sind, ergibt sich zumeist aus ihrer (Mitglieder)Struktur, ihrer Entstehungsgeschichte und ihrem Unternehmenszweck eine starke Verwurzelung in ihrem gesellschaftlichen Umfeld, mit dem sie interagieren und auf das sich ihre Aktivitäten positiv auswirken. Am Beispiel der Kellerei Kaltern lässt sich dies in besonderer Weise feststellen.

3.4 Kaltern und seine Kellerei

Der Weinbau ist in Kaltern omnipräsent und blickt auf eine lange Geschichte zurück. Als die Römer 50 v. Chr. auf ihrem Weg nach Norden ins Südtiroler Überetsch kamen, fanden sie bereits Weinberge vor. Im Mittelalter waren es vor allem deutsche Klöster, die Weine aus Südtirol und besonders aus Kaltern schätzten und über den Brenner exportierten. Bis heute ist der Weinbau der Wirtschaftszweig, in dem das Herzblut der Kalterer steckt. Durch die in der Region über lange Zeit praktizierte Realteilung (der Besitz wird zu gleichen Teilen unter den Erben aufgeteilt) ist die Weinbaufläche in Kaltern sehr fragmentiert und klein strukturiert. Fast jede Familie hat ihr kleines Stückchen Weinberg, das wie ein Hausgarten gepflegt wird.

Aufgrund dieser Voraussetzungen wäre es für die allermeisten Weinbauern nicht möglich, ihre Trauben selbst zu vinifizieren, geschweige denn, vom Weinbau allein zu leben. Durch die Bündelung der Kräfte in einer Genossenschaft und die gemeinschaftliche

Verarbeitung der Trauben und Vermarktung der Weine konnte die Weinbaufläche in Kaltern erhalten und gleichzeitig die Bindung der Bevölkerung zum Kulturgut Wein gesteigert werden. Kurzfristige finanzielle Interessen stehen für die meisten Mitglieder nicht im Vordergrund. Für viele ist die Kellerei mehr als ein Dienstleister für die Traubenverarbeitung und -vermarktung, nämlich ein wichtiger Bestandteil des Dorflebens und prägender Faktor für die Region. Die allermeisten Mitglieder haben zudem einen starken emotionalen Bezug zum Kulturgut Wein und sind stolz, Weinbauern zu sein. Auch wenn ihre hauptsächliche Leistung mit der Lieferung der Trauben an die Kellerei erbracht ist, verfolgen sie den Prozess der Vinifizierung interessiert, nehmen an von der Kellerei organisierten Betriebsrundgängen und Verkostungen teil und diskutieren angeregt die Feinheiten jedes Jahrgangs. Es ist Ehrensache, vornehmlich die Produkte der eigenen Kellerei zu konsumieren.

In einer Genossenschaft gilt das Prinzip „Ein Kopf – eine Stimme". Wichtige Entscheidungen müssen von der Vollversammlung, an der alle Mitglieder teilnehmen können, genehmigt werden. Die Vollversammlung wählt einen Verwaltungsrat, der sich im Falle der Kellerei Kaltern aus zwölf Mitgliedern sowie dem Präsidenten und seinem Stellvertreter zusammensetzt. Auch wenn das operative Geschäft weitestgehend von leitenden Mitarbeitern organisiert und durchgeführt wird, benötigen strategische Entscheidungen oft eine lange Vorlaufzeit und intensive Diskussionen bis zu ihrer Umsetzung. Umso größer ist dafür die Hebelwirkung, welche die Kellerei Kaltern aufgrund ihrer Größe ausüben kann. Durch die Entscheidung, als Genossenschaft Mitglied bei FAIR'N GREEN zu werden und eine Nachhaltigkeitszertifizierung anzustreben, wurden 650 Weinbauern, die insgesamt 450 Hektar Weinbaufläche bewirtschaften, für diesen Weg gewonnen. Natürlich müssen diese von den für die Maßnahmen zur Förderung der Nachhaltigkeit (z. B. beim Pflanzenschutz) überzeugt und dafür motiviert werden. Durch die bestehende Organisation und die enge Betreuung der Mitglieder durch den Agronomen und den Kellermeister ist dies allerdings um einiges leichter, als wenn jeder selbst Mitglied bei FAIR'N GREEN wird und eine Zertifizierung anstreben müsste. Durch seine Größe (die Kellerei Kaltern bewirtschaftet über 8 % der gesamten Weinbaufläche Südtirols) hat das Unternehmen zudem eine Vorbildwirkung für andere Kellereibetriebe der Provinz.

Die Kellerei Kaltern ist durch viele Knotenpunkte fest mit dem sozialen Netzwerk des Dorfes verknüpft. Die meisten der über 50 Mitarbeiter wohnen in Kaltern, viele sind selbst Mitglieder der Kellerei. Als größtem Arbeitgeber im Dorf kommt der Kellerei eine besondere Bedeutung zu. Nicht nur aufgrund der vielen personellen Überschneidungen gibt es feste Verbindungen zu den vielen Vereinen, die von der Kellerei auf die verschiedenste Art und Weise unterstützt und gefördert werden: Ganz selbstverständlich übernimmt die Kellerei Kaltern als größter Weinbaubetrieb innerhalb von wein.kaltern, der Vereinigung zur Förderung der Weinkultur im Dorf, eine führende Rolle – nicht nur finanziell, sondern zum Beispiel auch durch die Bereitstellung von räumlichen oder personellen Ressourcen. Das Weinfest der Bürgerkapelle Kaltern findet seit Jahrzehnten auf dem Kellereigelände statt, und auch die anderen Dorf- und Sommerfeste der Kalterer Vereine werden von der Kellerei unterstützt. Dasselbe gilt für den Tourismusverein und die kulturellen Events (vom Filmclub über die Seespiele bis zur Autorenlesung), die im Verlauf eines Jahres in Kaltern stattfinden. Das winecenter und der Puntay-Keller der

Kellerei sind regelmäßige Austragungsorte für die Kalterer Weinparty, für Konzerte oder für Ausstellungen von lokalen Künstlern. Auch für den Kalterer Sportverein stellt die Kellerei einen wichtigen Partner dar und unterstützt etwa die Sektion Eishockey und Fußball als Sponsor. Kostenlos zur Verfügung gestellte Großflaschen sind beliebte Geschenke für die Sieger bei von Vereinen organisierten sportlichen Wettkämpfen, von der Segelregatta bis zum Kegelturnier. Die Erwartungshaltung der Vereine an die Kellerei Kaltern ist hoch, was die Unterstützung der sportlichen und kulturellen Aktivitäten im Dorf betrifft. Die Kellerei wiederum sieht sich als eine treibende und fördernde Kraft im Dorf und nimmt diese Rolle sehr aktiv wahr.

Ein weiterer Grund für ihr großes gesellschaftliches Engagement ist, dass Südtirol und Kaltern im Besonderen einen wichtigen Absatzmarkt für die Weine der Kellerei darstellen. 45 % des Gesamtumsatzes der Kellerei werden in Südtirol realisiert. Viele ihrer Mitglieder haben einen Beherbergungsbetrieb, ein Gasthaus oder einen Buschenschank und sind somit auch Kunden der Kellerei. In ihrer Rolle als Kunde, Privatperson, Vereinsmitglied oder Gemeindebürger profitieren sie somit mehrfach von den Aktivitäten zur Förderung des Gemeinwohls der Kellerei, die für die Genossenschaft dadurch auch kommunikationspolitisch relevant werden. Die starke lokale und regionale Verwurzelung der Kellerei Kaltern führt also dazu, dass die Bereiche Mitgliederförderung, Marketingaktivitäten und gesellschaftliches Engagement verschwimmen oder zumindest stark miteinander verwoben sind.

Dass Genossenschaften gesellschaftliche Verantwortung übernehmen, zeigt sich vor allem in Krisenzeiten. Wie gesagt wurde der Genossenschaftsgedanke in der Not geboren, und in schwierigen Zeiten kommen die Vorteile dieser Organisationsform umso stärker zum Tragen. Die Kellerei Kaltern hat sich selbst verpflichtet, jedes Jahr die gesamte Traubenproduktion ihrer Mitglieder anzunehmen. Die Mitglieder können sich also darauf verlassen, dass auch in Zeiten von Überproduktion für die Vinifizierung ihrer Trauben und für den Absatz des Weins gesorgt wird. In Perioden hoher Traubenpreise mag es immer wieder vorkommen, dass Mitglieder aus der Kellerei austreten, ihre Trauben an private Weingüter liefern oder sich selbstständig machen. Die Türen der Kellerei Kaltern stehen Kalterer Weinproduzenten jedoch immer offen. Es ist der Kellerei ein großes Anliegen, eine Art Sicherheitsnetz für alle Winzer in Kaltern zu sein. Ehemalige und neue Mitglieder aus dem Gemeindegebiet werden stets mit offenen Armen aufgenommen.

Im Statut der Kellerei Kaltern ist als Genossenschaftszweck die Unterstützung ihrer Mitglieder bei der Produktion, Lagerung, Verarbeitung und Vermarktung der landwirtschaftlichen Produkte, die sie anliefern, definiert. Insbesondere hat die Genossenschaft den Auftrag, die Mitglieder dadurch zu fördern, dass für die angelieferten Produkte der höchstmögliche Preis erwirtschaftet werden soll. Die von Ringle befürchtete Wahrnehmung von gesellschaftlichem Engagement als „vorenthaltene Mitgliederförderung" mag zwar im Einzelfall bestehen, die überwiegende Mehrheit der Mitglieder der Kellerei legt aber großen Wert darauf, dass die Kellerei Verantwortung für Dorf und Region übernimmt. Die Maximierung des Auszahlungsbetrags an die Mitglieder erfolgt also unter Einhaltung einer Reihe von Nebenbedingungen, die sich aus der lokalen Verwurzelung ergeben.

Der Kooperationsgedanke ist ein Teil der DNA einer Genossenschaft. „Was einer nicht schafft, das schaffen viele" gilt demnach nicht nur auf der Ebene der Mitglieder, sondern auch auf gesellschaftlicher Ebene. Das Bewusstsein, dass man gemeinsam weiter kommt als allein und dass Investitionen in die lokale und regionale Gemeinschaft auch für die Genossenschaft selbst positive Effekte haben, machen diese auch zu einer wirtschaftlich sinnvollen Strategie. Vielfach erfolgt das gesellschaftliche Engagement einer Genossenschaft jedoch wahrscheinlich ohne jedes Kalkül. Vielmehr geht es darum, das Beste für die Gemeinschaft zu erreichen, als deren Teil man sich fühlt. Und so wie diese Gemeinschaft für das einzelne Mitglied die Genossenschaft darstellt, sind es für die Genossenschaft das Dorf und die Region.

3.5 Die 9 Grundsätze einer Genossenschaft (Raiffeisenverband Südtirol: o. J.)

1. **Ein Kopf, eine Stimme**
   Die Genossenschaft ist die einzige Unternehmensform, die eine Konzentration des Gesellschaftseigentums in wenigen Händen NICHT zulässt. Jedes Mitglied verfügt unabhängig von seinem Kapitalanteil über eine Stimme in der Vollversammlung.
2. **Demokratische und aktive Verwaltung durch die Mitglieder**
   Die Genossenschaft wird von ihren Mitgliedern in demokratischer Form verwaltet. Eine Genossenschaft ist verpflichtet, die aktive Beteiligung aller Mitglieder an den Entscheidungsprozessen durch deren Einbeziehung in das Gesellschaftsleben zu fördern.
3. **Gegenseitigkeitscharakter (Mitgliederförderung)**
   Das Hauptziel einer Genossenschaft ist nicht die Gewinnmaximierung, sondern die gegenseitige Unterstützung und Förderung der Mitglieder. Das bedeutet, dass für die Mitglieder der Genossenschaft bessere Bedingungen (Preis, Arbeitsentgelt usw.) geschaffen werden sollen, als sie jedes Mitglied für sich allein auf dem Markt erzielen könnte.
4. **Der nicht spekulative Charakter**
   Wenn eine Genossenschaft aufgelöst wird, dürfen die Mitglieder das Vermögen der Genossenschaft weder untereinander aufteilen noch die Genossenschaft verkaufen. Das Gesetz gewährt eine günstigere Besteuerung der Gewinne, vorausgesetzt, dass diese in die Entwicklung der Genossenschaft investiert werden.
5. **Die offene Tür**
   Die Genossenschaft ist eine offene Gesellschaftsform. Jeder, der den Grundsatz der Gegenseitigkeit teilt und in der Lage ist, zur Erreichung des Gesellschaftszwecks beizutragen, kann die Mitgliedschaft beantragen.
6. **Die Solidarität zwischen den Generationen**
   Eine Genossenschaft soll langfristig für die künftigen Generationen erhalten bleiben. Das Fortbestehen wird durch die Unteilbarkeit des Gesellschaftsvermögens und die Weitergabe der Erfahrungen und Führungsverantwortung von den älteren an die jüngeren Genossenschaftsmitglieder sichergestellt.

7. **Unabhängigkeit und gegenseitige Unterstützung**
   Jede Genossenschaft ist ein unabhängiges Unternehmen, welches sich selbst verwaltet, auch wenn in der Regel die Zugehörigkeit zu einem Genossenschaftsverband angestrebt wird. Zwischen den Genossenschaften gibt es Formen der gegenseitigen Unterstützung, sowohl was ihre Entwicklung als auch ihre Behauptung auf dem Markt betrifft.
8. **Der Förderauftrag nach außen**
   Zu den zahlreichen Aufgaben der Genossenschaften gehört es, die Entstehung von neuen Genossenschaften durch direkte und indirekte Beihilfen zu fördern. Zu diesem Zweck zahlen alle Genossenschaften einen Teil ihres Nettogewinns in eigene Mutualitätsfonds für die Förderung und Entwicklung des Genossenschaftswesens ein.
9. **Soziale Verantwortung**
   Das Genossenschaftswesen setzt sich für die Entwicklung der Einzelpersonen, der Familien, der sozialen Gruppierungen und der Gesellschaft ein. Durch die Genossenschaften werden die Qualitätspotenziale des Territoriums aufgewertet, die lokale Wertschöpfung gefördert und geeignete Lösungen für die Bedürfnisse der Gemeinschaft angeboten (Raiffeisenverband 2020).

Literaturverzeichnis

Raiffeisenverband Südtirol: Die 9 Grundsätze einer Genossenschaft [online] https://www.raiffeisenverband.it/genossenschaftswesen/genossenschaft/grundsaetze-einer-genossenschaft.html [15.04.2020].

Raiffeisenverband Südtirol: Was ist eine Genossenschaft? [online] https://www.raiffeisenverband.it/genossenschaftswesen/genossenschaft/was-ist-eine-genossenschaft.html [15.04.2020].

Ringle, G. (2016): Die soziale Funktion von Genossenschaften im Wandel, in Wismarer Diskussionspapiere, No. 02/2016.

Theurl, T. (2013): Gesellschaftliche Verantwortung von Genossenschaften durch Member-Value Strategien, in: Zeitschrift für das gesamte Genossenschaftswesen, Band 63, Heft 2, S. 82.

4 Winzerinnen mit nachhaltigem Erfolg

Theresa Breuer/Mélanie Pfister/Andrea Wirsching/Sigrun Damerau

4.1 Ausgangslage: Frauen in der Landwirtschaft

Die Landwirtschaft in Deutschland ist immer noch eine Männerdomäne. Laut Bundesinformationszentrum Landwirtschaft wurden im Jahr 2016 lediglich 10 % der deutschen landwirtschaftlichen Betriebe von Frauen geführt. Diese niedrige Zahl erstaunt umso mehr vor dem Hintergrund, dass der EU-weite Durchschnitt weiblicher Landwirtinnen bei 28 % liegt.[1] Damit liegt Deutschland in diesem Vergleich abgeschlagen auf dem 25. Platz. Die aktuelle Entwicklung zeigt keine Trendänderung: Für das Jahr 2020 wurde ein Frauenanteil von 36 % aller Arbeitskräfte in der deutschen Landwirtschaft ermittelt – davon nur 11 % weibliche Betriebsleiterinnen.[2]

Genaue Zahlen zur spezifischen Situation im Weinbau liegen nicht vor, allerdings dominieren auch hier historisch und gesellschaftlich bedingt von Männern geführte Betriebe. Weingüter in weiblicher Hand sind noch immer die Ausnahme, nehmen aber stetig zu. Das liegt einerseits am gesellschaftlichen Wandel der vergangenen 60 Jahre: Der Veränderung der Konventionen, der zunehmenden Gleichberechtigung und Selbstverständlichkeit von Frauenpräsenz in allen Bereichen des gesellschaftlichen und beruflichen Lebens. Andererseits ist diese Entwicklung auch bedingt durch demographische Veränderungen, Familien haben insgesamt weniger Kinder als noch vor 60 Jahren und dadurch nicht immer einen männlichen Erben. Dann bleibt nur die Wahl, ein traditionsreiches generationenaltes Familienunternehmen/-weingut zu verkaufen – oder der Tochter anzuvertrauen.

4.2 Erfolgsfaktoren weiblicher Winzerinnen

Nun geht es um die Frage, ob Winzerinnen anders agieren als ihre männlichen Kollegen – und wenn ja, wie? Unterscheidet sich ein weiblich geführter von einem männlich geführten Betrieb? Und wenn ja: In welchen Aspekten? Dann kann Austausch erfolgen und voneinander gelernt werden, sodass alle Weinbaubetriebe profitieren.

4.2.1 Wie drei Winzerinnen die Betriebsleitung übernahmen

Die drei FAIR'N GREEN-zertifizierten Betriebe Domaine Mélanie Pfister aus dem Elsass unter der Leitung von Mélanie Pfister, das Weingut Georg Breuer aus dem Rheingau unter Leitung von Theresa Breuer sowie das Weingut Hans Wirsching aus Franken unter Leitung von Andrea Wirsching sind weit über die Landesgrenzen hinaus bekannt und haben mit ihren Weinen großen Erfolg.

1 Bundesinformationszentrum Landwirtschaft o. J.
2 Top Agrar Online.

Der Weg zur jeweiligen Betriebsübergabe gestaltete sich bei allen Dreien sehr unterschiedlich. Als für Andrea Wirsching Mitte der 80er Jahre die Frage nach der Übernahme des väterlichen Betriebs im Raum stand, geschah dies zu einer Zeit, als Töchter noch nicht als Nachfolge bzw. Führung im Betrieb vorgesehen waren. So führten viele Umwege Andrea Wirsching in diese Position: Nach einem Studium der Geschichte und Literaturwissenschaften, währenddessen sie immer wieder im väterlichen Betrieb mitarbeitete, einer Lehre und einer zweijährigen Leitungstätigkeit im Weingut Prinz Salm und der Ehe mit einem Winzer von der Saar, während der sie maßgeblich die Buchhaltung und Vermarktung verantwortet hat. Diese Stationen waren eine eher zufällige als zielstrebige Vorbereitung auf die Übernahme des elterlichen Betriebs. Nach ihrer Scheidung und der Feststellung, dass ihre Brüder das Weingut nicht übernähmen, stand Andrea Wirsching mit den besten fachlichen und persönlichen Voraussetzungen bereit. Heute ist sie Leiterin des größten fränkischen Privatweingutes, das ihr Vater zusammen mit seinem Bruder in den 1960er Jahren aufgebaut hatte. Ihr Vater ist mit 88 Jahren noch immer im Betrieb tätig und ihre Schwester aus zweiter Ehe wird ebenfalls nach einem Studium an der Hochschule Geisenheim in den Betrieb einsteigen. So bleibt die Führung des Weinguts weiterhin langfristig in (weiblicher) Familienhand.

Als Vorsitzende von Vinissima, dem Berufs-Netzwerk für Frauen in der Weinbranche, deren Vorsitzende Andrea Wirsching drei Jahre lang war, erlebte sie, dass es heutzutage immer gängiger wird, dass Frauen auch die Betriebsleitung eines Weingutes übernehmen. Wie im Rest der Gesellschaft und wirtschaftlichen Leben auch, sind Frauen zwar nach wie vor unterrepräsentiert, aber unaufhaltsam auf dem Vormarsch.

Für Theresa Breuer hingegen stand die Betriebsübernahme zwar grundsätzlich schon immer fest, dennoch kam diese sehr plötzlich und unerwartet auf sie zu. Das Weingut Georg Breuer existiert seit 1880, ist ursprünglich aus dem Weinhandel entstanden, und besteht in seiner heutigen Form erst seit den 1960er Jahren. Theresa Breuer ist damit in vierter Generation Erbin des Familienbetriebs, der aber erst in dritter Generation auch Weinbau betreibt. Innerhalb der Weingutstraditionen ist dies ein kurzer Zeithorizont. Als ihr Vater plötzlich und unerwartet starb, war sie Abiturientin und in keiner Weise fachlich auf die Betriebsübernahme vorbereitet. Durch diesen Schicksalsschlag wurde ihr aber auch bewusst, wie sehr das Weingut ihr Zuhause ist und dass sie dieses auf jeden Fall erhalten und übernehmen werde. Da ihre Mutter ein eigenes Familienunternehmen leitete, hatte sie stets sowohl Vorbilder als auch zahlreiche Unterstützer an ihrer Seite: Ihr Onkel, der den Hotelbetrieb leitete, begleitete sie zu Gesprächen und Verhandlungen mit den Banken, Steuerberatern und bei Behördengängen und der damalige Betriebsleiter ihres Vaters arbeitet heute nun schon 17 Jahre mit Theresa Breuer zusammen – genauso lang wie zuvor mit ihrem Vater. Dadurch hat der Betrieb eine personelle und kaufmännische Konstanz erlebt, die es Theresa Breuer erleichtert haben, so jung in diese verantwortungsvolle Aufgabe hineinzuwachsen.

Für Mélanie Pfister gestaltete sich die Betriebsübernahme im Jahr 2008 ganz anders. Es gab schon Frauen im Elsass und in ihrem unmittelbaren Umfeld, die Betriebe leiteten und der Aspekt, eine Frau zu sein, hat bei der Frage nach der Unternehmensnachfolge keine Rolle gespielt. Über die Ausbildung hinweg sowie im persönlichen Umfeld und durch die Familie erlebte sie nur bestärkendes Feedback. Die Eltern haben ihren

Schwestern und ihr die Freiheit gelassen, zu studieren was sie möchten. Mit Passion hat sich Mélanie Pfister für ein Agrarstudium entschieden. Nach der Ingenieursausbildung in Bordeaux und einem Önologie-Diplom in Dijon absolvierte sie zahlreiche Praktika in Frankreich und im Ausland.

4.3 Erfolgsfaktoren weiblicher Betriebsführung

4.3.1 Erfolgsfaktor „Nachhaltigkeit“

Für alle drei Winzerinnen ist gelebte Nachhaltigkeit ein wesentlicher Baustein ihres Unternehmenserfolgs. Daher haben sie sich für eine systematische Dokumentation durch das Siegel für ganzheitliche Nachhaltigkeit FAIR’N GREEN entschieden. Da Familienweingüter seit Jahrzehnten bis Jahrhunderten von Generation zu Generation weitergegeben werden, wird naturgemäß in langfristigen Zeitdimensionen gedacht und agiert. Hinzu kommt, dass Landwirte und Bauern tagtäglich und unmittelbar erleben, dass Fruchtbarkeit und Ernte ihres Tuns von der Art und Weise der Bewirtschaftung und der Qualität der Böden abhängig sind. Insofern haben Winzerfamilien von Natur aus ein Eigeninteresse daran, ihre Betriebe in wirtschaftlich und landwirtschaftlich gutem Zustand an ihre Kinder weiterzugeben. Sie denken und handeln daher aus eigenem Interesse „enkeltauglich“. Diese Perspektive ging in den vergangenen Jahrzehnten durch die zunehmende Industrialisierung in der Landwirtschaft teilweise verloren, durch die Boden und Erträge überwiegend unter wirtschaftlichen Aspekten – vor allem mit dem Ziel der Ertrags- und Gewinnmaximierung – betrachtet werden.

Nichtsdestotrotz stellt das Streben nach nachhaltigen betrieblichen Entwicklungen eine wesentliche Lebenseinstellung der drei Winzerinnen dar, die damit auch eine Botschaft verknüpfen. Für Andrea Wirsching stehen Nachhaltigkeit und damit auch die FAIR’N GREEN-Zertifizierung vor allem für Authentizität. Für sie steht fest, dass ihr 1630 gegründeter Familienbetrieb auch für viele weitere Generationen erhalten bleiben soll. Damit stehen gesunde Böden und nachhaltiges Wirtschaften im Fokus, um das Weingut durch die Widrigkeiten der jeweiligen Zeitepoche zu navigieren und zu erhalten. Sie hat nichts für Zeitgeist-Ideologien übrig, die temporären Marketingerfolg versprechen, sondern verknüpft die umfangreiche Erfahrung ihrer Vorfahren mit neuesten Erkenntnissen der Wissenschaft: „Wir können nur erfolgreich sein, wenn wir anständig bleiben und Produkte hoher Qualität erzeugen durch nachhaltig gestaltete Produktionsprozesse. Und genau das erreichen wir durch die Begleitung, Beratung und Zertifizierung von FAIR’N GREEN.“

Auch Theresa Breuer ist bereits mit Nachhaltigkeitsbestrebungen aufgewachsen – auch wenn es zu ihrer Zeit noch nicht so hieß: Bereits ihr Vater begann mit biodynamischen Ideen im Weinbau. Daher forcierte sie den ökologischen Weinbau aus Überzeugung und auch ohne Siegel – lange vor der FAIR’N GREEN-Zertifizierung – einfach, weil sie es für „richtig“ hielt. Damit drückt sie Ihr Verantwortungsgefühl gegenüber der Natur und den nachfolgenden Generationen aus. Sie sieht natürlich auch das Streben ihrer und der nachfolgenden Generation, die sich deutlich stärker mit Umwelt- und Klimafragen befassen als die Eltern- und Großelterngeneration. Die FAIR’N GREEN-Zertifizierung war da für sie nur eine logische Konsequenz: „Durch die Zertifizierung erhalten diese Bestrebungen eine Struktur und Stringenz, die wir allein so nicht hinkriegen würden."

Für Mélanie Pfister war die Ausweitung der nachhaltigen Ausrichtung ihres Betriebs eine Selbstverständlichkeit, da bereits ihr Vater früh globale Zusammenhänge erkannte und bereits in den 1980ern begann, „no-till" Weinbau zu betreiben – eine absolute Seltenheit zur damaligen Zeit! Er hat damals schon verstanden, dass zu viele Durchfahrten den Böden schaden, aber auch, dass andere Parameter wichtig sind. Dies führt Mélanie Pfister aus, indem sie sagt: „Ich habe zum Beispiel überall Wasserzähler und weiß genau, wieviel Wasser pro Hektoliter produziertem Wein ich verbrauche. Als ich von FAIR'N GREEN gehört habe, wusste ich sofort, dass mir dieses System genau entsprach."

Für alle drei Winzerinnen liegt der große Vorteil der FAIR'N GREEN-Zertifizierung darin, dass sie umfassend begleitet und in allen Betriebsbereichen beraten werden, um Verbesserungen zur Optimierung der Nachhaltigkeitsleistung zu erzielen.

4.3.2 Erfolgsfaktor „Kommunikation und wertschätzendes Miteinander"

Ein wesentlicher und entscheidender Unterschied in der Führung zwischen Frauen und Männern scheint vor allem die Kommunikation zu sein: Der besonders intensive Austausch zwischen der Betriebsleiterin mit ihren Mitarbeiterinnen und Mitarbeitern genauso wie zwischen den Kolleginnen und Kollegen untereinander zeichnet ein weiblich geführtes Weingut – und wahrscheinlich generell weiblich geführte Unternehmen – aus.

Es herrsche ein großes Harmoniebedürfnis, sagt Theresa Breuer: „Ich möchte ja, dass es meinen Mitarbeiterinnen und Mitarbeitern genauso gut geht, wie mir als Chefin und dass die gegenseitige Akzeptanz und Wertschätzung spürbar sind." Ihr Kellermeister Markus Lundén bestätigt, dass Theresa Breuer sich immer um alle kümmere und für alle da ist. Und auch der Betriebsleiter Hermann Schmoranz bescheinigt seiner Chefin, dass sie „sehr sozial" sei, sich in alle Kleinigkeiten einfühle und dabei doch auch immer den betrieblichen Erfolg im Auge habe.[3] Es gehe ihr nicht um Hierarchie, führt Theresa Breuer aus, sondern darum, gemeinsam ein gutes Produkt, eben guten Wein, zu entwickeln. „Für mich bedeutet Familienweingut nicht, dass das Weingut mir und meiner Schwester gehört. Sondern dass wir innerhalb dieses Weinguts wie eine Familie funktionieren, komplett ohne Wertung, Stellung und Hierarchie. Das Weingut lebt von allen Mitarbeiterinnen und Mitarbeitern zusammen. Wir sind zusammen die Familie.", erläutert sie ihre Sichtweise.

Diese Einstellung der Begegnung auf Augenhöhe, bei der die wertschätzende Art der Kommunikation einen entscheidenden Faktor des Betriebserfolgs darstellt, teilen auch die anderen beiden Winzerinnen. Andrea Wirsching sieht in der intensiven Kommunikation mit ihren Mitarbeiterinnen und Mitarbeitern einen Schlüssel zum Erfolg: „Ich bin überzeugt, dass es eine weibliche Eigenschaft ist, gut und intensiv mit dem Team zu kommunizieren und zu motivieren." Auch und gerade in der Corona-Pandemie hat ihr dies den Respekt ihres Teams eingebracht: „Mit allen intensive Gespräche zu führen und ihnen zu sagen, dass wir das nur gemeinsam schaffen, dass wir nichts kürzen, keine

3 weinweiblich

Arbeitszeit und keinen Lohn, dass es eine gute Zukunft für uns gibt und dass wir zusammenhalten. Das hat das Team unheimlich motiviert."

Mélanie Pfister bezeichnet sich als Netzwerkerin, die sich gerne mit Menschen austauscht. Sie hat im Jahr 2011 „les diVINes d'Alsace", ein Äquivalent zu Vinissima im Elsass, gegründet. Sie sieht den Austausch mit anderen als ihre Stärke und sieht im Vergleich zu ihrem Vater vor allem einen Generationenunterschied: „Damals wurde auf Kommunikation und Austausch viel weniger Wert gelegt. Das ist heute auf jeden Fall anders."

Alle drei Winzerinnen haben in ihren Betrieben ein harmonisches Arbeitsklima geschaffen, das durch ihre persönlichen Werte, ihr Wesen und Harmoniebedürfnis geprägt ist. Für die drei ist auch dies ein Aspekt der Nachhaltigkeit, da über lange Zeiträume zusammengearbeitet wird und sehr gut eingespielte Teams entstehen. Durch gute Kommunikation und das wertschätzende Miteinander wird ein Betrieb generell resilienter und alle Mitarbeitenden zufriedener.

4.3.3 Erfolgsfaktor „Marktbeobachtung und zielgruppenorientierte Vermarktung"

Natürlich gibt es auch allgemeingültige Erfolgsfaktoren, die geschlechtsunspezifisch sind, weil sie die Außensicht betreffen, z. B. Marktbeobachtung und Zielgruppenanalysen. Hilfreich sind beim Erkennen von Marktchancen natürlich eine gute Beobachtungsgabe und analytische Fähigkeiten, um Trends und Tendenzen möglichst früh mitzubekommen, aber auch persönliche Qualitäten, wie Netzwerke bilden zu können, die Verbindung zu vielen Menschen sowie die Kenntnis anderer Märkte, um frühstmöglich von Trends und Strömungen zu erfahren.

Für Theresa Breuer war der aktuelle Markttrend letztlich ausschlaggebend für eine sichtbare Nachhaltigkeitszertifizierung: „Tatsächlich kam der Weg zu dem Siegel nur wegen unserer Kunden in Skandinavien, da die Skandinavier wissen, was Nachhaltigkeit ist und großen Wert darauf legen." Ansonsten hätte sie zwar weiterhin dasselbe getan wie schon seit vielen Jahren, aber eben „unsichtbar". Die Sichtbarkeit der individuellen und aufwändigen Bemühungen jedoch bietet oft den Erfolg am Markt.

Das weiß auch Mélanie Pfister, da Label für die Konsumenten in Frankreich eine große Bedeutung haben und somit aus Produzentensicht ebenfalls beinahe unerlässlich sind. „Es ist ein Einkaufsargument für sie, weil sie den gelabelten Produkten und deren Produzenten mehr vertrauen. So bin ich FAIR'N GREEN-zertifiziert, aber war vorher beispielsweise schon HVE zertifiziert (Haute Valeur Environnementale – ein französisches Label für Biodiversität). Inzwischen gehen wir aber noch weiter und wollen Biobetrieb werden. Da gibt es jetzt einen großen gesellschaftlichen Druck – in einem Drittel der Elsässer Weinberge wird jetzt bereits nach ökologischen Richtlinien gearbeitet. Wir sind ein kleiner Betrieb mit 10 Hektar Anbaufläche, da ist es wichtig für uns, bio zu werden, um den Zugang zum Markt halten zu können. Man muss da flexibel sein, um erfolgreich zu bleiben." Mélanie Pfister beobachtet als kleines Familienweingut die Trends genau. Seit der Corona-Pandemie gibt es einen Trend zum verstärkten Konsum französischer Produkte. Die vielen kleinen lokalen Produzenten sind wieder ins Bewusstsein der Verbraucher getreten und auch die Supermarktketten beginnen, gezielt mehr französische

Produkte zu listen. „Französische Produkte sind aber deutlich teurer, da die Arbeitgeberbeiträge höher sind – sogar 20 % höher als in Deutschland. Das spüren die Konsumenten natürlich. Wir werden sehen, ob dieser Trend anhält oder die Leute nach den Lockdowns wieder in ihre alten Gewohnheiten zurückfallen."

Andrea Wirsching hat bezüglich der Notwendigkeit des Labellings andere Erfahrungen gemacht und kennt ihre Zielgruppe ganz genau: „Wir müssen vor allem darauf achten, dass die Weine nicht teurer werden. Dass die Weine nachhaltiger und gesünder werden, dass wir kein Glyphosat und Mineraldünger verwenden, das verstehen die Leute gar nicht in der Komplexität. Und ehrlich gesagt interessieren sich viele auch gar nicht dafür, das ist ihnen zu kompliziert. Das ist ein „Muss" für uns, weil wir das wichtig finden. Aber die Kunden wollen vor allem einen guten Wein, der schmeckt, keinen dicken Kopf macht am nächsten Tag und im besten Fall nicht mehr als 9 Euro pro Flasche kostet." Sie versteht sich in Bezug auf den nachhaltigen Weinbau weder als Marktgetriebene noch als Idealistin, sondern als pragmatische Realistin und betreibt genau den Weinbau, der zu ihr und ihren Überzeugungen passt.

4.3.4 Erfolgsfaktor „Flexibilität und Innovation"

Weitere Erfolgsfaktoren der Winzerinnen sind Flexibilität und Innovationsfreude. So hat beispielsweise Andrea Wirsching im ersten Corona-Lockdown im März 2020 sehr schnell reagiert und zahlreiche Online-Weinproben angeboten. Durch die Diversifikation der Angebote für verschiedene Zielgruppen – u. a. für Einsteiger mit drei Weinen, Genussmenschen in Kombination mit kulinarischen Themenabenden – konnte sie viele Interessenten und Interessentinnen erreichen. Begleitet wurde jede Weinprobe von ihr selbst sowie ihrem Önologen bzw. einer Wine- and Food-Journalistin, Fachexperten ihres Themas. So wurde jede Online-Weinprobe zu einem einzigartigen Erlebnis.

Die Online-Weinproben wurden zum großen Erfolg, sogar der Stern[4] berichtete darüber, und bescherten dem Weingut zahlreiche Neukunden. Zum damaligen Zeitpunkt kursierten in den sozialen Netzwerken immer wieder humoristische Beiträge zum Weinkonsum, sei es als Zeitvertreib oder als – natürlich nicht ernst gemeinte – Möglichkeit, sich selbst auf Corona zu testen. Kurzum: Wein war im wahrsten Sinne des Wortes in aller Munde und der Absatz stieg bundesweit. Bei geschlossener Gastronomie und brachliegendem Tourismus konnte Andrea Wirsching damit wichtiges Neukundengeschäft generieren, neue Zielgruppen erschließen und die finanziellen Verluste abpuffern.

Dieses Beispiel ist exemplarisch für Flexibilität, denn Online-Weinproben waren bis dahin wenig verbreitet: Zum einen leb(t)en Weinproben per se vom geselligen Beisammensein, vom Austausch unter- und miteinander sowie dem Dialog mit dem jeweils leitenden Sommelier oder Önologen. Zum anderen ist der logistische Aufwand für Online-Weinproben ungleich größer als für Präsenz-Veranstaltungen: Werden bei „gewöhnlichen" Weinproben nur kleine Mengen ins Glas gefüllt, eine Kostprobe in Mundfülle sozusagen, und ggf. sogar im Anschluss in den Spucknapf entleert, so dass eine Flasche in durchschnittlich 10–12 Gläser gefüllt wird, so werden bei Online-Weinproben im Vorfeld

---

4 Stern vom 15.4.2021, Seite 106.

Weinpakete versendet und die Teilnehmenden verkosten selbstbestimmte Mengen von bis zu einer Flasche – denn die Flaschengröße selbst ändert sich nicht. Zeitlicher Vorlauf, organisatorische Planung, logistischer Aufwand, Bewerbung der Veranstaltung bundesweit – all diese Aspekte waren auf einmal neu und eine Herausforderung für das Team um Andrea Wirsching. Sie haben sie mit Bravour gemeistert.

Ähnlich flexibel und doch mit einer ganz anderen Idee reagierte Mélanie Pfister in der Corona-Pandemie. In Frankreich wurde der Lockdown 2020 deutlich härter umgesetzt als in Deutschland und es gab sowohl Ausgangsbeschränkungen als auch eine Begrenzung des individuellen Bewegungsradius. In Deutschland zählten Weinhandlungen zum Lebensmitteleinzelhandel und durften geöffnet bleiben, so dass die (Lauf-)Kundschaft grundsätzlich erhalten blieb. In Frankreich hingegen durften sich die Menschen z. T. nur noch einen Kilometer von ihrem Wohnsitz entfernen. Infolgedessen brachen für Mélanie Pfister die Hausverkäufe fast vollkommen weg. Doch dank ihrer Flexibilität und schnellen Reaktion konnte auch sie die schlimmsten Umsatzeinbrüche abwehren: „Die Corona-Pandemie hat uns zunächst sehr getroffen. Im Elsass generell und auch bei uns gibt es sehr viel Ab-Hof-Verkauf und wir beliefern die Gastronomie. Mit dem harten Lockdown in Frankreich im März 2020 ging das alles gar nicht mehr. Die einzige Lösung, um Wein zu verkaufen war es, Kunden zu beliefern, mit Spedition oder Paketdiensten in Frankreich. Das ist sehr gut von unserer treuen Kundschaft angenommen worden und hat uns vor dem größten Verlust bewahrt. Auch hier hat uns die gute Kommunikation im Team und mit den Kunden geholfen, so haben wir diese Idee entwickelt.“

4.3.5 Erfolgsfaktor „Weibliche Intuition und Sensitivität“

Selbstverständlich sind die bis jetzt vorgestellten Erfolgsfaktoren nicht auf das „Frau-Sein“ begrenzt. Auch Männer können flexibel und innovationsfreudig sein oder entsprechend der Marktlage und Nachfrage ihr Angebot ausrichten, neue Weinlinien schaffen oder Vermarktungsstrategien kreieren. Das steht außer Frage und auch dafür gibt es zahlreiche Erfolgsgeschichten. Nichtsdestotrotz folgen wir hier den Leitlinien der Winzerinnen, die wir persönlich getroffen haben und stellen ihre gemeinsamen Stärken in den Fokus.

Nun gibt es allerdings einen Erfolgsfaktor, der wahrnehmbar, aber nicht messbar ist – ganz ähnlich wie der Erfolgsfaktor „Kommunikation und wertschätzendes Miteinander“: weibliche Intuition und Sensitivität. Darüber wird viel gesprochen, weniger geschrieben und kaum geforscht. Insofern ist es fast unmöglich, diesen Erfolgsfaktor greifbar zu machen und völlig unmöglich, ihn messbar zu machen. Und nichtsdestotrotz wird er von aufmerksamen Menschen wahrgenommen, beobachtet und zum Ausdruck gebracht:

„Die Welt des Weines verändert sich“, beobachtet Stuart Pigott, ehemaliger Wein-Kolumnist der Frankfurter Allgemeinen Sonntagszeitung (2001–2019) und Contributing Editor bei JamesSuckling.com, einer der einflussreichsten Websites zum Thema Wein in der Welt mit Sitz in Hongkong. Das habe mit dem Einstieg der Frauen in die Weinwelt zu tun, fasst er kurz zusammen. Diese Veränderung sei fundamental, da die Frauen ganz anders mit dem Weinanbau und der Weinproduktion umgingen. Er beobachtet, dass Frauen einen anderen Geist und eine ganz andere Innovationskraft in die Weinkreationen einfließen lassen, die den Wein seiner Meinung nach „richtig lustig“ machen.[5]

Professor Dr. Hans Reiner Schultz, Präsident der Hochschule Geisenheim, erkennt bei weiblichen Winzerinnen ebenfalls andere Qualitäten als bei Männern: „Frauen entscheiden intuitiver als Männer in derselben Situation. Evolutionsbiologisch sind sie sensorisch begabter, können besser verkosten und sind sensibler.“ Diese Beobachtungen macht er in den Studiengängen und Forschungsprojekten an seiner Hochschule schon seit Jahren. Hinzu kommt ein steigendes Interesse junger Frauen an Wein und dem Winzerberuf. Sein Vater, berichtet er, habe stets die Mutter befragt – die allerdings von Wein überhaupt keine Ahnung gehabt habe – welchen Wein sie lieber möge und wessen Aromen sie lieber röche. Sie habe stets intuitiv entschieden und sein Vater habe diesem Urteil seiner Frau uneingeschränkt vertraut. So hat Prof. Dr. Schultz’ Mutter ohne Fachkenntnisse der Önologie entscheidende Hinweise zur Optimierung in der Herstellung beigetragen.[6]

Auch Alois Lageder, Winzer-Legende aus Südtirol, bestätigt: „Frauen haben einen besseren Gaumen und ihre Sensibilität schafft einen anderen Stil von Wein.“ Er hält es für sehr wichtig, dass die Weinwelt, die jahrhundertelang in den Händen von Männern lag, nun von Frauen aufgewirbelt wird.[7]

Christoph Koch, Regisseur des Dokumentarfilms „weinweiblich“, begleitete für seinen außergewöhnlichen Weinfilm die Winzerinnen Theresa Breuer, Dr. Eva Vollmer, Carolin Weiler und Silke Wolf sowie Stuart Pigott, den „weinverrückten Briten“ bei der Aufgabe, eigens für diesen Film einen Riesling, Jahrgang 2018, zu kreieren. Sein Resümee nach zwei Jahren Drehzeit, vielen Gesprächen mit den Winzerinnen, gemeinsamen Begehungen der Weinberge, Verkostungen während des Entstehungsprozesses und der abschließenden Beurteilung der Rieslinge durch eine unabhängige Jury ist eindeutig: „Weiblicher Wein ist intuitiver, mehr vom Gefühl und der inneren Stimme geleitet, weniger technisch und rational!“

Unter erfahrenen Sommeliers ist weitestgehend unbestritten, dass Frauen sensorisch ausgeprägtere Fähigkeiten haben, weiß man bei CaptainCork.com.[8] Das betrifft natürlich nicht nur die Weinproduzentinnen, sondern natürlich auch die Weinkonsumentinnen: Laut einer Umfrage der Wein- und Spirituosenfachmesse Vinexpo im Juni 2011 geben rund zwei Drittel der deutschen Weintrinkerinnen an, sich mit Wein genauso gut oder sogar besser auszukennen als Männer: 65 % der deutschen Weintrinkerinnen geben an, sich mit Wein genauso gut auszukennen wie Männer. 12 % sind sogar überzeugt, über bessere Kenntnisse zu verfügen.[9]

Theresa Breuer ist sich dieser weiblichen Fähigkeiten und Stärken voll bewusst und bescheinigt ihren Mitarbeiterinnen eindeutig mehr Feingefühl bei der Arbeit, auch beim Rebschnitt und der Pflege der Weinstöcke. Nichtsdestotrotz ist sie keineswegs

---

5 weinweiblich
6 weinweiblich
7 weinweiblich
8 Sind Frauen die besseren Winzer? | CaptainCork.
9 Frauen sind die besseren Weinkenner – Gourmetwelten – Das Genussportal (nikos-weinwelten.de).

dogmatisch und sieht im männlichen Arbeitertrupp, der gelegentlich unterstützend den Rebschnitt vornimmt, vielleicht sogar die nötige Würze für ihren Wein: „Die drei, vier männlichen Schweißtropfen werden unserem Wein schon nicht schaden", lacht sie augenzwinkernd. Der Erfolg gibt ihr, genauso wie den anderen Winzerinnen, Mélanie Pfister und Andrea Wirsching, die für diesen Artikel persönlich interviewt wurden, Recht.

Literaturverzeichnis

Bundesinformationszentrum Landwirtschaft (o. J.): Frauen in der Landwirtschaft. Internet (abgerufen 02.07.2021): https://www.landwirtschaft.de/landwirtschaft-verstehen/wie-funktioniert-landwirtschaft-heute/frauen-in-der-landwirtschaft.

Captain Cork (2015): Alles über Wein. Sind Frauen die besseren Winzer? Internet (abgerufen 10.07.2021): https://www.captaincork.com/sind-frauen-die-besseren-winzer.

Top Agrar online; 28.01.21, https://www.topagrar.com/landleben/land-und-leute/fakten-zur-rolle-der-frauen-in-der-landwirtschaft-12463902.html.

Persönlich geführte Interviews des Fair and Green e. V. mit Andrea Wirsching (Weingut Hans Wirsching), Theresa Breuer (Weingut Georg Breuer) und Mélanie Pfister (Domaine Pfister).

Stern vom 15.4.2021, S. 106.

weinweiblich, Dokumentarfilm über die vier Winzerinnen Theresa Breuer, Dr. Eva Vollmer, Silke Wolf und Carolin Weiler sowie dem britischen Weinkritiker Stuart Pigott; von Christoph Koch, frames2art, 2020.

5 Weinbau prägt Kulturlandschaften – Ziele, Begründungen und Maßnahmen einer nachhaltigen Landschaftsentwicklung

Dr. Martin Reiss/Katharina Adler/Dr. Jörn Schultheiß/
Dr. Maximilian Tafel/Prof. Dr. Eckhard Jedicke

5.1 Charakterisierung deutscher Weinbaulandschaften

In Deutschland bestehen 13 abgegrenzte Weinbauregionen, die als bestimmte Anbaugebiete (b. A.) bezeichnet werden und deren Namen als geschützte Ursprungsbezeichnungen (g. U.) gelten. Diese Einteilung der Weinbauregionen in unterschiedliche Anbaugebiete ist Voraussetzung für die wein- und bezeichnungsrechtlichen Bestimmungen von Qualitätsweinen und Qualitätsweinen mit Prädikat. Daneben existieren 26 Weinbaugebiete mit geschützter geografischer Angabe (g. g. A.), in denen Landweine produziert werden, die mit wenigen Ausnahmen (z. B. Mecklenburg-Vorpommern und Schleswig-Holstein) den 13 Weinbauregionen zuzuordnen sind (Abb. 1).

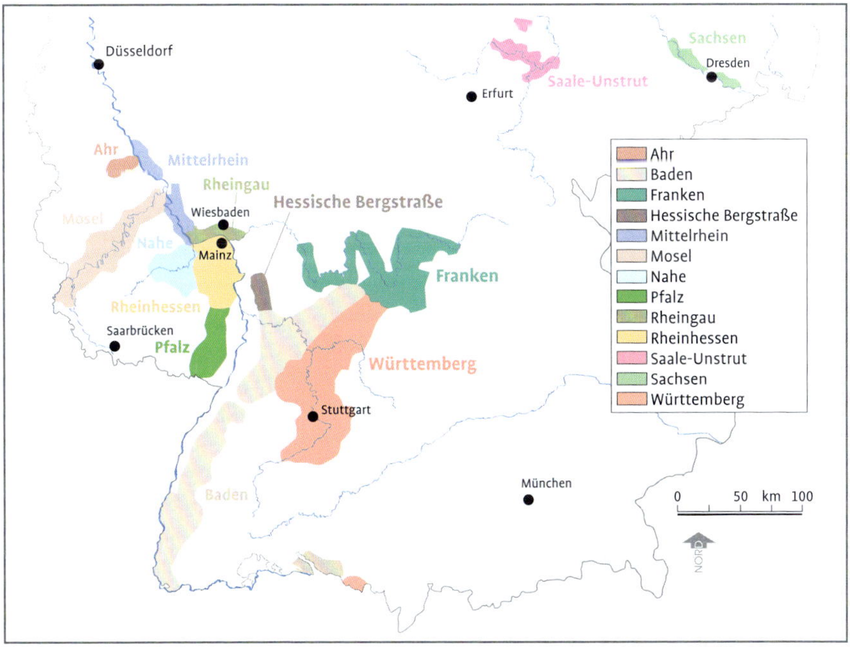

Abb. 1: Weinbauregionen in Deutschland (Datenquellen: OpenStreetMap 2021, Wikipedia 2021).

Tab. 1: Strukturdaten zu den deutschen Weinbauregionen (2019), bezogen auf die mit Keltertrauben bestockte Rebfläche. Daten nach Statistischem Bundesamt (www.destatis.de).

Weinbauregion	Rebflächen (ha)	Weißwein (ha)	Rotwein (ha)	Weißwein (relativ)	Rotwein (relativ)
Rheinhessen	26.860	19.249	7.611	72 %	28 %
Pfalz	23.684	15.571	8.113	66 %	34 %
Baden	15.836	9.485	6.351	60 %	40 %
Württemberg	11.394	3.681	7.714	32 %	68 %
Mosel	8.744	7.922	822	91 %	9 %
Franken	6.137	5.033	1.104	82 %	18 %
Nahe	4.239	3.229	1.009	76 %	24 %
Rheingau	3.185	2.727	457	86 %	14 %
Saale-Unstrut	798	596	202	75 %	25 %
Ahr	562	100	462	18 %	82 %
Sachsen	493	404	89	82 %	18 %
Mittelrhein	468	397	71	86 %	14 %
Hessische Bergstraße	463	366	97	79 %	21 %
insgesamt	102.862	68.760	34.102	67 %	33 %

Die Größe der in Deutschland bewirtschafteten Rebfläche (mit Keltertrauben) blieb in den letzten Dekaden weitgehend konstant (Erhebungszeitraum 1999–2020 laut Statistischem Bundesamt) (Tab. 1), lediglich die produzierte Menge an Hektoliter Wein unterliegt durch die wechselnden Witterungsbedingungen jährlichen Schwankungen. Das Areal der durch den Weinbau bewirtschafteten Rebflächen beträgt knapp 3 % der Landesfläche Deutschlands (Tab. 1).

Die Weinbaulandschaften in Deutschland befinden sich am Rande der globalen nördlichen Klimagrenze des Weinbaus. Weinbau wird als erfolgreiche Dauerkultur daher ausschließlich in klimatisch begünstigten Regionen und Lagen betrieben. Diese optimalen klimatischen Voraussetzungen werden insbesondere in den größeren Flussgebieten mit ausgeprägten Tallagen erfüllt. Es sind vor allem die Flusslandschaften an Ahr, Mosel (Abb. 2), Nahe, Neckar, Main und Rhein sowie deren Neben- bzw. Zuflüsse, in denen sich ein historisch und flächenhaft bedeutsamer Weinbau in Südwest- und Süddeutschland etabliert hat. Daneben kommen aber auch kleinere Weinbauregionen in Ostdeutschland an Saale-Unstrut und an der Elbe dazu. Die ostdeutschen Weinbauregionen unterliegen aufgrund des Übergangs zu einem kontinentalen Klima mit höheren jährlichen Schwankungen der Lufttemperatur einer gesteigerten Gefahr durch ausgeprägte Winter-, aber auch Spätfröste. Meist orientieren sich Rebflächen an südlich ausgerichteten Hängen, geschützten Hangbuchten sowie kleinräumig ebenen Flächen mit

Tab. 2: Charakterisierung der Landschaften der 13 deutschen Weinbauregionen.

Weinbau-region	Steil-lagen	Terras-sen	Ebene	Ausgangsgesteine und Böden	EU-Wein-bauzone
Rheinhessen			●	Löss, Flugsande, Rotliegendes, Tonmergel und Kalkstein, Rhyolith; feinerdereich, humusreich, tiefgründig	A
Pfalz			●	Löss, Rotliegendes, Buntsandstein, Kalkstein, Rheinsande und -kiese	A
Baden	●	●		kalk- und tonreiche Böden, Lössböden, vulkanische Böden, Rhyolith, Keuper, Granit, tertiäre Schotter	B
Württemberg	●	●	●	Keuper (z.T. gipshaltig), Muschelkalk, Löss	A
Mosel	●	●		Muschelkalk, Mergelböden, Grauwacke und Schiefer, Rotliegendes und Buntsandstein, Flussterrassen	A
Franken	●			Buntsandstein, Muschelkalk, Keuper, Löss-, Kalk- und Lehmböden	A
Nahe	●			Schiefer, Rotliegendes, Rhyolith, Tonmergel, Flussterrassen; z.T. lösshaltig	A
Rheingau	●			Schiefer, Quarzit, tertiäre Schotter, Sande und Tone; z.T. lösshaltig	A
Saale-Unstrut	●	●		Muschelkalk, Buntsandstein, Lösslehm und Kupferschiefer	A
Ahr	●			Grauwacke und Schiefer; z.T lösshaltig	A
Sachsen	●	●		Granit, Syenit, Lösslehme und -sande	A
Mittelrhein	●	●		Grauwacke und Schiefer, Quarzit	A
Hessische Bergstraße			●	Rhyolith, sandig, lehmige Kalkgesteine, Löss und Sandlöss, Buntsandstein	A

geringer Höhenlage (meist zwischen 350 und 450 m üb. NN, in Ausnahme bis zu 550 m üb. NN) (Müller 2019).

Eine besondere Ästhetik des Landschaftsbildes ergibt sich häufig aus den geschwungen verlaufenden Tallandschaften, zumal die Hanglagen aufgrund sich ändernder Exposition häufig zu einem Wechsel an Strukturen führen. Weinbauflächen befinden sich in Deutschland meist in Hang- und Steillagen und geben diesen Flusslandschaften an den Talflanken ein typisches Bild (Tab. 2, Abb. 3).

Eine Steillage im Weinbau liegt vor, wenn eine Hangneigung eines Geländes mindestens 30 % beträgt (WeinV 1995). Dieses Kriterium erfüllen in Deutschland 14 % der bestockten Rebfläche, deren Flächenanteil nimmt stetig ab (Loose & Strub 2017). Charakteristische Weinbauregionen, die durch Steillagenweinbau geprägt werden, sind

Abb. 2: Weinbaulandschaft an der Mosel bei Kröv. Foto: Eckhard Jedicke.

insbesondere die Gebiete Mosel, Franken, Nahe, Baden, Rheingau, Württemberg und Mittelrhein (Foto 2). Eine besondere Erscheinungsform im Steillagenweinbau ist die Querterrassierung bzw. Terrassenweinbau mit Trockenmauern, die charakteristische kulturhistorische Landschaftselemente darstellen (Abb. 4).

Typische Weinbaulandschaften, in denen die Anbauflächen in leicht hügeligen und eher flachen Ebenen liegen, sind in Deutschland demnach in den Weinbauregionen Rheinhessen, Pfalz, Württemberg und der Hessischen Bergstraße ausgeprägt. Das anstehende Gestein und die Bodenbildung sind in fast allen Weinbauregionen meist vielfältig und zum Teil durch lokale Wechsel der Standort-Eigenschaften gekennzeichnet, was sich häufig auch in der Diversität der angebauten Weine widerspiegelt.

Die EU-Weinbauzonen repräsentieren die unterschiedlichen klimatischen Bedingungen der EU-Mitgliedsländer, wobei bis auf Baden (EU-Weinbauzone B wie beispielsweise Champagne, Elsass, Jura, Loire, Lothringen, Savoyen) alle Weinbauregionen der EU-Weinbauzone A zuzuordnen sind. In gewisser Weise geben die klimatischen Bedingungen der Landschaft dadurch bestimmte Mindestanforderungen (Mindestalkohol- und Mostgehalt) und gesetzlich geregelte Bestimmungen zur Verbesserung der Weine (z.B. Zuckerung) vor.

Die klimatischen Voraussetzungen ändern sich und die Auswirkungen des Klimawandels sind zusehends im Weinbau erkennbar, so dass sich auch die Landschaftscharakteristika und die auf ihnen beruhenden rechtlichen Einordnungen ändern werden bzw. einer Anpassung unterzogen werden müssen. Die Individualität der deutschen Weinbauregionen setzt unterschiedliche regionale und lokale Strategien und Maßnahmen zur

Abb. 3: Weinbaulandschaft des Oberen Rheingaus bei Lorch am Rhein. Querterrassierung der Steillagen. Foto: Eckhard Jedicke.

Abb. 4: Abstützung einer Terrassierung der Rebflächen mit einer Trockenmauer (ohne Beton oder Mörtel) aus Natursteinen aus dem 17. Jahrhundert in Lorch am Rhein. Foto: Martin Reiss.

Anpassung an den Klimawandel im Weinbau voraus. Ein Beispiel für ein solches Projekt wird in im Abschnitt 5 dieses Buchkapitels dargestellt.

5.2 Dynamik der Landschaftsveränderungen

Weinbaulandschaften sind ebenso wie Agrarlandschaften insgesamt ein Produkt der anthropogenen Landnutzung und unterliegen als solche einem dynamischen Wandel, bedingt durch die wachsenden Möglichkeiten der Landbewirtschaftung sowie die Ökonomie. Weinbau besitzt in Deutschland eine fast 2.000-jährige Geschichte, eingeführt von den Römern im 3. Jh. n. Chr. linksrheinisch am Mittelrhein, an der Mosel, in der Pfalz und an der Ahr (vgl. Abb. 5). Über das Mittelalter verbreitete sich der Weinbau weiter in Richtung Norden und Osten und erreichte im Spätmittelalter (15. Jh.) die bislang größte Ausdehnung in Europa (Poschlod 2017). Im Hochmittelalter wurde Weinbau z. B. auch an Weser und Leine sowie bei Berlin, in Schleswig-Holstein, Pommern, Schlesien und Ostpreußen betrieben. Als ein Grund für diese umfangreiche Expansion des Weinbaus wird eine mittelalterliche Wärmeperiode in Mitteleuropa gesehen, die auch weiter nördlich günstige klimatische Bedingungen für die wärmeliebenden Rebkulturen schuf (Quellen zitiert in Dornhoeffer 2019).

Abgesehen von gewissen Schwankungen erreichte die Ausdehnung der Rebflächen bis zum Beginn des Dreißigjährigen Krieges ihren Höhe- und Wendepunkt (Haberland & Scheuren 2013, Konold & Petit 2013), u. a. bedingt durch die „Kleine Eiszeit". Im 18. und 19. Jahrhundert wieder in Zunahme begriffen, brachte die ab etwa 1860 erfolgte Ausbreitung der aus Nordamerika stammenden Reblaus sowie des Falschen und Echten Mehltaus den Weinbau an den Rand der Existenz in ganz Europa. Pfropfrebenanbau und der Einsatz von Schwefel- und Kupferpräparaten konnten den Niedergang abwenden.

Der deutsche Weinbau ist seit den 1950er Jahren vor allem durch den technischen und wissenschaftlichen Fortschritt sowie die intensive Mechanisierung und einen damit

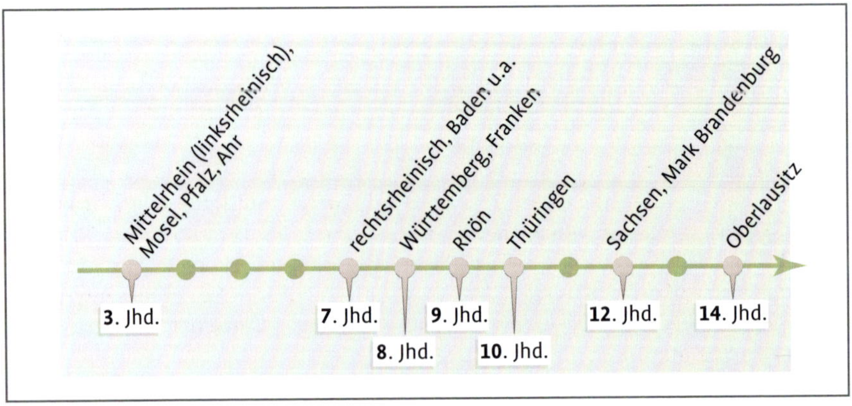

Abb. 5: Zeitpunkt der Einführung des Weinbaus in verschiedenen Landschaften des heutigen Deutschlands (diverse Quellen aus Dornhoeffer 2019).

Abb. 6: Flächige Gehölzsukzession auf Weinbergsbrachen im UNESCO-Welterbe Oberes Mittelrheintal mit Blick auf die Burg Katz und St. Goarshausen. Foto: Eckhard Jedicke.

verbundenen Struktur- und Landschaftswandel gekennzeichnet, der sich am augenfälligsten im Bereich der Steillagen vollzogen hat. Steillagen erfordern auch zu Zeiten der mechanisierten Landwirtschaft je nach Ausprägung noch ein hohes Maß an Handarbeit (Höchtl et al. 2013). Der jährliche Arbeitszeitaufwand ist im Vergleich zu einer flachen Weinlage bis zu sechsmal höher (Loose & Strub 2017). Dies hat insbesondere in den 1960er bis 1980er Jahren durch grundlegende Flurneuordnungen dazu geführt, dass viele kleinparzellige Steillagen zusammengelegt wurden, wobei oftmals die kulturhistorischen Strukturelemente (z. B. Trockenmauern, Lesesteinwälle) entfernt und große Flächen neu modelliert wurden (Höchtl et al. 2013). Gleichzeitig fielen viele Flächen brach (Abb. 6).

So haben sich die bestockten Rebflächen der Steillagen in den rheinland-pfälzischen Anbaugebieten von 1999 bis 2015 um 28 % (von fast 7.000 ha auf gut 5.000 ha) reduziert. Am stärksten betroffen sind die Weinbaugebiete Mosel (Rückgang um 31 %) sowie Nahe und Mittelrhein (Rückgang um 30 % bzw. 21 %) (Strub & Loose 2016). Allerdings setzte der Strukturwandel bereits wesentlich früher ein. So bestand im Oberen Mittelrheintal um 1900 eine Rebfläche von ca. 2.200 ha, derzeit sind 467 ha verblieben – das entspricht einer Abnahme auf gut ein Fünftel der ursprünglichen Fläche (eigene Erhebungen, Jedicke et al. in Vorb.) Die Folge ist eine flächig einsetzende Sukzession, die über Verbuschung rasch in Richtung einer Wiederbewaldung voranschreitet.

Die Schere der Veränderung klafft in den deutschen Weinbaulandschaften immer stärker auseinander:

Mechanisierbare Lagen wurden unter Einsatz von Verfahren der Flurbereinigung monotonisiert, indem Gehölze und Saumstrukturen größtenteils beseitigt und die Rebparzellen vergrößert wurden (vgl. Beispiel bei Leyer & Mody in diesem Buch;

Abb. 7: Rebflurbereinigte Weinbaulandschaft im Rheingau, Blick vom Schloss Johannisberg auf Oestrich-Winkel und das Rheintal. Foto: Eckhard Jedicke.

Abb. 7). Im Ergebnis entstanden großräumig ausgeräumte Landschaften, in denen das Niederschlagswasser über geradlinige Entwässerungsprofile rasch in die Vorfluter abgeführt wird. Naturnahe Strukturen wie artenreiche Säume, mageres Grünland, Hecken, Gehölzinseln und Einzelbäume sind weitgehend verschwunden. Im badischen Kaiserstuhl wurden auf großen Flächen Großterrassen geschoben.

Weinberge in Steillage wurden hingegen zu großen Teilen aufgegeben und der natürlichen Sukzession überlassen, sie entwickeln sich über Ruderal- und Grasstadien und einem Gebüschstadium zu Waldgesellschaften, insbesondere Eichen-Hainbuchenwäldern (Wendling 1966). Die Folge ist die Homogenisierung der Landschaftsstruktur unter Verlust zahlreicher kulturhistorischer Landschaftselemente, der besonderen Eigenart der Landschaft und auch eines Teils der charakteristischen Biodiversität – nicht allein in den direkt mit dem Weinbau verknüpften Habitaten und Strukturen, sondern auch in mit diesem assoziierten mageren Grünland- und trockenen Gehölzbeständen (Höchtl et al. 2013).

5.3 Ökosystemleistungen weinbaugeprägter Landschaften

Ökosystemleistungen beschreiben den Nutzen, den Menschen aus Ökosystemen ziehen können (MEA 2005). Ein Ökosystem ist ein dynamischer Komplex aus Pflanzen-, Tier- und Mikroorganismen-Gemeinschaften und der unbelebten Umwelt (abiotischen Faktoren wie Gestein, Boden, Wasser, Luft), die als funktionelle Einheit zusammenwirken. Das Konzept der Ökosystemleistungen wird genutzt, um Folgen von anthropogenen Veränderungen auf Ökosysteme zu erfassen und zu bewerten, bezogen sowohl auf natürliche als auch auf vom Menschen geschaffene Ökosysteme. Ökosystemleistungen stellen somit eine wichtige Verbindung zwischen der Funktionsweise von Ökosystemen und dem menschlichen Wohlergehen sowie dem Wert für die menschliche Gesellschaft – auch als Naturkapital bezeichnet – her (Costanza et al. 1997). Eine mögliche Unterteilung von Ökosystemleistungen erfolgt in:

1. bereitstellende Ökosystemleistungen: Produkte, die aus Ökosystemen gewonnen werden, wie Nahrungsmittel, Wasser, Bodenbildung, Holz oder andere Rohstoffe, Energieträger, Arzneimittel;
2. regulierende und erhaltende Ökosystemleistungen: Prozesse und Stoffströme, aus denen ein Nutzen entsteht, z. B. Filterung bzw. Reinigung von Luft und Wasser, Klimaregulierung, Minderung von Überschwemmungen oder Lärm, Erosionsschutz;
3. kulturelle Ökosystemleistungen: immaterieller Nutzen, der durch Ökosysteme ermöglicht wird, wie die Erfüllung ästhetischer, spiritueller und intellektueller Bedürfnisse, Erholung, Bildung und kulturelles Erbe.

In erster Linie erzeugen Rebflächen Tafel- und Keltertrauben, also pflanzliche Produkte, die einerseits direkt vermarket oder zu Traubensaft oder Wein weiterverarbeitet werden. Die Ökosystemleistung hierbei ist eine bereitstellende Leistung, die durch das Agrarökosystem Weinberg erbracht wird, nämlich Produkte einer Nutzpflanze in einem Nahrungsmittelsystem (Erzeugung, Verarbeitung und Waren- oder Lieferkette) zur Verfügung zu stellen.

Für den Weinbau lassen sich weitere Ökosystemleistungen identifizieren, die anhand einer bestehenden einheitlichen Klassifikation mit entsprechender Nomenklatur zu kennzeichnen ist. Eine solche Klassifikation ist das „Common International Classification of Ecosystem Services“ (gemeinsame internationale Klassifikation der Ökosystemleistungen), kurz CICES (Haines-Young & Potschin 2018). Eine Analyse nach der CICES-Klassifikation ergibt, gemessen an der jeweiligen Gesamtzahl der in CICES aufgelisteten Ökosystemleistungen, dass durch den Weinbau bzw. Weinbaulandschaften 24 % der bereitstellende Ökosystemleistungen, 72 % der regulierenden und erhaltenden Ökosystemleistungen sowie 94 % der kulturelle Ökosystemleistungen identifiziert werden können (Zusammenfassung der nach CICES identifizierten Ökosystemleistungen in Tab. 3).

Der hohe Anteil an Ökosystemleistungen, die der Weinbau erbringt bzw. erbringen kann, ist durch die Multifunktionalität der Weinbaulandschaften zu erklären. Die Landschaft, in der Weinberge ein integrativer Bestandteil sind – aber nicht die alleinige Nutzungsform darstellen –, haben aufgrund der Strukturvielfalt und Heterogenität eine Vielzahl von Funktionen, aus denen sich ein Nutzen im Sinne der Ökosystemleistungen ergibt. Eine hohe Strukturvielfalt geht einher mit einer hohen biologischen Vielfalt, die durch eine technische Intensivierung der Bewirtschaftung und Monotonisierung im Weinbau wiederum gefährdet wird. Dadurch erfahren einzelne Ökosystemleistungen eine Degradation und der Nutzen für menschliches Wohlergehen nimmt ab – beispielsweise aus der Wasserhaltekapazität und Erhaltung der Bodenfruchtbarkeit oder die natürliche Schädlingskontrolle. In der Forschung zum Weinbau findet das Konzept der Ökosystemleistungen noch sehr selten Verwendung (Winkler et al. 2017). Bisher sind vor allem folgende Ökosystemleistungen im Weinbau untersucht worden (nach Winkler et al. 2017):

1. Trauben/Pflanzen als Versorgungsleistung: Produktion von Tafel- und Keltertrauben, Weinblätter, Holz;

Tab. 3: Identifizierte Ökosystemleistungen des Weinbaus, klassifiziert nach CICES (Common International Classification of Ecosystem Services).

bereitstellende Ökosystemleistungen	regulierende und erhaltende Ökosystemleistungen	kulturelle Ökosystemleistungen
– Nutzpflanzen als Nahrung – Fasern und andere Materialien zur direkten Verwendung oder Verarbeitung – Saatgut, Sporen und anderes Pflanzenmaterial, das zur Erhaltung oder Etablierung einer Population gesammelt wurde – Pflanzen, die zur Züchtung neuer Sorten oder Sorten verwendet werden – Gene aus Pflanzen für das Design und den Bau neuer biologischer Einheiten – andere biotische bereitstellende Leistungen – Oberflächenwasser als Ressource (ohne Trinkwasser) – Grundwasser als Ressource (ohne Trinkwasser) – andere wasserbasierte Ökosystemleistungen – mineralische Stoffe, die für materielle Zwecke verwendet werden	– Filtration/Sequestrierung/Speicherung/Akkumulation durch das Ökosystem (biotische Prozesse) – Minderung von Geruch/Lärm/visuellen Auswirkungen – Kontrolle der Erosionsraten sowie Pufferung und Verminderung der Massenbewegung – hydrologischer Kreislauf und Regulierung des Wasserdurchflusses – Bestäubung – Saatgutverteilung – Pflege von Jungpopulationen und Lebensräumen – Schädlings- und Krankheitsbekämpfung – Verwitterungsprozesse und deren Auswirkungen auf die (anorganische) Bodenqualität – Zersetzungs- und Fixierungsprozesse und deren Auswirkungen auf die (organische) Bodenqualität – Regulierung von Temperatur und Luftfeuchtigkeit, einschließlich Belüftung und Transpiration – andere regulierende und erhaltende (biotische) Leistungen – Filtration/Sequestrierung/Speicherung/Akkumulation durch das Ökosystem (abiotische Prozesse) – Minderung von Belastungen durch abiotische Strukturen oder Prozesse – Minderung von Massenbewegungen, flüssigen Strömen und Gasströmen – Erhaltung und Regulierung durch anorganische natürliche chemische und physikalische Prozesse – andere regulierende und erhaltende (abiotische) Leistungen	– Förderung von Gesundheit, Erholung oder Genuss durch passive oder beobachtende Wechselwirkungen – Wissenschaft/Schaffung traditionellen ökologischen Wissens – allgemeine und berufliche Bildung – Kultur und Kulturerbe – ästhetische Erfahrungen – symbolische Bedeutung – heilige oder religiöse Bedeutung – Unterhaltung und Veranstaltung – Existenzwert – Vermächtniswert – andere kulturelle (biotisch bedingte) Leistungen – Ermöglichung aktiver oder passiver physischer und erfahrungsmäßiger Interaktionen – intellektuelle Interaktionen – spirituelle, symbolische und andere Interaktionen – Existenz- oder Vermächtniswert – andere kulturelle (abiotisch bedingte) Leistungen

2. Filtrations-, Festlegungs-, Speicherungs- und Akkumulationsprozesse: Bindung/Speicherung von Kohlenstoff, Akkumulation von Nährstoffen und Salzen (z. B. Stickstoffverbindungen, Methan), Filterung von im Wasser infiltrierten gelösten Stoffen sowie Regulierung der Bodenfeuchte;
3. Kontrolle vor Schädlingen: Vorkommen/Förderung von Nützlingen als natürliche Feinde von Pflanzenschädlingen durch bestimmte Pflanzen in der Rebzeilen-Begrünung, Förderung der Bodenfruchtbarkeit, Vögel als Fraßfeinde (z. B. Nisthilfen);
4. Kontrolle vor Krankheitserregern: Förderung natürlicher der biologischen/integrierten Krankheitskontrolle durch Organismen (beispielsweise Milben, Nematoden, pathogene Mikroorganismen wie Pilze, Bakterien, Phytoplasmen, Viren);
5. Wissenschaft/Bildung: Forschungs- und Bildungsförderung, Einsatz von Forschungseinrichtungen, Bildungsprogramme, Einbindung in die Lehre in Berufs- und Hochschulen;
6. Natur- und Kulturerbe: historischer Weinbau, Weinkeller/Gastwirtschaft, Anbau-/Verarbeitungstraditionen, Feste, lokal typisches Essen, spirituelles Erbe (z. B. Klöster).

Die Bedeutung von Ökosystemleistungen im Weinbau bildet sich auch in dem Begriff des Terroir ab: Nach diesem Ansatz wird angenommen, dass der Wein durch den landschaftlichen, naturraumspezifischen und klimatischen Charakter eines bestimmten Anbaugebietes oder einer Region geprägt wird (Hoppman et al. 2017). Dabei sind Reliefeigenschaften wie Hang- und Höhenlage, Mikroklima und vor allem der geologische Untergrund (anstehendes Gestein) und die Beschaffenheit der Böden von besonderer Wichtigkeit. Aber auch kulturelle Aspekte wie Anbautraditionen oder regionalspezifische kellerwirtschaftliche Ausbaumethoden spielen eine Rolle. Der Wein wird somit durch seine sensorischen Eigenschaften als eine Art Abbild der Landschaft verstanden. Somit prägt der Weinbau nicht nur die Kulturlandschaft, sondern auch die Landschaft hat einen Einfluss auf Weinbau und Önologie.

5.4 Wertschöpfung durch Tourismus

Erholung als kulturelle Ökosystemleistung, insbesondere durch das Kulturerbe, bildet eine Möglichkeit zur Inwertsetzung gerade von Weinbaulandschaften durch touristische Nutzungen. Weinbau und Tourismus leben in einer Art Symbiose, denn beide haben einen positiven Einfluss aufeinander. In der touristischen Außendarstellung fungieren der Weinbau und die assoziierten Kulturlandschaften als attraktives Unterscheidungsmerkmal zu anderen Reisezielen. Umgekehrt profitiert Weinbau in starker Hinsicht vom Tourismus, denn er eröffnet neue Zielgruppen und zusätzliche Chancen der Direktvermarktung für die Winzerbetriebe (Müller & Dreyer 2010).

In den letzten Jahren sind die Besucherzahlen auf Weingütern deutlich angestiegen, insbesondere in der Nähe deutscher Großstädte, welche als wichtige Quellmärkte fungieren. Mittlerweile machen touristische Dienstleistungen bei Weingütern, die solche anbieten, knapp ein Viertel (24 %) des Unternehmensumsatzes aus. Je kleiner die Betriebe, desto wichtiger wird der touristische Beitrag. Dies geht so weit, dass die kleinen Familienbetriebe, die nicht selten über Generationen weitergegeben wurden, ohne touristische Angebote nicht mehr fortbestehen könnten (Tafel & Szolnoki 2021a). Doch die wirtschaftlichen Effekte durch Tourismus in Weinregionen beschränken sich nicht nur auf die Weingüter selbst, sondern schaffen positive Effekte für die gesamten Regionen.

In deutschen Weinregionen wurde im Jahre 2017 ein touristischer Umsatz von 26 Mrd. Euro erwirtschaftet, welcher für das Einkommen von 385.000 Personen sorgte. Für ca. 13 % der Besucher ist Wein der wichtigste Grund, jene Regionen zu besuchen. Diese sogenannten Weintourist:innen sind nicht nur geprägt von einem gehobenen Bildungsstand und Einkommen, sie sind zudem bereit, überdurchschnittlich viel Geld für ihre Erfahrungen in Weinregionen auszugeben. So erwirtschaften diese ca. 19 % des wirtschaftlichen Beitrages, nämlich 5 Mrd. Euro, die wiederum auf das Einkommen von ca. 72.000 Menschen heruntergebrochen werden können (Tafel & Szolnoki 2020). Weintourismus ist zudem ein anerkanntes Werkzeug zur nachhaltigen Regionalentwicklung, da er neben der Schaffung von Arbeitsplätzen gleichzeitige regionales Erbe schützt (UNWTO 2017). Ein Teil dieses regionalen Erbes sind historische Weinbau-Kulturlandschaften, deren Genese nicht selten mehrere tausend Jahre zurückliegt. Und diese imposante Landschaft ist wiederum ein Hauptanziehungspunkt für Tourist:innen im Allgemeinen, nicht nur Weintourist:innen (Tafel & Szolnoki 2021b).

Zusammengefasst kann gesagt werden, dass Weinbau einen zentralen Beitrag zur touristischen Wertschöpfung leisten kann, sowohl als Anziehungsgrund für das lukrative Segment der Weintourist:innen als auch indirekt durch den Landschaftserhalt für Tourist:innen allgemein.

5.5 KliA-Net_Weinbau: ein Beispiel für die Klimaanpassung in Weinbaulandschaften

Der anthropogen verursachte Klimawandel stellt mit häufiger auftretenden und intensiveren Starkregenereignissen (wie an der Ahr im Juli 2021), verlängerten Trocken- und Hitzeperioden, verfrühtem Austrieb bei erhöhtem Spätfrostrisiko (Molitor et al. 2014), verfrühter Lese, mit alten und neuen Schadorganismen eine neue Herausforderung dar (Reiss et al. 2021). Im Falle der Dauerkultur Wein mit ihren langen Standzeiten bedeutet er nicht allein für die Rebe und die Weintrauben als Produkt ein Problem, sondern auch auf der Ebene der Weinbaulandschaft. Um diesbezügliche Handlungskompetenzen zu vermitteln, wurde das Projekt „Kooperationen zur Klimaanpassung in Weinbaulandschaften“, kurz KliA-Net_Weinbau, gestartet. Gefördert vom Bundesministerium für Umwelt, Naturschutz und nukleare Sicherheit (BMU) im Rahmen der Deutschen Anpassungsstrategie (DAS), erfolgt darin ein lokaler und interkommunaler Aufbau und die Etablierung eines kooperativ agierenden Netzwerkes zum Wissenstransfer und der Handlungsbefähigung zur Anpassung an den Klimawandel im Weinbau am Beispiel des Rheingaus. Durch die Arbeit des Netzwerkes werden effektive und zukunftsorientierte Handlungs- und Umsetzungskonzepte zur Klimaanpassung im Weinbau für verschiedene Akteure, wie z. B. Winzer:innen und kommunale Entscheidungsträger:innen, gemeinsam entwickelt. Das Projekt wird durch die Projektpartner Wuppertal Institut für Klima, Umwelt, Energie gGmbH, Hochschule Geisenheim University und die Stadt Eltville am Rhein umgesetzt.

Zunächst wurden im Projekt Grundlagen erarbeitet, die auf eine konkrete regionale Kennzeichnung der Auswirkungen des Klimawandels im Rheingau zielen, um hieraus

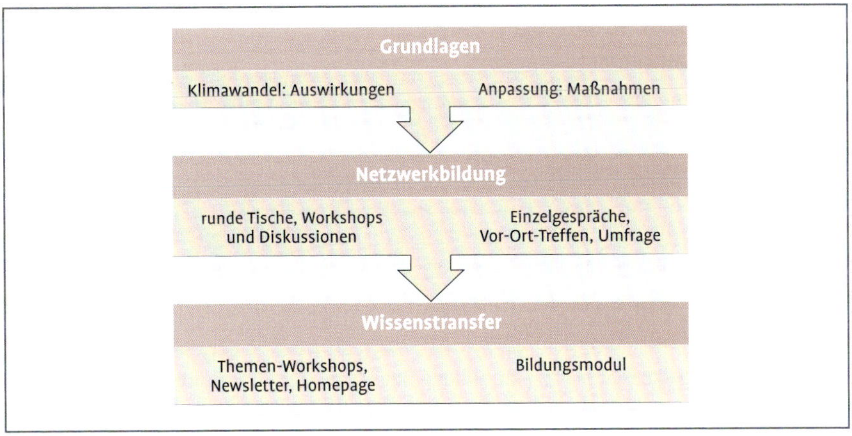

Abb. 8: Ablaufplan im Projekt KliA-Net_Weinbau.

einen Maßnahmenkatalog an Umsetzungsmöglichkeiten zur Klimaanpassung im Weinbau abzuleiten (Abb. 8). Der Maßnahmenkatalog umfasst eine Auflistung von Einzelmaßnahmen, die jeweils steckbriefartig auf zwei Seiten beschrieben und in einen funktionalen Zusammenhang gebracht werden. Die jeweiligen Einzelmaßnahmen sind zur besseren Orientierung in fünf Kategorien eingeteilt (Abb. 9): die Bereiche Pflanze

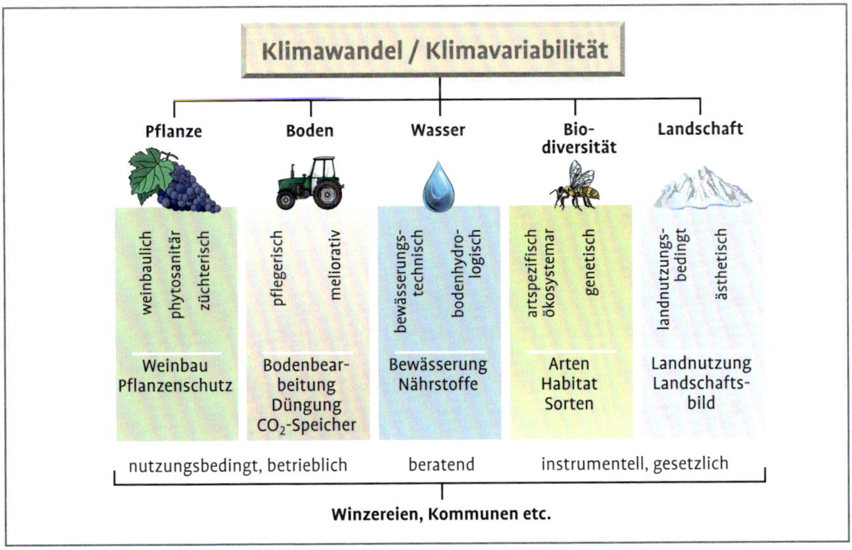

Abb. 9: Einteilung von Maßnahmen zur Klimaanpassung im Weinbau (Kategorien im Maßnahmenkatalog).

Abb. 10: Ansatz des Wissenstransfers im Dialog.

(Maßnahmen bezogen auf die weinbauliche Bewirtschaftung der Reben und den Pflanzenschutz), Boden (Maßnahmen bezogen auf die Bodenbearbeitung und die Düngung/Speicherung von Kohlenstoff), Wasser (Maßnahmen bezogen auf die Bewässerung und den wassergebundenen Transport von Nährstoffen), Biodiversität (Maßnahmen bezogen auf die Vielfalt von Arten, Lebensräumen und genetischen Ressourcen) sowie Landschaft (Maßnahmen bezogen auf die Landnutzung und das Landschaftsbild).

Der Maßnahmenkatalog stellt die Grundlage für die Diskussion und gemeinsame Netzwerkarbeit bereit, wobei der Prozess der Kommunikation über verschiedene Formate wie Einzelgespräche bis zu kooperativen Workshops führt. Die Netzwerkarbeit ist ein zentrales Instrument zur Umsetzungsvorbereitung. Der Wissenstransfer erfolgt in einem Dialog zwischen dem Projektteam und den Akteuren in der Praxis (Winzer:innen, Gastronomie, kommunale Verwaltung, Bürger:innen etc.; Abb. 10 und 11). Damit wird ein Austausch zwischen wissenschaftlich erworbenem Wissen und dem Praxiswissen ermöglicht. Somit kann über unterschiedliche Haltungen und Fähigkeiten entsprechend gemeinsames

Abb. 11: Workshop zur Umsetzung von Querterrassierungen im Weinbaugebiet in der Gemarkung Eltville-Martinsthal (Rheingau). Foto: Martin Reiss.

Wissen generiert werden, welches als transformatives Lernen entsteht. Das bedeutet, durch kritische Reflexion von bestehendem Wissen oder Erwartungen werden zivilgesellschaftliche Akteure in eine kooperative fachlich-inhaltliche Auseinandersetzung gebracht. Das Projektteam begleitet und moderiert diesen Prozess nicht nur, sondern gestaltet ihn ergebnisoffen und agil zusammen mit unterschiedlichen Akteuren in der Weinbaulandschaft mit. Hierbei fokussierten sie besonders auf den Wasserrückhalt in der Landschaft in Verbindung mit einer Reduktion von Erosionsprozessen sowie eine ausreichende Wasserversorgung der Rebe nötigenfalls durch ressourcenschonende Bewässerung.

KliA-Net_Weinbau hat im Rheingau ein Reallabor initiiert, d. h. ein Netzwerk etabliert, das eine Form zur Umsetzung naturbasierter Lösungen und zur Förderung des nachhaltigen Weinbaus durch lokale Vernetzung der Akteure zu bestimmten Transformationserfordernissen im Klimawandel bereitstellt. Das ist notwendig, um den Rheingau als weinbaugeprägte Kulturlandschaft in Richtung Klimaresilenz zu entwickeln. Hierzu wurde ein gemeinsames Leitbild verabschiedet (siehe Textkasten).

Leitbild zur Klimaanpassung der Weinbaulandschaft im Rheingau

Bis zum Jahr 2030 ist die Weinbaulandschaft im Rheingau fit für den Klimawandel: Die Nachhaltigkeit des Weinbaus ist gesichert durch die Realisierung naturbasierter bodenschonender Maßnahmen, sodass negative Wirkungen des Klimawandels auf die Landschaft weitgehend vermieden werden. Der Weinbau erbringt eine große Vielfalt an Ökosystemleistungen, für die er angemessen honoriert wird. Ein Netzwerk von kompetenten Akteur:innen arbeitet konsequent an der Umsetzung folgender Leitlinien:

1. Wir machen uns gemeinsam stark für die Herausforderungen des Klimawandels.
2. Der Erhalt einer funktionsfähigen Kulturlandschaft als unser Lebensraum ist das höchste Gebot.
3. Der Weinbau und der Tourismus sind essentiell für die Zukunft des Rheingaus. Wir entwickeln diese nachhaltig, und zwar für Wirtschaft, Soziales und Ökologie gleichermaßen.
4. Kommunal- und Gesellschaftspolitik nehmen die klimasensiblen Aufgaben in ihr Handeln auf.
5. Wir setzen konkrete Klimaanpassungsmaßnahmen in der Landschaft des Rheingaus um.
6. Die Kulturpflanze Wein und die von ihr lebenden Winzerinnen und Winzer können auch unter Hitze, Trockenheit und Starkregen in Zukunft bestehen.
7. Wir verpflichten uns den Zielen eines naturbasierten Boden- und Gewässerschutzes und entwickeln so den besonderen Charakter der Rheingauer Landschaft weiter.
8. Wir prüfen die Möglichkeiten einer Zertifizierung für Weinbaubetriebe, um durch Benchmarking eine stetige Verbesserung der Nachhaltigkeit zu gewährleisten und einen Mehrwert in der Vermarktung zu schaffen.
9. Wir bauen interkommunale Kooperationen auf und entwickeln diese durch gemeinsames Handeln zur Anpassung an den Klimawandel weiter.
10. Wir tragen lokal und regional zur Umsetzung der Nachhaltigkeitsziele der Vereinten Nationen (Sustainable Development Goals – SDG) bei.

5.6 Landschaften in Weinbauregionen nachhaltig entwickeln – was ist zu tun?

Die deutschen Weinbaulandschaften sind historisch gewachsene Kulturlandschaften, d. h. sie besitzen vielfach – mindestens in Resten – eine Einzigartigkeit, weil ihre Landschaftselemente und Strukturen in heutiger Zeit aus wirtschaftlichen, sozialen, politischen oder ästhetischen Gründen nicht mehr in der vorgefundenen Weise entstehen, geschaffen oder fortgesetzt werden können. Deshalb sollten sie in besonderer Weise geschützt werden – nicht durch komplette Konservierung einer musealen Landschaft, sondern sie sollten unter den vielfältigen Gesichtspunkten der gegenwärtigen Transformation in eine neue Zeit überführt werden, die den zahlreichen Ansprüchen einer nachhaltigen Entwicklung entsprechen.

Kulturlandschaften unterlagen bereits historisch ablaufenden fortwährenden Veränderungen (siehe Abschnitt 2). Auch Weinbaulandschaften sind „mit ihrer Zeit gegangen". Aber an den globalen Wandel im Anthropozän (Klimakrise, Biodiversitätskrise, Landwirtschaftskrise, demografische Krise etc.), dem Zeitalter, in dem der Mensch und sein Handeln maßgeblich die Erde global beeinflusst, kann sich die Menschheit nur im Sinne der Nachhaltigkeit anpassen (siehe WBGU 2020). Hierbei müssen der Weinbau und die durch ihn geprägte Kulturlandschaft ein integraler Bestandteil sein.

Vor diesem Hintergrund können als grundlegende Ziele für die nachhaltige Entwicklung von Weinbaulandschaften folgende Thesen beschrieben werden:

Ziel ist die Entwicklung resilienter, multifunktionaler weinbaugeprägter Landschaften mit einem möglichst hohen Maß und Diversität an Ökosystemleistungen. Resilient heißt, dass die Landschaft anpassungs- und steuerungsfähig gestaltet wird und die Fähigkeit besitzt, „trotz Störungen, Krisen oder fortlaufenden Veränderungen die eigenen grundlegenden Qualitäten zu erhalten, zu erneuern und zu stärken" (Schmidt 2020). Multifunktional bedeutet, dass – gemessen anhand von Ökosystemleistungen – ein möglichst breites Spektrum an Funktionen der Landschaft in möglichst hohem Umfang erfüllt wird. Diese Maximierung gilt nicht für den einzelnen Weinberg oder Wingert, sondern in der Summe vieler Flächen für größere Landschaftsausschnitte.

Dabei gilt es einen Beitrag zur Lösung des Trilemmas von Klimaschutz, Biodiversitätserhaltung und Ernährungssicherung zu leisten, wie es der WGBU (2020) mit dem Ziel einer gleichgewichtigen Berücksichtigung aller drei globalen Herausforderungen detailliert beschreibt, auch wenn Wein, Traubensaft und Tafeltrauben eher als Luxusprodukte zu sehen und weniger der Grundernährung zuzurechnen sind. Der Wissenschaftliche Beirat der Bundesregierung Globale Umweltveränderungen empfiehlt dazu die Entwicklung von Mehrgewinnstrategien für einen nachhaltigen Umgang mit Land. Diese bestehen aus einer diversifizierten Landwirtschaft, Schutzgebietssystemen, Maßnahmen zur Renaturierung, Holzbau und einem Wandel der Ernährungsstile. Räumlich gesehen bedarf es hierbei der Integration von drei Dimensionen – der Rebe, der Anbausysteme und der Landschaftsstrukturen (siehe unten).

Auf die Rebe selbst beziehen sich beispielsweise der Einsatz pilzwiderstandsfähiger Sorten (sogenannter Piwis), genetische Vielfalt der eingesetzten Sorten, Sortenvielfalt im Weinberg einschließlich historischer Sorten, Erhalt alter Rebstöcke unter Neubestockung nur der entstehenden Lücken, Laubwandmanagement wie die Bewirtschaftung der Reben insgesamt.

Die Anbausysteme bedürfen Veränderungen weg von der reinen Monokultur mit unbegrünten und artenarm begrünten Rebgassen. Querterrassierung bietet in Hang- und Steillagen gegenüber Falllinien-Bewirtschaftung Erosionsschutz, fördert die Wasserretention, ermöglicht die artenreiche Begrünung der ungenutzten Böschungen mit gebietsheimischem Saatgut (vgl. Beitrag Leyer & Mody in diesem Buch) und zeigt Vorteile bei der Mechanisierung mit einer wesentlichen Arbeitserleichterung (Strub & Loose 2021). Ansätze des Inter- und Multicropping sowie von Agroforstsystemen könnten heute innovative Weiterentwicklungen für einen resilienten Weinbau bieten, die zum Teil an historische Vorbilder anknüpfen (Bernard & Landesamt für Denkmalpflege 2021): Mindestens kleinere Agrarbetriebe im Rheingau erzeugten um 1500 Getreide und Wein, Nüsse und Äpfel, Kirschen und Birnen sowie weitere Obstarten auf derselben Fläche, und Weinreben unterschiedlicher Sorten wurden bis in das 19. Jahrhundert hinein gemischt.

Auf landschaftlicher Ebene muss die Integration einer vielfältigen Biodiversität sowohl durch artenreiche Begrünung innerhalb der Rebgassen, auf nicht oder nur schwer nutzbaren Zwickeln sowie im Wendbeetbereich als auch durch un- oder anderweitig genutzte Flächen außerhalb der Rebfläche gefördert werden (vgl. Beitrag Leyer & Mody in diesem Buch). Dieses trägt gleichzeitig zu einer Strukturanreicherung der Reblandschaft und damit zu einer ästhetischen Aufwertung der (Erholungs-)Landschaft insgesamt und so zur Steigerung vielfältiger Ökosystemleistungen bei. So zeigt eine Literaturanalyse, dass mit einem angepassten Management und durch Zulassen von mehr Strukturvielfalt in Form von Bäumen, Sträuchern und artenreichem Grünland nicht nur die Vogelarten in Weinanbaugebieten profitieren, sondern auch Winzer:innen Vorteile für den Weinanbau haben können (Adler & Jedicke 2021).

Somit bedarf es in den intensiv genutzten Weinbaulandschaften einer „Flurbereinigung rückwärts", allerdings unter Modernisierung und massiver Beschleunigung dieses Planungsinstruments, um den aktuellen Herausforderungen der Landschaftsentwicklung einschließlich der Klimaanpassung gerecht zu werden. In den vom Rückzug des Weinbaus geprägten Steillagenlandschaften hingegen ist das Ziel, eine kleinräumige Mosaikstruktur mit Terrassen (unter Restaurierung historischer Weinbergsmauern und/oder Querterrassierung) in Kombination mit Beweidung (im landwirtschaftlichen Stil oder sehr extensiv als halboffene Weidelandschaft), Streuobst, Einzelbäumen und kleineren Gehölzstrukturen innerhalb der Nutzflächen bis hin zu ungestörter Sukzession zu Wald herzustellen. Hierbei können die in Abb. 12 gezeigten Möglichkeiten genutzt werden. Stets sind die Wirkungen auf alle Schutzgüter der Landschaftsplanung zu berücksichtigen: Boden, Wasser, Klima/Luft, Biodiversität, Landschaft, kulturelles Erbe, Mensch sowie die Wechselwirkungen zwischen diesen. Hierbei hilft wiederum das Konzept der Ökosystemleistungen zur Planung und Begründung. Zu verknüpfen und beschleunigen ist dieser Wandel durch eine angepasste Förderung, insbesondere im Rahmen der Gemeinsamen Agrarpolitik der EU.

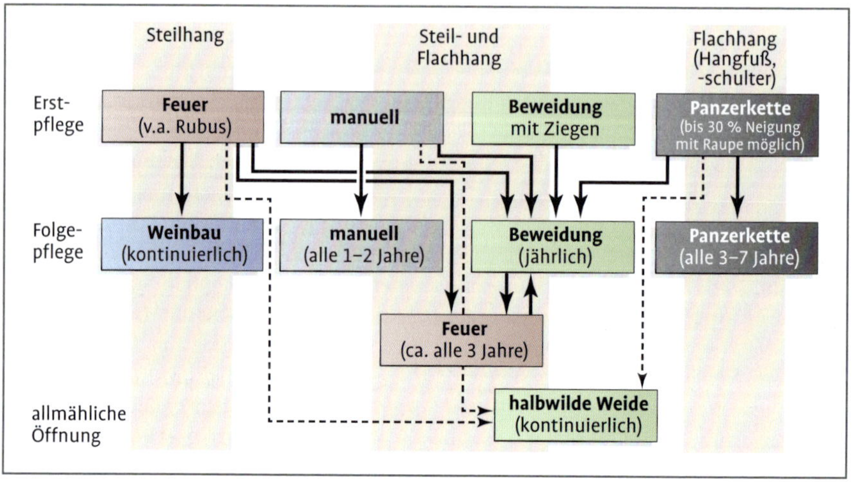

Abb. 12: Baukasten für mögliche Maßnahmen zur Offenhaltung brachgefallener Weinberge in Steil- und Flachhanglage (Veith et al. 2012, verändert). Nur ausnahmsweise praktizierte Maßnahmenpfeile sind gestrichelt.

Nachhaltige Entwicklung in diesem Sinne berücksichtigt die regionale landschaftliche Gestalt- und Strukturvielfalt, sie bewahrt und fördert die typischen und prägenden Elemente der individuellen Eigenart der jeweiligen Landschaft.

Zu allen genannten Themenfeldern besteht ein hoher Bedarf an praxisnaher Forschung und Erprobung. Dessen ungeachtet wissen wir genug, um unmittelbar handeln zu können. Gefragt sind naturbasierte Lösungen, die von der Natur inspiriert und unterstützt sind und mit denen ökologische, ökonomische und soziale Vorteile mit dem Ziel resilient genutzter Landschaft erzielt werden. Welche Kommune, welche Weinbauregion möchte sich hier zum Vorreiter entwickeln? Im Rahmen eines Reallabors wären als transdisziplinäre Forschung unter partizipativer Einbindung der lokalen Akteure Zukunftsvisionen und Szenarien zu entwickeln und gemeinsam vor Ort in der Umsetzung zu testen.

Literaturverzeichnis

Adler, K./Jedicke, E. (2021): Strukturreiche Weinberge für mehr Vögel und weniger Fraßschäden – ein Literaturüberblick zur weinbaulichen Relevanz von Vögeln in Reblandschaften. Naturschutz und Landschaftsplanung 53 (5), 26–32. DOI: 10.1399/NuL.2021.05.03.

Bernard, B./Landesamt für Denkmalpflege Hessen (2020): Historische Anbauweisen und Arbeitsgeräte im Weinbau im Rheingau. In: KuLaDig, Kultur.Landschaft.Digital. URL: https://www.kuladig.de/Objektansicht/SWB-323052 (abgerufen: 03.10.2021).

Costanza, R./d'Arge, R./Groot, R./deFarber, S./Grasso, M./Hannon, B. et al. (1997): The value of the world's ecosystem services and natural capital. Nature 387 (6630), 253–260. DOI: 10.1038/387253a0.

Dornhoeffer, A. (2019): Die Bedeutung des Steillagenweinbaus in Deutschland für Natur und Landschaft. Unveröff. Projektarbeit an der Hochschule Geisenheim, Studiengang Landschaftsarchitektur (Master), Geisenheim.

Haberland, I./Scheuren, E. (2013): Rhein- und Weinlandschaften aus Künstlersicht. In: Bund Heimat und Umwelt in Deutschland, Hrsg., Natur- und Kulturerbe des Weinbaus aktivieren und vermitteln. Dokumentation der Tagung am 8. und 9. Juli 2013 im Weinkulturellen Zentrum, Bernkastel-Kues (Rheinland-Pfalz), 28–37.

Haines-Young, R./Potschin, M. (2018): Common International Classification of Ecosystem Services (CICES) V5.1. Guidance on the Application of the Revised Structure.

Höchtl, F./Petit, C./Konold, W. (2013): Historische Terrassenweinberge: kunstvoll gestaltete, geschätzte und stark gefährdete Elemente der Kulturlandschaft. In: Konold, W./ Petit, C., Hrsg., Historische Terrassenweinberge. Baugeschichte, Wahrnehmung, Erhaltung. Bristol-Schr.-R. 36, 13–23 (Haupt, Bern).

Hoppmann, D./Stoll, M./Schaller, K. (2017): Terroir – Wetter, Klima, Boden. 2. Aufl., Ulmer, Stuttgart.

Konold, W./Petit, C. (2013): Bau- und Arbeitsgeschichte. In: Konold, W., Petit, C., Hrsg., Historische Terrassenweinberge. Baugeschichte, Wahrnehmung, Erhaltung. Bristol-Schr.-R. 36, 35–86 (Haupt, Bern).

Loose, S./Strub, L. (2017): Steiler Rückzug? Der Deutsche Weinbau (3), 24–29.

MEA (Millennium Ecosystem Assessment, 2005): Ecosystems and human well-being. Synthesis; a report of the Millennium Ecosystem Assessment. Island Press, Washington, DC.

Molitor, D./Caffarra, A./Sinigoj, P./Pertot, I./Hoffmann, L./Junk, J. (2014): Late frost damage risk for viticulture under future climate conditions: a case study for the Luxembourgish winegrowing region. Australian Journal of Grape and Wine Research 20, 160–168.

Müller, E. (2019): Der Weinbau in Deutschland. In: Müller, E. (Hrsg.): Der Winzer 1. Weinbau. 4. akt. Aufl., Ulmer, Stuttgart, 24–47.

Müller, J./Dreyer, A. (2010): Weintourismus. Märkte, Marketing, Destinationsmanagement. ITD-Verlag, Hamburg.

OpenStreetMap (2021): Fluss-Shapefile aus Geodatensatz (abgerufen: 30.09.2021).

Poschlod, P. (2017): Geschichte der Kulturlandschaft. 2. Aufl., Ulmer, Stuttgart.

Reiss, M./Bernard, B./Baedeker, C./Jedicke, E. (2021): Klimaanpassung in Weinbaulandschaften – erste Ergebnisse eines Netzwerkes zum Wissenstransfer im Rheingau. Deutsches Weinbau Jahrbuch 72, 97–107 (Ulmer, Stuttgart).

Schmidt, C. (2020): Landschaftliche Resilienz: Grundlagen, Fallbeispiele, Praxisempfehlungen. Springer, Berlin, 229 S.

Strub, L./Loose, S. M. (2016): Steil! Steillagenweinbau. Eine Bestandsaufnahme der bestockten Steillagenrebfläche in Deutschland. Der Deutsche Weinbau (25–26), 14–18.

Strub, L./Loose, S. M. (2021): The cost disadvantage of steep slope viticulture and strategies for its preservation. OENO One 55, 49–68.

Tafel, M./Szolnoki, G. (2020): Estimating the economic impact of tourism in German wine regions. International Journal of Tourism Research. 22 (6), 788–799. DOI: 10.1002/ jtr.2380.

Tafel, M./Szolnoki, G. (2021a): Relevance and challenges of wine tourism in Germany: a winery operators' perspective. International Journal of Wine Business Research, 33 (1), 60–79. DOI: 10.1108/IJWBR-11-2019-0059.

Tafel, M./Szolnoki, G. (2021b): Tourism and its Economic Impact in German Wine Regions. In: Szolnoki, G./Compés López, R., eds., Sustainable and innovative wine tourism. Success models from all around the world, 211–225 (Cajamar, Almería).

UNWTO (World Tourism Organization, 2017): Second Global Report on Gastronomy Tourism. https://www.e-unwto.org/doi/pdf/10.18111/9789284418701 (abgerufen: 04.10.2021).

Veith, M./Bonn, S./Sander, U./Albrech, J./Poschlod, P. (2012): Nachhaltige Entwicklung xerothermer Hanglagen am Beispiel des Mittelrheintals. Naturschutz und Biologische Vielfalt 121.

WBGU (Wissenschaftlicher Beirat der Bundesregierung Globale Umweltveränderungen, 2020): Landwende im Anthropozän: von der Konkurrenz zur Integration. Berlin.

WeinV (1995): Weinverordnung in der Fassung der Bekanntmachung vom 21. April 2009 (BGBl. I S. 827), zul. geä. am 3. Mai 2021 (BGBl. I S. 866). https://www.gesetze-im-internet.de/weinv_1995/WeinV_1995.pdf (abgerufen: 03.10.2021).

Wendling, W. (1966): Sozialbrache und Flurwüstung in der Weinbaulandschaft des Ahrtals. Forsch. dt. Landesk. 160.

wikipedia.org (2021): Deutsche Weinbaugebiete. Erreichbar unter de.wikipedia.org/wiki/Baden_(Weinanbaugebiet)#/media/Datei:WeinbaugebieteDeutschland.svg (abgerufen: 01.10.2021).

Winkler, K. J./Viers, J. H./Nicholas, K. A. (2017): Assessing Ecosystem Services and Multifunctionality for Vineyard Systems. Front. Environ. Sci. 5, 15. DOI: 10.3389/fenvs.2017.00015.

Teil IV

Nachhaltigkeit entlang der Wertschöpfungskette

1 Förderung der Biodiversität im Weinbau

Prof. Dr. Ilona Leyer/PD. Dr. Karsten Mody

1.1 Der aktuelle Zustand der Biodiversität

Der massive Rückgang der biologischen Vielfalt, auch Biodiversität genannt, und ihre Auswirkungen auf die Leistungsfähigkeit der Natur, werden in Gesellschaft und Politik zunehmend wahrgenommen. Auf globaler Ebene dürfte der 2012 gegründete Weltbiodiversitätsrat (Diaz et al. 2015) diese Entwicklung beschleunigt haben. Seine umfassenden Berichte z. B. zum Zustand der Vielfalt von Bestäubern und ihrer monetären Bedeutung für die Nahrungsmittelproduktion (IPBES 2016), sowie zur globalen Lage der Biodiversität (IPBES 2019), haben weltweit Beachtung gefunden. Diese Berichte machen deutlich, dass sowohl ein substanzieller Teil der biologischen Vielfalt als auch wesentliche Ökosystemleistungen, d. h. Leistungen der Natur zum Wohlergehen der Menschen, gefährdet sind. So hängen z. B. die Menge und Qualität der Erträge von mehr als Dreiviertel der Nahrungsmittelpflanzen weltweit zu unterschiedlichen Anteilen von Bestäubern ab. Die Bestäuberleistung entspricht einem weltweiten jährlichen Marktwert zwischen 200 und über 500 Mrd. Euro (IPBES 2016), für Deutschland wird dieser Wert auf über eine Mrd. Euro geschätzt (Leonhardt et al. 2013). Weitere wesentliche Ökosystemleistungen sind z. B. die biologische Schädlingsbekämpfung, die Kohlenstoffspeicherung als Beitrag zum Klimaschutz, die Bereitstellung von Nahrungsmitteln, Holz und Trinkwasser sowie die Beiträge von Natur- und Kulturlandschaften für Erholung und Gesundheit. Vor diesem Hintergrund wird deutlich, dass der dramatische Rückgang der Biodiversität auch die Lebensgrundlagen der Menschen bedroht. In Deutschland hat in diesem Zusammenhang die Studie von Hallmann et al. (2017) für Aufsehen gesorgt, in der die Autoren innerhalb von weniger als 30 Jahren einen Rückgang der Biomasse von Fluginsekten in Naturschutzgebieten von 75 % konstatierten. Mit dieser Studie hat das Thema Insektensterben, das in der Wissenschaft schon weit früher benannt und diskutiert wurde (Shortall et al. 2009, Dirzo et al. 2014), eine breite Öffentlichkeit erreicht, was zu einem wachsenden Problembewusstsein für den Biodiversitätsverlust allgemein geführt hat.

Deutlich spiegelt sich der Rückgang der Artenvielfalt in Deutschland in den verschiedenen Roten Listen wider, die über die Gefährdungssituation der einzelnen Artengruppen informieren und den Handlungs- und Forschungsbedarf im Artenschutz aufzeigen. So werden 34 % der Wirbeltiere als bestandsgefährdet oder bereits ausgestorben eingestuft, wobei die Reptilien die Wirbeltiergruppe mit den höchsten Anteilen bestandsgefährdeter Arten und einer besonders alarmierenden Gefährdungssituation sind (RLG 2020). Besorgniserregend ist auch die Situation der Vögel, von denen zusammen mit den ausgestorbenen oder verschollenen Arten derzeit 45 % gefährdet sind (Grüneberg et al. 2016). Neben Veränderungen der Landnutzung spielt für viele Vögel das Verschwinden der Insekten eine entscheidende Rolle, was zugleich zeigt, wie stark verschiedene Organismengruppen aufeinander angewiesen sind. Für die Insekten möge die Gefährdungssituation der Bienen und Tagfalter stellvertretend genannt sein. Neben der bekannten Honigbiene kommen in Deutschland mindestens 566 Arten von Wildbienen vor, zu denen beispielsweise etwa 40 Hummelarten, aber auch viele andere Bienengruppen wie Mauer-, Sand- und Seidenbienen gehören (Westrich 2019). Wildbienen benötigen neben passenden Nahrungspflanzen zur Pollen- und Nektargewinnung auch noch geeignete Baumaterialien für ihre Nester sowie bestimmte Landschaftsstrukturelemente wie Offenbodenbereiche oder Totholz zum Nisten. Da diese Grundbedürfnisse in unseren Landschaften häufig nicht mehr alle gedeckt werden können, sind inzwischen mehr als 50 % aller Bienenarten in Deutschland gefährdet (Westrich 2019). Von den mehr als 180 Arten von Tagfaltern gelten 42 % als ausgestorben oder bestandsgefährdet (Reinhardt & Bolz 2011). Einige dieser Arten, wie der stark gefährdete Apollo-Falter, sind dabei auf offene, wärmebegünstigte Lebensräume und spezielle, nur dort vorkommende Futterpflanzen angewiesen.

Alleine diese Ausführungen zeigen den dramatischen Verlust der Artenvielfalt in Deutschland, der auch durch internationale und nationale Schutzbemühungen in den letzten drei Jahrzehnten nicht aufgehalten werden konnte. Auf internationaler Ebene sind hier insbesondere das 1992 verabschiedete Übereinkommen über die Biologische Vielfalt der Vereinten Nationen, die 2002 verabschiedete Verpflichtung bis 2010 den Verlust der Biodiversität zu reduzieren (das sog. 2010-Ziel) und der Strategische Plan 2011–2020 mit der Formulierung von 20 Biodiversitätszielen (die sog. Aichi-Ziele) zu nennen. Um den Aichi-Zielen Nachdruck zu verleihen, wurde das Jahrzehnt von 2011–2020 von den Vereinten Nationen zur UN-Dekade Biologische Vielfalt ausgerufen. In Deutschland mündeten diese Bemühungen 2007 in die Nationale Strategie zur biologischen Vielfalt und zu ihrer Umsetzung 2011 in das Bundesprogramm Biologische Vielfalt, mit dem Ziel, ebenfalls bis 2020 eine Trendumkehr herbeizuführen. 2015 kam die Naturschutzoffensive 2020 und 2019 ein Aktionsprogramm zum Insektenschutz hinzu, da klar wurde, dass die formulierten Ziele nicht ohne weitere Anstrengungen zu erreichen sein würden (Richerzhagen & Rodriguez de Francisco 2020). Trotz aller Gesetze, Programme und Strategien auf den unterschiedlichen politischen Ebenen, ist eine Trendumkehr bisher allerdings nicht zu verzeichnen, die für 2020 vorgesehenen Ziele sind vielmehr weitgehend verfehlt worden (CBD 2020).

1.2 Die Rolle des Weinbaus

Was sind nun die Treiber für den enormen Rückgang der Biodiversität, die die Roten Listen von Fassung zu Fassung eher länger als kürzer werden lassen?

Einen großen Einfluss auf die Biodiversität hat die Landwirtschaft, was schon allein daran liegt, dass mehr als 50 % der Fläche Deutschlands landwirtschaftlich geprägt ist. Durch die landwirtschaftliche Nutzung sind im Laufe der Jahrhunderte vielfältige Kulturlandschaften entstanden, die ohne das Zutun des Menschen fast vollständig bewaldet wären. Ein großer Teil der Arten Deutschlands lebt auf den landwirtschaftlich genutzten Flächen oder in Wechselbeziehung mit diesen. Traditionelle Weinbaulandschaften haben in diesem Zusammenhang eine große Bedeutung, denn

Abb. 1: Ausschnitt der strukturell vielfältigen Weinbaulandschaft im Oberen Mittelrheintal (Foto: Karsten Mody, HGU).

die Kultivierung der Reben als landschaftsprägendes Element ging dabei oft mit der Gestaltung einer abwechslungsreichen Landschaft mit Obstbäumen, Brachen, Hecken und anderen Strukturen wie Trockensteinmauern, Steinriegeln und Offenboden einher (Abb. 1). Diese von Winzerinnen und Winzern geschaffene strukturelle Vielfalt schuf den Lebensraum für die besondere Artenvielfalt dieser Landschaften. So haben zahlreiche Offenland-Arten trocken-heißer Standorte hier ihren Verbreitungsschwerpunkt innerhalb Mitteleuropas. Dazu zählen z.B. die charakteristischen Weinbergs-Zwiebelpflanzen (Geophyten) ebenso wie

Abb. 2: Der sehr selten gewordene Acker-Gelbstern (*Gagea villosa*) ist eine im Frühjahr blühende Zwiebelpflanze (Geophyt), dessen Verbreitung in Deutschland eng mit der traditionellen, extensiven Weinbergsbewirtschaftung verbunden ist. Er benötigt oberflächlich geöffneten, lockeren Boden, um sich gegen konkurrenzstärkere Arten behaupten zu können. Die intensive Bewirtschaftung mit früher und tiefer Bodenbearbeitung bzw. frühem Herbizideinsatz vor Mitte-Ende Mai, d.h. während der Vegetationszeit der Art, verträgt der Gelbstern nicht. Ebenso ist eine Dauerbegrünung nicht zuträglich (Foto: Ilona Leyer, HGU).

Abb. 3: Der Apollo-Falter (*Parnassius apollo*) ist ein stark gefährdeter Tagfalter, der nur noch in wenigen Gebieten Deutschlands vorkommt. Im Moseltal kann der Steillagenweinbau durch Bereitstellen der Raupen-Futterpflanze (Weißer Mauerpfeffer, *Sedum album*) auf offen gehaltenen Trockenmauern und Felspartien und der Falter-Nektarpflanzen (z.B. Flockenblumen, *Centaurea* spec.; Gewöhnlicher Dost, *Origanum vulgare*) im Bereich der Säume und Terrassen einen wichtigen Beitrag zum Erhalt dieser Art leisten (Foto: Daniel Müller, Fair and Green e. V.).

verschiedene Reptilien wie Zauneidechse und Schlingnatter oder viele wärmeliebender Vertreter der Wildbienen, Tagfalter und Heuschrecken (Abb. 2–5). Alleine diese Beispiele machen deutlich: Winzerinnen und Winzer produzieren nicht nur Wein, sondern haben auch Kultur und Landschaftsbild geschaffen und biologische Vielfalt gefördert!

Allerdings haben sich die traditionellen Weinbaulandschaften mit dem Beginn der Industrialisierung und noch einmal verstärkt nach dem Ende des zweiten Weltkrieges gewandelt. Dabei standen zwei gänzlich unterschiedliche Prozesse im Mittelpunkt, die sich in vielen traditionell genutzten Kulturlandschaften wie Heide- und Mittelgebirgslandschaften, aber eben auch Weinbaulandschaften nachvollziehen lassen: die Intensivierung und die Nutzungsaufgabe.

Abb. 4: Die Zauneidechse (*Lacerta agilis*) kommt als Kulturfolger in vielen Magerbiotopen heterogener Agrar- und Weinbaulandschaften vor. Sie ist von zunehmender Intensivierung der Bewirtschaftung und Monotonisierung der Landschaft besonders betroffen und zeigt stark abnehmende Bestandstrends. Eine Vernetzung besonnter, aber doch deckungsreicher Lebensräume und die Schaffung von Rückzugsbereichen wie bewachsene Böschungen, Mauern, Stein- und Totholzhaufen können die Art auch im Bereich der Weinberge unterstützen (Foto: Karsten Mody, HGU).

Abb. 5: Die Wiesen-Witwenblume (*Knautia arvensis*) ist eine mehrjährige Staude, die sich zur Begrünung unterschiedlicher Bereiche von Weinbergen eignet. Ihre attraktiven Blüten dienen einer Vielzahl von Insekten als Nahrungsquelle, wie hier der Wildbiene des Jahres 2017, der Knautien-Sandbiene (*Andrena hattorfiana*, links) und der Wildbiene des Jahres 2018, der Gelbbindigen Furchenbiene (*Halictus scabiosae*, rechts) (Foto: Karsten Mody, HGU).

Abb. 6a,b (oben): Rheingauer Weinbergsflur bei Geisenheim 1952 (links) und 2002 (rechts). Abb. 7a,b (unten): Fränkische Weinbergsflur bei Thüngersheim 1964 (links) und 2018 (rechts). Deutlich ist die Monotonisierung der Feldflur und das Verschwinden der zahlreichen Strukturelemente (z.B. Einzelbäume, Alleen) zu erkennen (Fotos: 6a,b: Hessische Verwaltung für Bodenmanagement und Geoinformation).

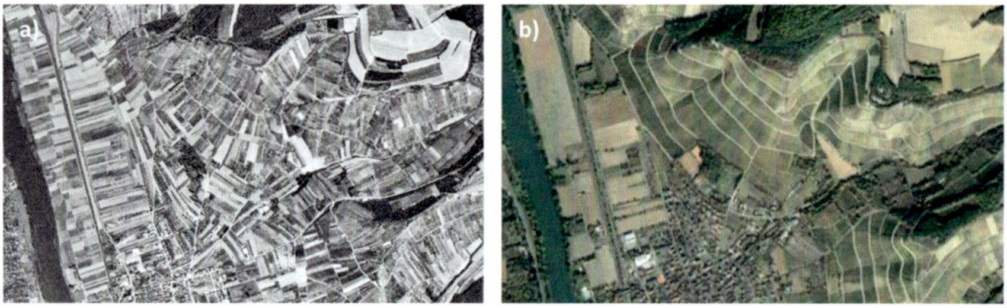

7a: Geobasisdaten: Bayerische Vermessungsverwaltung (CC BY-ND 3.0 DE); 7b: Google Earth, Aufnahmedatum: 11.10.2018).

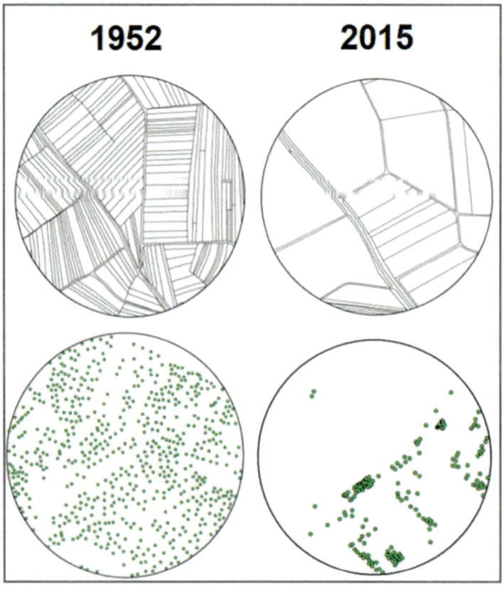

Abb. 8: Konfiguration der Landschaftsstruktur (oben) und Verteilung von Einzelgehölzen (unten) rekonstruiert auf Basis von digitalen Orthofotos von 1952 und 2015, beispielhaft dargestellt an einem von sieben Untersuchungsgebieten in der Rheingauer Feldflur (Durchmesser 500 m). Deutlich hat sich der Landschaftsausschnitt von 1952 zu 2015 verändert: Abnahme der Gesamtlänge der Randlinien: 23,7 km/8,5 km; Abnahme der Anzahl der Patches: 185/31; Zunahme der mittleren Größe der Patches: 0,1 ha/0,6 ha; Abnahme der Anzahl der Bäume: 624/180 (Lay 2019, unveröffentlichte Daten).

Während die traditionelle Landbewirtschaftung die skizzierte Diversifizierung von Lebensräumen vorangetrieben hat, führt ihre moderne Ausprägung mit der Intensivierung der landwirtschaftlichen Produktion und den umfangreichen Flurbereinigungsmaßnahmen bis heute zur Vereinheitlichung und Monotonisierung der Landschaften mit enormen Auswirkungen auf die Biodiversität, den Naturhaushalt und das Landschaftsbild (Bianchi et al. 2006, Sirami et al. 2019). Ein Vergleich der heutigen Landschaft mit historischen Luftbildern zeigt diese Veränderungen eindrücklich auf (Abb. 6a,b; 7a,b). Sie gehen mit einer starken Abnahme der Parzellenzahl, der Zunahme der Parzellengröße sowie der starken Reduktion von Randlinien zwischen den Parzellen einher. Durch den Rückgang der Ränder gehen viele lineare Randstreifen-Lebensräume, die für die Biotopvernetzung essenziell sind, verloren. Zu diesen wichtigen linearen Lebensräumen gehören z. B. Hecken, Blühstreifen, Steinriegel, Mauern oder Gräben. Auffällig ist außerdem das Verschwinden typischer Gehölze der Kulturlandschaft, wie z. B. Einzelbäume, Alleen, Obstwiesen und kleine Gebüschinseln (Abb. 8). Die Abnahme der Artenvielfalt im Zusammenhang mit dem Verlust der genannten Strukturen und ganz generell der Umwelt-Heterogenität in Weinbaulandschaften ist für viele Artengruppen gut dokumentiert (Uzman et al. 2018, Kolb et al. 2019, Paiola et al. 2020). Gleiches gilt für die Abnahme von Gegenspielern von Schaderregern, die sich nachteilig auf den Pflanzenschutz auswirken und zu höherem Pestizidbedarf führen kann (Paredes et al. 2021).

Neben der Intensivierung ist aber auch die Aufgabe der Nutzung ein Prozess, der in traditionellen Kulturlandschaften für den Rückgang der an Nutzung angepassten Offenlandarten verantwortlich ist. Nutzungsaufgabe betrifft vor allem Grenzertragsstandorte,

Abb. 9: Traditionelle Terrassenlandschaft an der Mosel (Foto: Karsten Mody, HGU).

an denen die Bewirtschaftung aufwändig und kaum gewinnbringend ist und eine Intensivierung nicht lohnt. Im Weinbau sind vor allem die Steillagen von Nutzungsaufgabe betroffen. Über Jahrhunderte wurde der Weinbau im Steilhang vielerorts auf kleinparzellierten Terrassenanlagen betrieben, die von Trockenmauern gestützt sind (Abb. 9). Diese trocken-heißen Standorte im Mosaik mit den Rebflächen, Brachen, Gebüschen und Felsnasen sind wertvolle Sekundärlebensräume von Arten, deren Primärstandorte wie z. B. sonnenexponierte Geröllhalden und Trockenrasen im Zuge der Nutzbarmachung der Hänge zerstört wurden (Henle et al. 1999).

Von diesen Weinbergs-Terrassenanlagen sind heute nur noch Reste vorhanden. Aufgrund der fehlenden Mechanisierbarkeit, der hohen Kosten und des enormen Arbeitsaufwandes für Bewirtschaftung und Instandhaltung wurde der Terrassenweinbau vielerorts aufgegeben (Höchtl et al. 2013), was für den arbeitsintensiven Steillagenweinbau generell gilt. So ist z. B. in den überwiegend durch Steillagenweinbau geprägten Regionen Mittelrhein und Mosel allein in den Jahren 1987–2019 ein Rückgang der bestockten Rebfläche von knapp 40 bzw. 30 % zu verzeichnen (DWJ 2020). Für das Mittelrheintal ist bekannt, dass um 1900 noch weit über 2000 ha Wein angebaut wurden (Veith et al. 2012), während es aktuell nur noch knapp 450 ha sind. Die Nutzungsaufgabe hat zu großflächigen Verbuschungen und zu Wiederbewaldung geführt, wodurch sich die ehemals offenen Kulturlandschaften stark verändert haben – mit negativen Auswirkungen auf die Artenvielfalt ehemals typischer Organismengruppen, das Landschaftsbild, den Tourismus und die Lebensqualität der Bevölkerung (Job & Murphy 2006, Santoro et al. 2020). Somit geht dieser Prozess mit vielschichtigen naturschutzfachlichen, aber auch ökonomischen und sozio-kulturellen Problemen einher.

In anderen Lagen wurde aber auch der Steillagenweinbau intensiviert, indem die Weinberge in Falllinie angelegt wurden, was zu einer Erhöhung der Flächenproduktivität führt und die Mechanisierung ermöglicht. Die Intensivierungen haben vielerorts ebenfalls zu einer Monotonisierung der Kulturlandschaft geführt, da weder die wertvollen Trockenmauerlebensräume noch nennenswerte Anteile anderer Landschaftsstrukturelemente wie Obst- und Feldgehölze, Säume und Grünlandinseln erhalten blieben.

All diese Prozesse zeigen den Handlungsbedarf in unseren Weinkulturlandschaften auf, machen aber auch deutlich, welche Stellschrauben wir auf Landschaftsebene haben, um die Artenvielfalt zu fördern. Zentraler Punkt ist, die Monotonisierung in den Weinbaulandschaften aufzubrechen (Barbaro et al. 2017, Paiola et al. 2020). Im Intensivweinbau der Flachlagen bedeutet dies darauf zu achten, Flächen mit vielfältiger Nutzung wie Grünland und Obstwiesen, aber auch Brachen und Gehölzinseln zu erhalten und neu anzulegen. Wichtig ist zudem eine Förderung von Randstrukturen, die als Korridore zur Vernetzung von Lebensräumen führen und damit die Wiederbesiedlung und den Austausch von Organismen als Grundlage für mehr Biodiversität ermöglichen. Dies kann in der bestehenden Weinbergsflur durch die Herausnahme von Rebzeilen in großen Weinbergen erfolgen, um Korridore aus Säumen, Hecken oder Baumreihen zu schaffen. Ferner sollten die schon vorhandenen Weinbergsränder für die Anlage solcher Korridore genutzt werden. Bei Flurbereinigungsverfahren sollte konsequent auf die Erhaltung oder Neuanlage eines Mosaiks von unterschiedlichen Landschaftsstrukturen und ihre Vernetzung durch zahlreiche Randstrukturen geachtet werden.

In den Steillagen dagegen steht die Aufrechterhaltung der weinbaulichen und weiteren Nutzungen zur Erhaltung eines substanziellen Offenlandanteils im Mittelpunkt der Bemühungen zum Erhalt der Biodiversität und des Landschaftsbildes (Wersebeckmann et al. 2021). Beide Herangehensweisen – sowohl die Schaffung von extensiv genutzten Teilräumen innerhalb der Weinbergsflur der Flachlagen als auch die Aufrechterhaltung des Weinbaus zur Offenhaltung der Landschaft in Steillagen – bedürfen fundierter Konzepte, damit dies unter den heutigen ökonomischen Rahmenbedingungen wirtschaftlich tragfähig und praktisch umsetzbar ist.

1.3 Von der Weinbaulandschaft zum Weinberg

Im Gegensatz zu vielen einjährigen Kulturen, die einer jährlichen Bodenbearbeitung und einer intensiven Bewirtschaftung bedürfen, hat die Dauerkultur Wein ein großes Potenzial für mehr Biodiversität im Weinberg selbst. Die Fläche der Gassen – begrünt oder alternierend offengehalten – kann bei angepasster Nutzung Lebensraum für zahlreiche Pflanzenarten und die assoziierte Fauna bereitstellen. Auch die Unterstockbegrünung kann hierfür ebenso wie eine Saumbegrünung und die Etablierung von Strukturelementen in Randbereichen einen bedeutenden Beitrag zur Vielfalt leisten (Winter et al. 2017, Bosco et al. 2019, Paiola et al. 2020, Uzman et al. 2020). Allerdings wird dieses Potenzial v. a. im Intensiv-Weinbau der Flachlagen kaum ausgeschöpft. Es herrschen häufig artenarme Einsaaten und grasdominiertes Einheitsgrün vor (Abb. 10). Häufige Befahrung der Gassen für Pflanzenschutz und Rebmanagement, das mehrmalige Mulchen der Gassen und randlichen Vegetation, ein hohes Nährstoffniveau der Böden durch Düngung sowie der Einsatz von Pflanzenschutzmitteln führen zu der beschriebenen Artenarmut in Zeilen und Gassen, Vorgewenden und angrenzenden begrünten Bereichen.

Wie kann nun ein Weinbergsmanagement aussehen, das den Ansprüchen der Rebe gerecht wird und gleichzeitig Lebensraum für vielfältige Artengemeinschaften bietet? Je nach Lage, Böden, Wasserhaushalt und nicht zuletzt vorhandener Technik können Konzepte recht unterschiedlich sein, trotzdem lassen sich generelle Herangehensweisen aufzeigen.

Leicht einzusehen ist, dass eine kraut- und damit blütenreiche Begrünung einen hohen Wert insbesondere für die Insektenfauna und andere Kleintiere hat (Geldenhuys et al. 2021, Abb. 1). Da viele bestäubende Insekten, die Pollen und Nektar als Nahrungsquelle nutzen, auf bestimmte Pflanzenfamilien und -gattungen spezialisiert sind, ist es wichtig auf eine entsprechende Vielfalt zu achten, um möglichst viele Insektenarten zu fördern. Eine Ein-Art-Begrünung mit z. B. der als Bienenfreund bezeichneten Phacelie (Büschelschön) reicht nicht aus! Idealerweise sollte für die Begrünung sogenanntes Regiosaatgut Verwendung finden, das von Wildpflanzen aus der jeweiligen Region, in die es eingebracht werden soll, gesammelt und vermehrt wird. Bei diesen Pflanzen kann von einer Anpassung an die regionalen z. B. klimatischen Bedingungen ausgegangen werden, sodass die Wahrscheinlichkeit einer erfolgreichen Etablierung besonders hoch ist. Ferner ist davon auszugehen, dass eine wechselseitige Anpassung mit der regionalen Fauna vorhanden ist (Bucharova et al. 2016, 2017). Es sollte außerdem darauf geachtet werden, dass Arten unterschiedlicher Blühphänologien ausgewählt werden, um ein kontinuierliches Blütenangebot über die Vegetationsperiode hinweg gewährleisten zu können. Ein weiterer Aspekt ist, dass sich die Artenzusammensetzung an den Standortbedingungen orientieren sollte (z. B. Auswahl trockentoleranter Arten bei geringer Wasserverfügbarkeit und Kalkzeiger bei hohem Basengehalt), damit sich möglichst viele Arten erfolgreich etablieren können. Zwei- bis mehrjährige Arten sind dabei einjährigen Arten vorzuziehen, da sie zum einen dauerhafter und vorhersagbarer Lebensraum und Nahrung für eine Vielzahl von Tiergruppen bieten und zum anderen wirtschaftlich interessant sind, da sie ohne Neuansaat wieder austreiben und sich selbst verjüngen können.

Wichtig ist die Begrünungspflege der eingesäten Artengemeinschaft. Dabei gilt, je nährstoffärmer der Standort, desto länger bleibt die Pflanzenvielfalt erhalten. Der Grund ist, dass bei mageren Verhältnissen die Produktion oberirdischer Spross-Biomasse eingeschränkt ist, wodurch sich Kräuter gegen Gräser behaupten und viele Arten koexistieren können. Durch eine Erhöhung des Nährstoffniveaus im Boden wird dagegen vermehrt Spross-Biomasse produziert, wodurch wenige Arten, v. a. Gräser, profitieren, da sie schnell aufwachsen und sich vegetativ verbreiten können (DeMalach et al. 2016). Es ist also nicht die direkte Stickstoffanreicherung der Böden selbst, sondern es sind die veränderten Konkurrenzbedingungen, die zur Dominanz von Gräsern führen. Hinzu kommt, dass die Gräser auch mit intensiver Befahrung sowie frühem und häufigem Mulchen besser zurechtkommen. Am Ende entwickelt sich also wieder das grasdominierte Einheitsgrün, wenn nicht gegengesteuert wird. Die Lösung ist, für eine Heterogenisierung der Bewirtschaftungsintensität innerhalb des Weinbergs zu sorgen. Idealerweise werden die artenreich begrünten Gassen nur für die Begrünungspflege befahren und die weiteren notwendigen Arbeiten von angrenzenden Arbeitsgassen durchgeführt. Diese können ebenso wie der Unterstockbereich bei Bedarf auch gedüngt werden, während die artenreich begrünten Gassen möglichst nährstoffarm gehalten werden sollten. Bei der Gassenpflege ist zu bedenken, dass Mulchen die Nährstoffe über das verbleibende Mulchgut in der Gasse hält und durch das Zerkleinern der Biomasse die Fauna stark geschädigt wird. Mähen ohne Zerkleinern mit Ablage des Mahdguts unter Stock bzw. in die angrenzende Arbeitsgasse bietet ebenso wie das Walzen, das Kleintiere schont und einem Teil der Kräuter ein Aussamen ermöglicht, im Vergleich zum Mulchen Vorteile.

Ein weiterer vielversprechender Ansatz die Befahrung generell zu reduzieren, ist die Pflanzung von pilzwiderstandsfähigen Rebsorten (PIWI-Reben), die den Einsatz von Fungiziden und damit das häufige Befahren für Spritzungen deutlich reduziert. Ferner werden damit die negativen indirekten und direkten Auswirkungen von Fungiziden auf verschiedene Nützlingsgruppen wie Raubmilben und Ameisen minimiert (Pennington et al. 2018, Reiff et al. 2021). Bei notwendigen Anwendungen von Fungiziden sollten die Mittel mit den geringsten negativen Effekten für die biotische und abiotische Umwelt verwendet werden (Paiola et al. 2020, Reiff et al. 2021).

Neben Fungiziden können Herbizide (Renaud et al. 2004, Sanguankeo & León 2011) und besonders Insektizide (Ostandie et al. 2021, Puig-Montserrat et al. 2017) stark negative Auswirkungen auf die Insektenfauna von Weinbergen haben. Der Einsatz von direkt insektengefährdenden Insektiziden ist daher nach Möglichkeit immer zu vermeiden. Sollte jedoch eine starke Vermehrung von Schadinsekten nicht durch insektizidfreie

Abb. 10: Grasdominiertes Einheitsgrün einer Weinbergsgasse im Intensiv-Weinbau der Flachlagen (Foto: Karsten Mody, HGU).

Abb. 11: Mit Regiosaatgut artenreich begrünte Gasse, die Nahrung für eine Vielzahl von Insekten bereitstellt (Foto: Anne Buchsbaum-Sehn, BWV Rheinland-Nassau e. V.).

Methoden wie die Pheromon-Verwirrung oder durch natürliche Gegenspieler zu kontrollieren sein, sollte die Begrünung vor Insektizid-Anwendung gemäht werden, um noch weitergehende negative Effekte durch Fallenwirkung („Anlocken und Abtöten") zu vermeiden.

Häufig sind am Rande der Weinberge Bereiche vorhanden, die nicht oder nur sporadisch befahren, nicht gedüngt und gespritzt werden müssen. Dies können z. B. kleine Teilflächen des Vorgewendes bzw. breitere Randbereiche sein, die sich für die Anlage artenreicher Begrünung ebenfalls eignen

Abb. 12: 2018 Neuangelegter querterrassierter Weinberg am Höllenberg, Assmannshausen (Rheingau), zur Hauptblütezeit Anfang Juni 2019 (Foto: Ilona Leyer, HGU).

Im Steillagenweinbau ist in diesem Kontext außerdem die Anlage von Querterrassen-Weinbergen zu nennen. Diese haben zwar aus Kostengründen keine Trockenmauern mehr, aber neu geschaffene Böschungen, die weder befahren noch gedüngt und in der Regel einmal im Jahr gemäht oder gemulcht werden. Entsprechend begrünt, stellen diese Böschungen großflächig Lebensraum für Artengemeinschaften trocken-warmer Standorte bereit (Abb. 12, Beispiele unter https://www.bioquis.de). Neben einem geringeren Erosionsrisiko ist die Arbeitserleichterung beim Weinbergsmanagement in den hangparallelen Gassen zudem ein betrieblicher Vorteil, sodass die Querterrassierung auch unter ökonomischen Gesichtspunkten eine Alternative zur Anlage von Weinbergen in Falllinie ist (Strub & Loose 2021).

Neben der Begrünung können noch weitere Maßnahmen ergriffen werden, um verschiedenen Artengruppen Lebensraum zur Verfügung zu stellen. Dies betrifft insbesondere die schon angesprochenen Strukturelemente, die in der ausgeräumten Landschaft fehlen. Dafür eignen sich im Weinberg Zwickelflächen, d. h. Spitzzeilen und Wegekurven mit Kurzzeilen. Die Herausnahme weniger Rebstöcke kann hier bereits zu einem deutlich höheren Platzangebot z. B. zur Pflanzung von Solitärbäumen und Sträuchern sowie zur Anlage von Steinhaufen, Totholzelementen und Nisthilfen für höhlen- und bodennistende Wildbienen führen (Abb. 13a und b).

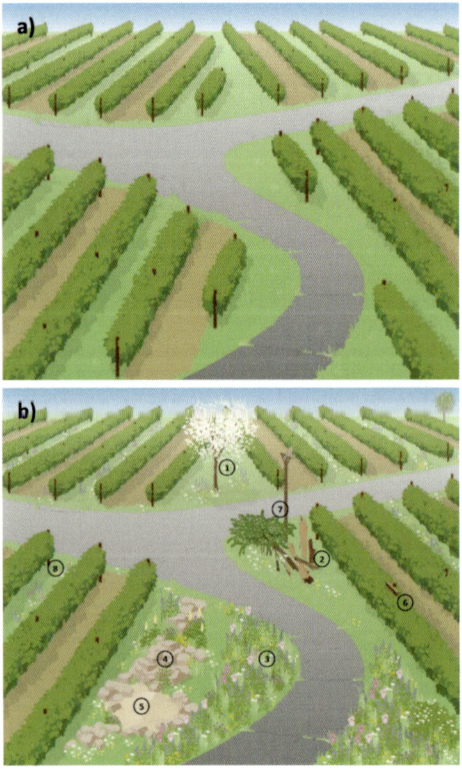

Abb. 13: Schematischer Weinberg. In einer ausgeräumten Weinbergsflur (a) können durch die Herausnahme einiger Rebstöcke in Kurzzeilen mit geringem Aufwand Flächen bereitgestellt werden, auf denen für verschiedene Artengruppen Kleinstlebensräume etabliert werden können (b). Dies können z. B. sein: 1. Einzelbaum, Sträucher, 2. Totholz, liegend und stehend, 3. Blühstreifen, 4. Steinhaufen, 5. Sandarium für bodennistende Wildbienen, 6. Nisthilfe für höhlennistende Wildbienen, 7. Ansitzwarte. 8. Zusätzlich fördert die Etablierung einer artenreichen Gassenbegrünung Insekten und andere Kleintiere (Illustration: Celina Reiß, in Anlehnung an LBBW (2008)). Weitere Beispiele: www.ambito.eco.

Fazit und Ausblick

Die Ausführungen machen deutlich, dass der Weinbau das Potenzial hat, die Kultur der Reben mit Artenvielfalt auf ein und derselben Fläche und in ein und derselben Landschaft zu verbinden, und dass strukturreiche Weinbaulandschaften auch ökonomisch und sozio-kulturell eine große Bedeutung haben. Hinzu kommt, dass der Weinbau anders als bei einjährigen Kulturen weniger das Ziel verfolgt, den Ertrag zu maximieren, sondern Qualitätsprodukte zu erzielen. Dazu passt, dass im Gegensatz zu vielen anderen agrarisch genutzten Pflanzenarten beim Wein seit jeher – neben den jeweiligen Weinregionen und Reblagen – die Bewirtschaftung und der Umgang mit der Natur von Konsumentinnen und Konsumenten bewusster wahrgenommen werden. In jüngerer Zeit nimmt das Bewusstsein für Umwelt- und Klimaschutz aber auch insgesamt in der deutschen Gesellschaft zu, was sich z. B. in aktuellen Studien zum Umwelt- und Naturbewusstsein des Bundesumweltministeriums widerspiegelt (BMU 2019, 2020). So schätzen z. B. mehr als zwei Drittel der Befragten diese Themen als eine der wesentlichen Herausforderungen Deutschlands ein, bei den Jugendlichen sind dies sogar 78 %. Jeweils mehr als zwei Drittel der Befragten sprechen sich dafür aus, dass die Erfordernisse des Umwelt- und Klimaschutzes in der Energie- und in der Landwirtschaftspolitik eine übergeordnete Bedeutung haben sollten, wobei sich gleichzeitig mehr als 80 % der Befragten mit dem Einsatz der Bundesregierung in diesen Politikfeldern unzufrieden zeigten (BMU 2019). Diese Unzufriedenheit setzt sich mittlerweile auch in Handeln um, wie das 2019 initiierte Volksbegehren mit dem Motto „Rettet die Bienen" für mehr Artenvielfalt in Bayern und andere Initiativen gezeigt haben, die die Politik zu Naturschutz-Reformen und mehr Engagement beim Thema Biodiversitätsförderung angestoßen haben.

Alles zusammengenommen sind dies ausgesprochen gute Voraussetzungen für die Weinbranche, offensiv bei der Biodiversitätsförderung im landwirtschaftlich genutzten Raum voranzugehen und dies auch erfolgreich zu vermarkten. Gleichzeitig müssen die Winzerinnen und Winzer, die durch ihr Betriebsmodell viele Natur- und Umweltschutzleistungen erbringen und solche, die sich aktiv für die Umsetzung biodiversitätsfördernder Maßnahmen entscheiden, angemessen für diese Leistungen honoriert werden. Nur wenn sich mehr Biodiversität und andere Umweltleistungen für die Landbewirtschafterinnen und -bewirtschafter lohnen, werden sie diese Gemeinwohlleistungen langfristig für die Gesellschaft erbringen können. Dabei setzt die Gemeinsame Agrarpolitik der EU (GAP) die wichtigsten finanziellen und inhaltlichen Rahmenbedingungen, was bedeutet, dass dies eine der wichtigsten Stellschrauben für die Sicherung und Entwicklung der Biodiversität in der Agrarlandschaft ist. Allerdings ist ein grundlegender Wechsel hin zu einem natur- und umweltfreundlicheren System, das nicht vor allem pauschal die bewirtschaftete Fläche, sondern zielgerichtet Gemeinwohlleistungen einkommenswirksam entlohnt, bisher nicht herbeigeführt worden (BfN 2017, Pe'er et al. 2020). Dies benachteiligt nachweislich gerade die Bewirtschafterinnen und -bewirtschafter, die besonders nachhaltig arbeiten (Scown et al. 2020). Neben dem notwendigen Systemwechsel auf EU-Ebene ist eine ambitionierte nationale Ausgestaltung der GAP für eine nachhaltige Agrarförderung vonnöten. Die Spielräume, die hier in der ersten Säule z. B. mit den Öko-Regelungen (Eco-Schemes) und mit der Stärkung der zweiten Säule durch Umschichtung vorhanden sind, sollten konsequent für eine Stärkung des Biodiversitäts- und Umweltschutzes durch nachweislich effiziente Maßnahmen genutzt werden.

Nicht zuletzt können aber auch Konsumentinnen und Konsumenten einen Beitrag leisten, indem sie durch ihr Einkaufsverhalten die Leistungen der Betriebe für die Förderung von Biodiversität in ihren Weinbergen und für die Erhaltung und Schaffung einer vielfältigen, reich strukturierten Weinkulturlandschaft honorieren. Dies bedarf eines Marketings, das diese Leistungen sichtbar macht und Produkte, die im Handel entsprechend erkennbar sind.

Literaturverzeichnis

Barbaro, L./Rusch, et al. (2017): Avian pest control in vineyards is driven by interactions between bird functional diversity and landscape heterogeneity. Journal of Applied Ecology 54:500–508.

BfN 2017. Agrar-Report 2017. Biologische Vielfalt in der Agrarlandschaft. https://www.bfn.de/ fileadmin/BfN/landwirtschaft/Dokumente/BfN-Agrar-Report_2017.pdf (21 April 2021).

Bianchi, F./Booij, C. J. et al. (2006): Sustainable pest regulation in agricultural landscapes: a review on landscape composition, biodiversity and natural pest control. Proceedings of the Royal Society B-Biological Sciences 273:1715–1727.

BMU 2019. Bundesministerium für Umwelt, Naturschutz und nukleare Sicherheit. Umweltbewusstsein in Deutschland 2018 – Ergebnisse einer repräsentativen Bevölkerungsumfrage. Berlin.

BMU 2020. Bundesministerium für Umwelt, Naturschutz und nukleare Sicherheit. Naturbewusstsein (2019) – Bevölkerungsumfrage zu Natur und biologischer Vielfalt. Berlin.

Bosco, L./Arlettaz, R. and Jacot, A.. (2019): Ground greening in vineyards promotes the Woodlark *Lullula arborea* and their invertebrate prey. Journal of Ornithology 160:799–811.

Bucharova, A., M./Frenzel, Ket al. (2016): Plant ecotype affects interacting organisms across multiple trophic levels. Basic and Applied Ecology 17:688–695.

Bucharova, A., Michalski, S. et al. (2017): Genetic differentiation and regional adaptation among seed origins used for grassland restoration: lessons from a multispecies transplant experiment. Journal of Applied Ecology 54:127–136.

CBD 2020. Global Biodiversity Outlook 5 – Summary for Policy Makers. Secretariat of the Convention on Biological Diversity, Montréal.

DeMalach, N./Zaady, E.et al. (2016): Size asymmetry of resource competition and the structure of plant communities. Journal of Ecology 104: 899–910.

Díaz, S./Demissew, S. et al. (2015): The IPBES Conceptual Framework—connecting nature and people. Current Opinion in Environmental Sustainability 14:1–16.

DWJ 2020. Der Weinbau in der Bundesrepublik Deutschland 2018. Stoll, M./Schultz, H. R. (eds.). Deutsches Weinbaujahrbuch, Ulmer, Stuttgart.

Geldenhuys, M., Gaigher, R. et al. (2020): Diverse herbaceous cover crops promote vineyard arthropod diversity across different management regimes. Agriculture, Ecosystems & Environment 307:107222.

Grüneberg, C./Bauer, H,.G. et al. (2016): Rote Liste der Brutvögel Deutschlands, 5. Fassung, 30. November 2015. Berichte zum Vogelschutz 52:19–67.
Hallmann, C. A./Sorg, M. et al. (2017): More than 75 percent decline over 27 years in total flying insect biomass in protected areas. Plos One 12:e0185809.
Henle, K./Bender, C./Schmidt-Loske, K. and Asmussen, U. (1999): PVAs in der Eingriffsplanung am Beispiel der Flurbereinigung von Weinbergen. Pages 241–248 in K. Amler, A./ Bahl, K. et al. (eds.): Populationsbiologie in der Naturschutzpraxis. Isolation, Flächenbedarf und Biotopansprüche von Pflanzen und Tieren. Ulmer, Stuttgart.
Höchtl., F./Petit, C. and Konold, W. (2013): Historische Terrassenweinberge: kunstvoll gestaltete, geschätzte und stark gefährdete Elemente der Kulturlandschaft. Pages 13–23 in Konold, W. and Petit, C. (eds.): Historische Terrassenweinberge. Baugeschichte, Wahrnehmung, Erhaltung. Bristol Stiftung Zürich. Haupt Verlag, Bern.
IPBES 2016. Summary for policymakers of the assessment report of the Intergovernmental Science-Policy Platform on Biodiversity and Ecosystem Services on pollinators, pollination and food production.in Potts, s. G./Imperatriz-Fonseca, V. L./Ngo, H. T./Biesmeijer, J. C./Breeze, T. D. et al. (eds.): Secretariat of the Intergovernmental Science-Policy Platform on Biodiversity and Ecosystem Services, Bonn, Germany.
IPBES 2019. Summary for policymakers of the global assessment report on biodiversity and ecosystem services of the Intergovernmental Science-Policy Platform on Biodiversity and Ecosystem Services. In: Díaz, S./Settele, J. et al. (eds.): Secretariat of the Intergovernmental Science-Policy Platform on Biodiversity and Ecosystem Services, Bonn, Germany.
Job, H., and A. Murphy. 2006. Germany's Mosel Valley: Can tourism help preserve its cultural heritage? Tourism Review International 9:333–347.
Kolb, S./Uzman, D. et al. (2020): Differential effects of semi-natural habitats and organic management on spiders in viticultural landscapes. Agriculture, Ecosystems & Environment 287:106695.
Lay, M. 2019. Landschaftsstrukturmaße für die Analyse landschaftlicher Veränderungen. Masterarbeit Hochschule Geisenheim.
LBBW 2008. Lebendiger Weinberg. Heft 28 der Schriftenreihe "Naturschutz im Kleinen". Stiftung Landesbank Baden-Württemberg, Stuttgart, Germany.
Leonhardt, S. D./Gallai, N.et al. (2013): Economic gain, stability of pollination and bee diversity decrease from southern to northern Europe. Basic and Applied Ecology 14:461–471.
Ostandie, N., B./Giffard et al. (2021): Multi-community effects of organic and conventional farming practices in vineyards. Scientific Reports 11:1–10.
Paiola, A./Assandri, G. et al. (2020): Exploring the potential of vineyards for biodiversity conservation and delivery of biodiversity-mediated ecosystem services: A global-scale systematic review. Science of the Total Environment 706:135839.
Paredes, D./Rosenheim, R. et al. (2021): Landscape simplification increases vineyard pest outbreaks and insecticide use. Ecology Letters 24:73–83.
Pe'er, G./Bonn, A./Bruelheide, H.et al. (2020): Action needed for the EU Common Agricultural Policy to address sustainability challenges. People and Nature 2:305–316.
Pennington, T./Reiff, J. M./Theiss, K. et al. (2018): Reduced fungicide applications improve insect pest control in grapevine. BioControl 63:687–695.
Puig-Montserrat, X./Stefanescu C./Torre, I.et al. (2017): Effects of organic and conventional crop management on vineyard biodiversity. Agriculture, Ecosystems & Environment 243:19–26.

Reiff, J. M./Ehringer, M./Hoffmann, C. et al. (2021): Fungicide reduction favors the control of phytophagous mites under both organic and conventional viticulture. Agriculture, Ecosystems & Environment 305:107172.
Reinhardt, R./Bolz., R. (2011): Rote Liste und Gesamtartenliste der Tagfalter (Rhopalocera) (Lepidoptera: Papilionoidea et Hesperioidea) Deutschlands. Pages 167–194 in: Binot-Hafke, M./Balzer, S. et al. (eds): Rote Liste der gefährdeten Tiere, Pflanzen und Pilze Deutschlands. Band 3: Wirbellose Tiere (Teil 1). Naturschutz und Biologische Vielfalt. Bundesamt für Naturschutz, Bonn.
Renaud, A./Poinsot-Balaguer, N./Cortet,J. et al. (2004): Influence of four soil maintenance practices on Collembola communities in a Mediterranean vineyard. Pedobiologia 48:623–630.
Richerzhagen, C. and Rodríguez de Francisco, J. C. (2020): Herausforderungen des globalen Biodiversitätsschutzes. APuZ–Aus Politik und Zeitgeschichte 70:4–10.
Riecken, U./Finck, P. et al. (2010): Ursachen der Gefährdung von Biotoptypen in Deutschland. Natur und Landschaft 85:181–186.
RLG 2020 Rote Liste-Gremium Amphibien und Reptilien. Rote Liste und Gesamtartenliste der Reptilien (Reptilia) Deutschlands. Naturschutz und Biologische Vielfalt 170. 64 S.
Sanguankeo, P./León, R. (2011): Weed management practices determine plant and arthropod diversity and seed predation in vineyards. Weed Research 51:404–412.
Santoro, A./Venturi, M./Agnoletti, M. (2020): Agricultural heritage systems and landscape perception among tourists. The case of Lamole, Chianti (Italy). Sustainability 12:3509.
Scown, M. W./Brady, M. V./Nicholas, K. A. (2020): Billions in misspent EU agricultural subsidies could support the Sustainable Development Goals. One Earth 3:237–250.
Shortall, C. R./Moore/A. et al. (2009): Long-term changes in the abundance of flying insects. Insect Conservation and Diversity 2:251–260.
Sirami, C./Gross, N. et al. (2019): Increasing crop heterogeneity enhances multitrophic diversity across agricultural regions. Proceedings of the National Academy of Sciences 116:16442–16447.
Strub, L. and Loose, S. M. (2021): Quer arbeiten, Kosten sparen. der deutsche weinbau 15: 14–19.
Uzman, D./Reineke, A. et al. (2020): Habitat area and connectivity support cavity-nesting bees in vineyards more than organic management. Biological Conservation 242:108419.
Veith, M./Bonn, S. et al. (eds.) (2012): Nachhaltige Entwicklung xerothermer Hanglagen am Beispiel des Mittelrheintals. Bundesamt für Naturschutz. Naturschutz und Biologische Vielfalt 121.
Wersebeckmann, V./Kolb, S. et al. (2021): Maintaining steep slope viticulture for spider diversity. Global Ecology and Conservation 29: e01727
Westrich, P. (2019): Die Wildbienen Deutschlands. Verlag Eugen Ulmer, Stuttgart.
Winter, S. T./Bauer, P. et al. (2018): Effects of vegetation management intensity on biodiversity and ecosystem services in vineyards: A meta-analysis. Journal of Applied Ecology 55, 2484–2495.

2 Das Projekt „Lebendige Moselweinberge“

Karl-Theo Haart

Die steilen Weinberghänge prägen das Weinanbaugebiet Mosel. Im stetigen Wechsel der Talmäander des Hauptflusses und der tiefeingeschnittenen Seitentäler wie Saar, Ruwer, Sauer oder Lieser bieten sie ein Alleinstellungsmerkmal innerhalb der großen deutschen Weinregionen. Über viele Generationen haben engagierte Winzerinnen und Winzer diese Kulturlandschaft gestaltet. Insbesondere die kleingliedrigen Weinbergterrassen müssten eigentlich schon längst den Status von Kulturdenkmälern erlangt haben. Der stetig wachsenden Anzahl an Gästen mit Urlaubsziel Mosel, aber natürlich auch den Einheimischen, eröffnen sich zahllose herrliche Ausblicke in eine stetig wechselnde Tallandschaft. Doch schaut man einmal genauer hin, erschließt sich einem eine ganz besondere landschaftliche Qualität, die über die Seitentäler der Mosel bis hinein in den Hunsrück und die Eifel strahlt.

Da wo Trockenmauern uralte Weinbergterrassen bilden, Felsen sich inmitten der Rebflächen auftürmen, Blühstreifen die Rebzeilen säumen oder strukturreiche Waldränder den Weinberg nach oben hin einrahmen, bietet sich dem Menschen ein fantastischer Einblick in eine vielfältige Tier- und Pflanzenwelt dieser Kulturlandschaft. Hier findet man den Überlebenskünstler Mauerpfeffer auf nacktem Schiefergestein der prallen Sonne ausgesetzt. An der reich gedeckten Tafel bunter Kräuterräume versammelt sich die feine Gesellschaft der majestätischen Ritterfalter mit dem extrem seltenen Moselapollo-Falter. Darüber hinaus findet man auch die streng geschützte Mauereidechse, die genauso wie die vom Aussterben bedrohte Zippammer, für Deutschland ihren Verbreitungsschwerpunkt im Moseltal hat. Deshalb sind das flinke Reptil und der scheue Singvogel hier noch regelmäßig zu beobachten.

Seit 2013 existiert das Projekt „Lebendige Moselweinberge“ als Baustein der Regionalinitiative Mosel. Es ist zudem Bestandteil des Steillagenkonzeptes Mosel. Unter der Leitung des Dienstleistungszentrums Ländlicher Raum (DLR) Mosel wird hier das Ziel verfolgt, die Bedeutung dieser ganz außergewöhnlichen Flora und Fauna aufzuzeigen und möglichst viele Akteure bei der Förderung der biologischen Vielfalt in den Weinbergen zu begleiten. Der Ursprung für diese Idee liegt aber schon viele Jahre zurück. Im Mai 1992 wurde in Rio de Janeiro die Konvention über die Biologische Vielfalt verabschiedet, die über EU- und Bundesebene bis zur Biodiversitätsstrategie Rheinland-Pfalz heruntergebrochen wurde. Das Projekt Lebendige Moselweinberge versteht sich als eine lokale Umsetzung dieser Vorgaben, primär für das Weinanbaugebiet Mosel. In den Jahren 2016 und 2019 wurde es jeweils als

Lebendige Moselweinberge

Abb. 1: Logo Projekt Moselweinberge (Quelle: Dienstleistungszentrum Ländlicher Raum Mosel. Internet: www.lebendige-moselweinberge.de).

beispielhaftes Projekt der UN-Dekade Biologische Vielfalt ausgezeichnet. Ziel des Projektes ist die Förderung der Vielfalt von Flora und Fauna als wichtiges Qualitätsmerkmal einer intakten Weinkulturlandschaft. Das DLR Mosel sieht sich dabei als Schnittstelle zwischen Akteuren, Administration und Forschung. Ziel ist es wissenschaftliche Erkenntnisse und praktisches Knowhow an Menschen weiterzugeben, die sich für eine größere biologische Vielfalt einsetzen wollen. Wo dies möglich ist, sollen außerdem Fördermöglichkeiten aufgezeigt werden.

Zielgruppen sind gleichberechtigt die einheimische Bevölkerung und die Gäste der Moselregion. Für Weinbaubetriebe wird eine größere Wertschöpfung des Steillagenweinbaus in einer vom Kunden als intakt empfundenen Landschaft ermöglicht. Gleiches gilt für alle Bereiche der touristischen Leistungsträger. Gäste und Einheimische kommen in den Genuss einer abwechslungsreichen Urlaubsregion mit sehr hohem Erlebnispotential und identitätsstiftender Eigenart. Am Ende des Prozesses soll sich die Mosel als eine „Region der biologischen Vielfalt" mit besonderer Wertschätzung ihrer Produkte manifestiert haben.

In den vergangenen Jahren wurden vom DLR Mosel verschiedene Maßnahmen zur Wissensvermittlung und Öffentlichkeitsarbeit durchgeführt. Von besonderer Bedeutung ist die seit 2013 jährlich durchgeführte Ausbildung von Naturerlebnisbegleitern. Bislang wurden rund 170 Winzer, Gästeführer und sonstige Interessierte durch Fachleute zu Themen wie Entstehungsgeschichte der Moselregion, Pflanzen- und Tierarten, Ökologie im Weinberg, Maßnahmen zur Förderung der biologischen Vielfalt und Umsetzung von Wissen in der Öffentlichkeitsarbeit geschult. 2019 ging es an der Obermosel grenzüberschreitend weiter, so dass nun auch Luxemburg im Boot der Lebendigen Moselweinberge mitwirkt. Diese internationale Zusammenarbeit soll unter anderem mit Terroir Moselle zukünftig weiter ausgebaut werden. Teilnehmer der benachbarten Weinbauregionen Ahr und Mittelrhein waren bereits beim Kurs 2017 in Löf zahlreich vertreten und sind beim neuen Hybridkurs 2022 wieder herzlich willkommen. Das zeigt auch, dass mit dem Projekt kein regionales Leuchtturmdenken verbunden ist, sondern allein das Anliegen „Förderung der biologischen Vielfalt" über Grenzen hinweg im Vordergrund steht. Mit den Naturerlebnisbegleitern verteilen sich nun eine Vielzahl von Akteuren und Multiplikatoren im nördlichen Teil des Weinlandes Rheinland-Pfalz, die dem Thema Biologische Vielfalt fassettenreiche Gesichter verleihen und es eigenständig mit zahlreichen Aktivitäten vorleben.

Ein wichtiges Teilprojekt der Lebendigen Moselweinberge ist die Auszeichnung der „Leuchtpunkte der Artenvielfalt". Bis 2021 werden insgesamt 17 charakteristische Landschaftsausschnitte basisdemokratisch von den Naturerlebnisbegleitern vorgeschlagen, inhaltlich bearbeitet und ausgewählt. Folgende Leuchtpunkte stehen bislang fest:

1. 2016 „Pilot-Leuchtpunkt" mit Erweiterung 2019: Erdener Prälat/Treppchen & Ürziger Sonnenuhr.
2. 2017 „Stein-Reich": Wawerner Jesuitenberg an der Saar, Trittenheimer Fährfels, Mesenicher Steinreichskäpp.
3. 2018 „Rekord-Verdächtig": Nitteler Fels, Moselbogen bei Piesport mit Moselloreley, Lehmener Würzlay mit Razejungewingert.
4. 2019: „Schloss-Berge": Sommerauer Schlossberg an der Ruwer, Neefer Petersberg, Koberner Schlossberg.

5. 2020 „Mauer-Landschaften“: Palmberg im luxemburgischen Ahn, Rosenberg in Palzem/Wehr, Wolfer Goldgrube, Winninger Uhlen/Röttgen/Brückstück.
6. 2021 „Natur-Mensch“: Moselumlaufberge an der Mittelmosel, ´Trarbacher Schloßberg, Senheimer Bunte Weinberge.

Den Abschluss bilden 2022 vier Leuchtpunkte unter dem Motto „Natur-Mensch“, die den Fokus insbesondere auf Gebiete legen sollen, in denen sich die Menschen aktiv für die Erhaltung und Förderung der biologischen Vielfalt einsetzen. Alle Leuchtpunkte sind auf der Homepage der „Lebendigen Moselweinberge“ fachlich beschrieben und werden nach und nach über kurze Filme in Szene gesetzt, die auf der Homepage (www.lebendige-moselweinberge.de) oder dem YouTube-Kanal der Lebendigen Moselweinberge anzuschauen sind.

Von 2016 bis 2019 wurden die „Tage der Lebendigen Moselweinberge“ durchgeführt. Ein Wochenende lang wurden zum Teil ganz besondere Veranstaltungen präsentiert. Seien es Kanufahren auf der Saar mit anschließender Weinprobe, Nachtfalterbeobachtungen in Leuchtzelten über der Moselloreley oder eine Weinwanderung mit den „Landschaftspflegern Ziegen“ bei Trier. Natürlich gab es auch ganz „normale“ Wanderungen durch die vielfältigen Moselweinberge für Jung und Alt. Ab 2020 wird die Veranstaltung unter dem Namen „Faszination Mosel – Woche der Artenvielfalt“ deutlich breiter aufgestellt werden. Einbezogen sind nun alle Säulen der Regionalinitiative Mosel, also auch Natur und Landschaft, Wein, Kultur, Tourismus, regionale Produkte und „Weltkulturerbe“ Moseltal. Bei allen Veranstaltungen wird stets der Bezug zur Biologischen Vielfalt im Vordergrund stehen. Die Woche der Artenvielfalt wird jährlich in der Woche vor Himmelfahrt stattfinden.

Viele weitere Aktivitäten prägen das Projekt Lebendige Moselweinberge. Mehrere LEADER-Projekte der LAG Mosel, wie beispielsweise die ökologische Umgestaltung eines Dutzends Wegekehren entlang der L 50 oberhalb von Piesport durch die Weingütervereinigung Piesport e. V., wurden bei Planung und Antragsstellung betreut. Dazu kommen landespflegerische Maßnahmen innerhalb von Weinbergflurbereinigungen. Mit

Abb. 2: Themenweg „Zippammer's Welt“ in Wolf (Quelle: Dienstleistungszentrum Ländlicher Raum Mosel. Internet: www.lebendige-moselweinberge.de).

wesentlicher Unterstützung einer Naturerlebnisbegleiterin wurden verschiedene Maßnahmen zur Förderung der lokalen Biotopvernetzung in den Weinbergen entwickelt, erprobt und ausgebaut.

Diese Trittsteinbiotope nutzen überflüssige Treppenaufgänge in Weinbergsmauern und Wegespitzen, erweisen sich schon jetzt als ökologisch erfolgreich und bereichern zudem in ihrer ästhetischen Ausgestaltung die Landschaft. Beispiele mit touristischer Bedeutung finden sich entlang des Themenwegs „Zippammer's Welt“ in Wolf und der Zuwegung zum Moselsteig in Wehlen. Eine Ausarbeitung zur Abgrenzung kulturhistorischer Weinbaulandschaften bildet den konzeptionellen Rahmen für weitere gezielte Aktivitäten.

Aufbauend auf einen Fotowettbewerb wurde eine Fotoausstellung zusammengestellt, die bereits fast 300 Tage an verschiedenen Orten entlang der Mosel präsentiert wurde. Eine interaktive Ausstellung ermöglicht das spielerische Herantasten an die Pflanzen- und Tierwelt auch außerhalb der Weinberge. Mit der Ende 2019 erschienenen Handreichung für Grundschulen sind fundierte Grundlagen für eine umweltpädagogische Arbeit in der Weinkulturlandschaft geschaffen, die auch außerhalb der Schulen Anwendung finden dürften. Umfangreiche fachliche Informationen gibt es zu den Themen Mosel-Weinbergpfirsich und dem Bau von Lebenstürmen. Kleinere Broschüren und Flyer behandeln einzelne Themenbereiche der Lebendigen Moselweinberge: „Für junge Entdecker – Leben im Weinberg“ (12 Tier- und Pflanzenarten kindgerecht präsentiert), „Die Moselweinberge bitten zu Tisch – Wildkräuterbegrünung in Steillagen“, „Hummeln – Biene Majas sanfte Schwestern“. Aktuelles und Hintergrundinformationen finden sich auf der Homepage: www.lebendige-moselweinberge.de.

Die Resonanz auf die innerhalb des Projektes gesetzten Impulse ist riesengroß. Bei den Winzern entsteht über die Bewusstseinsbildung zum Thema eine immer stärker werdende Eigendynamik, sowohl bei der steigenden Zahl der Partnerbetriebe Naturschutz als auch bei biologisch oder konventionell wirtschaftenden Weingütern, bis hin zu den Weinbauverbänden. In den Medien wird auf allen Ebenen kontinuierlich über die „Lebendigen Moselweinberge“ berichtet. Die Teilnehmer der Ausbildung zu Naturerlebnisbegleitern sind von deren Qualität begeistert und die Gäste mitsamt den Einwohnern der Region können sich an einer stetig steigenden Vielfalt in den Moselweinbergen erfreuen, die den Erlebniswert der Landschaft erhöht und viele eigenartsprägende Elemente hervorhebt.

Insgesamt sind die „Lebendigen Moselweinberge“ ein hervorragendes Beispiel für ein erfolgreiches Zusammenspiel von Regionalentwicklung und praktischer Umsetzung der Biodiversitätsstrategie unter Beteiligung örtlicher Akteure, zu denen auch viele Winzer, mich eingeschlossen, zählen. Es war mir immer ein Anliegen diese einzigartige Flora und Fauna meiner Heimat zu erhalten, zu schützen und auf sie aufmerksam zu machen. Eine Aufgabe, die den Winzern zufällt, die diese einzigartige Landschaft mit ihren Rebkulturen gestalten und so diesen Lebensraum schaffen. Dass nun das DLR Mosel mit dem Projekt „Lebendige Moselweinberge“ das Heft in die Hand genommen hat und den Winzern diese Vielfalt näher bringt ist mehr als ein Glücksfall. Wein, Kultur und Natur wird somit alle Besucher der Mosel faszinieren. Den Leitern des DLR Mosel, Norbert Müller und Hubert Friedrich, und seinen Mitarbeitern für dieses Projekt, allen voran Martina Engelmann-Hermen und Carsten Neß, hier ein ausdrückliches Dankeschön.

3 Die Nachhaltigkeit in der Weinbereitung

Prof. Dr. Dominik Durner

3.1 Einleitung

Nachhaltigkeits- und Qualitätsversprechen dürfen kein Widerspruch sein. Konsumenten wollen beim Genuss eines Weines Nachhaltigkeit und Qualität im Glas haben. In allen Bereichen des Weinbaus, der Kellerwirtschaft und dem Weinhandel werden kontroverse Nachhaltigkeitsdebatten geführt. Oftmals weniger fakten- als emotionsbasiert müssen Entscheidungen getroffen werden, um der steigenden Nachfrage von Konsumenten, v. a. im Weinhandel und bei Exporteuren, nach mehr Nachhaltigkeit Genüge zu tun. Durch die gestiegene mediale Aufmerksamkeit zum Klimaschutz, zum Umweltschutz und zur Biodiversität, werden die Nachhaltigkeitsdebatten weiter befeuert und sie werden sich weiter zuspitzen.

Die Nachhaltigkeit sagt aus, inwieweit ein (Produktions-)System ein – durch das System selbst – definiertes Maß an Ressourcennutzung über längere Zeit aushält, ohne dabei Schaden zu nehmen bzw. ohne Schaden andernorts zu verursachen (Dressler 2021). Es fällt auf, dass in dieser allgemeingültigen Definition keine Zahlen und Einheiten vorkommen. Die Nachhaltigkeit zahlenmäßig vom Gegenteil der Nachhaltigkeit – wofür kein Wort existiert – abzugrenzen, war und ist Antrieb für Politiker, Unternehmer und Forscher. Laut Google Scholar wurden bis dato mindestens 2000 Leitlinien, Policen, Bücher und Aufsätze über die Nachhaltigkeit in deutscher Sprache verfasst.

3.2 Die Betriebsstätte

Die Betriebsstätte bildet den Rahmen für die Weinbereitung. Die darauf stattfindenden Arbeitsabläufe werden häufig als eine zu optimierende Ressource bezeichnet. Die Arbeitsbereiche in Weingütern und Kellereien werden wie folgt eingeteilt:

- Halle(n) für die Maschinen und Geräte im Weinbau
- Kelterhaus (Traubenannahme, -verarbeitung und -bevorratung, Keltern, Mostvorklärung und Rotweingärung)
- Keller, Tanklager und Holzfasslager (Weingärung, Weinbehandlung, Weinlagerung, Weinstabilisierung und Weinfiltration)
- Flaschenlager (ohne Flaschenausstattung)
- Verkaufslager (mit Flaschenausstattung)
- Füllhalle
- Etikettierungs- und Verpackungsbereich
- Betriebsraum (für die Energie- und Medienversorgung)
- Raum für Reinigungsmittel
- Trockenlager (für Verarbeitungshilfsstoffe, Kartonagen, etc.)

Die Begriffe der aufgeführten Arbeitsbereiche sind historisch gewachsen und sinnbildlich für den jeweiligen Produktionsbereich der Weinbereitung zu verstehen (Troost 1988). Der Keller im Wortsinn ist für einige Betriebe in einigen Regionen keine Option, da Geologie, Statik, Prozesseffizienz und Flexibilität unter Umständen schwerlich mit unterirdischer Bauweise in Einklang zu bringen sind. Der echte Keller gewinnt aber wieder an Popularität. Er ist – wie seit Jahrtausenden – für die Weingärung und -lagerung wegen der kühleren und natürlich konstanten Temperaturen von Vorteil. Mit Temperaturen, die unterhalb der Weintemperatur liegen, schont er nachweislich energetische Ressourcen, die für die Kälteerzeugung eingesetzt werden müssten (Schwinn 2019).

Bei oberirdischer Bauweise müssen exponierte Gebäudewände und -dächer technisch gedämmt werden. Während die früher gültige Wärmeschutzberechnung Ansprüche an die Gebäudehülle festlegte, stellt die heute gültige Energieeinsparverordnung (EnEV) den Zusammenhang zwischen Gebäude, Ausrichtung und Energiemenge zur Solltemperatur her. Unterirdische Räume und die Hangbauweise von Weingütern haben neben der guten Isolationswirkung einen weiteren Vorteil. Most und Jungwein können vom Kelterhaus den Weg der Schwerkraft in den Keller folgen. Kellermeister sprechen vom Gravitationsprinzip. Pumpen, die elektrische Energie benötigen und keinen Qualitätsmehrwert für Most und Wein versprechen, können ergänzt oder ersetzt werden. Auch die Fusion von Kelterhaus und Füllhalle zu einem Mehrzweckraum ist bei Neu- und Umbauten kleinerer Weingüter sehr beliebt (Maul und Weik 2001). Diese Maßnahme setzt voraus, dass die prozesstechnische Ausstattung in Kelterhaus und in der Füllhalle mobil ist.

3.3 Der Prozess der Weinbereitung

Jeder Prozess gründet auf dem Einsatz von Ressourcen und hinterlässt am Ende Abfälle und Emissionen. Ein Prozess ist *nachhaltig,* wenn er mit Ressourcen betrieben wird, deren Nutzung und deren Hinterlassenschaften nichts und niemanden schaden. Das ist eine Utopie mit der Konsequenz, dass der Begriff der Nachhaltigkeit nicht absolut ausgelegt werden kann. Eine relative Betrachtung der Nachhaltigkeit ist dagegen zielführend (Lange 2008). Jemand oder etwas gilt als nachhaltig, wenn der Ressourceneinsatz fortlaufend verbessert wird. Damit bleiben die natürlichen Quellen der Ressourcen zwar nicht unberührt, werden aber zunehmend geschont. Das dynamische Konzept der Nachhaltigkeit hat den Vorteil, dass es messbar ist.

In den weinbaulichen Prozessen hat die Nachhaltigkeit eine unmittelbare und traditionelle Bedeutung. Maßgebliche Ressourcen sind nährstoffbilanzierte, gesunde und erosionsstabile Böden, der Regen und die Sonne. Das Wasser, die Sonnenwärme und das Sonnenlicht, gekoppelt mit weiteren meteorologischen Faktoren, sind entscheidende Qualitätsfaktoren für den Weinbau. Im Weingut selbst, also bei der Verarbeitung von Trauben und bei der Herstellung von Wein, sowie im Handel und beim Konsum rückt die Nachhaltigkeit von ihrer unmittelbaren Bedeutung in einen komplexen Zusammenhang. Auf den ersten Blick ist die Nachhaltigkeit in den weit verzweigten Wertschöpfungsnetzwerken, die unsere Produktions- und Wertschöpfungsketten heute prägen, kaum greifbar. Nebst dem Rohstoff Traube sind es die technischen Ressourcen

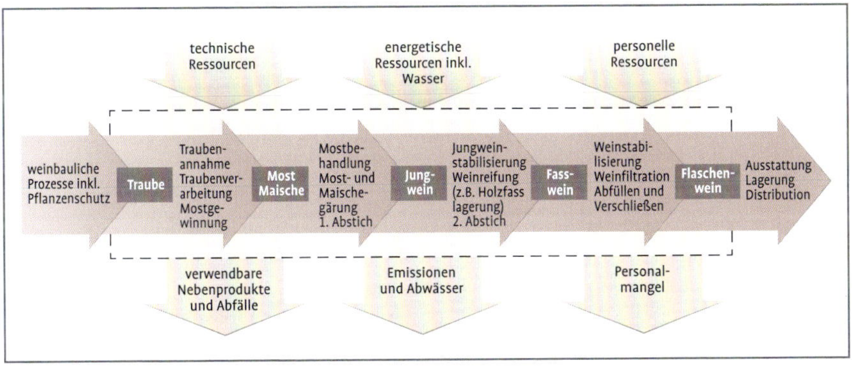

Abb. 1: Der Prozess der Weinbereitung (Pfeile von links nach rechts), Ressourceneinsatz (Pfeile oben) und -verbrauch (Pfeile unten) (eigene Darstellung inspiriert von Freund 2008).

(technische Anlagen, Gebrauchs- und Verbrauchsstoffe), die benötigte Prozessenergie sowie personelle Ressourcen, die in die Nachhaltigkeitsbilanz einfließen (Abbildung 1).

Zusammen mit ihrer Herkunft ist die Traube der maßgebliche Kommunikations- und Vermarktungsfaktor für Wein. Der Prozess der Weinbereitung ist analog zur Traubenerzeugung saisonal geprägt. Kellermeister werden dahingehend ausgebildet, Trauben zu bewerten, deren Reife zu bestimmen und aus einer Vielzahl an prozesstechnischen Optionen diejenigen Verfahren auszuwählen, die die qualitäts- und wertgebenden Inhaltsstoffe der Trauben in den gewünschten Konzentrationen zutage fördern. Da die meisten Traubeninhaltstoffe nur Vorläuferverbindungen dessen sind, was später im Wein als Inhaltsstoffe wahrgenommen wird, müssen Kellermeister über Wissen, Erfahrung und Prognosetalent verfügen. Neben dem naturchemischen Wandlungsspiel der Moleküle gilt es, die Wirtschaftlichkeit der Weinbereitung im Blick zu haben und den traditionellen Gegebenheiten der Region gerecht zu werden. Vermarktungsseitig vorgegebene Spezifikationen für das Endprodukt Wein gewinnen immer mehr an Bedeutung, was den Prozess der Weinbereitung und damit den Ressourceneinsatz und -verbrauch maßgeblich beeinflusst.

Für den Prozess der Weinbereitung, der sich von der Traube bis zum Flaschenwein erstreckt, sind unweigerlich technische, energetische und personelle Ressourcen notwendig. Gleichzeitig fallen Nebenprodukte und Abfälle an und es entstehen Emissionen und Abwässer. Nicht als verbrauchende und dennoch als Ressource sind die Menschen zu sehen, die im Weingut arbeiten und deren Handeln maßgeblichen Einfluss auf das Endprodukt Wein hat (Dressler 2021).

3.4 Technische Ressourcen der Weinbereitung

Optimierte Prozessabläufe gehen in der Regel mit einer erhöhten Produktionssicherheit, hoher Produktionsqualität und verbesserter Ressourceneffizienz einher (Bauernhansl et. al. 2014). Anders als in der Getränke- und Lebensmittelindustrie, in der Prozesse aus

Effizienzgründen kontinuierlich betrieben werden, sind die betriebs- und prozesstechnischen Anlagen in Weingütern und Kellereien auf den jährlichen Kampagnenbetrieb ausgelegt.

Die Saison der Weinproduktion beginnt mit der Vegetation im Weinberg und erreicht mit der Traubenreife einen Höhepunkt. Viele technische Anlagen und Maschinen werden nur für wenige Wochen im Jahr eingesetzt. Einige Anlagen müssen auch mit Reservekapazitäten bzw. -leistungen projektiert werden, um jährlich schwankenden Lesemengen sowie etwaigen Gedanken nach Kapazitätserweiterung Rechnung zu tragen. Die schwache Auslastung und teilweise zu große Dimensionierung technischer Anlagen eröffnet zahlreiche Überlegungen zur Optimierung.

Um keltertechnische Anlagen stärker auslasten und effizienter zu nutzen, werden Trauben beispielsweise bevorratet. Ohne Konservierungsverfahren kann eine Traubenbevorratung jedoch nicht über Stunden oder Tage hinausgehen, da unerwünschte Reaktionen des Verderbs einsetzen. Die Gefrierkonservierung von Trauben über Wochen und Monate hat keine Bedeutung und zusätzliche logistische und energetische Ressourcen verbrauchen. Ungeachtet des Einflusses des Gefrierens von Trauben auf die Weinqualität (Olarte Mantilla et al. 2013) und etwaigen rechtlichen Beschränkungen, ist fraglich, ob ein Vorstoß in diese Richtung am Ende zu einer besseren Ressourceneffizienz beitragen würde. Dass in der Getränke- und Lebensmittelindustrie Rohstoffe über Wochen und Monate bevorratet werden, ist vermutlich nicht nur mit ressourceneffizienter Anlagenausnutzung, sondern auch damit zu erklären, dass die verarbeiteten Produkte eine begrenzte Haltbarkeit haben.

Die Werkstoffe, die im modernen Anlagen- und Tankbau verwendet werden, unterliegen heute – analog zu Konsumgütern – der Nachhaltigkeitsbewertung. Aufgrund der herausragenden Eigenschaften von Edelstahl ist dieser ein Nachhaltigkeitsgewinner, denn ein zentraler Aspekt bei der Bewertung von Nachhaltigkeit ist die Lebensdauer. Kunststoffe schneiden in der Regel schlechter ab. Bei der Beschaffung von technischen Anlagen sollten Betriebsleiter, die auf die Nachhaltigkeit setzen, die Maschinenbauer und Zulieferer nach entsprechenden Überlegungen zur Nachhaltigkeit ihrer Werkstoffe und Prozesse fragen. Nachhaltigkeits-Zertifikate sind im Maschinenbau angekommen und für Produzenten nachhaltiger Konsumgüter von großer Bedeutung.

Eichenholzfässer gehören zum Bild des Weinkellers. Sowohl das Holz als natürliche Ressource sowie auch die Technik, die zur Fassherstellung nötig ist, werden diskutiert. Nicht alles was Tradition hat, muss zwangsläufig *nachhaltig* im Sinne der Ressourcenschonung sein. Laut Flor et al. (2017) erfordert die Herstellung von Holzfässern viele Schritte, die einen hohen Energieaufwand nach sich ziehen. Beim Reinigen und Aufbereiten der Fässer wird Wasser eingesetzt. Innovative Holzfassreinigungsanlagen, wie die Hochfrequenz-Mikrowellen-Reinigung oder die Hochdruck-Rekonditionierung, haben Hochkonjunktur. Auch die Nachfrage nach Eichenholzfässern aus Holz mit PEFC-Zertifizierung steigt an. Laut zahlreichen Beobachtern wächst der Markt an alternativen Behältern mit auswechselbaren Holzeinsätzen.

3.5 Energetische Ressourcen

Für das Energiemanagement müssen sämtliche Energieträger, die für die Herstellung von Wein benötigt werden, gemeinsam gedacht werden. Verschiedene Prozesse oder Veränderungen im Prozess gehen mit einer Veränderung im Energiemix einher. Der bedeutendste Energieträger im Weinbau ist der Diesel, gefolgt von elektrischer Energie für die Weinbereitung (Abbildung 2). Die Datenerhebungen im laufenden Projekt „Experimentierfeld Südwest" (Bundesanstalt für Landwirtschaft und Ernährung, Förderkennzeichen: 28DE111E18) verdeutlichen, dass im Durchschnitt der Weinbrache die spezifischen Bedarfe an den Energieträgern Diesel und elektrische Energie etwa gleich groß sind und zusammen mehr als 3/4 der benötigten Gesamtenergie für Wein ausmachen. Während der spezifische Bedarf an Diesel keine großen Schwankungen unterliegt, kann der Bedarf an elektrischer Energie von Weingut zu Weingut um ein Vielfaches abweichen. Neben Diesel und elektrischer Energie kommen in Weingütern auch Erdgas, Heizöl, Holzpellets und andere Energieträger (bspw. Fernwärme) zum Einsatz, die weniger als 1/4 des durchschnittlichen Energiebedarfs pro Liter Wein ausmachen.

Mit Beginn der Traubenverarbeitung ist die elektrische Energie nicht nur mengenmäßig der größte Energieträger, er unterliegt einer ca. 25-fachen Abweichung von

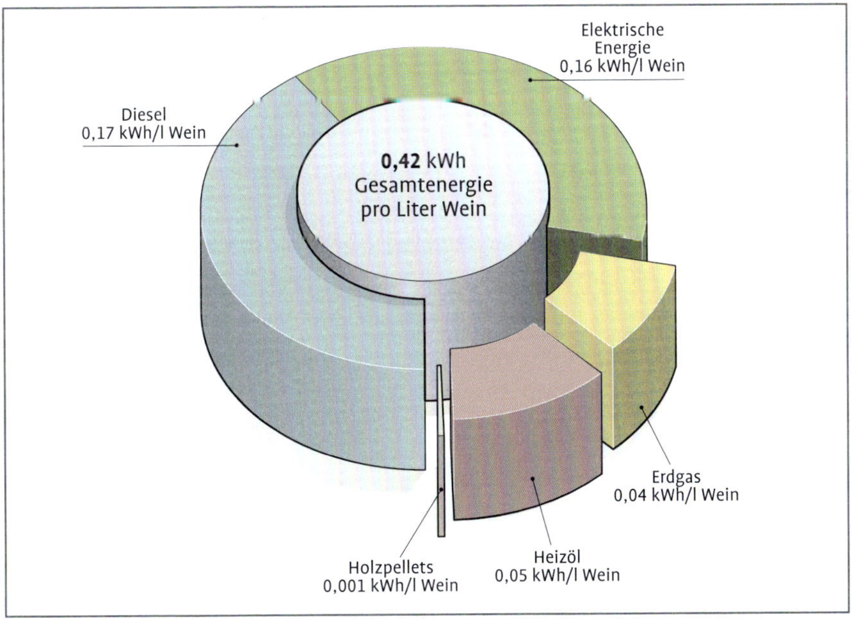

Abb. 2: Zusammensetzung der Energieträger und mittleren Energiebedarfe pro Liter Wein. Die Daten stammen aus 21 flaschenvermarktenden Weingütern, die zwischen 11 und 64 ha bewirtschaften (der Traubenzukauf wurde abgezogen); die angegebenen Werte sind arithmetisch gemittelt (Daten aus Erhebungen im laufenden Projekt „Experimentierfeld Südwest", Bundesanstalt für Landwirtschaft und Ernährung, Förderkennzeichen: 28DE111E18).

Weingut zu Weingut. Die Schwankungen können in einen guten Zusammenhang mit der Betriebsgröße, der Betriebsausstattung, der Weinqualität und der Produktionstiefe gebracht werden (abgeschlossenes Projekt „Energie- und Wasserbedarf der Weinerzeugung“, Forschungsnetzwerk Mittelstand AiF, Förderkennzeichen: 18358 N).

In Abbildung 3 ist die Verteilung der elektrischen Energie auf die Produktionsbereiche der Weinbereitung abgebildet.

Pumpen, Schnecken und andere Geräte mit elektrischen Drehstrommotoren werden von den Herstellern mit energetischen Effizienzbezeichnungen versehen. Diese beschreiben den Wirkungsgrad des Elektromotors, liefern aber keine belastbare Antwort für das System, in dem die Pumpe arbeitet. Entscheidend ist der Wirkungsgrad aus Elektromotor, Pumpenhydraulik und elektronischer Regelung, der an den Bedarf im Lastbereich angepasst sein muss. Viele Pumpen laufen mit unnötig viel elektrischer Energie, weil sie nicht mehr dem Stand der Technik entsprechen. Bei Energie-Audits werden ineffiziente Pumpen schnell ausfindig gemacht. Ein Austausch rechnet sich dann. Die neue Pumpe muss hocheffizient und auf den Einsatzort abgestimmt sein. Der Energie-Effizienz-Index (EEI) ist die realistischste Effizienzangabe für Pumpen. Er kombiniert die International Efficiency (IE), die den Wirkungsgrad des Elektromotors (mechanische/elektrische Energie) angibt, mit dem Mindest-Effizienz-Index (MEI), die sich auf

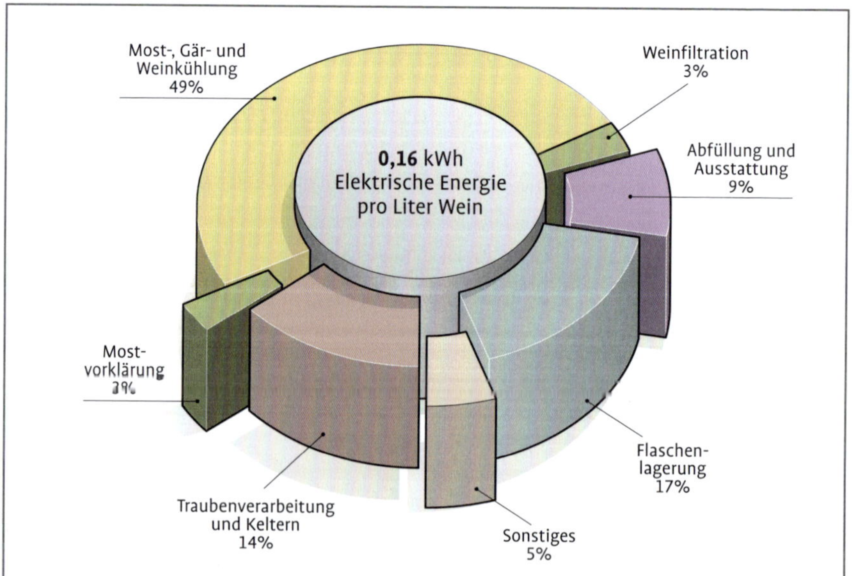

Abb. 3: Verteilung des Bedarfs an elektrischer Energie auf die Produktionsbereiche der Weinbereitung. Die Messung des Gesamtenergieeinsatzes und der Energieverteilung erfolgte in den Produktionsbereichen von vier Weingütern, die zwischen 15 und 32 ha bewirtschaften (der Traubenzukauf wurde abgezogen); die angegebenen Werte sind arithmetisch gemittelt (Daten aus Erhebungen im abgeschlossenen Projekt „Energie- und Wasserbedarf Weinerzeugung“, Forschungsnetzwerk Mittelstand AiF, Förderkennzeichen: 18358 N).

den hydraulischen Wirkungsgrad (hydraulische/mechanische Energie) bezieht. Der EEI wird ermittelt und setzt die elektrische Leistungsaufnahme in Relation zur hydraulischen Förderleistung.

Zur weiteren Standardausstattung der Weinbereitung gehören Drucklufterzeuger und Hochdruckreiniger, Kälteanlagen, Dampfgeneratoren, Durchlauferhitzer oder Boiler. Einen für die Weinproduktion entscheidenden Energiebedarf haben Kälteanlagen für die Gär- und Weinkühlung sowie für die Luftkühlung im Flaschenlager. Grundsätzlich kann Gärwärme aus kleinen Gebinden mit großen Oberflächen und in kalten Kellern an die Umgebung abgeführt werden. Große Gärtanks, die zum Teil im Außenbereich oder in warmen Räumen stehen, brauchen die aktive Wärmeabfuhr, die gewährleistet, dass der gärende Wein nicht zu warm wird, Aromastoffe verloren gehen oder Fehlaromen gebildet werden (Schwinn et al. 2019). Energieeffiziente Kompressionskälteanlagen stellen sicher, dass die Temperaturdifferenz zwischen dem Kühlmittel und der Lufttemperatur am Kondensator nicht mehr als 15 K beträgt. Die Temperaturdifferenz zwischen dem Kältemittel und dem zu kühlenden Wein sollte zwischen 3 und 7 K betragen. Die Temperatur am Verdampfer der Kälteanlage sollte so hoch wie möglich sein. Dies kann z. B. durch eine große Verdampferfläche erfolgen. Umgekehrt ist auch die Verringerung der Kondensationstemperatur in Sachen Energieeinsparung sinnvoll. Der Verflüssiger der Kälteanlage sollte an einem Platz stehen, an dem die Lufttemperatur gering ist und die erwärmte Luft gut durch einen Ventilator abtransportiert kann.

Tank- und Flaschenlager und weitere Räume im Weingut, die direkt oder indirekt gekühlt oder geheizt werden, sollten gut isoliert sein. Ein Kühlraum sollte einen möglichst geringen Wärmedurchgangskoeffizient (U-Wert) haben. Der U-Wert gibt die Wärmemenge an, die pro Zeiteinheit durch 1 m^2 eines Bauteils bei einem Temperaturunterschied von 1 K hindurchgeht. Beispielsweise hat ein gut gedämmter 300 m^2 großer und 5 m hoher 10 °C-Kühlraum mit einem U-Wert 0,15 W/m^2K einen Wärmeeintrag von ca. 1 kW.

3.6 Der Wasserbedarf der Weinbereitung

Experten sind sich einig, dass die Ressource Wasser anders zu bewerten ist als die energetischen Ressourcen. In erster Linie ist die örtliche und zeitliche Verteilung der natürlichen Ressource Wasser entscheidend. Die Unterscheidung lautet in „grünes Wasser" und „blaues Wasser", wobei ersteres über natürliche Niederschläge in die Bilanz einfließt und letzteres natürlichen und künstlichen Speichern entnommen und verteilt wird. Als weiteres Bewertungskriterium der Nachhaltigkeit wird der Aufbereitungsbedarf bzw. Verschmutzungsgrad von Wasser herangezogen. Wein enthält nach Angaben zahlreicher Umweltinstitute viel „virtuelles Wasser", wobei der überwiegende Teil dieses virtuellen Wasers über natürliche Niederschläge von den Pflanzen aufgenommen und zum Wachstum verwendet wird und dem natürlichen Wasserkreislauf früher oder später wieder zur Verfügung steht.

In der Weinbereitung wird Wasser zur Prozessvorbereitung und als Medium für Reinigungs- und Desinfektionsprozesse eingesetzt. Da dieses Wasser in der Regel aufbereitet werden muss und/oder anhand des Verschmutzungsgrades bemessen werden kann, wird es auch als „graues Wasser" bezeichnet. Unabhängig von der Bezeichnung ist dieses

Wasser für Nachhaltigkeitsbetrachtungen relevant. Seine Herkunft, der Aufwand zur Aufbereitung sowie der Grad an Verschmutzung sollten bei der Bilanzierung mit einfließen. Die Aufwandsmenge an grauem Wasser beläuft sich einer Datenerhebung zufolge auf durchschnittlich 6,3 L Wasser/L Wein für Weingüter in Deutschland (abgeschlossenes Projekt „Energie- und Wasserbedarf der Weinerzeugung", Forschungsnetzwerk Mittelstand AiF, Förderkennzeichen: 18358 N).

Ähnlich wie bei der elektrischen Energie sind sie Spannbreiten von Weingut zu Weingut enorm. Die Einflüsse der Betriebsgröße, der Betriebsausstattung, der Weinqualität und der Produktionstiefe werden auch beim Wasserbedarf deutlich. Da Wasser vielerorts als ubiquitäre und günstige Ressource gesehen wird, bewirken dessen einfache Verfügbarkeit und die geringen Wasser- und Abwasserkosten einen erhöhten Wasserbedarf.

Ansatzpunkte zur Senkung des grauen Wassers in der Weinbereitung bzw. technische Wasseraufbereitungsanlagen schlagen sich in einem erhöhten energetischen Ressourcenbedarf nieder, was in den wasserreichen Regionen nicht sinnvoll erscheint. Umgekehrt können in trockenen Regionen und in trockenen Jahren Filtrations- und Sterilisationsanlagen zur Aufbereitung von Brauchwasser sinnvoll sein. Nicht zu vergessen ist, dass Wasser mit einer spezifischen Wärmekapazität von 4,2 kJ/kgK ein interessantes Medium als Energiespeicher darstellt.

3.7 Der CO_2-Fußabdruck von Wein

Der CO_2-Fußabdruck ist zum Standardmaß für Treibhausemissionen und damit zu einem wichtigen Nachhaltigkeitsindikator geworden. Zur Erstellung des CO_2-Fußabdrucks wird eine Lebenszyklusanalyse (Abk.: LCA, eng.: *Life Cycle Assessment*) durchgeführt. Als Voraussetzung der LCA müssen die Systemgrenzen exakt festgelegt werden. Diese Festlegung ist oft schwierig, da die Produktion viele Systemgrenzen, zugekaufte Betriebsstoffe, Verarbeitungshilfsmittel, Packstoffe, Dienstleistungen, etc. kennt.

Alleine schafft es der CO_2-Fußabdruck nicht, die Nachhaltigkeit zu bewerten. Weitere Bewertungskriterien, wie beispielsweise die Bewertung der Umweltverträglichkeit von Betriebs- und Abfallstoffen sind zur Erstellung einer Nachhaltigkeitsbilanz nötig. Im CO_2-Fußabdruck werden nicht nur das CO_2, sondern auch andere treibhausschädliche Gase, wie beispielsweise das Lachgas, das aus mineralischem Stickstoffstoffdünger freigesetzt wird und 265 mal mehr zum Treibhauseffekt beiträgt (Myhre et al. 2013), entsteht, berücksichtigt. Die ISO-Normen 14064 und 14067 erläutern die Leitlinien und Anforderungen zur Erhebung und Berechnung von treibhausschädlichen Emissionen als CO_2-Äquivalente.

Mit Werten zwischen 0,5 und 2 kg CO_2-Äquivalenten pro kg Wein je gelieferter 0,75 L Glasflasche (aus Gründen der Vergleichbarkeit normiert auf 1 kg zzgl. der 0,75 L Glasflasche mit Ausstattung; Wertebereich aus 18 verschiedenen, glaubhaften, nationalen und internationalen Quellen) liegt Wein unter dem CO_2-Äquivalent zahlreicher Lebensmittel. Im Vergleich zum CO_2-Fußabdruck von Wein liegen das Kilogramm Butter bei rund 10 CO_2-Äq/kg, das Kilogramm Käse bei rund 6 CO_2-Äq/kg und das Kilogramm Schokolade bei rund 4 CO_2-Äq/kg (Reinhardt et al. 2020). Bier und Fruchtsaft liegen laut Angaben von Reinhardt et al. (2020) bei ähnlichen CO_2-Fußabdrücken wie Wein.

Dennoch ist man sich in der Weinbranche einig, dass Maßnahmen zur weiteren Reduzierung des CO_2-Fußabdrucks von Wein ergriffen werden müssen. Es wird Zielwert für den CO_2-Fußabdruck von Wein < 1 kg CO_2-Äquivalent pro L Wein je gelieferter 0,75 L Glasflasche diskutiert.

Während der Weingärung wird ein Teil des in den Trauben gespeicherten Kohlenstoffs als CO_2 freigesetzt. Pro Liter Wein liegt die durch die Gärung verursachte CO_2-Emission je nach Mostgewicht, Alkoholgehalt, Gärausbeute und biologischem Säureabbau zwischen 60 und 120 g CO_2. Der größere Teil an CO_2, den die Rebstöcke speichern konnten (Morandé et al. 2017; Brunori et al. 2016; Tezza et al. 2019), verbleibt zunächst in Form von Weininhaltsstoffen im Wein, im Trester, im Laub, im Schnitt- und im Standholz und in den Wurzeln des Rebstocks. Eine entsprechende Weiterverarbeitung weinbaulicher Reststoffe, bspw. zu Humus oder Pflanzenkohle könnte den Kohlenstoff dauerhaft binden. Ansonsten unterliegen die weinbaulichen Reststoffe, genauso wie der Wein selbst, der Zersetzung und der gebundene Kohlenstoff wird früher oder später als CO_2 freigesetzt.

Einen weiteren Anteil an CO_2 in der Weinbereitung verursacht der Bedarf an elektrischer Energie (siehe Kapitel 3.5). Bei einer durchschnittlichen elektrischen Energie von 0,16 kWh pro Liter Wein und einem laut Umweltbundesamt für das Jahr 2020 geschätzten CO_2-Emissionsfaktor für Strom in Höhe von 366 g/kWh, lässt sich das CO_2 auf rund 60 g pro Liter Wein beziffern. Der elektrische Energiebedarf der Weinbereitung ist allen voran durch Kälteverfahren (siehe Kapitel 3.5) begründet. Durch das Umstellung auf bzw. einen höheren Anteil an Ökostrom wird der Bedarf an elektrischer Energie zwar nicht gesenkt, der CO_2-Fußabdruck für Wein lässt sich dadurch aber reduzieren.

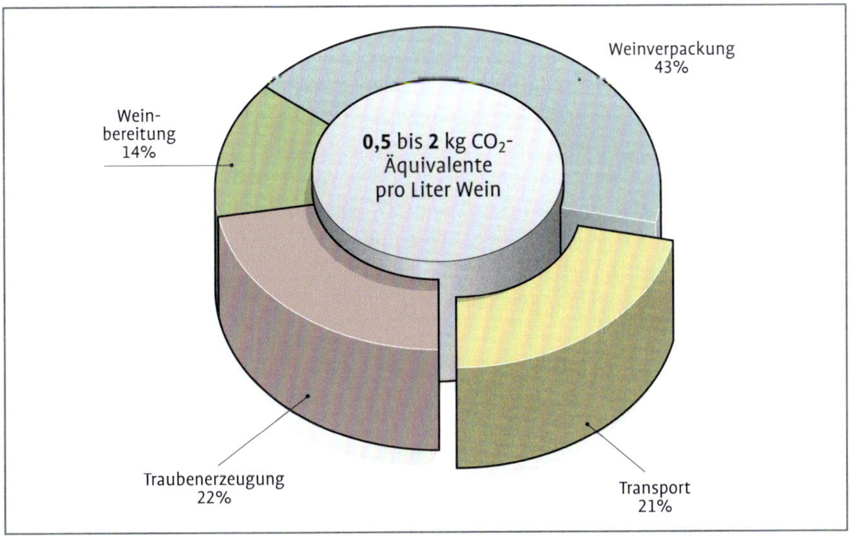

Abb. 4: Zusammensetzung des durchschnittlichen CO_2-Fußabdrucks von Wein aus einer Studie mit 12 flaschenvermarktenden Weingütern (aus eigener Datenerhebung, 2017–2020).

In Abbildung 4 ist die Zusammensetzung des durchschnittlichen CO_2-Fußabdrucks von Wein abgebildet. Ein erheblicher Anteil des CO_2-Fußabdrucks von Wein geht gar nicht auf den Wein und dessen Herstellung, sondern auf die Weinverpackung und den Transport zurück. Nur rund 1/3 des CO_2-Fußabdrucks von Wein ist der Produktion zuzuordnen. Annähernd 2/3 des CO_2-Fußabdrucks von Wein resultieren aus der Verpackung und dem Transport der verpackten Ware.

3.8 Der CO_2-Fußabdruck der Weinverpackung

Ein hoher Verpackungs- und Transportanteil am CO_2-Fußabdruck spielt immer dann eine Rolle, wenn Produkte lagerempfindlich sind, lange Transportstrecken zurücklegen und lange gelagert werden. Im Lebensmittelsektor ist das beispielsweise beim Kaffee der Fall, der einen hohen Anspruch an die Verpackungseigenschaften und weite Transportstrecken hinter sich hat. Der globale Weinhandel und komplexe Logistiksysteme erhöhen auch bei Wein die Transportwege. Gleichermaßen können auch die Verpackungseigenschaften von Wein als anspruchsvoll bezeichnet werden. Die bedeutendste Verkaufsverpackung für Wein ist die Glasflasche. Marktbeobachter schätzen den globalen Marktanteil der Glasflasche aktuell auf über 80–85 % im Bereich der Verkaufsverpackungen für Wein. Sie bildet den unangefochtenen Standard als Weinverpackung. Zur Glasflasche, die laut Gruppe Arce wiederum 85 % des CO_2-Fußabdruck der gesamten Weinverpackung ausmacht, tragen auch Weinverschlüsse, Etiketten, Kisten oder Kartons und weitere Verpackungsmittel zum CO_2-Fußabdruck bei.

Das Gewicht gängiger 0,75 L Weinglasflaschen reicht von 300 bis 900 g. Abweichungen nach oben und unten gibt es. Von der sogenannten Leichtglasflasche (0,75 L) spricht man, wenn die leere Weinflasche ohne Ausstattung unter 420 g wiegt. Legt man einen Energieverbrauch von 5 kWh pro Kilogramm produzierten und geliefertem Flaschenglas und ein CO_2-Emissionsäquivalent für Wärmeenergie von 250 g/kWh zugrunde, lässt sich für eine 600 g Glasflasche ein CO_2-Anteil von 750 g errechnen. Eine Umstellung des Flaschengewichts von 600 auf 400 g, die weder unmittelbare Qualitätseinschränkungen für den Wein noch technischen Stabilitätsprobleme der Glasflasche nach sich zieht, bedeutet eine CO_2-Einsparung von 250 g bzw. 33 % je Verkaufseinheit. Relativ betrachtet ist das ein enorm hoher Einsparungswert an CO_2, der einfach zu realisieren ist, gleichzeitig mit Kosteneinsparungen beim Flascheneinkauf einhergeht, als „wertvoller Beitrag zum Klimaschutz“ nach außen kommunizierbar ist und in der Folge auch Transport-CO_2 aufgrund reduzierter Transportgewichte einspart.

Trotz der herausragenden Bedeutung von Glasflaschen für Wein, sind in einigen Märkten Zuwächse an alternativen Weinverpackungen zu beobachten. Diese spielen sich im Bereich der Weißblech- und Aluminiumdosen, der Bag-in-Box- oder Bag-in-Tube-Verpackungen, der aseptischen Kartonverbundverpackungen und der PET-Flaschen ab. Außerdem kommen innovative Weinverpackungen verstärkt ins Gespräch, wie vor einigen Jahren die Papierweinflasche, die laut Hersteller 85 % leichter ist als Glasflaschen, einen deutlich geringeren CO_2-Fußabdruck aufweist. Die Verwendung leichter Verpackungsalternativen ist ein gewichtiges Argument. In Sachen CO_2-Bilanz sind sie sowohl in ihrer Herstellung als auch im Transport den Glasflaschen überlegen.

Es sollte nicht unterschätzt werden, dass Wein im Unterschied zu manchen Lebensmitteln längere Transportwegen, schwierigere Transportbedingungen und längere Lagerzeiten auf sich nimmt. Ebenso kommt die Recyclingfähigkeit vieler Verbundstoffe nicht an die von Glas heran. In aktuellen Marktstudien wird deutlich, dass alternative Verpackungen gegenüber den Weinkonsumenten einen Aufklärungsbedarf nach sich ziehen. Marktveränderungen für Weinverpackungen dürfen aufgrund des traditionellen Bildes von Wein nicht in Jahren, sondern müssen in Jahrzehnten gedacht werden. Und dennoch ist davon auszugehen, dass Verbraucher zukünftig einer stärkeren Präsenz von Wein in alternativen Verpackungen auf dem Markt zustimmen werden. Für Weinproduzenten können alternative Weinverpackungen in mehrerlei Hinsicht interessant sein: Weniger CO_2, mehr Nachhaltigkeit und ein sichtbares Abheben vom Wettbewerb.

3.9 Fazit

Mehr Ressourceneffizienz führt zu mehr Nachhaltigkeit. Bei allen Optimierungsschritten darf man natürlich nicht vergessen, dass der Einsatz von Ressourcen die Grundlage jeder Wertschöpfung ist. Auch in der Weinbereitung sind Ressourcen die Grundlage der Qualität von Wein. Ressourcen müssen wertgeschätzt und gemessen werden, ihr Einsatz sollte regelmäßig überdacht, neu gedacht und reduziert werden. Die Spitze des Berges stellt die Vermeidung von Ressourcen dar (Abbildung 5). Es ist die Spitze des Berges und keine abgehobene Utopie.

Abb. 5: In fünf Schritten zur Ressourceneffizienz (eigene Darstellung inspiriert von Seifert, 2021).

Die Verwendung des Adjektivs nachhaltig verleitet dazu, die eingangs formulierte Nachhaltigkeitsdefinition, die sich auf Ressourcennutzung und daraus resultierenden Emissionen bezieht, zu unterschlagen. Nachhaltige Errungenschaften und Ziele sind bei genauerem Hinsehen oft nur makro- oder mikroökonomische Errungenschaften und Ziele. Dass eine Handlung eine längere Zeit wirkt, reicht nicht aus, um der Definition der Nachhaltigkeit gerecht zu werden.

Unzählige Globalwerte und die Vielfalt an Indikationen für die Nachhaltigkeit von Wein dürfen nicht darüber hinwegtäuschen, dass jede Flasche Wein ein Unikat ist, sowohl in Sachen Qualität als auch in Sachen Nachhaltigkeit. Dementsprechend funktioniert eine fortlaufend verbesserte Ressourceneffizienz als innerer Benchmark für Weingüter besser als der Vergleich untereinander.

Die Nachhaltigkeitsbetrachtung im vorliegenden Artikel versucht die relevanten Bereiche der Weinproduktion und die Ursachen der Ressourcennutzung aufzuzeigen. Es muss um die Bewertung der Ressourcen gehen, die wir für den Wertschöpfungsprozess Wein brauchen. Und zugespitzt um die Frage, wen oder was wir benutzen, um qualitätsorientierte Wertschöpfung betreiben zu können.

Literaturverzeichnis

Bauernhansl, T., ten Hompel, M. und Vogel-Heuser, B. (2014). Industrie 4.0 in Produktion, Automatisierung und Logistik. ISBN: 9783658046828. Springer Verlag. Wiesbaden.

Brunori, E., Farina, R. und Biasi, R. (2016). Sustainable viticulture: The carbon-sink function of the vineyard agro-ecosystem. Agricultural Ecosystems and Environment 223, 10–21.

Dressler, M (2021). Nachhaltiges Unternehmertum. ISBN: 9783825256975. UTB wissenschaftliche Taschenbuchreihe. Stuttgart.

Flor, F. J., Leiva, F. J., García, J., Martínez, E. Jiménez, E. und Blanco, J. (2017). Environmental impact of oak barrels production in Qualified Designation of Origin of Rioja, Journal of Cleaner Production 167. 208–2017.

Freund, M. (2008). Energie und Wassereinsparung in Weinkellereien. Schweizer Zeitschrift für Obst- und Weinbau 144 (19). 4–7.

Lange, H. (2008). Nachhaltigkeit – gesellschaftliche Zukunftsoptionen zwischen messen und verhandeln. artec-paper Nr. 156. Universität Bremen.

Maul, D. und Weik, B. (2001). Arbeitsplatzgestaltung und Arbeitssicherheit in der Kellerwirtschaft. ATW-Bericht Nr. 01. Kuratorium für Technik und Bauwesen in der Landwirtschaft. Darmstadt.

Morandé, J. A., Stockert, C. M., Liles, G. C., Williams, J. N., Smart, D. R. und Viers, J. H. (2017). From berries to blocks: Carbon stock quantification of a California vineyard. Carbon Balance Management 12 (5).

Myhre, G., Shindell, D., Bréon, F. M., Collins, W., Fuglestvedt, J., Huang, J., Koch, D., Lamarque, J.-F., Lee, D., Mendoza, B., Nakajima, T., Robock, A., Stephens, G., Takemura, T. und Zhang, H. (2013). Anthropogenic and Natural Radiative Forcing. In: Stocker, T. F., Qin, D., Plattner, G.-K., Tignor, M., Allen, S. K., Boschung, J., Nauels, A., Xia, Y., Bex, V. & Midgley, P. M. (eds.). Climate Change: The Physical Science Basis. Contribution of Working Group I to the 5th Assessment Report of the Intergovernmental Panel on Climate Change. Cambridge University Press, New York, USA.

Olarte Mantilla, S. M., Collins, C. Iland, P. G., Kidman, C. M., Jordans, C. und Bastian, S. E. P. (2013). Comparison of sensory attributes of fresh and frozen wine grape berries using Berry Sensory Assessment. Australian Journal of Grape and Wine Research 19 (3). 349–357.

Reinhardt, G., Gärtner, S. und Wagner, T. (2020). Ökologische Fußabdrücke von Lebensmitteln und Gerichten in Deutschland. Bericht. ifeu – Institut für Energie- und Umweltforschung Heidelberg.

Seifert, E. (2021). Fünf goldene Regeln zum Einsatz von Recyclingmaterial. K-Zeitung – Das Branchenblatt der Kunststoffindustrie. Giesel Verlag. Hannover. Online-Veröffentlichung unter www.k-zeitung.de (abgerufen am 21.10.2021)

Schwinn, M. (2019). Qualitätsorientierte Parametrierung der Weißweinfermentation zur Steigerung der Energieeffizienz und Prozesssicherheit. Dissertation. Friedrich-Alexander-Universität Erlangen-Nürnberg.

Schwinn, M., Durner, D., Wascker, M., Delgado, A. und Fischer, U. (2019). Impact of fermentation temperature on required heat dissipation, growth and viability of yeast, on sensory characteristics and on the formation of volatiles in Riesling. Australian Journal of Grape and Wine Research 25 (2). 173–184.

Tezza, L., Vendrame, N. und Pitacco, A. (2019). Disentangling the carbon budget of a vineyard: The role of soil management. Agricultural Ecosystems and Environment 272, 52–62.

Troost, G. (1988). Technologie des Weines. ISBN: 9783800158164. Ulmer Verlag. Stuttgart.

4 Nachhaltigkeitsberichterstattung als Teil der Unternehmenskommunikation

Dr. Desirée Palmes/Prof. Dr. Gerhard Roller

Einleitung

Über Nachhaltigkeit kann nur glaubwürdig kommunizieren, wer auch nachhaltig handelt. Insofern ist die Umsetzung von Nachhaltigkeitsstrategien und -systemen eine wesentliche Voraussetzung für die Nachhaltigkeitsberichterstattung. Im Bereich der nachhaltigen Entwicklung hat die Weinwirtschaft in den letzten Jahren bedeutende Fortschritte erzielt. Für den Umsetzungsprozess spielen die Betriebe eine Schlüsselrolle, denn sie sind es, welche Innovationsprozesse maßgeblich mitentwickeln und umsetzen. Von Unternehmen wird erwartet, Nachhaltigkeit als einen integralen Bestandteil ihrer betrieblichen Strategie zu definieren. Hierzu ist es erforderlich, Produktionsketten zu analysieren und zu optimieren (Europäische Kommission, 2019). Heute ist eine intensivierte Vernetzung von Weingütern mit Rohstofflieferanten, Logistikunternehmen und dem Handel unter dem Aspekt der Nachhaltigkeit zu beobachten (Lehmkuhl et al., 2019).

Betriebliche Nachhaltigkeitsaktivitäten sollten gegenüber den Kunden kommuniziert werden. Verbraucher legen zunehmend Wert auf eine umweltbewusste Produktion der von ihnen konsumierten Produkte (Statistisches Amt der Europäischen Union, 2018). Besonders für selbst vermarktende Weinbaubetriebe kann die Nachhaltigkeitsberichterstattung in der direkten Kundenkommunikation genutzt werden, um über Maßnahmen beispielsweise zur Förderung der Artenvielfalt, zum Verzicht auf Herbizide in den Weinbergen oder auch über Prozessautomatisierungen zur Energieeinsparung in der Kellerwirtschaft zu informieren.

4.1 Das Instrument der Nachhaltigkeitsberichterstattung

Die Nachhaltigkeitsberichterstattung ist auch ein zentrales Element einer Unternehmensstrategie zur Umsetzung der gesellschaftlichen Verantwortung (Corporate Social Responsibility (CSR)). Der Berichtsprozess bietet für ein Weingut den Einstieg in einen langfristigen Dialog mit seinen Stakeholdern und eröffnet ihm die Möglichkeit alle unternehmerischen Aktivitäten, die zu einer nachhaltigen Entwicklung beitragen, zu erfassen. Noch stellt die Nachhaltigkeitsberichterstattung für Weingüter ein freiwilliges Instrument dar. Betriebe, die frühzeitig sich abzeichnende gesetzgeberische Entwicklungen vorwegnehmen und diese in ihre Maßnahmenkonzepte integrieren, sind auf mögliche Gesetzesänderungen besser vorbereitet.

4.1.1 Rechtliche Rahmenbedingungen der Nachhaltigkeitsberichterstattung

In Deutschland gibt es seit dem Inkrafttreten der CSR-Richtlinie 2014/95/EU (Amtsblatt der Europäischen Gemeinschaften, L 330/1, 2014) und deren Umsetzung in das deutsche Recht eine Pflicht zur Erstellung von Nachhaltigkeitsberichten für kapitalmarktorientierte Unternehmen ab einer bestimmten Größe.[1] Auch wenn Weingüter als kleine und mittelständige Unternehmen im Sinne der Bilanzrichtlinie 2013/34/EU (Amtsblatt der Europäischen Gemeinschaften, L 182/19, 2013) derzeit von den Anforderungen der CSR-Richtlinie nicht betroffen sind, so ist festzustellen, dass Unternehmen generell zunehmend mit Nachhaltigkeitsanforderungen konfrontiert werden. Auch die Weinbranche sollte sich daher der Umsetzung betrieblicher Nachhaltigkeitsstrategien widmen.

Die CSR-Richtlinie 2014/95/EU selbst enthält zwar keine Standards im Hinblick auf die Nachhaltigkeitsberichterstattung. Gleichwohl ist sie ein wichtiger Meilenstein, da sie in Art. 1 Abs. 1 ausdrücklich auf nationale, unionsbasierte und internationale Rahmenwerke der Berichterstattung verweist, auf die zurückgegriffen werden sollte. Entsprechend wird in der Kommentierung zu dem deutschen Umsetzungsgesetz der Richtlinie explizit auf die Anwendung der Global Reporting Initiative Leitlinien (GRI-Leitlinien) (Global Reporting Initiative, 2019), aber auch auf den Standard des Deutschen Nachhaltigkeitskodex (Deutscher Rat für Nachhaltigkeit, 2019) verwiesen (Hachmeister et al. 2018, § 315c HGB, Rn. 11)[2]. Wird auf die Anwendung eines Berichtsstandards verzichtet, so ist dies gem. §289d HGB nach dem apply-and-explain Ansatz zu begründen.

Insbesondere die Global Reporting Initiative verzeichnet gegenwärtig mehr als 20.000 veröffentlichte Nachhaltigkeitsberichte (Eccles et al., 2015). Etwa 60 % der deutschen Berichterstattungen basieren auf den Vorgaben der GRI (Pricewaterhouse-Coopers, 2018). Darüber hinaus orientieren sich 14 % der Unternehmen an dem Deutschen Nachhaltigkeitskodex (Behncke et al., 2018). Diese beiden Standards werden somit gegenwärtig von knapp 75 % der Unternehmen als Grundlage für die Anfertigung von Nachhaltigkeitsberichten genutzt. Ihre wesentlichen methodischen Ansätze sollen daher nachfolgend kurz dargestellt werden.

4.1.2 Global Reporting Initiative (GRI) und Deutscher Nachhaltigkeitskodex DNK als wichtigste Standards der Berichterstattung

Die GRI-Leitlinien gelten als ein allgemein akzeptierter und angewandter Standard in der internationalen Nachhaltigkeitsberichterstattung. Die Leitlinien umfassen sowohl inhaltsbezogene als auch qualitätsbezogene Prinzipien. Zu diesen zählen: Genauigkeit, Ausgewogenheit, Verständlichkeit, Vergleichbarkeit, Zuverlässigkeit und Aktualität. Bezüglich des Umfangs der Berichterstattung können Betriebe zwischen den zwei Reporting-Optionen „Core“ (Kern) und „Comprehensive“ (umfassend) wählen. Die Option „In Übereinstimmung“-umfassend verlangt, dass über alle Indikatoren berichtet wird, die einen durch den Betrieb als wesentlich ermittelten Aspekt betreffen. Innerhalb der

1 Die Unternehmen müssen gem. § 289b Abs. 1 HGB kapitalmarktorientiert sein, mehr als 500 Arbeitnehmer beschäftigen und die Voraussetzungen des § 267 Abs. 3 HGB erfüllen, nämlich zwei der drei folgenden Voraussetzungen erfüllen: mehr als 20 Mill. Euro Bilanzsumme, mehr als 40 Mill. Euro Umsatzerlöse oder mehr als 250 Arbeitnehmer.

2 Vgl. dazu auch §§315c Abs.3 iVm. 289d HGB.

Option „In Übereinstimmung-Kern“ hingegen ist die Verpflichtung auf die Dokumentation nur (mindestens) eines Indikators in Zusammenhang mit jedem einzelnen ermittelten wesentlichen Aspekt begrenzt. Ein Vorteil der Anwendung der GRI-Leitlinien besteht in der Konformität zu bereits international anerkannten Leitlinien und Standards. Eine Konkretisierung dieser allgemeinen GRI-Leitlinien erfolgt durch sogenannte „Sector Supplements“. Ein Sector Supplement ist ein spezieller Branchenanhang, der erläutert, welche branchenspezifischen Nachhaltigkeitsaspekte zu beachten sind.[3]

Der Nachhaltigkeitskodex (DNK) wurde vom Rat für Nachhaltigkeit (RNK) im Jahre 2011 veröffentlicht. Er dient Branchen beliebiger Größe, NGOs, Gewerkschaften, Stiftungen und Wirtschaftsorganisationen als ein freiwilliges Instrument zur Berichterstattung. Die Unternehmen erstellen zur Erfüllung des DNK eine onlinebasierte, formal und optisch einheitlich strukturierte Entsprechenserklärung. Offene Datenbankstrukturen des DNK ermöglichen den Unternehmen einen Vergleich mit weiteren teilnehmenden Unternehmen in Form eines Benchmarks. Der Leitfaden zum DNK enthält 20 durch die Unternehmen zu erfüllende Kriterien und Leistungsindikatoren. Sie umfassen die Bereiche Strategie, Prozessmanagement, Umwelt und Gesellschaft. Eine Abweichung von einem Kodexkriterium ist zu begründen (Rat für Nachhaltige Entwicklung, 2011).[4]

Es ist dem Unternehmen freigestellt, eine inhaltliche Prüfung durch einen unabhängigen Dritten (z. B. Wirtschaftsprüfer) vornehmen zu lassen. Nach erfolgreicher Freigabe können die Betriebe ihre DNK-Erklärung in der Datenbank veröffentlichen und erhalten das Anwender-Signet für das jeweilige Berichtsjahr. Die DNK-Erklärung ist allen Interessierten in einer kostenfreien Datenbank zugänglich, eine Exportmöglichkeit des Nutzerprofils ermöglicht den Download einer nichtfinanziellen Erklärung, die gezielt in einem Nachhaltigkeitsbericht eingebunden werden kann.

4.1.3 Relevante Grundsätze der Berichtsinhalte

4.1.3.1 Grundsätze zur Bestimmung der Berichtsinhalte nach GRI

Zu den vier Grundsätzen der Berichterstattung zählen der Wesentlichkeitsgrundsatz, der Einbezug der Stakeholder, der Nachhaltigkeitskontext und die Vollständigkeit.

Wesentlichkeit

Den Ausgangspunkt jeder Nachhaltigkeitsberichterstattung bildet die sogenannte Wesentlichkeitsanalyse. Sie wird in Zusammenarbeit mit den für die Betriebe relevanten Stakeholder durchgeführt. Durch die Analyse ergeben sich die wesentlichen Handlungsfelder und die relevanten betrieblichen Nachhaltigkeitsaspekte. Zur Vereinfachung

3 Vgl. hierzu den „Handlungsleitfaden zur Erstellung eines Nachhaltigkeitsberichts für Weinbaubetriebe“, HHI 2018, http://nachhaltiger-weinbau.net/wp-content/uploads/Leitfaden_Erstellung_Nachhaltingkeitsbericht-1.pdf.

4 Für Betriebe, die den Deutschen Nachhaltigkeitskodex (DNK) als Berichtsstandard bevorzugen, stellt das rheinland-pfälzische Ministerium für Wirtschaft, Verkehr, Landwirtschaft und Weinbau in Zusammenarbeit mit dem Deutschen Rat für Nachhaltigkeit (DRN) einen vom Hermann-Hoepke-Institut der TH Bingen ebenfalls auf wissenschaftlicher Grundlagen des HHI entwickelten Branchenleitfaden zum Deutschen Nachhaltigkeitskodex (DNK) für Weinbaubetriebe 2020, bereit.

kann auf bereits durchgeführte Stakeholderbefragungen in der Weinbaubranche zurückgegriffen werden (Palmes, 2019).

Aus den Befragungen konnten für den Weinbau wesentliche Handlungsfelder im Bereich der Nachhaltigkeit abgeleitet werden: Unternehmensführung, Mitarbeiterverantwortung, Ressourceneffizienz, Umwelt- und Klimaschutz sowie Verantwortung für die Gesellschaft. Die nachfolgende Tabelle verdeutlicht die wesentlichen Handlungsfelder mit ihren branchenspezifischen Themen, über die berichtet werde sollte. Die Handlungsfelder sind nach Priorität aus Unternehmens- und Stakeholder-Sicht geordnet. Eine individuell auf die Betriebsstrukturen zugeschnittene Nachhaltigkeitsanalyse bleibt aber unverzichtbar (Global Reporting Initiative, 2013). Sollten für einzelne Themenbereiche keine betrieblichen Nachhaltigkeitsstrategien vorliegen, ist dies nach dem comply-or-explain Ansatz zu begründen (Rehbinder, 2015).

Aspekte bezeichnen Teile eines Handlungsfeldes, in denen Wechselwirkungen zwischen gesellschaftlichem, ökonomischem und ökologischem Handeln stattfinden. Indikatoren dienen der Überprüfung eines Ziels, aber auch zur Darstellung eines wirtschaftlichen, sozialen oder umweltpolitischen Kontextes. Indikatoren können sowohl quantitativ als auch qualitativ erhoben werden.

Einbezug der Stakeholder

Der Bericht sollte alle für das Unternehmen und seine Interessengruppen relevanten ökologischen, ökonomischen und sozialen Themen behandeln. Stakeholder können mit ihrer jeweiligen Expertise dem Betrieb dabei helfen, Ziele und Lösungen zu Nachhaltigkeitsthemen zu entwickeln. Zu den wichtigsten Stakeholdern eines Weingutes zählen Kunden, Mitarbeiter, weinbauliche Fachberater, Vertreter der Wissenschafts-, Weinbau- und Naturschutzverbände. In Abhängigkeit von der Vertriebsform kann auch der Handel dazugehören.

Nachhaltigkeitskontext

Der Nachhaltigkeitskontext sollte Bezug auf die Aspekte nehmen, die die Leistung des Betriebs im Hinblick auf eine nachhaltige Entwicklung widerspiegeln. Hierbei sind alle zu berichtenden Inhalte, von den unternehmerischen Strategien und Leistungen über die als wesentlich identifizierten Nachhaltigkeitsaspekte und -indikatoren, in den Bezugsrahmen der Nachhaltigkeit einzugliedern. Der Nachhaltigkeitskontext nimmt demnach Bezug auf den integrativen Ansatz zur Bewertung und Beurteilung betrieblicher Leistungen.

Vollständigkeit

Der Grundsatz der Vollständigkeit bezieht sich auf eine angemessene und schlüssige Darstellung der Nachhaltigkeitsthemen in Bezug auf die betrieblich festgelegten Berichtsgrenzen. Der Bericht sollte alle wesentlichen Aspekte und deren Grenzen in einem Maße abdecken, dass er eine Bewertung der betrieblichen Leistung durch die Stakeholder sicherstellt (Global Reporting Initiative, 2013).

Tab. 1: Auszug – Wesentliche Aspekte und Indikatoren in der weinbaulichen Berichterstattung

Handlungsfeld Ressourcen-effizienz Umwelt- und Klimaschutz	**Aspekt: Material**
	Eingesetzte Materialien nach Gewicht oder Volumen
	Energieverbrauch innerhalb und außerhalb der Organisation, Verringerung des Energieverbrauchs
	Anteil und Nutzung regenerativ erzeugter Energien
	Aspekt: Wasser
	Gesamtwasserentnahme, Prozentsatz/Volumen des aufbereiteten und wiederverwendeten Wassers
	Aspekt Biodiversität
	Prozentual bereitgestellter Anteil der Flächen zur Förderung und Erhaltung von biodiversitätsfördernden Sonderstrukturen (Umgebung/Produktionsflächen)
	Gesamtzahl der gefährdeten Arten auf der roten Liste der Weltnaturschutzunion (IUCN) und auf nationalen Listen geschützter Arten
	Aspekt: Emissionen
	Direkte Treibhausgas-Emissionen (THG-Emissionen) (Scope 1), indirekte energiebezogene THG-Emissionen (Scope 2), Weitere indirekte energiebezogene THG-Emissionen (Scope 3), Reduzierung der THG-Emissionen
	Aspekt: Abwasser und Abfall
	Gesamtvolumen der Abwassereinleitung nach Qualität und Einleitungsort
	Gesamtgewicht des Abfalls nach Art und Entsorgungsmethode
	Aspekt: Produkte und Dienstleistungen
	Umfang der Maßnahmen zur Verringerung der ökologischen Auswirkungen von Produkten und Dienstleistungen, Prozentsatz neuer Lieferanten, die anhand von ökologischen Kriterien überprüft wurden
	Prozentsatz der zurückgenommenen Verpackungsmaterialien/Produkte zur Wiederverwendung
	Aspekt: Boden
	Durchführung jährlicher Bodenuntersuchungen, Angaben zur Art der Begrünung inkl. Angaben zur potenziellen Stickstoffbindung

Tab. 1: Auszug – Wesentliche Aspekte und Indikatoren in der weinbaulichen Berichterstattung (Fortsetzung)

Handlungsfeld Unternehmensführung Verantwortung für die Gesellschaft	Aspekt: Beschäftigung
	Angaben zu betrieblichen Leistungen, Art und Umfang von Arbeits- und Urlaubszeiten sowie Angaben zur Entlohnung nach Art des Beschäftigungsverhältnisses (Entlohnung der Familienarbeitskräfte)
	Aspekt: Arbeitssicherheit und Gesundheitsschutz
	Einhaltung von Richtlinien zur Arbeitssicherheit und zum Gesundheitsschutz, stetige Überprüfung und Erfüllung vorgeschriebener branchenbezogener Sachkundenachweise
	Aspekt: Aus- und Weiterbildung
	Durchschnittliche jährliche Stundenzahl für Aus- und Weiterbildung pro Mitarbeiter nach Geschlecht und Mitarbeiterkategorie
	Lehr- und Ausbildungsbetrieb
	Betriebsorganisation
	Gewährleistung einer gesicherten betrieblichen Nachfolgeregelung bei Aufgabe des Betriebs, Renteneintritt oder plötzlichem Tod des Betriebsleiters, Vorhandensein eines betrieblichen Notfallplanes
	Erstellung eines angemessenen, auf den Betrieb zugeschnittenen inner- und überbetrieblich kommunizierten Leitbildes
	Inner- und überbetriebliche Kommunikation & gesellschaftliches Engagement
	Beteiligung an (einer) übergeordneten Aktivität(en) in landes- und kommunal politischen Gremien, beruflichen Vereinigungen sowie in örtlichen und regionalen Kulturvereinen, besonderes Engagement und Beiträge zum Erhalt der Kulturlandschaft, Ergebnisse von Umfragen zur Kundenzufriedenheit
	Kennzeichnung von Produkten
	Art der Produktkennzeichnungen und –informationen, Ergebnisse von Umfragen zur Kundenzufriedenheit
	Aspekt: Wirtschaftliche Leistung
	Direkt erwirtschafteter wirtschaftlicher Wert, Entwicklung und Auswirkungen von Infrastrukturinvestitionen
	Durch den Klimawandel bedingte Folgen und andere Risiken und Chancen für den Betrieb
	Aspekt: Qualitätskontrolle
	Stetige Überprüfung der Lesegutqualität
	Garantie der gesicherten Abnahme vorrangig beim Trauben- und Mostverkauf
	Durch die Etablierung von Managementsystemen betriebliche Prozesse analysieren und optimieren
	Aspekt: Risiko- und Effizienzanalyse
	Risikoabsicherung gegen Unwettereinflüsse
	Kritische Überprüfung der Unternehmensprozesse in Form einer Stärken- und Schwächenanalyse

4.1.4 Grundsätze zur Bestimmung der Berichtsqualität nach GRI

Zu den Grundsätzen der Berichtsqualität zählen die Ausgewogenheit, Vergleichbarkeit, Aktualität, Klarheit und Genauigkeit sowie die Verlässlichkeit.

Ausgewogenheit

Die Ausgewogenheit beinhaltet eine Darstellung sowohl positiver als auch negativer Aspekte durch die Verantwortlichen mit dem Ziel einer fundierten Beurteilung der betrieblichen Gesamtleistung. Demnach sollte möglichst auf keine wesentlichen Themen verzichtet werden. Positive und negative Themen sollten angesprochen und in einem ausgewogenen Verhältnis zueinanderstehen.

Vergleichbarkeit

Der Vergleichbarkeitsgrundsatz fordert die Darstellung von betrieblichen Veränderungen im zeitlichen Verlauf, so dass der Betrieb auch mit anderen Organisationen von den Stakeholdern verglichen werden kann. In diesem Zusammenhang ist zu beachten, dass im Weinbau das Prinzip der Wesentlichkeit durch Komponenten wie die Betriebsgröße und die Produktions- und Bewirtschaftungsform beeinflusst wird. Daher ist es in der Nachhaltigkeitsberichterstattung wichtig, das Organisationsprofil um weinbauspezifische Angaben und sogenannte Kernaspekte zu ergänzen. Hierzu bieten sich in Anlehnung an die aktuelle EMAS-Verordnung die Dokumentation von Energie- und Materialeffizienz, Wasser, Abwasser, biologischer Vielfalt und der Emissionen an. Diese Ergänzungen dienen vorrangig dazu, differenzierte Angaben zu erhalten, um gegebenenfalls eine Vergleichbarkeit von Betrieben sicherzustellen.

Aktualität

Eine Überarbeitung der Berichterstattung sollte in einem regelmäßigen Turnus erfolgen, in der Regel alle drei bis fünf Jahre (Roller et al, 2014). Sollten erhebliche betriebliche Veränderungen dies erfordern, macht es mitunter Sinn, jährliche Updates der Berichte durchzuführen. Die Erfolge der gesetzten Ziele und der hierfür erforderlichen Maßnahmen sollten evaluiert und dokumentiert werden.

Klarheit & Genauigkeit

Der Grundsatz der Klarheit besagt, Informationen so bereit zu stellen, dass sie für Stakeholder verständlich und nachvollziehbar sind. Durch eine hohe Genauigkeit sollte es den Stakeholdern möglich sein, die Berichtsdaten der Organisation bewerten zu können, wobei zwischen quantitativen und qualitativen Angaben zu unterscheiden ist. Die Genauigkeit quantitativer Angaben steht in Abhängigkeit zu den gewählten Methoden zur Datenerfassung und -analyse (Global Reporting Initiative. 2013). Die Genauigkeit qualitativer Angaben hängt hauptsächlich von der gebotenen Klarheit, Detailtiefe und Ausgewogenheit der Darstellung ab. Hinsichtlich der quantitativen Nachhaltigkeitsindikatoren können eigene Primärdaten erhoben werden, um belastbares Zahlenmaterial zu generieren und damit die konkreten betrieblichen Leistungen „messbar“ zu machen, wobei eine Abwägung zwischen dem Aufwand der Datenbeschaffung und -bewertung und dem Nutzen vorgenommen werden sollte. Zur Verarbeitung und Auswertung der

Datenmengen ist die Hilfe von benutzerfreundlichen elektronischen Softwareapplikationen sinnvoll.[5]

Verlässlichkeit
Die für die Aufbereitung eines Berichts verwendeten Informationen und Verfahren sollten so gesammelt, aufgezeichnet, analysiert und weitergegeben werden, dass sie einer Überprüfung unterzogen werden können, die die Qualität und Wesentlichkeit der Berichtsinformationen feststellt.

4.1.5 Berichterstattungsgrundsätze nach dem DNK

Im Rahmen des Deutschen Nachhaltigkeitsstandards gestalten sich die Grundsätze zur Bestimmung der Berichtsqualität grundsätzlich deckungsgleich zu jenen der GRI, auch wenn sie in ihrer Struktur und ihrem Wortlaut geringfügig voneinander abweichen. Die Grundsätze des DNK-Berichtsstandards finden vorrangig in den DNK spezifischen Kriterien „Strategische Analyse und Maßnahmen", „Ziele", „Tiefe der Wertschöpfungskette" und der „Wesentlichkeit" eine Verankerung. Innerhalb der Kriterien „Verantwortung", „Regeln und Prozesse" und der „Kontrolle" verweist der Standard zudem ausdrücklich auf die Anwendung einer Auswahl an Leistungsindikatoren aus dem GRI, insbesondere die betrieblichen Verhaltens- und Ethikkodizes betreffend (Rat für Nachhaltige Entwicklung, 2017). Obwohl das Wesentlichkeitsprinzip eine zentrale Rolle innerhalb der betrieblichen Nachhaltigkeitsberichterstattung spielt, ist anzumerken, dass keine für alle Nachhaltigkeitsstandards verbindliche Definition (Völker-Lehmkuhle et al., 2019) existiert. Zur Bewertung der Wesentlichkeit werden aber übereinstimmend Faktoren wie das Gesamtziel, die Wettbewerbsstrategie und der Einfluss des Betriebs auf vor- und nachgelagerte Prozesse herangezogen. Auch die Wahrscheinlichkeit des potenziellen Auftretens einzelner Umweltaspekte mit ihren damit verbundenen Risiken wird bei der Bewertung berücksichtigt. Es werden Aspekte priorisiert, die für das langfristige Bestehen eines Betriebs relevant sind. Um eine Vergleichbarkeit zu gewährleisten sollte auf die Darstellung weinbauspezifischer Angaben (z. B. Anbaugebiet; Bewirtschaftungs- und -betriebsform; Ertragsrebfläche, Flaschenjahresproduktion) zurückgegriffen werden.

4.2 Nachhaltigkeitskommunikation

4.2.1 Strategien der Berichterstattung

Die Nachhaltigkeitsberichterstattung erfordert neben dem Stakeholder-Dialog eine offene, wahrhafte und selbstkritische Darstellung der betrieblichen Stärken und Schwächen, um als ein nachhaltig handelndes Unternehmen glaubhaft wahrgenommen zu werden. Eine strategische und zielorientierte Medienarbeit kann Stakeholderprozesse anstoßen, denn in kritischen Nachfragen stecken oft Hinweise, die von den Betrieben

---

5 Hierzu entwickelte die Technische Hochschule Bingen das System ResWein ein Instrument zur Steigerung der Ressourceneffizienz im Weinbau, 2017–2019. Nähere Projektinformationen unter: www.nachhaltiger-weinbau.net; Darüber hinaus können die durch das Hermann-Hoepke-Institut erarbeiteten Biodiversitätsindikatoren (Flora/Fauna), von den Betrieben zur eigenständigen Erfassung der Artenvielfalt in den Weinbergen herangezogen werden, vgl. www.wein-biodiversitaet.de

zur Steuerung ihrer Nachhaltigkeitsstrategie genutzt werden können. Hierbei sollten die Informationen anhand konkreter Projekte, Produkte und Aktivitäten verständlich und anschaulich aufgearbeitet werden (Kleene et al., 2016).

Eine Internetpräsenz bietet, neben der Printveröffentlichung, gleichzeitig die Möglichkeit, über aktuelle Zwischenstände der betrieblichen Nachhaltigkeitsaktivitäten zu berichten, erfordert allerdings eine stetige Aktualisierung der Inhalte. Optimalerweise sollte sich die Bereitstellung des elektronischen Nachhaltigkeitsberichts von dem gedruckten Bericht unterscheiden. Das Onlineangebot sollte als eine Möglichkeit verstanden werden, dem Anwender durch eine „interaktive Nachhaltigkeitsfunktion" den betrieblichen Prozess der Nachhaltigkeit fortlaufend zu verdeutlichen. Auf diese Weise können sich beide Kommunikationskanäle sinnvoll ergänzen, komplexe Sachverhalte können zusätzlich durch mediale Elemente aufgearbeitet werden. Ein derartig angelegter dialogischer Austausch erlaubt es, Ansprüche der Stakeholder proaktiv und fortlaufend in die eigenen Nachhaltigkeitsstrategie zu integrieren (Blanke et al., 2004).

Wissenschaftliche Untersuchungen belegen, dass Konsumenten bei ihrer Kaufentscheidung großen Wert auf die Herkunft des Weines legen. Neben den notwendigen Angaben sollte die Herkunft eindeutig erkennbar und nachvollziehbar sein (Klor, 2017), die damit verbundene Regionalität nimmt einen wichtigen Stellenwert im Nachhaltigkeitsprozess ein (Alvensleben, 2000). Hinsichtlich der Transparenz im Weinbezeichnungs- und Verbraucherrecht wäre es deshalb interessant, mittels eines geografischen Codes die standortbezogenen Anbaubedingungen des Weines in Echtzeit verfolgen zu können. Mithilfe von Geoinformationssystemen in Verbindung mit einem Quick Response Code (QR-Code) auf dem Flaschenetikett, könnten dem Verbraucher die Gegebenheiten und Herausforderungen der Weinproduktion eines jeden Anbaugebietes verdeutlicht werden. Teilweise wird die Auffassung vertreten, dass derartige Darstellungen eine zeit- und kostenaufwendige Zertifizierung sogar ersetzen könnten (Maringer, 2014). Die Teilnahme an Netzwerktreffen und Web-Plattformen zu Nachhaltigkeitsthemen bieten den Betrieben eine weitere Möglichkeit in den Dialogprozess einzusteigen.

4.2.2 Verwendung von Labels in der Werbung

Über die Berichterstattung hinaus könnten Winzer ein Interesse daran haben, in verdichteter Form auf ihre Nachhaltigkeitsaktivitäten, zum Beispiel mit einem Label, hinzuweisen. Ein solches Zeichen könnte zum einen auf dem Produkt selbst angebracht werden, womit dieses als Kommunikations- und Werbeträger genutzt würde. Auch die Verwendung im Rahmen der sonstigen Werbung, in der Geschäftskorrespondenz, auf Broschüren etc. ist möglich. Umwelt- und Nachhaltigkeitslabels haben Konjunktur. So verwenden vereinzelt auch Weingüter Labels mit Aussagen zur Nachhaltigkeit auf Weinflaschen.

Auch der DNK stellt ein Label zur Verfügung. Das DNK-Anwendersignet (siehe oben 2.2.) darf von Unternehmen verwendet werden, die nach dem DNK Standard berichten.[6] Demgegenüber ist die Verwendung des GRI Logos nur möglich, wenn das

6 Für die Nutzung hat der DNK ein Corporate Design Manual herausgegeben, welches den teilnehmenden Unternehmen vom DNK zur Verfügung gestellt wird.

Unternehmen einen entsprechenden schriftlichen Antrag bei der GRI stellt,[7] im Übrigen aber nicht gestattet.[8]

Im Unterschied zu der EMAS Verordnung, die die Verwendung des EMAS Logos auf Produkten ausdrücklich untersagt, gibt es für die Verwendung des DNK Zeichens keine entsprechenden Einschränkungen. Gleichwohl ist zu bedenken, dass die Verwendung eines Zeichens auf dem Produkt selbst mit einer Irreführungsgefahr für die Verbraucher verbunden sein kann, denn die Nachhaltigkeitsstandards sind betriebs- und nicht produktbezogen. Eine konkrete Aussage über das Produkt lässt sich aber nur dann gewinnen, wenn eine produktbezogene Ökobilanz oder ein produktbezogener Fußabdruck ermittelt wird.

4.2.3 Rechtliche Grenzen der Produktkennzeichnung

Bei Werbeaussagen zu Umwelt- und Nachhaltigkeitsthemen sind generell die rechtlichen Grenzen zu beachten, die sich aus dem Gesetz gegen unlauteren Wettbewerb ergeben. Dies gilt vor allem für Produktkennzeichnungen. Insbesondere ist eine Irreführung der Verbraucher zu vermeiden.

Nach § 5 Abs. 1 UWG handelt unlauter, wer „eine irreführende geschäftliche Handlung vornimmt". Ein Verstoß gegen diese Vorschrift kann Unterlassungs- und Schadensersatzansprüche nach sich ziehen. Auch umweltbezogene Werbung für ein Produkt fällt unter den Anwendungsbereich der Vorschrift. Die Rechtsprechung befasst sich bereits seit den 1980iger Jahren mit unlauterer umweltbezogener Werbung und hat früher eine strenge Auslegung der Vorschriften vorgenommen (Roller, 2012). So wurde die Werbung mit dem Begriff „umweltfreundlich" ohne weitere Präzisierung untersagt, da es ein völlig umweltfreundliches Produkt nicht gebe, sondern nur relativ umweltfreundliche Produkte (vgl. etwa BGH, Urt. v. 4.10.1990, GRUR 1991, 550). Inzwischen ist die Rechtsprechung etwas offener geworden, was auch mit einem veränderten Verbraucherleitbild zusammenhängt. Anders als früher, wird als Maßstab für eine Irreführung nicht mehr der bloß flüchtige, wenig nachdenkende Konsument, sondern der durchschnittlich informierte, verständige und situationsadäquat aufmerksame Verbraucher als Maßstab für die Irreführung herangezogen. Dem entspricht das durch die EU-Richtlinie über unlautere Geschäftspraktiken zugrunde gelegte Verbraucherbild des „Durchschnittsverbrauchers".[9]

Aufgrund der Komplexität naturwissenschaftlicher Wirkungen ist allerdings auch bei einem anspruchsvolleren Verbraucher heute die Irreführungsgefahr bei Umweltthemen nach wie vor hoch. Pauschale Urteile ohne konkretisierende Erklärungen laufen daher Gefahr, wettbewerbsrechtlich unzulässig zu sein (so etwa für die pauschale Angabe

---

7 Vgl. https://www.globalreporting.org/trademarks-and-copyright/Pages/default.aspx.

8 So die Aussage des GRI, elektronische Post vom 13.1.2020 an die Autoren unter Verweis auf die copyright policy des GRI. Anders demgegenüber die Darstellung im Internet durch den Umweltpakt Bayern, wonach Unternehmen das GRI Logo verwenden dürften, https://www.umweltpakt.bayern.de/nachhaltigkeit/fachwissen/327/global-reporting-initiative-eine-uebersicht. Dies ist jedoch nur nach schriftlicher Zustimmung des GRI möglich.

9 RL 2005/29/EG, Erwägungsgrund 18.

„umweltfreundlich produziert", vgl. OLG Celle Urt. v. 8.12.2016, 13 U 72/16[10]). Diese Gefahr besteht gerade bei verdichteten Aussagen, wie dies naturgemäß bei Labeln der Fall ist. In jedem Fall müssen die Aussagen zutreffend sein. Die Werbung „CO_2 neutral" oder „klimaneutral" setzt voraus, dass die CO_2 Emissionen vollständig kompensiert werden (OLG Koblenz, Urt. v. 10.8.2011, 9 U163/11).

Wenn ein Unternehmen auf dem Produkt selbst auf seine betriebsbezogenen Nachhaltigkeitsaktivitäten hinweisen möchte, so sollte deutlich werden, dass es sich nicht um eine produktbezogene Aussage handelt (also nicht „dieses Produkt ist nachhaltig" sondern „der Betrieb arbeitet nach dem Nachhaltigkeitsstandard x"). Gerade wegen dieser Verwechslungsgefahr schließt die EMAS Verordnung die Verwendung des Logos auf Produkten aus. Sinnvoll ist die Verknüpfung eines Labels mit Hintergrundinformationen, die beispielsweise über eine abrufbare Homepage zur Verfügung gestellt werden. Anders liegt der Fall, wenn tatsächlich eine produktbezogene Ökobilanz angefertigt wurde. Mit dieser kann auch geworben werden. Bei der Produktwerbung ist dann darauf zu achten, dass nicht nur günstige Einzelergebnisse dargestellt werden, die ungünstigen hingegen nicht (Roller, ZUR 2014, S. 217 mit Verweis auf den Fall „Danone").

Fazit

Nachhaltigkeitsberichterstattung ist ein kontinuierlicher Prozess, der einer stetigen Überprüfung und Weiterentwicklung unterliegt, um den sich ändernden gesellschaftlichen Ansprüchen gerecht zu werden. Akteure aus den Weinbauverbänden, der weinbaulichen Beratung und der Wissenschaft können Weingüter bei diesem Prozess aktiv unterstützen. Mit den auf die Nachhaltigkeitsstandards DNK und GRI weinbauspezifisch angepassten Handlungsleitfäden können Weingüter ein eigenes Nachhaltigkeitsreporting angehen.

Aus wissenschaftlicher Sicht werden sich zukünftig verstärkt Fragen der Bewertung stellen. Insbesondere die heterogenen Strukturen des Weinbaus (Lage, Betriebsformen etc.) erfordern im Rahmen der Bewertung betrieblicher Umweltleistungen eine differenzierte Betrachtung. Zudem müssen verstärkt die Wechselwirkungen zwischen den Schutzgütern (Boden, Wasser, Klima, Tiere und Pflanzen) einbezogen werden.

Um die Berichterstattung für Weingüter zu vereinfachen wäre die Festlegung von Mindestkriterien sinnvoll, die bei der Auswahl der wesentlichen Aspekte, über die zu berichten ist, den Stakeholderansatz sinnvoll ergänzen kann. Bei der Festlegung der Kriterien sollten die Weinbauverbände einbezogen, aber auch Maßnahmenprogramme der Europäischen Innovationspartnerschaften beachtet werden.

10 http://www.rechtsprechung.niedersachsen.de/jportal/portal/page/bsndprod.psml?doc.id=KORE238682017&st=null&doctyp=juris-r&showdoccase=1&paramfromHL=true#focuspoint

Literaturverzeichnis

Alvensleben, R. (2000): Zur Bedeutung von Emotionen bei der Bildung von Präferenzen für regionale Produkte, Agrarwirtschaft 49 (12), S. 399–402.

Amtsblatt der Europäischen Union (2013), Art. 3 Abs. 4 der Bilanzrichtlinie

2013/34/EU vom 26. Juni 2013; Abl. L182/19 vom 29.06.2013.

Europäische Kommission, Reflexionspapier (2019): „Auf dem Weg zu einem nachhaltigen Europa bis 2030".

Amtsblatt der Europäischen Union (2014), Richtlinie 2014/95/EU des

Europäischen Parlaments und des Rates vom 22. Oktober, 2014; Abl. L330/1 vom 15.11.2014.

Amtsblatt der Europäischen Gemeinschaften (2017): Beschluss (EU) 2017/1508 der

Kommission vom 28. August 2017 über das Referenzdokument für bewährte

Umweltmanagementpraktiken, branchenspezifische Umweltleistungsindikatoren und

Leistungsrichtwerte für die Lebensmittel- und Getränkeindustrie gemäß der Verordnung (EG) Nr. 1221/2009 des Europäischen Parlaments und des Rates über die freiwillige Teilnahme von Organisationen an einem Gemeinschaftssystem für Umweltmanagement und Umweltbetriebsprüfung (EMAS); Abl. L 223/1 vom 30.8.2017.

Behncke, N./Fink, H. (2018): PriceWaterhouseCoopers GmbH Wirtschaftsprüfungsgesellsc haft, Erstanwendung des CSR-Richtlinien-Umsetzungsgesetz, Studie zur praktischen Umsetzung im DAX 160, S.55.

Blanke, M./Godemann, J./Herzig, C./Nierling, L./Rauer, F. (2004): Wie nutzen große Unternehmen das Internet, um über Nachhaltigkeit zu kommunizieren. Universität Lüneburg.

Bundesministerium für Umwelt, Naturschutz und nukleare Sicherheit (2017): Die Klimakonferenz in Paris, 05.09.2017.

Deutscher Rat für Nachhaltigkeit (DRN) (2019): Informationen zum Deutschen Nachhaltigkeitskodex (DNK).

Eccles, G./Spiesshofer, B. (2015): Integrated Reporting for a Re-Imaged Capitalism, 3, Working Paper 16–032.

Global Reporting Initiative (2013): G4-Leitlinien zur Nachhaltigkeitsberichterstattung, Umsetzungsanleitung, S. 31, S.12.

Global Reporting Initiative 2019: https://www.globalreporting.org.

Hachmeister, D./Kahle, H./Mock, S./Schüppen, M. (2018): Bilanzrecht, Kommentar, Otto Schmidt Verlag Köln.

Kleene, M./Wöltje, G./Teucher, T. (2016): Externe Kommunikation und Nachhaltigkeitsbericht, NWB Verlag; Auflage: 1.

Klor, B. (2017): Einfluss von Nachhaltigkeitsaspekten auf die Kaufentscheidung deutscher Weinkonsumenten, Internationale Reihe Agribusiness, Band 23.

Maringer, M. (2014): Weinrecht & Verbraucherschutz, Vom alten Reich bis zur Gegenwart unter besonderer Berücksichtigung des Anbaugebiets Mosel, S. 275.

Palmes, D. (2019): Dissertationsschrift – „Anforderungen an die Nachhaltigkeitsberichterstattung im Weinbau", Universitätsbibliothek Koblenz-Landau, https://d-nb.info/1196623 97X/34.

PricewaterhouseCoopers International (2018), Erstanwendung des CSR-Richtlinie-Umsetzungsgesetzes, Studie zur praktischen Umsetzung im Dax 160, Stand 10/2018.

Rat für Nachhaltige Entwicklung (RNK) (2012): Der Deutsche Nachhaltigkeitskodex (DNK). Empfehlungen des Rates für Nachhaltige Entwicklung und Dokumentation des Multistakeholderforums; Text Nr. 41, S.3; S. 6–15; S.17–22.

Rat für Nachhaltige Entwicklung, Der Deutsche Nachhaltigkeitskodex, Maßstab für nachhaltiges Wirtschaften, 4.akutalisierte Fassung, 2017.

Rehbinder, E. (2015): Corporate Social Responsibility – von der gesellschaftspolitischen Forderung zur rechtlichen Verankerung, in: Deinert, S./Schrader, C./Stoll, B. (Hrsg.), Corporate Social Responsibility (CSR). Die Richtlinie 2014/95/EU – Chancen und Herausforderungen, Kassel 2015, 10–37.

Roller, G.: Wettbewerbsrechtliche Grenzen einer Werbung mit einem Klimaschutz-Label, Zeitschrift für Umweltrecht (ZUR) 4/2014 S. 212.

Roller, G./Nuphaus, N./Palmes, D. (2014): Handlungsleitfaden zur Erstellung eines Nachhaltigkeitsberichts für Weinbaubetriebe, Hermann-Hoepke-Insitut (ehem. IESAR), Technische Hochschule Bingen, abrufbar: http://nachhaltiger-weinbau.net/mehr-infos.

Schaltegger, S./Windolph, S./Harms, S. (2010): Corporate Sustainability Barometer. Wie nachhaltig agieren Unternehmen in Deutschland.

Statistische Amt der Europäischen Union (2018): Sustainabledevelopment in the European Union, Monitoring Reporton Progress to wards the SDGs in an EU Context.

Technische Hochschule Bingen (2018–2019): Internetpräsenz: http://nachhaltiger-weinbau.net/mehr-infos.

Völker-Lehmkuhl, K./Reisinger, C. (2019): Wegweiser Nachhaltigkeit, Praxisorientierter Überblick zur Berichterstattung und Prüfung, IDW, Verlag GmbH.

5 Nachhaltiger Weinkonsum

Dr. Claudia Stein-Hammer

Nachhaltiger Weinkonsum – was ist das? Eigentlich ist eine nachhaltige Weinkultur, die aus nachhaltigen Konsumgewohnheiten resultiert, gemeint. Diese zu fördern gehört wie selbstverständlich zu einem Betrieb, der sich nicht nur zu nachhaltiger Betriebsführung und Umweltschutz, sondern auch zu gesellschaftlichem Engagement bekennt. Nachhaltige Konsumgewohnheiten sind: 1. moderate Dosis, 2. verbunden mit gesunden Trinkmustern und 3. eingebunden in einen bewussten Lebensstil. Dies alles verbindet die europäische Informationskampagne Wine in Moderation.

Sie wurde 2008 Jahren aus den politischen Gegebenheiten der Europäischen Union und den zunehmenden Problemen mit Alkoholmissbrauch geboren. In dieser Zeit attackierten sich EU-Kommission, nationale Politik, NGOs und Wirtschaft mit zum Teil konträren Stellungnahmen und Berichten, warum und weshalb welche Maßnahmen am besten sind, um schädlichen Alkoholkonsum zu reduzieren. Die Wirtschaft war gebrandmarkt durch die Alcopops-Diskussion und man sprach ihr jedwede Kompetenz ab, sich objektiv und nachhaltig für verantwortungsvollen Konsum einzusetzen. Die Politik setzte unisono auf alles, was die Wirtschaft nicht wollte, wie Steuererhöhungen, Warnhinweise und Werbeverbote.

Eine Zäsur wurde gesetzt, als der damalige Kommissar der Generaldirektion Gesundheit und Lebensmittelsicherheit (kurz DG Sante) ein Forum installierte, das alle, die etwas mit Alkohol zu tun hatten, an einen runden Tisch rief, auch – erstmals – die Alkoholwirtschaft. Dieses so genannte Alcohol-and-Health-Forum liegt derzeit zwar gerade auf Eis, aber Tauwetter scheint in Sicht.

Der Versuchung, gemeinsam mit der Bier- und Spirituosenindustrie eine gemeinsame Kampagne als Alcohol in Moderation durchzuführen, widerstand die Weinwirtschaft. Sie wollte den Fokus der Kampagne auf das legen, was Wein von den anderen alkoholischen Getränken unterscheidet, nämlich gesunden Lebensstil und Weinkultur. Dies ist ihr mit Wine in Moderation auch gelungen. Man initiierte diese Initiative, die mittlerweile von 17 Ländern getragen wird (fünf davon in Südamerika) und eine

Abb. 1: WIM-Logo (Quelle: Wine in Moderation 2020: www.wineinmoderation.eu).

internationale Bewegung geworden ist. Mit der Mitgliedschaft verpflichtete sich die jeweilige nationale Weinwirtschaft in Anlehnung an die Rahmenbedingungen ihrer Länder diese Kampagne umzusetzen. In Deutschland ist die Deutsche Weinakademie (DWA) verantwortlich dafür.

Jeder Weinerzeuger kann Mitglied bei Wine in Moderation werden (unter: www. deutscheweinakademie). Verpflichtung ist eine verantwortungsvolle Kommunikation und die Einhaltung des Werbekodex für Wein, nachdem gemäß den Richtlinien des Deutschen Werberates nur verantwortungsvoll für Wein geworben werden darf. Dies sollte für gesellschaftlich engagierte Betriebe ohnehin selbstverständlich sein. Eine Mitgliedschaft ist Teil einer ganzheitlichen Kommunikationskette. Die Weingüter beziehen damit aktiv Stellung und positionieren sich dementsprechend. Ihr Engagement machen sie durch Hilfsmittel, wie Rollups, Beachflags, Blut-Alkohol-Tester, Broschüren etc. sichtbar, die die DWA zur Verfügung stellt und die Umsetzung des Engagements im weinwirtschaftlichen Alltag unterstützt.

Was macht die Kampagne aus?

Unter dem Dach „verantwortungsvoller Weinkonsum" finden sich drei Bereiche, die allen Ländern gemein sind:

- 1. Weinwerbung – 2. Benefits und Risiken – 3. Wissenschaft.

Prämisse dabei ist, dass alle Aussagen nur auf wissenschaftlichen evidenzbasierten und fundierten Informationen gründen.

5.1 Wein und Gesundheit

Von unterstützendem Nicken, über schelmisches Lächeln, bis hin zu entrüstetem Aufschrei – die ganze Palette an Reaktionen ist möglich, wenn Wein und Gesundheit kombiniert werden. Unabhängig davon, ob die Botschaft aus dem Mund eines Winzers kommt, der vom Weinverkauf lebt oder vom Wissenschaftler, der auf diesem Gebiet forscht. Die Zahl der Entrüsteten steigt in den letzten Jahren merklich an, aber nicht, weil sich die Fakten geändert haben, sondern weil es dem Zeitgeist widerspricht, ein alkoholisches Getränk in ein gesundheitsbezogenes Umfeld einzuordnen.

Ungeschriebenes Gesetz bei der Kommunikation dieses ambivalenten Themas ist, dass man sich mit biologischem Sachverstand auf umfassende Fakten zu Nutzen UND Risiken einlässt und sich der Janusköpfigkeit der Substanz Ethanol bewusst ist, die eine besondere Verantwortung mit sich bringt.

Tatsache ist: Wer zu oft zu viel trinkt, riskiert Erkrankungen aller Organe, vor allem der Leber, des Nervensystems und der Bauchspeicheldrüse. Auch hinsichtlich verschiedener Krebsarten (besonders der Brust und der Speiseröhre in Kombination mit dem Rauchen) ist Vorsicht geboten. Das ist Fakt, egal in welcher Matrix das Ethanol verpackt ist.

Tatsache ist aber auch, dass es keinen medizinisch relevanten Grund gibt, gesunden Erwachsenen vom Glas Wein abzuraten. Denn die internationale Studienlage zeigt, dass moderater Weinkonsum das Risiko für Krankheiten, wie Herzinfarkt oder Diabetes Typ 2 senkt und die Lebenserwartung erhöht. Mehrere Millionen Daten beschreiben diesen

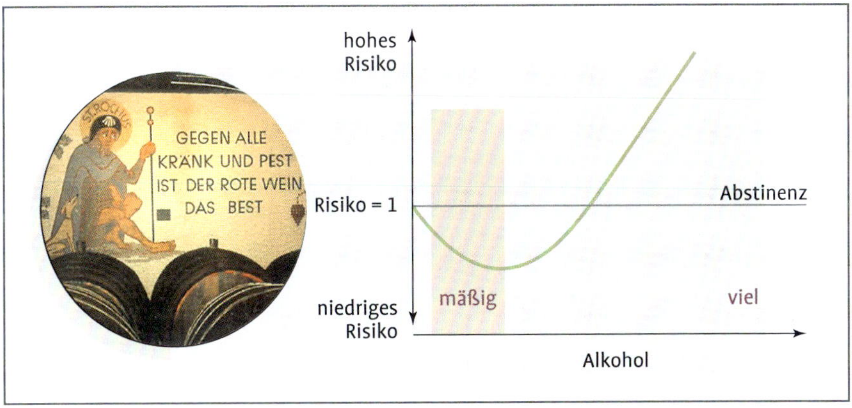

Abb. 2: J-Kurve.

Zusammenhang als J-Kurve. Diese ist trotz erheblicher Versuche, den Studien unwissenschaftliche und unzutreffende Auswertungsmodi zu unterstellen (z. B. Vergleiche mit falschen Kontrollgruppen) bislang nicht widerlegt. Im Gegenteil, die Beziehung scheint zu stimmen. Diskutiert wird jedoch, bei welcher Dosis der Nadir der Kurve (also der maximale positive Effekt) erreicht ist und ob dies auch die individuellen Risiken einschließt.

Unter dem Strich profitieren die Weingenießer bei moderatem Konsum vom Weintrinken mehr als sie Schaden nehmen,

wenn ...

- die Dosis beachtet wird
  Soll heißen: bis zu 20 Gramm pro Tag für die Frau, bis zu 30 Gramm für den Mann (Bereich des berühmten Vierteles).

wenn ...

- ein günstiges Trinkmuster gepflegt wird
  Soll heißen: zur Mahlzeit und begleitet von Wasser

wenn ...

- die Gegenanzeigen beachtet werden
  Soll heißen: Für Schwangere, Verkehrsteilnehmer, Kinder, Jugendliche oder bei bestimmten Erkrankungen sollte der Konsum alkoholischer Getränke tabu sein.

Dies differenziert und korrekt zu kommunizieren, liegt in der Verantwortung der einzelnen Weingüter und gehört zu einer nachhaltigen Betriebsphilosophie. Der Verbraucher von heute fragt kritisch und konsumiert bewusst. Er will ernstgenommen werden, auch hinsichtlich seinem gesundheitlichen Wohlbefinden. Mit Wine in Moderation setzt der Betrieb ein klares Zeichen, dass er im gewissen Maße für den Genießer Sorge (mit) trägt. Abgerundet wird Wine in Moderation mit einer verantwortungsvollen Werbung für Wein.

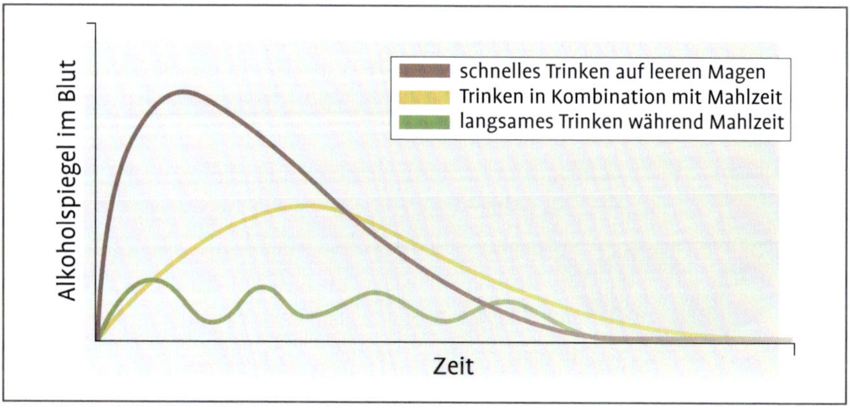

Abb. 3: Gesundes Trinkmuster.

5.2 Weinwerbung: Auch das gehört zu Wine in Moderation

Denn wegen der vielen oben genannten WENNS dürfen die Fakten zu Wein und Gesundheit NICHT werblich genutzt werden.

Die entsprechende Verordnung (EG Nr.1924/2006) über nährwert- und gesundheitsbezogene Angaben über Lebensmittel, besser bekannt unter der Health-Claims-Verordnung verbietet für Getränke mit mehr als 1,2 Volumenprozent Alkohol EU-weit grundsätzlich nährwert- und gesundheitsbezogene Angaben. Damit sind Vokabeln wie vitaminreich ebenso nicht erlaubt wie die Bezugnahme auf Beseitigung oder Verhütung von Krankheiten. Das gilt auch für Verweise auf die Historie. So gelten z. B. Zitate von Hippokrates, Plutarch und Co. als gesundheitsbezogene Hinweise und dürfen keine Weinguts-Website zieren.

Mit Rotwein gegen Herzinfarkt und Diabetes?

Obwohl eine belastbare wissenschaftliche Basis dafür besteht, dass moderater (und nur der!) Weinkonsum die genannten Krankheitsrisiken reduziert, darf damit aber nicht geworben werden. Wenn Wein werblich in Medikamentennähe gebracht wird, ist diese Einschränkung auch für viele Weinfreunde nachvollziehbar, aber mit folgenden Beispielen tun sich die meisten schwer: Natürlich ist ein Wein mit weniger Säure magenfreundlich und bekömmlich sowie Federweißer vitaminreicher als der Wein, der aus ihm wird, aber Werbung mit diesen Adverbien ist verboten. Ebenso ist ein Wein mit wenig Glukose für Diabetiker geeignet – noch vor wenigen Jahren explizit als Diabetikerwein ausgewiesen –, aber Werbung damit ist verboten.

Wein durfte bis 2007 mit „Für Diabetiker geeignet – nur nach Befragen des Arztes“ gekennzeichnet werden, wenn in einem Liter maximal 20 Gramm Gesamtzucker (Invertzucker) enthalten waren. Höchstens vier Gramm davon durfte Glukose sein, der für Diabetiker problematische Zucker. Ein gleichzeitig höherer Gehalt an Fruktose gestand dem Zuckerkranken auch nicht-trockene Weine zu.

Weine, die diese Kriterien erfüllen, gibt es zuhauf und sind auch heute noch „für Diabetiker geeignet“; sie dürfen aber nicht mehr so bezeichnet werden, weil dieser Terminus als gesundheitsbezogene Angabe eingeordnet ist. Reine Analysedaten sind aber immer noch möglich. Sie können demnach den Gehalt der verschiedenen Zuckerarten (Glukose, Fruktose) auflisten, nicht aber den Bezug zur Krankheit (Diabetes) herstellen.

5.3 Kennzeichnung – immer im Tandem mit Werbung

5.3.1 Der Werbekodex der Weinwirtschaft

Der Werbekodex der Wirtschaft ist ein greifendes Argument in der alkoholpolitischen Diskussion, was allerdings noch nicht bei allen in der Weinbranche angekommen ist. Der europäische Weinsektor ist mit Wine in Moderation eine Verpflichtung gegenüber der EU-Kommission eingegangen. Damit soll sie auch dazu beizutragen, dass diese Werberegeln eingehalten werden. Im Gegenzug sollten Werbeverbote weiter wegrücken. So ist klar geregelt, dass z. B. keine Weinwerbung für und mit Kindern und Jugendlichen erfolgen darf. Ebenso wenig darf mit Wein als Schlüssel zu sozialem oder sexuellem Erfolg geworben werden. Allerdings ist die Darstellung von Genuss- und Feierszenen durchaus erlaubt. Und das soll auch so bleiben.

Abb. 4: Kennzeichnung/Warnhinweise.

In anderen Ländern sieht dies schon ganz anders aus: 2018 hat das erste EU-Land – Litauen ein totales Werbeverbot für alkoholische Getränke erlassen. Wohl auch dem geschuldet, dass Litauen zu den Ländern mit dem höchsten Alkoholkonsum (nicht Wein!) gehört. Andere EU-Länder haben bereits massive Werbeeinschränkungen erlassen, wie z. B. Frankreich. Dort gilt bereits seit den 90er Jahren das Loi Évin, das Weinwerbung mit Menschen und Emotionen verbietet. Demnach wären Werbeplakate für Weinfeste oder Seminare, wie dies hierzulande üblich ist,

Abb. 5: Schwangeren-Logo.

nicht erlaubt. Die EU erwägt, das Loi Évin als Blaupause für alle EU-Länder zu nutzen, was das Aus der gebietlichen und nationalen Weinwerbungen bedeuten würde. Im Zuge dieses Loi Évin wurden in Frankreich auch Warnhinweise auf Marketingmitteln und auf dem Etikett das so genannte Schwangerenlogo vorgeschrieben.

5.4 Warnhinweise für alle?

Vor allem die diskutierten gesundheitlichen Warnhinweise, wie z. B. Alkohol verursacht Krebs gilt es zu verhindern. NICHT weil dies die Wirtschaft nicht will, sondern weil es dafür keine evidenzbasierten Belege gibt. Ein solcher wenig differenzierter Warnhinweis suggeriert, dass jeder Tropfen Wein kanzerogene Veränderungen generiert, dass es keinerlei Benefits gibt und dass Wein (durch die Darstellung) generell ein gefährliches Produkt ist.

Die einzige Chance, Werbeverbote zu verhindern!

Nicht nur, aber auch deshalb sollten die Weinwerberegeln zum Handwerkszeug aller Produzenten und Händler der Weinbranche gehören – ebenso wie die gesundheitlichen Effekte und deren Grenzen. Die nachwachsende Weinbranche ist da der Vorgängergeneration voraus. Denn alle Auszubildenden und viele Studenten der weinnahen Ausbildungen haben in den letzten Jahren die Wine in Moderation-Seminare der Deutschen Weinakademie besucht. Dort werden neben den gesundheitlichen auch die rechtlichen Gegebenheiten angesprochen, die für nachhaltiges Wirtschaften in der Weinbranche notwendig sind. Dies erhöht nicht nur die berufliche, sondern auch die persönliche Kompetenz der jungen Menschen. Noch setzt die Mehrheit der EU-Kommission und auch die Bundesregierung auf die Stärke der Werbeselbstregulierung, aber nur solange sie auch funktioniert. Und dies ist Aufgabe der Wirtschaft, nicht der Politik.

Bleibt Wein Kulturgut?

Wein ist nicht nur ein Kulturgut, sondern es existiert – im Gegensatz zum Tabak – diese o. g. J-Kurve hinsichtlich Morbidität und Mortalität. Das heißt: ein Glas Wein am Tag erhöht – statistisch gesehen – die Lebensdauer. Kulturgut ist Wein allerdings nur in Ländern mit weinbaulicher Tradition. In Ost- und Nord-Europa gilt er (nur) als ein alkoholisches Getränk mit 12 bis 14 Volumenprozent Alkohol.

Die Weinwirtschaft muss für und mit bewusstem und verantwortungsvollem Konsum und Vertrieb werben. Obwohl sich dies für Kurzsichtige zunächst nur in eingeschränktem Absatz bemerkbar macht, ist es ein nachhaltiges Instrument par exellence. Denn wer Alkoholmissbrauch aus Absatzgründen propagiert, riskiert ganz schnell, dass durchweg gute und wertige Image von Wein. Dann bleiben Kulturwerte, wie Wein und gutes Essen, Wein und Literatur oder Kenntnisse über das besondere Werden von Wein auf der Strecke. Da helfen auch keine immateriellen Kulturgüter der UNESCO. Gesellschaftliches Engagement und Förderung eines (nur) moderaten Konsums gehen im Rahmen der gesellschaftlichen Nachhaltigkeit Hand in Hand.

6 Wie schmeckt Nachhaltigkeit?

Kai Wagner

„Handle so, dass die Wirkungen deiner Handlung verträglich sind mit der Permanenz echten menschlichen Lebens auf Erden."
(Hans Jonas: Das Prinzip Verantwortung)

Abstract
Nachhaltigkeit und Geschmack sind für jeden Winzer zentrale Begriffe. In welcher Beziehung sie zueinanderstehen, ist unklar, zumal sie in verschiedenen Domänen angesiedelt sind. Geschmack gilt als unzuverlässiges Kriterium der Güte eines Lebensmittels, denn er kann getäuscht werden und wird von der Nahrungsmittelindustrie getäuscht. Tatsächlich ist die Nachbildung von Wein zum Geschäftsmodell geworden. Nachhaltigkeit ist angesichts der ökologischen Krise und im Anschluss an den Bericht an den Club of Rome 1972 zu einem dominanten Thema der gesellschaftlichen Debatte geworden, das eine Abkehr weg vom herrschenden ökonomisch motivierten Denken signalisiert. Ein zunehmend kritisches Denken und die Krise des deutschen Weins im letzten Drittel des vergangenen Jahrhunderts führten zu einer Neuorientierung im Weinbau und zur Entfaltung des Terroirgedankens. Das Konzept vom Terroir stellt das Bindeglied dar zwischen Geschmack und Nachhaltigkeit, denn nachhaltiges Arbeiten ist die Voraussetzung für die Erzeugung von Weinen, die in der Lage sind, als lebendige Spiegel Terroir im Geschmack zur sinnlichen Erkenntnis zu bringen.

6.1 Nachhaltigkeit und Geschmack – Verschiedene Welten?

Die Frage „Wie schmeckt Nachhaltigkeit?" erscheint unsinnig. Nachhaltigkeit und Geschmack sind in unterschiedlichen Domänen angesiedelt. Anzunehmen, es könnte eine Beziehung zwischen ihnen bestehen, derart, dass ein nachhaltig produziertes Lebensmittel anders schmeckt als ein konventionelles, also schon am Geschmack erkennbar wäre, scheint verwegen. Es wäre sicher wünschenswert, wenn die Nachhaltigkeit der Herstellung im besseren Geschmack eines Produkts bereits aufscheinen würde, doch darf man darauf kaum hoffen, denn selbst bei zertifiziert ökologischer Herstellung von landwirtschaftlichen Erzeugnissen und Lebensmitteln, deren Regeln sehr viel enger und genauer bestimmen, wie etwas zu produzieren ist, lässt sich kein systematischer Zusammenhang zwischen Herstellungsweise und resultierendem Geschmack finden.

Dennoch lohnt es sich, über das Verhältnis von Nachhaltigkeit und Geschmack nachzudenken. Nachhaltigkeit ist seit dem letzten Drittel des vergangenen Jahrhunderts zu einem zentralen Thema des Diskurses in Wirtschaft, Ökologie und Politik geworden. Dieser Begriff hat hegemonialen Rang im heutigen Denken erobert und zumindest dem Anspruch nach bekennen sich alle Akteure trotz untereinander konfligierender Positionen zur Nachhaltigkeit und natürlich ist Nachhaltigkeit insbesondere in der Landwirtschaft und in der Nahrungsmittelindustrie ein zentrales Thema. Geschmack wiederum ist ein wesentliches Ziel der Arbeit in diesen Wirtschaftssphären. Ein Produkt, das nicht schmeckt, ist unverkäuflich und insbesondere im Winzerhandwerk ist Geschmack der Dreh- und Angelpunkt. Geschmack ist die Sprache des Weins. Was er uns mitzuteilen hat, sagt er im Geschmack. Alle Anstrengungen des Winzers laufen daraus hinaus, einen Wein zu schaffen, der sein Wesen, sein Werden und seine Individualität durch seinen geschmacklichen Reichtum zum Ausdruck bringt. Der Weinfreund macht den Geschmack zum obersten Kriterium seiner Wahl. Ein Wein, der nicht schmeckt, hat keine Chance. Die Weinwelt ist in unausgesetzter Suche nach dem besten Wein, dem, der am besten schmeckt.

Nachhaltigkeit und Geschmack sind, wenn auch begrifflich weit voneinander entfernt, zentrale Kategorien im Denken eines verantwortungsbewussten heutigen Winzers. Dieser Beitrag versucht nun im Folgenden, das Verhältnis beider näher zu bestimmen.

6.2 Geschmack – Artefakt oder Gütesiegel?

Geschmack ist das oberste Kriterium bei der Entscheidung für oder gegen ein Lebensmittel. Schon in unserem Kindesalter stand unverrückbar fest: Was nicht schmeckt, wird nicht gegessen. Da helfen kein Zureden und keine guten Worte. Unser Geschmack spricht ein Urteil: „Schmeckt!“ oder eben „Schmeckt nicht!“. Was aber kommt in diesem Urteil zum Ausdruck? Ist es ein Urteil über eine objektive Qualität der verkosteten Sache oder eine rein subjektive Angelegenheit? Wir trauen unserem Geschmackssinn keine wirkliche Kompetenz bei der Beurteilung der Qualität eines Lebensmittels zu und führen dafür unterschiedliche Argumente ins Feld.

Zunächst und vor allem glauben wir sicher zu wissen, dass Geschmack eine ganz und gar subjektive Angelegenheit ist. Der Spruch, über Geschmack lasse sich nicht streiten, kommt gern im lateinischen Gewand (de gustibus non est disputandum) und als von alters her verbürgte Weisheit daher. Geschmack sei so individuell wie ein Fingerabdruck. Die geschmacklichen Vorlieben und Abneigungen verschiedener Menschen kommen uns überwiegend zufällig vor. Es gibt aber auch eine Vielzahl von Gründen für deren individuelle Verschiedenheit. Das physiologische Geschmacksgeschehen ändert sich im Lauf des Lebens. Bei Kindern entwickelt sich der Geschmacksapparat erst allmählich, sie haben generell ein feines Sensorium, aber zunächst eine höhere Süßschwelle. Mit zunehmendem Alter vollziehen sich Abbauprozesse. Das Geschmacksempfinden ist tageszeitlichen Schwankungen unterworfen, wird von Krankheiten, der Genetik und hormonellen Bedingungen beeinflusst, ist zwischen Männern und Frauen unterschiedlich und auch innerhalb der menschlichen Spezies verschieden ausgebildet. Weiße Männer, die immerhin die Mehrheit der Weinkritiker stellen, schneiden hinsichtlich der Sensitivität besonders schlecht ab. Neben physiologischen und genetischen Faktoren spielen für die Geschmacksentwicklung die Zugehörigkeit zu einer Kultur, einer Region und einer Klasse eine wesentliche Rolle. Einmal entwickelt, bleiben wir dann unseren Vorlieben und Abneigungen treu, leben also gleichsam in einer Art Geschmacksgefängnis, in dem Wiederholung Trumpf und Neues eher angstbesetzt ist.

In gewissem Widerspruch zu diesem Argument, das die Unterschiedlichkeit geschmacklicher Vorlieben herausstreicht, steht ein anderes, das aber ebenfalls die Kompetenz des

Geschmacks verneint: Geschmack sei ein von der Industrie erzeugtes Artefakt. Trotz aller Verschiedenartigkeit der geschmacklichen Vorlieben sehen wir eine immer stärkere, immer ausgeprägtere Globalisierung des Geschmacks, einen weltweiten Massengeschmack, der prononcierte und einfache Aromen sucht und bestimmte, meist leicht zu bedienende Vorlieben hat, wie zum Beispiel den typischen McDonalds-Dreiklang: süß-salzig-umami. Die meist regional verankerten kulinarischen Traditionen werden durch den von einer weltumspannenden Nahrungsmittelindustrie bedienten und simplifizierten Einheitsgeschmack verdrängt. Dieser Massengeschmack, der sich im Erfolg von Coca-Cola und McDonald's, von Nestlé, Unilever und Kraft Foods widerspiegelt, ist zugleich das Erzeugnis eben dieser Nahrungsmittelindustrie. Geschmack ist in der Regel ein Produkt der Industrie, die hochwertige durch billige Rohstoffe ersetzen möchte und zugleich bestimmte geschmackliche Muster erzeugt, die immer wieder gesucht werden sollen, so dass das Konsumverhalten auf Wiederholung ausgerichtet wird.

Wir wissen, wir können getäuscht werden, ohne es zu merken. Und tatsächlich werden wir getäuscht. Die Nahrungsmittelindustrie hat die Kunst, Geschmackseindrücke zu erzeugen, die den wahren Charakter eines Produkts verbergen, statt ihn zu offenbaren, perfektioniert. Wir wissen, es gibt Erdbeerjoghurt und Hühnersuppe, bei denen Erdbeeren und Hühner nur im Namen des Produkts vorkommen. Wir finden das meist nur heraus, wenn wir die Zutatenliste studieren. Die Herstellung von synthetischen Aromen und Duftstoffen ist ein exzellentes Geschäft. Allein die Marktführer Givaudan, Firmenich, International Flavors & Fragrances und Symrise setzten 2020 mehr als 22 Mrd. US-$ um. Mindestens 2.000 dieser Stoffe sind im Einsatz und nur eine Minderheit der industriell hergestellten Nahrungsmittel kommt ohne aromatische „Verbesserung" aus. Der Geschmack, so scheint es, ist nicht der Prüfstein der Güte eines Lebensmittels, sondern geradezu das Einfallstor des Betrugs. Beim Wein ist das nicht anders. Selbst erstklassige Weinfachleute, Sommeliers, lassen sich täuschen.

6.3 Kunstwein – Täuschung als Methode

Der Lebensmittelchemiker und Aromaforscher Helmut Guth fand vor mehr als 20 Jahren in seinen Untersuchungen über 600 aromaaktive Stoffe in einem Weißwein, so dass man annehmen durfte, dass ein hochwertiger Wein nicht einfach kopiert werden kann. Professor Guth ging der Sache auf den Grund und stellte sich die reizvolle Frage, ob es möglich ist, das Aroma eines hochwertigen Weins zu imitieren oder gar zu verbessern. Die ursprüngliche Absicht war nicht, Wein komplett synthetisieren zu können, sondern vor allem herauszufinden, ob seine Analyse des aromatischen Profils korrekt war, und um zu bestimmen, welche Aromen vom Menschen als besonders angenehm und besonders typisch empfunden werden. Guth produzierte einen Kunstwein, die Nachbildung eines Gewürztraminers, aus nur 25 Geruchsstoffen und 16 Geschmacksstoffen in einem Wasser-Ethanol-Gemisch. Diesen Kunstwein und das Original verkosteten mehrere Weinexperten, darunter die Sommeliers Christina Fischer und Cormac Clancy. Das Ergebnis: Der Kunstwein konnte nicht erkannt werden, gefiel sogar besser als der natürliche Gewürztraminer. Ganz offensichtlich ist es heute mittels Chromatographie und Expertenwissen der Lebensmittelchemie möglich, alle relevanten Aromaträger eines Weins zu erkennen und durch handelsübliche synthetische Aromen zu ersetzen.

Was 1997 noch der Freizeitspaß eines Lebensmittelchemikers war, ist heute ein Geschäftsmodell. Die Firma Replica Wine in Denver betreibt eine legale Weinfälscherwerkstatt. Sie schreiben: „Wir bewerten die meistverkauften Premiummarken und ermitteln, was sie so einzigartig und köstlich macht. Unsere preisgekrönten Winzer nutzen unsere firmeneigene Methodik, um tief in die Geschmacks- und Aromaprofile wie Eiche, Wärme, Tannine, blumige und fruchtige Aromen sowie Gewürze und Rauch einzutauchen.“ [1] (Übersetzung Kai Wagner). Sind die Geschmacks- und Aromaprofile enträtselt, werden die Weine nachgebildet.

Replica rühmt sich zudem, in Sachen Nachhaltigkeit und Ökologie vorbildlich zu sein: „Wir unternehmen die notwendigen Schritte, um die moderne Agrarindustrie zu verändern, indem wir nur die reinsten, natürlichen Weine ohne Zusatzstoffe und schädliches Pestizid und Neonicotinoide herstellen, die als äußerst schädlich für Wildbienen und Schmetterlinge erkannt wurden und direkt mit dem Aussterben der Xerces-Schmetterlingsarten in Verbindung stehen. Aufgrund unseres überwältigenden Engagements für die Reinheit der Inhaltsstoffe ist Replica stolzer Empfänger des begehrten Purity Award des Clean Label Project.“ [2]

Ein Ausblick in die schöne neue, zudem ökologische und nachhaltige Weltwelt: Romanée-Conti und Mouton Rothschild für alle! Das Motto von Replica lautet „Originality is Overpriced!” und so kosten die Weine weniger als die Hälfte der Originale. Alle werden hoch bewertet – teils sogar besser als die Originale – und so schreibt etwa Weinkritiker Jim Gordon im „Wine Enthusiast“, zum mit 90 Punkten bewerteten und günstig bepreisten „Knockoff“ Chardonnay: „Dieser Hersteller prahlt auf dem Etikett, dass sie Ihre Lieblingsweine nachbilden, und mit diesem haben sie es wirklich getan. Reife Fruchtaromen von Birne und Pfirsich gehen über in üppige Fruchtaromen und eine lebendige, würzige Komposition aus Muskat und Ingwer in diesem körperreichen und cremigen Wein. Er verbindet Reichtum mit eichiger Komplexität auf verführerische Weise.”[3] (Übersetzung Kai Wagner)

Immerhin wird hier nur Wein mittels Wein imitiert, synthetische Aromen bleiben außen vor, so dass das Ganze harmloser ist als die gängige Praxis in der Weinindustrie. Wir können festhalten, dass in der Nahrungsmittelindustrie und damit für fast alle Menschen bei aller Unterschiedlichkeit der Vorlieben Geschmack als ein Artefakt erscheint, ein willkürliches Erzeugnis, dem Willen und den Interessen des Herstellers unterworfen. Die Nahrungsmittelindustrie dominiert durch ihre Omnipräsenz den Kosmos der Geschmackswelten. Wenn wir zwischen Lebensmitteln wählen, wählen wir in aller Regel zwischen Industrieprodukten. Ein autonomer Geschmack, der in der Lage ist, den beim Verkosten eines Lebensmittels sich einstellenden geschmacklichen Eindruck zu verbinden mit einem kompetenten Urteil über dessen Ursprung, kann sich nicht entwickeln.

1 ReplicaWine, https://replicawine.com/collections/all-wines/products/misbehaved-pinot-noir, 6.1.2022
2 ReplicaWine, https://replicawine.com/pages/our-story, 6.1.2022
3 https://www.winemag.com/buying-guide/replica-2016-knockoff-chardonnay-california/, abgerufen 20.3.2019

Was uns angesichts dieser scheinbar überwältigenden Subjektivität und Zufälligkeit einerseits und der Täuschbarkeit von Geschmack andererseits zu denken geben sollte, ist die Tatsache, dass wir Geschmack zwar wenig Kompetenz zusprechen, im Handeln diesen Glauben aber Lügen strafen: Wir lesen Restaurantbewertungen, kaufen Weinführer, orientieren uns an der Meinung anderer. Die Welt der Sterne und Punkte, der Stimmen der Kritiker, der Freunde und Bekannten ergibt aber nur dann einen Sinn, wenn es Kriterien für ein Besser und ein Schlechter gibt, Geschmack mithin einen wie auch immer gearteten objektiven Anteil hat. Wenn Nachhaltigkeit in einer erkennbaren Beziehung zu Geschmack stehen sollte, dann müsste sie sich genau in diesem objektiven Anteil von Geschmack äußern. Zunächst aber spricht alles dafür, dass auf Grund der Täuschbarkeit von Geschmack Nachhaltiges von Nicht-Nachhaltigem nicht zu unterscheiden sein dürfte.

6.4 Nachhaltigkeit – Aufruf zu neuem Denken

Obwohl der Begriff Nachhaltigkeit schon über 300 Jahre alt ist und aus den forstwirtschaftlichen Überlegungen „Sylvicultura oeconomica“ des königlich-polnischen und kurfürstlich-sächsischen Oberberghauptmanns von Carlowitz stammt, ist er erst im Lauf des letzten Drittels des letzten Jahrhunderts populär und schließlich im heutigen Diskurs hegemonial geworden. Um zu verstehen, was Nachhaltigkeit heute bedeutet und bedeuten soll, muss man keine Begriffsgeschichte studieren. Klarer und zielführender ist es, sich zu vergegenwärtigen, wogegen der Begriff opponiert, und ihn als Ausdruck eines neuen Denkens zu verstehen, welches das bislang hegemoniale Denken kritisiert und ablösen will. Der Begriff Nachhaltigkeit beginnt seine steile Karriere nach dem Erscheinen des ersten Berichts an den Club of Rome „The Limits to Growth“. Dessen erste zentrale Schlussfolgerung lautet (Meadows et al. 1974: 23): „Wenn die gegenwärtige Zunahme der Weltbevölkerung, der Industrialisierung, der Umweltverschmutzung, der Nahrungsmittelproduktion und der Ausbeutung von natürlichen Rohstoffen unverändert anhält, werden die absoluten Wachstumsgrenzen auf der Erde im Laufe der nächsten hundert Jahre erreicht.“ (Übersetzung Kai Wagner)

Diese absehbare Tendenz könne noch gestoppt werden, indem sofort gehandelt und ein Zustand ökologischer und ökonomischer Stabilität hergestellt werde. In diesem Zusammenhang wird der Begriff „nachhaltig“ (sustainable) gebraucht. Auch wenn dieser Bericht von der Presse und den meisten Ökonomen verrissen wurde[4], erreichte er eine weltweite Verbreitung und größte Aufmerksamkeit. Angetrieben durch eine Vielzahl von Entwicklungen bahnte sich in jenem Zeitraum neues, alternatives Denken an, das die Ideologie des um 1750 einsetzenden Industriezeitalters zunehmend kritisierte und in Frage stellte.

Schon in den sechziger Jahren des 20. Jahrhunderts hatte die Studentenbewegung in den USA, Frankreich und Deutschland die Wertvorstellungen der alten Generation zurückgewiesen und die Ruhe der Nachkriegszeit durch Demonstrationen und Straßenkämpfe

4 The Economist, 11.3.1972: „highwater mark of old-fashioned nonsense“; Nature, 10.3.1972: „oversimplified and confuse“; New York Times, 2.4.1972: „empty and misleading work“; Spiegel, 15.5.1972: „Weltuntergangs-Vision aus dem Computer“

gestört. Gesellschaftliche Konflikte wurden nun offener und radikaler ausgetragen. In den Siebzigern wuchs das ökologische Bewusstsein, die Anti-Atomkraft-Bewegung war stark genug, den Bau des AKW in Wyhl und der Wiederaufbereitungsanlage Wackersdorf zu verhindern, die „Grünen" wurden gegründet. Mit der Katastrophe von Tschernobyl und nach dem Verschwinden des bislang dominanten Ost-West-Konflikts und damit der atomaren Bedrohung der Menschheit als neue globale Gefahren kommen in den Achtzigern die ökologische Krise und der Klimawandel immer stärker in den Fokus. Immer mehr Menschen wurde klar, dass es sich um reale Gefahren handelt und nicht, wie von den Kritikern behauptet, um Übertreibungen oder Fantastereien.

Und längst hat auch die Bundesrepublik Deutschland das Thema Nachhaltigkeit im Visier, formuliert eine eigene Nachhaltigkeitsstrategie, unterstützt die „Agenda 2030" der Vereinten Nationen und stellt fest (Die Bundesregierung 2018: 6): „Ein gutes Leben für alle im Rahmen der planetaren Grenzen kann es dauerhaft nur dann geben, wenn sich politische Entscheidungen an einer nachhaltigen Entwicklung ausrichten. Daher bekennt sich die Bundesregierung zum Leitprinzip der Nachhaltigkeit."

Nachhaltigkeit wird nicht nur zum Zentralbegriff eines neuen Denkens, sondern er beginnt auch im hergebrachten Denken der politischen und ökonomischen Eliten einen Platz zu erobern, die über Jahrhunderte andere Ziele verfolgt, andere Wertvorstellungen vertreten hatten und deren Denksystem auf Begriffen wie denen von individueller Freiheit, Eigentum, Markt, Wachstum, Fortschritt, Beherrschung der Natur und materiellem Wohlstand basiert. Die Ideologie des Industriezeitalters ist wesentlich geprägt von den Theorien der Klassiker der Ökonomie wie vor allem Adam Smith. Zentrales Subjekt bei Smith ist das vernünftige, aber eigensinnige, strikt seine wirtschaftlichen Ziele verfolgende Individuum. Die konfligierenden Interessen der Wirtschaftssubjekte führten nicht zum Chaos, sondern würden über die im Markt sich vollziehenden Tauschbeziehungen ausgeglichen und versöhnt. Im freien Markt werde durch das Wirken der „unsichtbaren Hand" die Rationalität des Wirtschaftslebens sichergestellt, so dass aus dem Egoismus des Einzelnen das Wohl aller resultiere. Zusammen mit einem auf Beherrschung und Ausbeutung ausgerichteten Verhältnis zur Natur war und ist diese Vorstellung von Ökonomie die Basis des Wertsystems und das Zentrum des Denkens im Industriezeitalter.

Das sich in Opposition dazu entwickelnde neue, post industrielle Denken kommt nicht fertig zur Welt, sondern tastend und fragend und mit einer Vielzahl neuer Konzepte und Ideen: Nachhaltigkeit, Sharing, Commons, Postwachstum, Cradle to Cradle, Buen Vivir. Klar ist jedoch, dass sich die Versprechen der klassischen Ökonomie nicht bewahrheitet haben. Selbst konservative Denker wie der ehemalige CDU-Arbeitsminister Norbert Blüm (Blüm 2016) und FAZ-Mitherausgeber Frank Schirrmacher kritisieren die Vorstellung des gesunden Egoismus der Wirtschaftssubjekte und sehen im homo oeconomicus die Ursache der heutigen Krisen. So schreibt Schirrmacher (2013: 41): „Es geht vielmehr um die Frage, ob die Doktrin des ‚rationalen Selbstinteresses', also des vernünftigen Egoismus, nicht gerade im Begriff ist, puren Irrsinn zu produzieren?"

Der Wohlstand aller hat sich nicht eingestellt, stattdessen sind die Gegensätze von Arm und Reich schärfer geworden, der Markt versöhnt die Einzelinteressen nicht, sondern wird von den ökonomischen und politischen Interessen der Mächtigen beherrscht und produziert gigantische Krisen wie zuletzt 2007ff, während das ökonomisch motivierte Naturverhältnis mit hemmungslosem Extraktivismus und „Produktion um der Produktion willen“ die ökologische Krise hervorgebracht hat, die das menschliche Leben auf der Erde bedroht. Daher ist das Grundverhältnis des neuen Denkens zu der etablierten Ideologie des Industriezeitalters das der Kritik und des Zweifels. Was zu tun ist, bleibt strittig, dass es so nicht weitergehen kann, ist klar. Diese von Teilen der Gesellschaft, insbesondere der Jugend, getragene Bewegung des Zweifels und der Kritik am Etablierten, der Suche nach alternativen Wegen, führte auch zu einem Umdenken in Teilen der Landwirtschaft und des Weinbaus.

6.5 Krise und Aufbruch im Weinbau

Diese Neuorientierung verlieh beispielsweise der ökologischen Landwirtschaft, die im 20.Jahrhundert nur in rudimentären Ansätzen bestand, einen starken Entwicklungs- und Wachstumsimpuls, der bis heute anhält. Der Anteil der ökologisch arbeitenden Betriebe in der Landwirtschaft stieg in Deutschland von 1,3 % im Jahr 1996 auf 11 % im Jahr 2017. Eine mehr als respektable Entwicklung, zumal die Methoden und Verfahren ökologischer Produktion erst gefunden und entwickelt werden mussten, denn eine Produktion ohne synthetische Mineraldünger, ohne Herbizide, Insektizide und synthetische Fungizide war nach der herrschenden Meinung, die das Glaubensbekenntnis der industriellen Landwirtschaft für unumstößlich hielt, unmöglich. Ökologische Produktion ist in der Mitte der Gesellschaft angekommen. Wenn heute große Discounter die Produkte von Bioland und Demeter vermarkten, muss das aber zu denken geben. Der Industrialisierungszwang und damit die Angleichung der Produktionsmethoden an die konventionelle Landwirtschaft hat die Branche längst umfassend ergriffen, was den Intentionen der Öko-Pioniere zuwiderläuft. Möglich war diese Entwicklung aber gerade auch deshalb, weil die Ökobewegung die Problematik der ökologischen Krise auf den Gegensatz Chemie versus Natur reduziert und ihn verabsolutiert hat. Eine ganzheitliche, vom Leitprinzip der Nachhaltigkeit ausgehende, Betrachtung kann sich damit nicht zufriedengeben. Sie erkennt, dass ausnahmslos alle Bereiche, Aspekte und Folgewirkungen der Produktion geprüft, bewertet und verbessert werden müssen, und zwar ohne Vorbehalt.

Der Weinbau war Ende der 1960er bis in die 1970er Jahre in Deutschland in einer schweren Krise. Das gegen die Massenweine vom Vorgänger des VDP (Verband der Prädikatsweingüter), dem VDNV (Verband der Naturweinversteigerer), hochgehaltene Konzept des Naturweins, eines aus eigenem Lesegut gewonnenen und nicht manipulierten Weins, verschwindet im trostlosen deutschen Weingesetz von 1969/1971, das die im Glykolskandal von 1985 schließlich aufgeflogene Weinpanscherei eher erleichtert als verhindert. Der VDNV steht vor der Auflösung und das endgültige Ende einer großen deutschen Weinkultur scheint besiegelt.

In dieser Zeit der Umbrüche kommt Bewegung in die Winzerwelt. Ein Teil der Weinbauern beginnt unter dem Eindruck der aufkommenden Debatte um Nachhaltigkeit und Umweltzerstörung mit einer chemiefreien Arbeit im Weinberg, 1985 wird Ecovin, der Verband der deutschen Bio-Winzer, gegründet. Wichtige Erkenntnisse über das Zusammenspiel natürlicher Faktoren im Weinberg konnten hier gewonnen werden und ein genauer und unverstellter Blick auf das Geschehen im Weinberg wurde geübt. Ökologischer Anbau ist heute im Spitzenweinbau überproportional vertreten.

Die Neubesinnung reduzierte sich aber nicht nur auf die Frage, ob im Weinberg ohne Chemie gearbeitet werden könne, sondern die Kritik nahm ausnahmslos alle Aspekte der Weinerzeugung ins Visier und letztlich auch die für jeden Winzer zentrale Frage: Wie soll mein Wein schmecken? Wein, so die Mehrheitsmeinung der Nachkriegszeit, sollte fruchtig und süß sein. Hier traf sich der Massengeschmack mit einer Notlage der Winzer. Klimatisch gaben die ersten drei Nachkriegsdekaden wenig her, und schaut man in die Kellerbücher jener Zeit, sieht man, wie spät die Lesen meist erfolgten und wie schwach dennoch die Mostqualitäten waren. Das Streben nach hohen Erträgen, oft nur mit zweifelhaften Neuzüchtungen erreichbar, tat ein Übriges. Hier half nur die Arbeit in der Verschwiegenheit des Kellers mit „Verbesserungen" aller Art. Die vom Publikum scheinbar gewünschte Süße war meist nur die Notlösung, um die schwachen Moste zu kaschieren. Die junge Winzergeneration hatte schnell begriffen, dass Wein auch ganz anders schmecken kann. Die großen Weine der Welt kamen nicht aus Deutschland, sondern aus dem Ausland, allen voran Frankreich. Sie waren nicht dünn und süßlich, sondern trocken und ausdrucksstark. Wer in Deutschland besten Wein produzieren wollte, orientierte sich an der besten, über Jahrhunderte stabilen Weinkultur: der Frankreichs. Statt gesichtslose Großlagenweine aus ertrags- oder Oechsle-optimierten Rebsorten zu erzeugen, besann man sich auf die klassischen Rebsorten und auf die historisch überlieferten, eng umgrenzten Lagen mit spezifischer Identität. Wer kompromisslos guten Rotwein erzeugen wollte, lernte von Burgund, studierte dort die Methoden und beschaffte sich burgundische Klone, denn selbst die besten deutschen Spätburgunder mit ihrem glutvoll-überreifen Stil, ließen die kühle Finesse und das aromatische Raffinement vermissen, das man in Burgund herauszuarbeiten wusste. Im Ergebnis dieses Prozesses von Verunsicherung, Kritik und Selbstkritik, Suche und ständigem Ausprobieren entwickelte eine Winzer-Avantgarde einen Weinstil, der am besten und treffendsten mit dem Begriff Terroir, wie Reinhard Löwenstein ihn in die Debatte gebracht hat, zu beschreiben ist.

6.6 Wem gehört der Geschmack?

Im Massenmarkt der Nahrungsmittel gehört der Geschmack, so hatten wir argumentiert, der Industrie, die ihn mit den Werkzeugen ihrer artifiziellen aromatischen Kosmetik konstruiert, bis zur Unkenntlichkeit der ursprünglichen Grundstoffe. Die scheinbar emanzipatorische Antwort auf die Frage, wem der Geschmack stattdessen gehören solle, lautet: dem Konsumenten. Der Konsument sei frei in seiner Kaufentscheidung und könne so beeinflussen, was hergestellt wird und wie die Produkte schmecken sollen. Doch meist reflektiert der Konsumentengeschmack nur die lebenslange Prägung, die bestimmt ist durch die Übermacht gängiger Muster einerseits und durch das Fehlen von echten Geschmacksalternativen andererseits. Die einzig tatsächlich emanzipatorische Antwort lautet beim Wein: Der Geschmack gehört dem Weinberg. Der Geschmack ist Ausdruck der Identität eines Weinbergs, einer Lage, er ist kein Artefakt, das je nach Mode mal so, mal anders gestaltet wird. Das Bekenntnis zum Konzept vom Terroir ist heute so weit verbreitet, dass der Begriff schließlich zum bloßen Marketing abgesunken ist, denn keineswegs zeigt jede Lage eine erkennbare Identität und keineswegs ist jeder Winzer in der Lage, vorhandene Identität herauszuarbeiten. So weist auch die Rede vom Wein als „Naturprodukt“ in die ganz falsche Richtung. Wein ist ein Produkt menschlicher Kultur, er war in der Spitze wie in der Breite noch nie so gut wie heute. Die besten Lagen, die Ergebnis menschlicher Gestaltung und nicht einfach von Anfang vorhanden sind, mussten sich in jahrhundertelanger Auseinandersetzung von Weinberg und Winzer als solche erweisen. Allein ein fähiger Winzer ist jedoch in der Lage, die Charakteristik einer großen Lage im Wein darzustellen. Der Winzer als Interpret seiner Lage hat wichtige Freiheitsgrade, seine Handschrift wird erkennbar, in jedem Fall hat er entscheidenden Anteil am Schaffensprozess. Ob Dame Janet Baker eine Arie singt oder Anna Netrebko, macht einen großen Unterschied, in beiden Fällen aber wird das dargebotene Werk seinem Kunstcharakter durch die Interpretation gerecht, anders als wenn eine Badewannensängerin sich daran versucht. Die Grundlage und der unverrückbare Ausgangspunkt ist und bleibt jedoch das Werk im Fall der Musik, bei Wein das Terroir, das allein durch die Interpretation des Winzers sichtbar wird.

Die Antwort auf die Frage, in welcher Beziehung Nachhaltigkeit und Geschmack stehen, hängt ab von der Antwort auf die Frage: Wem gehört der Geschmack und was drückt sich darin aus? Wenn die Antwort hierauf lautet: „Der Geschmack gehört dem Winzer“, dann ist es ihm überlassen, ob er nachhaltig arbeitet oder nicht. Nicht viel anders ist es, wenn die Antwort lautet: „Der Geschmack gehört dem Konsumenten“, denn der weiß nicht, wie der Winzer arbeitet. Allenfalls könnte sich der Konsument auf Zusicherungen, irgendwelche Nachhaltigkeitssiegel verlassen. Nur wenn wir fordern, der Geschmack solle dem Weinberg gehören, können wir von einer stabilen inneren Beziehung von Nachhaltigkeit und Geschmack ausgehen. Denn wenn der Weinberg, das Terroir, die entscheidende Basis und Ressource ist, wenn er die geschmackliche Identität gewährleistet, die der Winzer herausarbeitet und interpretiert, dann kommt alles darauf an, diese Identität zu bewahren, zu pflegen und zu fördern. Jeder erfahrene Winzer weiß, etwa wenn er eine Parzelle von einem Nachbarn übernimmt, dass der Charakter eines Weinbergs, seine Identität, auch verloren gehen kann, wenn er schlecht behandelt wurde und dass es viele Jahre dauern kann, bis die Moste wieder so schmecken, wie sich eigentlich schmecken sollten oder schmecken könnten.

Der Geschmack wird so wieder zum Ausweis der Güte des Weins. Wie ein lebendiger Spiegel bringt er den Weinberg in der Interpretation des Winzers und in der Perspektive der Eigenheiten des Jahrgangs zur sinnlichen Erkenntnis.

6.7 Verlust der Aura

Was aber, wenn Firmen wie Replica Wines, unterstützt vom erfinderischen Heer ihrer Lebensmittelchemiker und den Givaudans und Symrises dieser Welt, daran gingen, die besten Terroir-Weine zu kopieren? Angesichts der Täuschbarkeit des Geschmacks und der erfolgreich erprobten Technik der Nachbildung dürfte das funktionieren. Wäre es nicht sogar wünschenswert, wenn wir uns Kopien eines 1985er Romanée Conti, eines 1947er Petrus oder eines 1945er Cheval Blanc leisten könnten, um endlich einmal eine Vorstellung von diesen Preziosen bekommen zu können? Der Wunsch ist völlig legitim.

In der Kunst lebt eine ganze Industrie, leben Museen, Ausstellungen, die Hersteller von Bildbänden und Kunstdrucken vom Wunsch der Menschen, Kunstwerke, die nicht erschwinglich oder nicht käuflich sind, betrachten zu können. In der Reproduktion geht jedoch etwas zum Wesen eines Kunstwerks Gehöriges verloren: die Aura. Walter Benjamin hat in den 1930er Jahren den Begriff der Aura geprägt, als einer zentralen Eigenschaft des Kunstwerks, und den Zusammenhang zwischen dem Verlust der Aura und der Reproduzierbarkeit von Kunst thematisiert. Benjamin stellt fest: „... was im Zeitalter der technischen Reproduzierbarkeit des Kunstwerks verkümmert, das ist seine Aura." Was aber ist die Aura? In der Aura kommen Singularität und Echtheit des Kunstwerks zur Erscheinung. Benjamin: „Das Hier und Jetzt des Originals macht den Begriff seiner Echtheit aus." Die Aura stellt die dialektische Einheit von Nähe und Ferne her, indem in der Präsenz des Kunstwerks das aus der Sphäre des Künstlers herkommende und im Kunstwerk aufscheinende Ferne und Fremde in der intimen Beziehung von Kunstwerk und Betrachter als Nähe erscheint. Benjamin spricht auch von der Aura als „Erscheinung einer Ferne", in der sich das auratische Kunstwerk unserer „bemächtigt". Dieser Gedanke ist für den Wein ebenso gültig. Im Moment des Verkostens stellt sich zwischen dem Verkoster und dem Wein, seiner Herkunft, seinem Terroir eine Beziehung ein, in der die Ferne, zeitlich wie räumlich, zwischen Verkoster und dem Ursprung des Weins, zur Nähe, zur intimen Beziehung wird. Der im Labor erzeugte Wein hat keine Aura, kann also diese Beziehung nicht stiften. So lehrreich es sicher wäre, Kopien der besten Weine zu haben, so schmerzlich wäre der Verlust der Aura. Folgenreich wäre eine solche Entwicklung für die Winzer, denn die Kopie setzt das Original voraus, sie lebt einzig davon, vom Original nicht unterscheidbar zu sein. Zugleich aber liegt im Erfolg der Kopien die Gefahr und Tendenz, die Originale ganz auszulöschen, denn wozu sollte man noch Originale erzeugen, wenn die Kopien billiger hergestellt werden können. Die behauptete Beziehung von Nachhaltigkeit und Geschmack, die darin begründet liegt, dass der Geschmack eines Weins sein Terroir zur Darstellung bringt, setzt daher voraus, dass Wein seinen auratischen Charakter behält.

Dass der Geschmack nicht bloß Kombination von beliebigen, dem Weintrinker angenehmen Aromen ist, sondern darüber hinaus als Spiegel des Terroirs dessen sinnliche Erkenntnis möglich macht, hat zur Bedingung, dass der Winzer nachhaltig arbeitet, den Weinberg und die Böden pflegt, fördert und gesund erhält, Erträge beschränkt, Manipulation von Most und Wein unterlässt. Ist damit Nachhaltigkeit schon gewährleistet? Sicher nicht, aber die Praxis gewordene Zielsetzung, Terroir-Weine zu schaffen, leistet bereits einen gewichtigen Beitrag zur Verbesserung der Nachhaltigkeitsbilanz. Das Streben nach Nachhaltigkeit ist ein dynamischer Prozess, es lässt sich nicht in einem statischen Regelwerk abbilden.

Im Denken des homo oeconomicus ist der Weinberg eine bloße ökonomische Ressource, ein Produktionsmittel. Im Nachhaltigkeitsdenken kommt hinzu: Ebenso ist der Winzer eine Ressource des Weinbergs, die zu seinem Erhalt dient. Dieser Gedanke, der die der Nachhaltigkeit verpflichtete Grundhaltung des Menschen zu den natürlichen Ressourcen ausdrückt, ist nicht neu. Schon Marx hat diesen Gedanken paradigmatisch formuliert: „Selbst eine ganze Gesellschaft, eine Nation, ja alle gleichzeitigen Gesellschaften zusammengenommen, sind nicht Eigentümer der Erde. Sie sind nur ihre

Besitzer, ihre Nutznießer, und haben sie als boni patres familias den nachfolgenden Generationen verbessert zu hinterlassen." (Marx 1988: 784).

Mir scheint diese Fassung des Grundgedankens von Nachhaltigkeit besonders treffend und besonders wichtig, und zwar aus diesen Gründen: Zum einen kann das Verhältnis des menschlichen Individuums zu den natürlichen Ressourcen nicht das des Eigentums sein, denn darin läge die Gefahr, dass das individuelle Eigentumsrecht das Lebensrecht der Mehrheit oder letztendlich der Menschheit insgesamt bricht. Zum anderen scheint mir der Gedanke der stetigen Verbesserung der natürlichen und der technischen Lebensgrundlagen von zentraler Bedeutung. Hier könnte man kritisieren, dass der Anspruch, die Erde „verbessert zu hinterlassen", zu hoch gegriffen ist, angesichts des schrankenlosen Extraktivismus in aller Welt, angesichts der Vermüllung der Meere, der Vergiftung der Luft, angesichts atomarer Abfälle, für die es keine Endlagerung gibt. Ich denke, dass ganz im Gegenteil gerade die bereits angerichteten Schäden, deren Folgewirkungen noch nicht vollständig sichtbar geworden sind, uns veranlassen müssen, die radikalisierte Fassung des Nachhaltigkeitsgedankens bei Marx zur Grundlage des Handels zu nehmen. Schließlich steckt noch ein weiterer wesentlicher Gedanke im obigen Zitat. Eine in jeder Hinsicht verbesserte Erde bedeutet bessere Lebensbedingungen für die Menschen. Zentraler Faktor der Lebensbedingungen ist die Arbeit, einerseits notwendige Grundlage der Reproduktion, andererseits Betätigung der kreativen Kräfte und damit Selbstverwirklichung des Menschen in Freiheit. Nachhaltigkeit als Leitprinzip bedeutet, dieses Verhältnis von Notwendigkeit und Freiheit weg von der Notwendigkeit, hin zur Freiheit zu verschieben. Die Menschen sind nicht einfach Produktionsfaktor, Humanressource, sondern Anfang und Ziel des Produktionsprozesses. Jede Organisation, die sich der Nachhaltigkeit verschrieben hat, soll Sorge tragen, dass die beiden Aspekte der Arbeit, Notwendigkeit der Reproduktion einerseits, Selbstverwirklichung andererseits, durch gerechte Entlohnung und durch Gestaltung des Arbeitsprozesses realisiert werden.

Erst wenn man diese Fassung des Nachhaltigkeitsgedankens, dessen Kern die Verbesserung ist, zur Grundlage des Handels macht und nicht einen bestimmten definierten Zustand des Weltganzen oder eines wesentlichen Aspekts davon festschreiben will, etwa die globale Durchschnittstemperatur, wird Nachhaltigkeit angemessen gedacht. Nachhaltigkeit kann in einer sich dynamisch verändernden Welt selbst nur als Prozess, selbst nur dynamisch gedacht werden.

Literaturverzeichnis

Blüm, N. (2016): Aufschrei! Wider die erbarmungslose Geldgesellschaft. Frankfurt am Main: Westend Verlag.

Die Bundesregierung (2018): Deutsche Nachhaltigkeitsstrategie – Aktualisierung 2018.

Marx, K. (1988): Das Kapital. 3. Der Gesamtprozeß der kapitalistischen Produktion. 14. Aufl., Unveränd. Nachdr. der 1. Aufl. 1964. Berlin: Dietz.

Meadows, D. H. (1974): The limits to growth. A report for the Club of Rome's Project on the Predicament of Mankind. 2. Aufl. New York: Universe Books.

Schirrmacher, F. (2013): Ego. Das Spiel des Lebens. München: Blessing.

7 Können wir Händler die Weinwelt nachhaltiger machen?

Guido Walter

7.1 Gedanken zum Thema nachhaltiger Wein(fach)handel

Nachhaltigkeit ist eine neue Realität, die mittel- und langfristig die Zukunft der Wirtschaft und der Gesellschaft bestimmt und damit auch den Wein(fach)handel betrifft. Deswegen haben wir uns 2020 in Zusammenarbeit mit FAIR'N GREEN die Zertifizierung zum ersten nachhaltigen Weinfachhändler erarbeitet. Weil Nachhaltigkeit aber keine Floskel ist und auch nicht nur ein Instrument der Regulierung, lohnt sich ein Blick zurück, wie ich als Weinhändler dazu kam.

Dem entscheidenden Satz, der das Thema für mich prägte, begegnete ich in einer Ethikvorlesung während meines Studiums: „Im Leben soll man entweder gute Spuren hinterlassen oder besser keine!“ Da heißt auch, nach dem Sinn oder auch Unsinn bei einer Tätigkeit zu fragen hat. Das war für mich der Anfang.

Heute bin ich Weinhändler in München und unterrichte zudem an verschiedenen Weinschulen. Außerdem produziere ich gemeinsam mit Freunden in Rheinhessen etwas Wein. Somit versuche ich über die Lehrtätigkeit, den Weinhandel und der Herstellung von Wein einen tieferen Einblick in Theorie und Praxis zu bekommen.

Warum beschäftigt mich der Nachhaltigkeitsgedanke so stark und welche Bedeutung hat das Thema für mich speziell im Weinhandel? Wein ist in meinen Augen Lebensfreude und Kulturgut. Er ist sicher nicht lebensnotwendig aber ohne ihn wäre das Dasein deutlich trister. Wein wird von Menschen für Menschen produziert mit dem einzigen Zweck getrunken zu werden. Wein ist also kein Selbstzweck, sondern meist ein weit gereister Botschafter seiner Herkunft. Das ist auch einer der Gründe, warum ich mich in meinem Hauptberuf als Weinhändler als Vermittler verstehe zwischen Weingut und den Kunden.

Eine wichtige Aufgabe des Weinhandels ist es meines Erachtens dafür zu sorgen, dass die Weinvielfalt erhalten, gehandelt und auch erklärt werden kann. Er ist oft kleinteiliger und differenzierter als andere Getränkedistributionen. Meiner Meinung nach sollte genau diese Tätigkeit für den Erhalt der Vielfalt selbstredend ressourcenschonend sein. Somit kommt man ganz automatisch zur Thema Nachhaltigkeit

Wenige Schlagworte werden allerdings derzeit so inflationär genutzt wie der Begriff Nachhaltigkeit. Im Handel dient er oft zum „greenwashing“, also als Marketingmaßnahme, die nur vom allernötigsten Handeln flankiert wird. Ziel ist meist den Kunden zu vermitteln, dass man selbst trendig und auf der Höhe der Zeit ist. Dabei will man einfach nur eine Abgrenzung zum Mitbewerber bzw. ein simples trading up, im Sinne wir gehören zu den „Besseren“ für sich in Anspruch. Der Begriff „Nachhaltigkeit“ ist inhaltlich sehr stark aufgeladen. Er liefert dadurch schnell den „Content“ fürs Marketing. Der Clou an der Sache ist, dass Nachhaltigkeit im Moment gesellschaftliche Relevanz genießt und dadurch von Konsumenten positiv besetzt ist, ohne dass dabei kritisch hinterfragt wird, was es denn beim jeweiligen Produkt wirklich bedeutet. Hier lenkt das gute Gefühl den Verstand. Genau dies macht es so schwierig zu differenzieren und dann sachlich zu diskutieren.

Was ist nun „echter“ nachhaltiger Wein(fach)handel? Grundsätzlich ist Nachhaltigkeit definiert als ein ressourcenschonendes Nutzungs- und Handlungsprinzip im Hier und Jetzt, mit deutlichem Fokus auf die zukünftigen Generationen. Es betrifft die drei Aspekte Ökologie, Ökonomie & Soziales.

Im Weinhandel ist es usus sich bio zertifizieren zu lassen, sofern man Weine aus biologisch kontrolliertem Anbau vertreibt und diese dann auch offiziell bewerben möchte. Welche effektive Wirkung das hat, habe ich mich oft gefragt, da man ja ein fertiges Produkt einkauft und dieses dann genau so weiterverkauft. Bioweine zu handeln mag gut und sinnvoll sein, jedoch machen einen Biozertifikate nicht automatisch zum nachhaltigen Weinhandel.

Der Begriff Nachhaltigkeit ist für mich ein Oberbegriff, der mehr umfasst als der Begriff „Bio“. Es verhält sich hier ähnlich wie bei den Begriffen Gerechtigkeit und Recht. Die Rechtsprechung soll der Gerechtigkeit dienen und letztere ist deshalb vom Umfang her größer. Es sind unterschiedliche Aspekte für einen ganzheitlichen Ansatz wichtig, um sich nachhaltiger Weinfachhändler zu nennen: Gesunde Betriebsführung. Dazu gehören Investitionen, IT-Sicherheit, Innovationen, Kennzahlen und weitere betriebswirtschaftliche Größen. Es zählt aber auch das gesellschaftliche Engagement, die Behandlung der festen und freien Mitarbeiter, Weiterbildung und soziales Engagement. Natürlich ist auch umweltschonendes Handeln Teil der Ganzheitlichkeit, die Ökobilanz des Betriebes, Abfallmanagement, Energieeinsatz und Logistik. Genau diese Anforderungen finden sich ebenso bei vielen Betrieben bzw. in der gesamten Wertschöpfungskette wieder.

Um dem Weinfachhandel gerecht zu werden, sind weitere Kriterien notwendig, die ebenso quantifizierbar sind wie die angesprochenen Punkte Umwelt, Gesellschaft und Betriebsführung.

Folgende Bereiche sind für den Fachhandel im speziellen wichtig: Know-How der Inhaberinnen und Inhaber, Wareneinkauf, Verbrauchsgüter, Qualitätsmanagement, Vertrieb, Kommunikation, Absatz und Transport. Interessant und zuerst irritierend war es für mich, dass die Qualität und der Stil eines Weinguts bzw. des gesamten Sortiments nicht entscheidend waren, da diese ja subjektiv unterschiedlich bewertet werden können. Ob nun Dönnhoff Weine etwas gelassener und ruhiger wirken als die eher fordernden Weine von Tim Fröhlich spielt hier absolut keine Rolle. Ein hoher Durchschnittspreis hingegen kann durchaus etwas über die Qualität des Portfolios aussagen. Eine weit überdurchschnittliche Quote an nachhaltigen, biologischen und biodynamischen Weinen wäre ebenso ein relevanter Punkt.

Somit kann sich ein Weinhandel als nachhaltig beschreiben, wenn er die genannten Punkte und einige mehr kritisch hinterfragt und auch weitestgehend erfüllt. In vielen Gesprächen mit Kolleginnen und Kollegen habe ich jedoch gemerkt, dass oft eine Lücke zwischen Anspruch und Wirklichkeit besteht. Eine offizielle Zertifizierung ist sicher sinnvoll, denn Fremd- und Selbstwahrnehmung sind ja meist sehr unterschiedlich. Wohlwollend, konstruktive Kritik kann kleine Wunder bewirken. Der Vorteil einer offiziellen Erstzertifizierung ist, dass man bereits mit 50 % der möglichen Punktzahl als nachhaltig eingestuft wird.

Das ist so ähnlich wie in der Schule: Das Abitur wurde mit 3,9 bestanden, man ist dann aber sicher kein guter Schüler gewesen. Hier setzt dann die jährliche Neuzertifizierung an, bei der man sich jedes Mal verbessern muss. Das fühlt sich an wie jedes Jahr Abitur schreiben, um dann letztlich eine bessere Note zu erhalten. In diesem Fall für eine gute Sache: unsere Umwelt und unsere Zukunft. Damit bleibt man gefordert, im Wissensaustausch und darüber hinaus motiviert, Dinge für sich und auch seine Firma nachhaltiger zu gestalten.

Würde mich jemand fragen, ob die intensive Auseinandersetzung mit dem Thema Nachhaltigkeit im Weinhandel mir persönlich neue Perspektiven eröffnet hat, würde ich sicher mit Ja antworten. Angefangen bei der von mir vertretenen These, dass Wein ein Kulturgut ist, das natürlich immer auch eine Botschaft übermittelt. Diese ist jetzt selbstredend etwas nachhaltiger geworden. Das Schöne an meiner Arbeit im Weinhandel ist es genau diese Kultur dem Kunden zu vermitteln. Auch alle Mitarbeiter bei uns in der Firma haben das Thema positiv verinnerlicht. Somit wird Nachhaltigkeit gemeinsam gelebt und man wird augenzwinkernd darauf aufmerksam gemacht, wenn man zum Beispiel den Joghurtbecher nicht richtig in die richtige Tonne wirft oder die Heizung am Wochenende nicht runterdreht.

Es gibt eine Reihe von Chancen und Herausforderungen als Weinhändler beim Thema Nachhaltigkeit. Nach dem Zertifizierungsprozess erhält man einen Prüfbericht mit dem Status quo und zusätzlich Vorschläge für kurzfristige und mittelfristige Maßnahmen zur Verbesserung der Nachhaltigkeit. Die Zertifizierung ist der eine Teil, die weitere Umsetzung dann eine sinnvolle Zusatzarbeit. Ich würde sogar so weit gehen, dass alle Prozesse neu hinterfragt werden müssen. Das bringt dann auch herausfordernde Ideen mit sich. Inwieweit bieten unsere bestehenden Partner und Lieferanten nachhaltige Dienstleistungen an? Wenn dies nicht der Fall ist, wie soll man dann sinnvoll damit umgehen? Hier liegt natürlich auch eine Chance sich neu zu Sortieren und andere eventuell mit ins Boot zu holen. Genauso muss man auch Entscheidungen treffen falls ein Partner sich dem Thema verwehrt um seinen eigenen Weg konsequent weiter zu gehen. Eine Frage, die ich mir oft stelle ist, ob man sich auch etwas im Handel verbaut, wenn man stringent nachhaltig arbeitet. Dieses Thema kam öfter bei der Preisfindung auf. Dies gilt sowohl für Ein- als auch Verkauf. Unser persönliches Fazit hierzu lautet: Fairplay bleibt eine Tugend und Wein sollte über Qualität und nicht über Preis verkauft werden.

Ich bin fest überzeugt, dass Nachhaltigkeit das Potential hat neue Kundengruppen zu erschließen. Man kann das demografisch definieren: Weg von sophisticated, intellektuell und alt, hin zu jung, neugierig und sinnsuchend. Ziel ist es natürlich, alle an Bord zu bekommen.

Da der Weinkonsum in Europa abnimmt, sollte es zumindest ein guter Wein sein der es auch nachhaltig wert ist. Tue Gutes und sprich darüber ist ein vielzitierter Satz aus dem Marketingsprech. Mein Ethikprofessor hatte diesem Satz deutlich widersprochen. Mach einfach und schweige, sagte er. Im privaten Bereich stimme ich sicher mit ihm überein. Im Geschäftsleben kann es durchaus von Vorteil sein, wenn selbst die kleinsten Fachhändler nachhaltig arbeiten und auch darüber sprechen. Dann sind die großen Distributeure eher gezwungen ebenso nachzuziehen. Dies hätte dann einen deutlichen Einfluss im Sinne der Nachhaltigkeit für Ökologie, Ökonomie und Soziales, wenn die großen Anbieter sich hier anschließen. Meiner Meinung nach ist dies längst überfällig und gleichzeitig so selbstverständlich wie gutes Benehmen. Also rede darüber und tue Gutes!

Die Autoren

Yulia Felker koordiniert bei der GUTcert die Vertriebsaktivitäten der GUTcert Branchenteams. Zusätzlich ist sie Leiterin der GUTcert Akademie und des Bereichs Nachhaltige Entwicklung.

Susanne Moosmann ist Fachexpertin und Auditleiterin für die Bereiche Nachhaltigkeits-, Umwelt- und Qualitätsmanagement bei der GUTcert.

Prof. Dr. Marc Dreßler ist Professor für Betriebswirtschaftslehre und Entrepreneurship an der Hochschule für Wirtschaft und Gesellschaft Ludwigshafen. Darüber hinaus ist er Studiengangsleiter des MBA Wine, Sustainability & Sales am Weincampus Neustadt.

Dr. Keith Ulrich ist Vorstandsvorsitzender des Fair and Green e.V. und Geschäftsführer der Athenga GmbH.

Felix Prinz zu Salm-Salm ist Inhaber des Familienweinguts Prinz Salm in der 32. Generation.

Prof. Dr. Simone Loose hat eine Professur für Betriebswirtschaft des Wein- und Getränkesektors an der Hochschule Geisenheim und ist Leiterin des Instituts für Wein- und Getränkewirtschaft.

Larissa Strub ist Wissenschaftliche Mitarbeiterin am Institut für Wein- und Getränkewirtschaft der Hochschule Geisenheim.

Prof. Dr. Andreas Kurth hat eine Professur für Business Operation Management an der Hochschule Geisenheim und ist stellvertretender Leiter des Instituts für Wein- und Getränkewirtschaft.

Maximilian von Kunow ist Eigentümer des Saar-Weingutes von Hövel in Konz-Oberemmel.

Florian Reinert ist Mitgründer des Fair and Green e.V. sowie Nachhaltigkeitsberater bei der Athenga GmbH.

Nicolas Heinrich ist Nachhaltigkeitsberater beim Fair and Green e.V.

Benjamin Laux ist Nachhaltigkeitsberater beim Fair and Green e.V.

Jochen Schmitt ist Inhaber des Weinguts Egon Schmitt in Bad Dürkheim (Pfalz).

Prof. Dr. Manfred Stoll hat eine Professur für allgemeinen Weinbau an der Hochschule Geisenheim und ist Leiter des Instituts für allgemeinen und ökologischen Weinbau.

Dr. Maximilian Freund ist Wissenschaftlicher Mitarbeiter am Institut für Oenologie der Hochschule Geisenheim.

Reinhard Löwenstein ist Inhaber des Weinguts Heymann-Löwenstein in Winningen an der Mosel.

Philipp Kuhn ist Inhaber des gleichnamigen Weinguts aus Laumersheim in der Pfalz.

Peter Siener ist Inhaber des Weinguts Siener in Birkweiler (Pfalz).

Tobias Zingerle war jahrelanger Geschäftsführer der Winzergenossenschaft Cantina Kaltern in Südtirol.

Theresa Breuer leitet das Weingut Georg Breuer in Rüdesheim am Rhein (Rheingau).

Mélanie Pfister ist Geschäftsleiterin des Weinguts Domaine Pfister (Elsass).

Andrea Wirsching leitet das Weingut Hans Wirsching in Iphofen (Franken).

Sigrun Damerau verantwortet die Bereiche Öffentlichkeitsarbeit und Marketing beim Biodiversitätsprojekt AmBiTo des Fair and Green e.V.

Dr. Martin Reiss ist Wissenschaftlicher Mitarbeiter am Institut für Landschaftsplanung und Naturschutz der Hochschule Geisenheim.

Katharina Adler ist Wissenschaftliche Mitarbeiterin am Institut für Landschaftsplanung und Naturschutz der Hochschule Geisenheim.

Dr. Jörn Schultheiß ist Wissenschaftlicher Mitarbeiter am Institut für Landschaftsplanung und Naturschutz der Hochschule Geisenheim.

Dr. Maximilian Tafel ist Wissenschaftlicher Mitarbeiter am Institut für Landschaftsplanung und Naturschutz der Hochschule Geisenheim und beim Biodiversitätsprojekt AmBiTo.

Prof. Dr. Eckhard Jedicke hat eine Professur für Landschaftsentwicklung an der Hochschule Geisenheim und ist Leiter des Instituts für Landschaftsplanung und Naturschutz.

Prof. Dr. Ilona Leyer hat eine Professur für Biodiversität und Ökosystemfunktionen an der Hochschule Geisenheim und ist stellvertretende Leiterin des Instituts für angewandte Ökologie.

PD.Dr. Karsten Mody ist Wissenschaftlicher Mitarbeiter am Institut für angewandte Ökologie der Hochschule Geisenheim und beim Biodiversitätsprojekt AmBiTo.

Karl-Theo Haart ist Geschäftsführer des Weinguts Reinhold Haart in Piesport an der Mosel.

Prof. Dr. Dominik Durner ist Professor für Lebensmitteltechnologie und Oenologie an der Hochschule Kaiserlautern und Leiter des Dualen Studiengangs (B. Sc.) Weinbau und Oenologie am Weincampus Neustadt.

Dr. Desirée Palmes ist Wissenschaftliche Mitarbeiterin am Hermann-Hoepke-Institut der Technischen Hochschule Bingen.

Prof. Dr. Gerhard Roller hat eine Professur für Umweltrecht an der Technischen Hochschule Bingen. Er ist zudem Lehrbeauftragter an der Ingenieurhochschule in Bourges und an der Universität Cadi Ayyad in Marrakesch.

Dr. Claudia Hammer ist die wissenschaftliche Leiterin der Deutschen Weinakademie GmbH (DWA).

Kai Wagner ist Autor im Slow Food Magazin sowie des ersten deutschsprachigen Slow Wine Ratgebers.

Guido Walter ist Geschäftsführer der Weinfachhandlung walter & sohn in München.

Sachverzeichnis